Hanna Zehschnetzler
Dimensionen der Heimat bei Herta Müller

Gegenwartsliteratur –
Autoren und Debatten

Hanna Zehschnetzler

Dimensionen der Heimat bei Herta Müller

—

DE GRUYTER

Gedruckt mit Unterstützung des Förderungsfonds Wissenschaft der VG WORT.

ISBN 978-3-11-069469-7
e-ISBN (PDF) 978-3-11-069475-8
e-ISBN (EPUB) 978-3-11-069478-9
ISSN 2567-1219

Library of Congress Control Number: 2020944900

Bibliografische Information der Deutschen Nationalbibliothek
Die Deutsche Nationalbibliothek verzeichnet diese Publikation in der Deutschen Nationalbibliografie; detaillierte bibliografische Daten sind im Internet über http://dnb.dnb.de abrufbar.

© 2021 Walter de Gruyter GmbH, Berlin/Boston
Umschlagfoto: Steffen Roth # Photography
Satz: Integra Software Services Pvt. Ltd.
Druck und Bindung: CPI books GmbH, Leck

www.degruyter.com

„Ich mag das Wort ‚Heimat' nicht."
Herta Müller

Herta Müller: „In jeder Sprache sitzen andere Augen." Vorlesung im Rahmen der Tübinger Poetikdozentur 2001, in: Dies.: *Der König verneigt sich und tötet*, Frankfurt/Main 2009, S. 7–39, hier: S. 29.

Danksagung

Ich danke PD Dr. Jürgen Nelles für seine unermüdliche Unterstützung und ein stets offenes Ohr, Prof. Dr. Christian Moser für seine Förderung während des Dissertationsprojektes und darüber hinaus, meiner Familie, die mich mit Rat und Tat, mit viel Geduld und vielen lieben Worten begleitet hat.

Hanna Zehschnetzler

Inhaltsverzeichnis

Danksagung —— VII

1 ‚Kein Ort für den Kopf'? – Einführende Bemerkungen —— 1

2 „Wieviel Heimat brauchen Sie?" – Zur historischen Semantik eines umstrittenen Begriffs —— 8
    2.1   Begriffliche Annäherung und frühe Verwendung im Heimatrecht —— 9
    2.2   ‚Heimat' als ‚Kompensationsraum' im 19. Jahrhundert —— 14
    2.3   Heimatkunst und Heimatroman um die Jahrhundertwende —— 19
    2.4   ‚Heimat' im Kontext nationalsozialistischer Blut-und-Boden-Ideologie —— 24
    2.5   Heimatfilm und Heimatlosigkeit nach Kriegsende —— 29
    2.6   Sozialistische ‚Heimat' im ‚Osten' —— 34
    2.7   ‚Heimat' zwischen Tabuisierung und Renaissance im ‚Westen' —— 38
    2.8   Hybrid ‚Heimat' in einer globalisierten Gesellschaft —— 44

3 „‚Heimat' war immer ein anderes Wort" – Herta Müllers ‚Heimat'-Begriff(e) —— 52
    3.1   Verklärung und Ideologie: ‚Dorfheimat' und ‚Staatsheimat' in Rumänien —— 53
    3.2   Exklusion und Repression: Doppelte Marginalisierung —— 57
    3.3   Nostalgie und Utopie: ‚Kopfheimat' und ‚Heimwehlosigkeit' im Exil —— 62
    3.4   Vertrauen und Identifikation: „Heimat ist das, was gesprochen wird" —— 65
    3.5   Mythos und Identität: ‚Heim(at)liche' Dekonstruktion —— 69

4 Vom „stummen Irrlauf im Kopf" – Herta Müllers Poetologie der Entgrenzung —— 74
    4.1   ‚Selbstbeschränkung' im Schreiben gegen Diktaturen —— 75
    4.2   Die ‚Vergangenwart in der Gegenheit': Zur Rekonstruktion der Erinnerung —— 79
    4.3   Die ‚erfundene Wahrnehmung' als epistemische Entgrenzung —— 84
    4.4   Leben vs. Schreiben: Zwischen Autofiktion und *Surfiction* —— 88
    4.5   Sprachliche Grenzen und oppositionelles Schreiben —— 92

    4.6   ‚Worte aus dem eigenen Mund': Sprachliche und semantische Entgrenzung —— **96**

5 „Ich war eine schöne sumpfige Landschaft" – ‚Dorfheimat' in *Niederungen* —— 102
    5.1   „Das Dorf steht wie eine Kiste in der Gegend": Topographie des Dorfes —— **103**
    5.2   „Ein Leben in einer Konserve": Kultur der ethnozentrischen Enklave —— **117**
    5.3   „Das Glück verdampft im Rübentopf": Gewalt in Familie und Dorfgemeinschaft —— **129**
    5.4   „die Angst vor der Angst der Angst": ‚Heimatgefühl' in der ‚Dorfheimat' —— **139**

6 „Zu Hause ist dort, wo du bist" – ‚Staatsheimat' in *Herztier* —— 155
    6.1   „In einer Diktatur kann es keine Städte geben": Topographie des Staates —— **156**
    6.2   „Man spürte sie lauern und Angst austeilen": Sozialistische Kultur Rumäniens —— **167**
    6.3   „denk an seriösere Dinge": Freundschaft und Liebe in der Diktatur —— **181**
    6.4   „Vielleicht war es das Herztier": ‚Heimatgefühl' in der ‚Staatsheimat' —— **194**

7 „Ausländerin im Ausland" – ‚Heimwehlosigkeit' in *Reisende auf einem Bein* —— 208
    7.1   „Erdrutschgefahr": Topographie des Transits —— **209**
    7.2   „Wenn ich versuche, Deutschland zu begreifen": Transkulturalität und Alterität —— **221**
    7.3   „Es hätte eine Liebe sein können": Dysfunktionale Beziehungen und Einsamkeit —— **234**
    7.4   „Und die Frau vom Meer ist fremd": ‚Heimatgefühl' im Exil —— **246**

8 „Ich mag das Wort ‚Heimat' nicht" – Schlussbetrachtung und Ausblick —— 261

Literaturverzeichnis —— 265

Personenregister —— 279

1 ‚Kein Ort für den Kopf'? – Einführende Bemerkungen

In einer Rede zum 70. Geburtstag Oskar Pastiors erklärt die spätere Literaturnobelpreisträgerin Herta Müller im Jahr 1997:

> Bringt man sich mit aus einem Land in ein anderes, wird man oft gefragt, ob man seine ‚Heimat' hinter sich gelassen oder neu gefunden hat. Als müsste man es besser wissen als jene, die ihre Füße nicht vom Boden weggehoben haben, als müsste das Weggehen und Ankommen etwas klären, was mit den Fußsohlen nicht zu betreten und mit keinem Gedanken zu treffen ist.[1]

Herta Müller macht kein Geheimnis aus ihrer kritischen Haltung gegenüber der ‚Heimat'. Geboren 1953 als Teil der deutschen Minderheit im rumänischen Banat führten ihre private Nähe zu den regimekritischen Autoren der Aktionsgruppe Banat sowie die Veröffentlichung ihres Debütwerkes *Niederungen* im Jahr 1982 zur zunehmenden Verfolgung und Repression durch den rumänischen Geheimdienst Securitate, was sie schließlich, 1987, zur Übersiedlung in die Bundesrepublik trieb. Die Auswirkung der Diktatur auf den einzelnen Menschen ist das Thema, das ihr Leben und ihr Werk prägt – ein Thema, welches sie nicht frei gewählt habe, wie sie selbst sagt, sondern von dem sie ausgewählt wurde und das sie nicht in Ruhe lasse.[2]

Gerade im Kontext von Flucht, Vertreibung, Exil und Integration wird ‚Heimat' immer wieder diskutiert und wirft Fragen der Zugehörigkeit, der Identifikation und der Identität auf – Fragen, die in Zeiten von Globalisierung und Digitalisierung, von zunehmender Migration und sogenannten ‚Flüchtlingskrisen', von Heimatministerien und dem Aufstieg rechtspopulistischer Parteien in Europa und darüber hinaus, von Multi-, Trans- und Interkulturalität nicht an Bedeutung verlieren. Und auch mit dem Werk der Autorin wird ‚Heimat' immer wieder in Verbindung gebracht, nicht zuletzt in der offiziellen Begründung der

---

1 Herta Müller: „Ist aber jemand abhandengekommen, ragt aber ein Hündchen aus dem Schaum. Die ungewohnte Gewöhnlichkeit bei Oskar Pastior." Rede zum siebzigsten Geburtstag von Oskar Pastior am 20. Oktober 1997 im Literaturhaus Berlin, in: Dies.: *Immer derselbe Schnee und immer derselbe Onkel*, München 2011, S. 146–164, hier: S. 146.
2 Vgl. „Ich habe keine Wahl, ich bin am Schreibtisch, nicht im Schuhladen. Manchmal möchte ich laut fragen: Schon mal was gehört von Beschädigung? Von Rumänien bin ich längst losgekommen. Aber nicht losgekommen von der gesteuerten Verwahrlosung der Menschen in der Diktatur, von ihren Hinterlassenschaften aller Art, die alle naselang aufblitzen." Herta Müller: „Bei uns in Deutschland." Vortrag für die Frankfurter Römerberggespräche 2000, in: Dies.: *Der König verneigt sich und tötet*, Frankfurt/Main 2009, S. 176–185, hier: S. 185.

https://doi.org/10.1515/9783110694758-001

Schwedischen Akademie zur Verleihung des Nobelpreises für Literatur des Jahres 2009 an Müller, „die mittels Verdichtung der Poesie und Sachlichkeit der Prosa Landschaften der Heimatlosigkeit zeichnet".[3] Was aber ist ‚Heimat'? Und wie stellt sich diese im essayistischen und im erzählerischen Werk Herta Müllers dar?

Die vorliegende Arbeit untersucht die konzeptionelle Darstellung der ‚Heimat' in essayistischen sowie die motivisch-strukturelle Darstellung der ‚Heimat' in ausgewählten Prosatexten der Autorin. Dafür wird der Blick zunächst auf die historische Semantik[4] der ‚Heimat' gerichtet. Im weitesten Sinne bezieht sich der deutsche Begriff ‚Heimat' auf das affektive Verhältnis zwischen Mensch und Raum – wobei dieser geographischer, kultureller oder auch sozialer Natur sein kann. Die inflationären Definitionsversuche unterliegen einem starken geschichtlichen Wandel und sind abhängig von jeweils aktuellen kulturellen, gesellschaftlichen und politischen Bedingungen. Daher scheint weniger eine Festlegung auf eine konkrete Definition als vielmehr die diachrone Betrachtung der Entwicklung des Begriffs geeignet, die zahlreichen Facetten und Bedeutungen der ‚Heimat' zu fassen. Am Beispiel historisch und systematisch ausgewählter Quellen und unter Berücksichtigung der jeweiligen synchronen Verflechtungen werden „innovative Wende- oder Knotenpunkte"[5] beleuchtet, um den Begriff in seiner komplexen Vielfalt für die weitere Untersuchung fruchtbar zu machen.

Die historische, kontextorientierte Perspektive ist nicht nur für die semantischen Dimensionen des Begriffs und eine differenzierte Arbeit mit diesem grundlegend, auch für die Analyse und das Verständnis von Herta Müllers persönlicher Deutung der ‚Heimat' ist diese konstitutiv. Ausgehend von den etymologischen Ursprüngen und der sprachlichen Verbreitung wird der Fokus im Hinblick auf Müllers konzeptionelle Auffassung der ‚Heimat' besonders auf die ideologische Bedeutungserweiterung des Begriffs im ausgehenden 19. und frühen 20. Jahrhundert gelegt. Denn gerade aufgrund des ideologischen Missbrauchs des Wortes über weite Strecken des 20. Jahrhunderts und Müllers

---

3 „The Nobel Prize in Literature 2009 – Press Release", in: *Nobelprize Organization* (08.07.2012), unter: www.nobelprize.org/nobel_prizes/literature/laureates/2009/press_ty.html (abgerufen am 01.07.2018).
4 Historische Semantik wird hier, anknüpfend an Ralf Konersmann, verstanden als „Untersuchung kulturell manifestierter Bedeutsamkeiten im Horizont der Geschichte", Ralf Konersmann: „Wörter und Sachen. Zur Deutungsarbeit der Historischen Semantik", in: *Begriffsgeschichte im Umbruch?*, hg. v. Ernst Müller, Hamburg 2005, S. 21–32, hier: S. 25.
Zum uneinheitlichen Gebrauch der Bezeichnung ‚historische Semantik' vgl. Ernst Müller und Falko Schmieder: *Begriffsgeschichte und historische Semantik. Ein kritisches Kompendium*, Berlin 2016, S. 17 f.
5 Reinhart Koselleck: „Vorwort", in: *Geschichtliche Grundbegriffe*, hg. v. dems., Otto Brunner und Werner Conze, 8 Bde., Bd. 7, Stuttgart 1992, S. V–VIII, hier S. VI.

eigener Erfahrung mit den menschenverachtenden Nachwirkungen der nationalsozialistischen und Auswirkungen der poststalinistischen Diktatur lehnt sie eine Rehabilitierung der ‚Heimat' kategorisch ab.

In einem zweiten Schritt wird Herta Müllers persönliche ‚Begriffsgeschichte' der ‚Heimat' eruiert. Dafür werden verschiedene Essays, Vorlesungen, Zeitungsartikel, Dankreden und Interviews herangezogen, in denen die Autorin, basierend auf ihrer Biographie, unterschiedliche Verwendungskontexte rekonstruiert und ihr persönliches Verständnis des Begriffs diskutiert. Durch eine konzentrierte Analyse der ausgewählten Texte, die in reziprokem Verhältnis Aufschluss über die von Müller akzentuierten Bedeutungsinhalte der ‚Heimat' geben, soll zum einen ihre sprach- und ideologiekritische Haltung herausgearbeitet sowie zum anderen eine Grundlage für die spätere motivische, strukturelle Untersuchung geschaffen werden. Denn um sich der ‚Heimat' in differenzierter, reflektierter Weise zu nähern, entwirft die Autorin sowohl implizit als auch explizit ihre eigenen Begriffe.

Mit den neologistischen Komposita ‚Dorfheimat', ‚Staatsheimat', ‚Kopfheimat' und ‚Heimwehlosigkeit' begegnet Müller den verklärenden Tendenzen der ‚Heimat', die wiederum neue Benennungskonventionen fordern. Dabei nährt sich ihre Auffassung des Konzeptes zum einen wesentlich aus den kollektiven Identitäten und Machtstrukturen der zwei ‚Heimaten', die ihr Leben und ihr Werk prägen. Zum anderen konzentriert sie den Begriff konsequenterweise auf repressive, ideologisierende und exkludierende Funktionsmechanismen und erinnert so an die Instrumentalisierung des Wortes durch diktatorische, totalitäre gesellschaftliche Systeme. Auch wenn sie der ‚Heimat' unter den Voraussetzungen von Vertrauen und Identifikation, Sicherheit und Frieden eine gewisse (individuelle) Berechtigung einräumt, steht der Begriff bei Müller in enger Nähe zu dem ihr Werk ‚beherrschenden' Themenfeld der Diktatur.

Die sprach- und ideologiekritische Haltung, die Müllers Auffassung von ‚Heimat' offenlegt, schlägt sich in moderner Tradition auch in ihrer poetologischen Selbstkonzeption nieder. Aus der autofiktionalen Verarbeitung ihrer Erinnerungen, der individuellen Wahrnehmung der Realität sowie den begrenzten Möglichkeiten der Worte entstehen bildgewaltige Texte, die den Lesenden durch eine präzise und zugleich suggestive Sprache einen größtmöglichen Raum für Deutungen anbieten. Nach der begrifflichen Analyse der ‚Heimat' in essayistischen Werken und vor der motivisch-strukturellen Untersuchung derselben in ausgewählten Prosatexten wird der Blick daher auf die umfangreichen (selbstreflexiven) literaturkritischen und literaturtheoretischen Überlegungen der Autorin gelenkt. Auf der Grundlage einschlägiger Texte wird besonders ihre Tendenz zur sprachlichen, formalen, semantischen und ästhetischen Grenzüberschreitung reflektiert, die wiederum als Opposition gegen homogenisierende kollektive Identitätskonzepte und die ideologische Indienstnahme von Sprache durch Diktaturen gedeutet wird. Der subversive und unkonventionelle Sprachgebrauch der Autorin wirft schließlich nicht nur Licht auf ihre grundsätzliche Sprach- und Kunstauffassung, sondern erweitert zugleich die möglichen Lesarten der ‚Heimat' in ihrem Werk. Müllers ‚Poetologie der Entgrenzung' zeigt auf, wie der ‚Heimat'-Diskurs auch ohne die begriffliche Nennung den Weg in ihre erzählerischen Texte findet und gilt damit als notwendiges Bindeglied zwischen der konzeptionellen und der motivisch-strukturellen Untersuchung.

Die folgende Analyse führt exemplarisch vor, wie sich die ‚Heimat' motivisch, strukturell sowie formalästhetisch in Müllers erzählerischem Werk darstellt. Dafür wurden drei Texte ausgewählt, die sich besonders fließend in den Argumentationsverlauf einfügen: Müllers 1984 erstmalig in der Bundesrepublik veröffentlichtes Debütwerk *Niederungen*, der erste nach ihrer Übersiedlung in die Bundesrepublik erschienene Text *Reisende auf einem Bein* aus dem Jahr 1989 sowie der 1994 publizierte Roman *Herztier*. Diese Auswahl soll nicht nahelegen, dass sich andere Texte der Autorin nicht ebenfalls für eine Untersuchung der Präsentationsformen von ‚Heimat' eignen: Sowohl ihre Collagen als auch erzählerische Texte wie *Der Mensch ist ein großer Fasan auf der Welt* (1986), *Der Fuchs war damals schon der Jäger* (1992) oder nicht zuletzt *Atemschaukel* (2009) bieten zahlreiche Anknüpfungspunkte. Die Konzentration auf drei Werke erscheint jedoch besonders im Hinblick auf die Komplexität des Untersuchungsgegenstandes als gewinnbringend und soll zugleich den Erkenntnisreichtum begünstigen.

Methodisch wird ein textzentrierter Ansatz verfolgt, wobei das *close reading* aufgrund der autofiktionalen Beschaffenheit der Texte durch biographische Seitenblicke ergänzt wird. Der Aufbau der Arbeit ergibt sich nicht aus der Chronologie der Erscheinungsdaten der ausgewählten Primärtexte, sondern aus deren thematischen Schwerpunkten; von der Kindheit im Dorf über die Jugend im Staat bis hin zur Übersiedlung von Ost nach West – also gewissermaßen von einer regionalen über eine nationale zu einer transnationalen Perspektive. Für die Analyse werden zudem die neologistischen Wendungen Müllers produktiv gemacht: Das in der Diskussion ihrer persönlichen ‚Begriffsgeschichte' erörterte Konzept der ‚Dorfheimat' wird anhand der Erzählungen des Bandes *Niederungen*, der Entwurf der ‚Staatsheimat' in Bezug auf den Roman *Herztier* und die Komposita ‚Kopfheimat' und ‚Heimwehlosigkeit' am Beispiel von *Reisende auf einem Bein* praktisch erprobt. Dieses korrelative Verhältnis zwischen begrifflicher und motivisch-struktureller Untersuchung ermöglicht einen differenzierten Blick auf die sprachlich-ästhetische Be- respektive Verarbeitung der konzeptionellen ‚Heimat'-Entwürfe der Autorin.

Aus der Multidimensionalität des Begriffs ergibt sich zudem notwendigerweise eine Multidimensionalität des Motivs. Versteht man ‚Heimat' im weitesten Sinne als affektive Mensch-Raum-Beziehung, und versteht man Raum (*espace*) zugleich eben nicht im euklidischen, sondern im Sinne Henri Lefebvres als prozessuales Konstrukt, als kulturelle und soziale Praxis, kann sich die narrative Analyse der ‚Heimat' nicht auf örtliche (*lieu*) Dimensionen beschränken.[6] Daher werden die ‚Heimat'-Konfigurationen in den drei ausgewählten Texten jeweils zunächst auf topographischer, dann auf kultureller und anschließend auf sozialer Ebene betrachtet, um diese in einem vierten Schritt hinsichtlich des narrativ transportierten ‚Heimat'-Gefühls zusammenzubringen.[7] Dabei soll gezeigt werden, wie Müller sich sowohl begrifflich als auch motivisch und strukturell diskursiv mit tradierten ‚Heimat'-Auffassungen auseinandersetzt und diese durch Hervorhebung einzelner Versatzstücke zugleich sprachlich und ästhetisch durchkreuzt. Denn während sich über Gespräche, Vorträge und essayistische Texte ihre begriffliche Auffassung der ‚Heimat' erschließt, verhandelt sie die unterschiedlichen Bedeutungen und Funktionen des Konzeptes in ihren erzählerischen Texten gewissermaßen auf motivischer sowie struktureller Ebene.

Aufgrund der Vielschichtigkeit des Untersuchungsgegenstandes ist die Forschung im Hinblick auf die Darstellung von ‚Heimat' in Müllers Werk häufig bruchstückhaft. Graziella Predoiu widmet in ihrer Untersuchung *Faszination und Provokation bei Herta Müller* (2001) „Herta Müllers Heimatbegriff" ein eigenes Kapitel,[8] Moonika Küla gibt „Einblicke in den Heimatbegriff der rumäniendeutschen Schriftstellerin" (2008),[9] Dorle Merchiers liefert einen knappen Überblick über die „Perception et représentation de la terre natale (*Heimat*) dans l'œuvre de Herta Müller" (2014)[10] oder Garbiñe Iztueta deutet „Transiträume und Heimatlosigkeit

---

6 Vgl. Henri Lefebvre: *La production d'espace*, Paris 2000 [1974].
   Zu Heimat im Kontext des *Spatial Turn* vgl. Friederike Eigler: „Critical Approaches to Heimat and the ‚Spatial Turn'", in: *New German Critique* 115 (2012), S. 27–48.
7 Eine separate temporale Dimension wird im analytischen Aufbau nicht integriert, da hier von einer grundsätzlichen Korrelation narrativer Raum- und Zeitstrukturen ausgegangen wird. Vgl. Michail Bachtin: *Voprosy literatury i èstetiki*, Moskau 1975; Michail Bachtin: *Chronotopos*, übers. v. Michael Dewey, 3. Aufl., Frankfurt/Main 2014 [1975].
8 Graziella Predoiu: *Faszination und Provokation bei Herta Müller. Eine thematische und motivische Auseinandersetzung*, Frankfurt/Main u. a. 2001, hier: S. 55–62.
9 Moonika Küla: „Wenn Heimat Heimatlosigkeit wird. Einblicke in den Heimatbegriff der rumäniendeutschen Schriftstellerin Herta Müller", hg. v. Terje Loogus und Reet Liimets, in: *Germanistik als Kulturvermittler. Vergleichende Studien*, Tartu 2008, S. 99–106.
10 Dorle Merchiers: „Perception et représentation de la terre natale (*Heimat*) dans l'œuvre de Herta Müller", in: *Kann Literatur Zeuge sein? – La littérature peut-elle rendre témoignage? Poetologische und politische Aspekte in Herta Müllers Werk – Aspects poétologiques et politiques dans l'œuvre de Herta Müller*, hg. v. ders., Steffen Höhne und Jaques Lajarrige, Bern 2014, S. 49–60.

als Grunderlebnis bei Herta Müller" (2017).[11] In zahlreichen Publikationen zur Autorin wird ‚Heimat' als Topos zudem am Rande erwähnt, dabei jedoch häufig nur gestreift und zum Teil sogar undifferenziert diskutiert und missverständlich interpretiert: Herta Müller wird eine (fehlende) ‚Heimat' im Banat, in Rumänien, eine neue ‚Heimat' in der Bundesrepublik oder eine existenzielle ‚Heimatlosigkeit' zugeschrieben, ohne die heterogene Beschaffenheit des Begriffs und die konkrete sprach- und ideologiekritische Haltung der Autorin angemessen zu berücksichtigen.[12] Eine nuancierte und konstruktive Perspektive nimmt Paola Bozzi in ihrer Monographie *Der Fremde Blick* (2005) ein, in welcher sie sich Müllers Werk aus einer interdisziplinären Perspektive nähert und dabei besonders feministische und postkoloniale Diskurse einbezieht.[13] Michel Mallet hat in seinem Aufsatz zu den Repräsentationsformen der ‚Heimat' in *Atemschaukel* (2013) zudem vorgeführt, wie ein multidimensionales Verständnis des Konzeptes für die Analyse der Erzähltexte Müllers fruchtbar gemacht werden kann.[14]

Dass ‚Heimat' einen zentralen Topos in Müllers Werk darstellt, wird kaum bestritten. Auch in dem umfangreichen *Herta Müller-Handbuch* (2017) wird ‚Heimat' von Gisela Ecker unter dem Stichwort ‚Grenzen' als wesentliche Denkfigur hervorgehoben.[15] Eine ausführliche Beschäftigung mit den konkreten begrifflichen und motivisch-strukturellen Dimensionen der ‚Heimat' stellt jedoch bislang eine Leerstelle dar, die mit dieser Arbeit geschlossen werden soll. Die differenzierte, multidimensionale Herangehensweise soll dabei der Offenheit und der

---

[11] Garbiñe Iztueta: „Transiträume und Heimatlosigkeit als Grunderlebnis bei Herta Müller", in: *Transiträume und transitorische Begegnungen in Literatur, Theater und Film*, hg. v. Sabine Egger, Withold Bonner und Ernest W. B. Hess-Lüttich, Frankfurt/Main 2017, S. 71–85.
[12] Vgl. dazu Moonika Küla, die ihre Untersuchung mit der Feststellung beginnt, „Heimat als wesentliches Thema sollte jedermann betreffen und jedem nahe gehen", und Müller anschließend eine „angeborene Heimatlosigkeit" attestiert, die sich darin äußere, dass die Autorin sich zeitlich, sozial und kulturell „heimatlos" fühle. Küla: „Wenn Heimat Heimatlosigkeit wird. Einblicke in den Heimatbegriff der rumäniendeutschen Schriftstellerin Herta Müller", S. 99, 105.
Dorle Merchiers weist zu Beginn ihrer Untersuchung auf das fehlende französische Pendant zu dem deutschen Begriff ‚Heimat' hin, bezieht das Konzept analog zu ihrem Titel jedoch anschließend ausschließlich auf das Herkunftsland beziehungsweise die Geburtsregion (*terre natale*) der Autorin. Merchiers: „Perception et représentation de la terre natale (*Heimat*) dans l'œuvre de Herta Müller", S. 49–60.
[13] Paola Bozzi: *Der Fremde Blick. Zum Werk Herta Müllers*, Würzburg 2005, zum Themenkomplex ‚Heimat' besonders S. 40–65.
[14] Michel Mallet: „From *heimatlos* to *heimatsatt*. On the Value of *Heimat* in Herta Müller's *Atemschaukel*", in: *Heimat Goes Mobile: Hybrid Forms of Home in Literature and Film*, hg. v. Gabriele Eichmanns und Yvonne Franke, Newcastle/Tyne 2013, S. 82–102.
[15] Vgl. Gisela Ecker: „Grenzen", in: *Herta Müller-Handbuch*, hg. v. Norbert Otto Eke, Stuttgart 2017, S. 202–205, hier: S. 203 f.

Komplexität des Untersuchungsgegenstandes Rechnung tragen. Insofern will die vorliegende Arbeit einen produktiven Forschungsbeitrag liefern, neue Perspektiven auf Müllers Werk ermöglichen und zugleich die vielschichtigen Bedeutungen der ‚Heimat' in diesem offenlegen. Denn in ihrem werkinternen ‚Heimat'-Diskurs analysiert Müller gewissermaßen die ‚herrschenden' Konzeptionen und Konnotationen des Begriffs, unterzieht diese einer kritischen Prüfung und hebt zugleich deren gesellschaftliche, politische und kulturelle Konstruiertheit hervor. Wenn sie in der eingangs zitierten Rede zu Oskar Pastiors Geburtstag davon spricht, dass ‚Heimat' „mit den Fußsohlen nicht zu betreten und mit keinem Gedanken zu treffen ist", wird folglich nicht nur der naheliegende örtliche Bezug, sondern eben auch das konstitutive gedankliche, affektive Potential der ‚Heimat' infragegestellt, was für Müllers sprach- und ideologiekritische Haltung sowie für ihre poetologische Praxis symptomatisch ist; ergänzend heißt es entsprechend: „Vielleicht ist Heimat kein Ort für die Füße und keiner für den Kopf."[16]

---

16 Müller: „Ist aber jemand abhandengekommen, ragt aber ein Hündchen aus dem Schaum. Die ungewohnte Gewöhnlichkeit bei Oskar Pastior", S. 146.

2 „Wieviel Heimat brauchen Sie?" – Zur historischen Semantik eines umstrittenen Begriffs

„Wieviel Heimat brauchen Sie?" – so heißt die zwölfte von insgesamt fünfundzwanzig Fragen in dem 1971 von Max Frisch in den USA verfassten „Fragebogen" zum Thema ‚Heimat'.[1] Frisch, der sich im Laufe seiner literarischen Karriere besonders mit der eigenen Identität sowie mit seinem Geburtsland Schweiz auseinandersetzte, entwickelte die Fragen auf der Basis persönlicher Erfahrungen und Beobachtungen. Durch das didaktische Hilfsmittel des Fragebogens sollte allerdings weniger eine statistische Datenerhebung erfolgen als vielmehr die kritische Reflexion der Lesenden über das Thema sowie über die eigenen Ansichten und Gefühle bezüglich der ‚Heimat' angeregt werden. Dabei reichen die Fragen Frischs vom generellen Verständnis des Begriffs über persönlich-individuelle Aspekte wie Heimweh bis hin zu politisch-rechtlichen Themen wie Heimatlosigkeit: „Was bezeichnen Sie als Heimat?", heißt zum Beispiel Frage Nummer vier, „Was macht Sie heimatlos?", Frage Nummer siebzehn, oder „Kann Ideologie zur Heimat werden?", Frage Nummer zwanzig. Das breite Spektrum der Fragen Frischs demonstriert die ausfernden Bedeutungsschichten und bietet zugleich die Möglichkeit, die grundlegende Subjektivität, Affektivität und Multidimensionalität der ‚Heimat' zu begreifen und auf Begriffe zu bringen.[2]

Bei ‚Heimat' handelt es sich um einen abstrakten Begriff, der zwar im öffentlichen und wissenschaftlichen Kontext kontrovers diskutiert wurde und wird, sich jedoch zugleich dem Versuch einer eindeutigen Bestimmung verschließt. Die inflationären Definitionsversuche sowie deren inhaltliche Füllung unterliegen dabei einem historischen Wandel und sind abhängig von jeweils aktuellen kulturellen, gesellschaftlichen und politischen Bedingungen. Die stark subjektive, emotionale Ausrichtung führt darüber hinaus dazu, dass ‚Heimat' häufig

---

[1] Max Frisch: „Heimat – Ein Fragebogen", in: *Heimat. Analysen, Themen, Perspektiven*, hg. v. Will Cremer und Ansgar Klein, Bonn 1990 [1971], S. 243–245, hier: S. 244.
    Eine ähnliche Formulierung verwendet Jean Améry bereits 1966 in seinem Aufsatz „Wieviel Heimat braucht der Mensch?", in welchem er den Heimatbegriff vor dem Hintergrund der Erfahrungen als Holocaust-Überlebender, als exilierter Jude und ehemaliger KZ-Inhaftierter reflektiert. In: Ders.: *Jenseits von Schuld und Sühne. Bewältigungsversuche eines Überwältigten*, Szczesny 1966, S. 71–100.
[2] Vgl. zu dem didaktischen Wert des Fragebogens von Max Frisch Will Cremer: „Heimat, was ist das? Der Fragebogen als didaktisches Mittel", in: *Heimat. Analysen, Themen, Perspektiven*, hg. v. dems. und Ansgar Klein, Bonn 1990, S. 246–247.

aus jeglichem Zusammenhang gerissen und zum Teil willkürlich verwendet wird. ‚Heimat' ist sentimentalisiert und idealisiert, ideologisiert und instrumentalisiert worden, und heute lässt sich der Begriff kaum von antidemokratischen Machtstrukturen lösen, die ihn über weite Strecken des 20. Jahrhunderts für ihre Zwecke missbraucht haben. In Zeiten von Globalisierung, transnationaler Vernetzung und Transkulturalität erscheint es heute darüber hinaus umso schwieriger, ‚Heimat' zu definieren; gleichwohl gibt es bereits seit den 1970er Jahren vermehrt Tendenzen zu einer Neubestimmung und einer Rehabilitierung des Begriffs.

Wie aber hat sich ‚Heimat' geschichtlich entwickelt? Welche Funktionen hat das Konzept im Laufe seiner Entwicklung gesellschaftspolitisch erfüllt? Und handelt es sich dabei heute überhaupt noch um einen zeitgemäßen, gesellschaftlich relevanten Begriff? Das folgende Kapitel gibt einen diachronen Überblick über die historischen Semantiken der ‚Heimat'. Dabei handelt es sich in Anbetracht der Komplexität des Untersuchungsgegenstands keinesfalls um eine umfassende Darstellung; im Hinblick auf die Analyse der begrifflichen sowie motivisch-strukturellen Dimensionen von ‚Heimat' in ausgewählten Texten Herta Müllers sollen jedoch punktuell, anhand von historisch und systematisch ausgesuchten Fallbeispielen Inhalte und Kontexte, Kontinuitäten und Diskontinuitäten herausgearbeitet werden, die für das reflektierte Verständnis und eine differenzierte Arbeit mit dem Begriff als grundlegend erachtet werden.

2.1 Begriffliche Annäherung und frühe Verwendung im Heimatrecht

Wirft man einen Blick in den *Duden*, so handelt es sich bei ‚Heimat' um ein „Land, Landesteil oder Ort, in dem man (geboren und) aufgewachsen ist oder sich durch ständigen Aufenthalt zu Hause fühlt (oft als gefühlsbetonter Ausdruck enger Verbundenheit gegenüber einer bestimmten Gegend)".[3] Gemäß *Duden* sind folglich Geburt, Sozialisation oder ständiger Aufenthalt konstitutiv für ‚Heimat' – oft begleitet durch eine emotionale Bindung zwischen dem Menschen und seiner Umwelt. Im weitesten Sinne bezieht sich ‚Heimat' also einerseits auf einen geographischen Raum, andererseits auf das Verhältnis zwischen Mensch und Raum, wobei die affektive Füllung dieses Verhältnisses eine zentrale Rolle

---

[3] „Heimat", in: *Duden Online*, unter: http://www.duden.de/rechtschreibung/Heimat (abgerufen am 01.07.2018). Gemäß Duden bezieht sich ‚Heimat' zudem auf das „Ursprungs-, Herkunftsland eines Tiers, einer Pflanze, eines Erzeugnisses, einer Technik o. Ä."

einnimmt. Diese begriffliche Bestimmung macht bereits ein zentrales Problem für einen wissenschaftlichen Gebrauch deutlich: die zentrale, aber objektiv kaum bestimmbare Definitionskategorie des ‚Gefühls'. Anders als im *Duden* beschränken sich die Verwendungen von ‚Heimat' im allgemeinen Sprachgebrauch entsprechend nicht auf einen geographischen Raum, sondern erstrecken sich von topographischen über soziale bis hin zu kulturellen Dimensionen des Begriffs – je nach individueller Perspektive und emotionaler Bindung mit der jeweiligen Umwelt.[4]

Gerade die Multidimensionalität und die Affektivität der ‚Heimat' torpedieren die Möglichkeit einer eindeutigen Definition, machen zugleich jedoch auch die produktive „definitorische Widerständigkeit"[5] sowie die oftmals postulierte Unübersetzbarkeit dieser aus. So erklärt zum Beispiel Max Frisch in seiner Rede zum Erhalt des ‚Großen Schillerpreises' 1974:

> Was der Duden darunter versteht, ist nicht ohne weiteres zu übersetzen. MY COUNTRY erweitert und limitiert Heimat von vornherein auf ein Staatsgebiet, HOMELAND setzt Kolonien voraus, MOTHERLAND tönt zärtlicher als Vaterland, das mit Vorliebe etwas fordert und weniger beschützt als mit Leib und Leben geschützt werden will, LA PATRIE, das hißt sofort eine Flagge – und ich kann nicht sagen, daß mir beim Anblick eines Schweizerkreuzes sofort und unter allen Umständen heimatlich zumute wird [. . .].[6]

In Anbetracht des assoziativen Spielraumes, den der Begriff bietet, vermag keine der von Frisch aufgeführten Übersetzungen die konkrete(n) Bedeutung(en) der ‚Heimat' zu treffen, auch wenn parallele Inhalte durchaus zu finden sind.[7] Die inkommensurable semantische Beschaffenheit des Begriffs spiegelt sich auch

---

[4] 2012 hat *Der Spiegel* in einer Umfrage tausend Menschen befragt, was sie „vor allem mit dem Begriff Heimat" verbinden, woraufhin 33% der Befragten den Wohnort, 31% die Familie, 18% ihren Geburtsort, 12% Deutschland und 5% ihre Freunde genannt haben. Vgl. „Spiegel-Umfrage. Heimat." TNS Forschung am 27. und 28. März 2012, 1000 Befragte, in: *Der Spiegel* 15 (2012), S. 63.

[5] Gunther Gebhard, Oliver Geisler und Steffen Schröter: „Heimatdenken. Konjunkturen und Konturen. Statt einer Einleitung", in: *Heimat. Konturen und Konjunkturen eines umstrittenen Konzepts*, hg. v. dens., Bielefeld 2007, S. 9–56, hier: S. 9.

[6] Max Frisch: „Die Schweiz als Heimat? Rede zur Verleihung des Großen Schillerpreises 1974", in: Ders.: *Gesammelte Werke in zeitlicher Folge*, hg. v. Hans Mayer, 6 Bde., Bd. 6: *1968–1975: Tagebuch 1966–1971. Wilhelm Tell für die Schule. Kleine Prosaschriften. Dienstbüchlein*, Montauk, Frankfurt/Main 1976, S. 509–518, hier: S. 510.

[7] Peter Blickle weist in *Heimat. A Critical Theory of the German Idea of Homeland* neben dem fehlenden englischen oder französischen Äquivalent auf die begrifflichen Entsprechungen in slavischen Sprachen, wie dem slowenischen, kroatischen sowie serbischen ‚dòmovina' oder dem tschechischen ‚domov' hin, die sprachgeschichtlich als Entlehnung aus dem Deutschen vermutet werden. Auch das russische ‚rodina' führt Blickle als Pendant des deutschen Wortes

in den divergierenden Formulierungen der Schwedischen Akademie zur Begründung der Verleihung des Nobelpreises für Literatur an Herta Müller wider. Während es in der offiziellen Pressemitteilung am 8. Oktober 2009 im Deutschen heißt, der Preis gehe an Müller, „die mittels Verdichtung der Poesie und Sachlichkeit der Prosa Landschaften der Heimatlosigkeit zeichnet", ist im Schwedischen die Rede von „hemlöshetens landskap", im Französischen von „paysages de l'abandon", im Spanischen von „paisajes del desamparo" und im Englischen von „landscape of the dispossessed".[8] Die unterschiedlichen Facetten der sprachlichen Übertragungen der ‚Heimatlosigkeit' reichen von Obdachlosigkeit über Verlassenheit und Abkehr bis hin zu Enteignung und Vertreibung – die begrifflichen Inhalte und Emotionen, die das deutsche Wort ‚Heimat' transportiert und die unterschiedlichen Zusammenhänge, in denen es in Deutschland über Jahrhunderte verwendet wurde, sind in keiner der anderen Sprachen präsent. Genau dieser kontextuelle Bedeutungsverlust macht somit im Wesentlichen die von Frisch attestierte ‚Unübersetzbarkeit' der ‚Heimat' aus. Zwar lässt sich ‚Heimat' in andere Sprachen übertragen, jedoch eben nicht ohne eine Verschiebung beziehungsweise den Verlust der historisch gewachsenen kulturellen Implikationen, die dem deutschen Begriff beinahe mythisch anhaften.[9]

‚Heimat' an, da es einerseits ein Zugehörigkeitsgefühl vermittele und andererseits für nationalistische Zwecke gebraucht werde; zugleich weist ‚rodina' im Russischen wiederum sexuelle Konnotation bis hin zu Implikationen inzestuöser Mutter-Sohn Verhältnisse auf, die im deutschen Ausdruck ‚Heimat' nicht mitklingen. Vgl. Peter Blickle: *Heimat. A Critical Theory of the German Idea of Homeland*, Rochester/NY 2002, S. 2–3.
    Zu der ‚Unübersetzbarkeit' der ‚Heimat' ins Englische vgl. Elizabeth Boa und Rachel Palfreyman: *Heimat – A German Dream. Regional Loyalties and National Identity in German Culture 1890–1990*, Oxford 2000, S. 1.
8 „The Nobel Prize in Literature 2009 – Press Release", in: *Nobelprize Organization* (08.07.2012), unter: http://www.nobelprize.org/nobel_prizes/literature/laureates/2009/press_ty.html (abgerufen am 01.07.2018).
    Die vollständigen Begründungen in englischer, schwedischer, spanischer und französischer Sprache lauten wie folgt: „who, with the concentration of poetry and the frankness of prose, depicts the landscape of the dispossessed"; „som med poesins förtätning och prosans saklighet tecknar hemlöshetens landskap"; „qui avec la concentration de la poésie et l'objectivé de la prose dessine les paysages de l'abandon"; „que con la concentración de la poesía y la objetividad de la prosa dibuja los paisajes del desamparo".
9 Zur zunehmenden Infragestellung des Topos einer Unübersetzbarkeit der ‚Heimat' vgl. Dana Bönisch, Jil Runia und Hanna Zehschnetzler: „Einleitung: Revisiting ‚Heimat'", in: *Heimat Revisited. Kulturwissenschaftliche Perspektiven auf einen umstrittenen Begriff*, hg. v. dens., Berlin, Boston 2020, S. 1–19, hier: S. 7f. Vgl. auch Jens Jäger: „Heimat", in: *Docupedia-Zeitgeschichte. Begriffe, Methoden und Debatten der zeithistorischen Forschung* (09.11.2017), unter: http://docupedia.de/zg/Jaeger_heimat_v1_de_2017 (abgerufen am 20.03.2020).

Das deutsche Wort ‚Heimat' lässt sich zwar schon früh in einem religiösen Kontext sowie in althochdeutscher und mittelhochdeutscher Literatur nachweisen,[10] besonders ab dem 16. Jahrhundert kristallisiert sich jedoch eine verbreitete Verwendung des Begriffs im Zusammenhang mit Besitz und Aufenthaltsort sowie schließlich im historischen Heimatrecht heraus. Ursprünglich als Neutrum gebraucht, verweist bereits die Etymologie von ‚das Heimat' als suffixaler Erweiterung des gemeingermanischen ‚haima' auf einen substantivischen Gebrauch im Sinne von Besitztum, Erbe oder Aufenthaltsort einer Person oder Gemeinde. Auch im Gotischen bedeutete ‚haims' ‚Dorf' oder ‚Land' und wurde mit der Erweiterung ‚-oþli' (also ‚haimoþli') in Verbindung mit dem Grundbesitz verwendet.[11] Entsprechend wurde im Mittelalter ‚Heimat' in der Regel synonym mit ‚Haus und Hof', also mit dem Besitz der Familie in einer Gemeinde verwendet, bis schließlich im 16. Jahrhundert auch rechtliche Ansprüche mit dieser verknüpft wurden. Im *Handwörterbuch Staatswissenschaften* aus dem Jahr 1910 heißt es über das „Aeltere Heimatrecht":

> Die Heimat verdankt ihre Entstehung der im 16. Jahrh. allenthalben erfolgenden Einführung einer Verpflichtung der politischen oder Kirchengemeinde zur Unterstützung „ihrer" Armen und dem damit verbundenen Gebot, fremde Bettler des Ortes zu verweisen. Den Kreis der Versorgungsanwärter näher zu bestimmen, unterließ die Gesetzgebung zunächst.[12]

Das historische Heimatrecht begründete also zunächst einen finanziellen Versorgungsanspruch für all diejenigen, die der entsprechenden Gemeinde angehörten. Die genauen Voraussetzungen für den Erwerb des Heimatrechts sowie die rechtlichen Vorteile, die aus diesem resultierten, unterschieden sich allerdings in den verschiedenen deutschen Staaten. Im württembergischen *Gesetz über das Gemeinde, Bürger- und Beisitzrecht* wird zum Beispiel 1828 dargelegt, dass das Heimatrecht den Bürgern einerseits „im Falle der Dürftigkeit" einen Anspruch „auf Unterstützung aus den örtlichen Kassen" sowie andererseits „die Befugnis, in der Gemeinde sich häuslich niederzulassen und unter den gesetzlichen Bestimmungen sein Gewerbe zu treiben", gewährte.[13] Auch allgemeine Bürgerrechte,

---

10 Vgl. dazu Andrea Lobensommer: *Die Suche nach Heimat. Heimatkonzeptionsversuche in Prosatexten zwischen 1989 und 2001*, Frankfurt/Main u. a. 2010, S. 63–67.
11 Eine ausführliche etymologische Darstellung des Begriffs ‚Heimat' liefert Jens Korfkamp: *Die Erfindung der Heimat, Zu Geschichte, Gegenwart und politischen Implikaten einer gesellschaftlichen Konstruktion*, Berlin 2006, S. 19–26.
12 „Heimatrecht", in: *Handwörterbuch Staatswissenschaften*, hg. v. J. Conrad, L. Elster, W. Lexis und Edg. Leoning, 3. Aufl., Bd. 5 (1910) S. 246–248, hier: S. 247.
13 „Revidirtes Gesetz über das Gemeinde- Bürger- und Beisitzrecht vom 4. December 1833", in: *Verfassungen*, unter: https://www.verfassungen.de/bw/wuerttemberg/gemeindebuergerrecht1833-i.htm (abgerufen am 19.05.2020).

wie zum Beispiel das Recht zum Grundstückserwerb oder zur Heirat, wurden bis ins 19. Jahrhundert zunehmend an das Heimatrecht gekoppelt.[14]

Im Kontext des historischen Heimatrechts wird ‚Heimat' folglich zu einer Bezeichnung für die rechtliche Zugehörigkeit zu einer Gemeinde. Dabei lag es allerdings häufig im Interesse der Gemeinden, den Kreis der Versorgungsanwärter klein zu halten oder sogar zu reduzieren, um den finanziellen Haushalt weniger zu belasten. So wurde zum Beispiel bestimmten Personenkreisen der Erwerb erschwert beziehungsweise versagt oder Ausgewanderten wurde das Rückkehrrecht verweigert. Hermann Bausinger spricht demzufolge von einem für das historische Heimatrecht grundlegenden „*Ausschlussprinzip*", denn besonders Bedienstete, Nichterbende, Ausgewanderte, Nichtsesshafte oder Bettelleute mussten häufig auf ‚Heimat' und die damit verbundenen Rechte verzichten: „Das Heimatrecht entsprach den Prinzipien einer *stationären Gesellschaft*, an deren Rändern allerdings die Zahl der Heimatlosen, der Vagabunden und Bettelleute ständig wuchs."[15] Diese begriffliche Kontrastierung von Menschen mit ortsgebundenen Heimatrechten und rechtlich benachteiligten Heimatlosen findet sich auch in einer Rede des preußischen Staatsmanns und Reformers Karl Freiherr vom Stein, der vor dem westfälischen Provinziallandtag 1831 von der Gefahr spricht, „die aus dem Wachstum der Zahl und der Ansprüche der untersten Klasse der bürgerlichen Gesellschaft entsteht – diese Klasse besteht [. . .] aus dem heimatlosen, eigentumslosen Pöbel [. . .]; sie hegt und nährt in sich den Neid und die Habsucht."[16] ‚Heimat' war in diesem Kontext folglich in erster Linie eine „Institution für Privilegierte"[17], was zunehmend Feindseligkeiten und Missgunst schürte und die Kluft zwischen den gesellschaftlichen Klassen vertiefte.

---

14 Vgl. „Heimatrecht", in: *Handwörterbuch Staatswissenschaften*, Bd. 5 S. 247.
    Zur Entwicklung des historischen Heimatrechts vgl. Andrea Bastian: *Der Heimat-Begriff. Eine begriffsgeschichtliche Untersuchung in verschiedenen Funktionsbereichen der deutschen Sprache*, Tübingen 2012 [1995], S. 101–194.
15 Hermann Bausinger: „Heimat in einer offenen Gesellschaft. Begriffsgeschichte als Problemgeschichte", in: *Heimat. Analysen, Themen, Perspektiven*, hg. v. Will Cremer und Ansgar Klein, Bonn 1990 S. 76–90, hier: S. 78 (Hervorhebung im Original).
16 Freiherr Karl vom Stein: „Über die unterste Klasse der bürgerlichen Gesellschaft", in: *Die Eigentumslosen. Der deutsche Pauperismus und die Emanzipationskrise in Darstellung und Deutungen der zeitgenössischen Literatur*, hg. v. Carl Jantke, Dietrich Hilger, Freiburg, München 1965 [1831], S. 133.
17 Miriam Kanne: *Andere Heimaten. Transformationen klassischer ›Heimat‹-Konzepte bei Autorinnen der Gegenwartsliteratur*, Sulzbach/Taunus 2011, S. 19.

2.2 ‚Heimat' als ‚Kompensationsraum' im 19. Jahrhundert

Bis ins 19. Jahrhundert überwiegt die „Amtsstuben-Realität"[18] der ‚Heimat' – eine im öffentlichen Gebrauch vorherrschende nüchterne Verwendung zumeist in einem juristischen, administrativen Kontext. Im Laufe des 19. Jahrhunderts erfährt der Begriff jedoch eine wesentliche Bedeutungserweiterung und rückt von einer in erster Linie konkret-materiellen zunehmend in eine emotional-subjektive Umgebung.[19] Hermann Bausinger weist in seiner „Begriffsgeschichte als Problemgeschichte" auf die für diese Entwicklung zentrale Problematik der fehlenden Legitimation des Heimatrechts im Kontext neuer wirtschaftlicher Entwicklungen in Deutschland hin, die von den Bürger*innen eine zunehmende Mobilität verlangten: In den Umbrüchen der Industrialisierung setzt sich statt Seßhaftigkeit Freizügigkeit sowie das Prinzip des Unterstützungswohnsitzes durch, nach welchem Unbemittelte nicht mehr von der Gemeinde, in der sie ‚Haus und Hof' besitzen, sondern von der Gemeinde unterstützt werden, in welcher sie sich mehr als zwei Jahre aufgehalten haben.[20] Technischer Fortschritt, Modernisierung und Materialismus gehen im 19. Jahrhundert einher mit einer Landflucht, der Urbanisierung sowie dem Bedeutungsrückgang traditioneller Regionen. Der Agrarstaat wandelt sich zum Industriestaat, wobei sich das stationäre Grundprinzip des Heimatrechts als problematisch erweist.

In diesem Kontext wandelt sich jedoch nicht nur das historische Heimatrecht; zugleich bildet sich ‚die Heimat' als zentraler Begriff der Gegenbewegung zu dem Fortschrittsglauben der industrialisierten Gesellschaft heraus. Dem befürchteten Werteverlust und der vermeintlichen Entfremdung der modernen, aufgeklärten, säkularisierten Gesellschaft werden die imaginäre Idylle der

---

[18] Walter Jens: „Nachdenken über Heimat. Fremde und Zuhause im Spiegel deutscher Poesie", in: *Heimat. Neue Erkundungen eines alten Themas*, hg. v. Horst Bienek, München, Wien 1985, S. 14–26, hier: S. 15.

[19] Die Fülle der verschiedenen Verwendungen und Bedeutungen des Begriffs ‚Heimat' im 19. Jahrhundert wird zum Beispiel im 1854 erstmals veröffentlichten *Deutschen Wörterbuch* von Jacob und Wilhelm Grimm deutlich, in dem unter anderem folgende Bedeutungen aufgeführt sind: *„das land oder auch nur der landstrich, in dem man geboren ist oder bleibenden aufenthalt hat", „der geburtsort oder ständige wohnort", „das elterliche haus und besitzthum heiszt so, in Baiern [. . .], woraus der sinn haus und hof, besitzthum überhaupt sich ausbildet", „in freierer anwendung. a) dem christen ist der himmel die heimat, im gegensatz zur erde, auf der er als gast oder fremdling weilt b) dichterisch c) redensarten"*.

„Heimat", in: *Deutsches Wörterbuch*, hg. v. Jacob und Wilhelm Grimm, Bd. 10 (1854), Sp. 864–866, unter: http://woerterbuchnetz.de/DWB/?sigle=DWB&mode=Vernetzung&lemid=GH05424#XGH05424 (abgerufen am 01.07.2018).

[20] Vgl. Bausinger: „Heimat in einer offenen Gesellschaft", S. 78.

Landschaft und ursprünglicher Lebensformen entgegengesetzt. In dem Wort ‚Heimat' bündelt sich die Sehnsucht nach einer vertrauten Welt, begleitet von idealisierten und verklärten Vorstellungen von Natur, Religion, Traditionen, Dorf- und Bauernleben, wobei die mit der ‚Heimat' verbundenen Topoi unmittelbar an die Themen, Stoffe und Motive der Romantik anknüpfen. Im Angesicht der voranschreitenden Industrialisierung und ihrer Folgen stellt die ‚Heimat' folglich einen Gegenpol zum sozialen Wandel, einen Rückzugspunkt dar, in dem die vermeintlichen Defizite der modernen Gesellschaft kompensiert werden. Bei Bausinger heißt es:

> Heimat ist hier *Kompensationsraum*, in dem die Versagungen und Unsicherheiten des eigenen Lebens ausgeglichen werden, in dem aber auch die Annehmlichkeiten des eigenen Lebens überhöht erscheinen: Heimat als ausgeglichene, schöne Spazierwelt. In den Bildern und Sprachbildern mendeln sich damals die festen Formeln des Pittoresken heraus, die bis heute für diese Vorstellung von Heimat maßgebend sind – Heimat als *Besänftigungslandschaft*, in der scheinbar die Spannungen der Wirklichkeit ausgeglichen sind.[21]

Im 19. Jahrhundert manifestiert sich, was heute als der für ‚Heimat' oftmals als konstitutiv geltende Bestandteil der engen emotionalen Verbundenheit zwischen Mensch und Raum verstanden wird; und auch die klischeehaften Bilder des pittoresken, idyllischen Landlebens, die bis ins 21. Jahrhundert untrennbar mit der Vorstellung von ‚Heimat' einhergehen, sind auf gesellschaftliche, politische und kulturelle Entwicklungen des 19. Jahrhunderts zurückzuführen.

Neben der voranschreitenden Industrialisierung und dem Wandel des historischen Heimatrechts hatte darüber hinaus das bereits im 16. Jahrhundert in der Schweiz belegte, aber besonders ab dem 18. Jahrhundert sich ausbreitende Kompositum ‚Heimweh' einen wesentlichen Einfluss auf die subjektiv-emotionale Bedeutungserweiterung der ‚Heimat'. Ursprünglich bezeichnete der Begriff eine psychosomatische Krankheit, als deren Ursache die örtliche Trennung vom Geburtsort und die daraus resultierende fehlende Geborgenheit ausgemacht wurden.[22] Der Mediziner Johannes Hofer gilt gemeinhin als ‚Entdecker' der medizinischen Kategorie ‚Heimweh'. Bereits in seiner Dissertation aus dem Jahr 1688 widmet er sich dem Thema, und auch die im 18. und 19. Jahrhundert übliche synonyme Verwendung von ‚Heimweh' und ‚Nostalgie' geht auf seine Dissertation zurück:

> Das Heimweh, diese so oft tötende Krankheit, ist bisher von den Ärzten gar noch nicht, so sehr sie es auch verdient, beschrieben [. . .]. Der teutsche Name zeigt den Schmerz an,

---

21 Bausinger: „Heimat in einer offenen Gesellschaft", S. 80 (Hervorhebung im Original).
22 Zur Begriffsgeschichte des Heimwehs vgl. Ina-Maria Greverus: *Auf der Suche nach Heimat*, München 1979, S. 106–111.

den die Kranken deshalb empfinden, weil sie sich nicht in ihrem Vaterlande befinden, oder es niemals wieder zu sehen befürchten. Daher haben denn auch die Franzosen, wegen der in Frankreich davon befallenen Schweizer, die Krankheit maladie du Pays genannt: da sie keinen Namen im Latein hat, so habe ich sie nostalgia, von νόστος, die Rückkehr ins Vaterland, und ἄλγος, Schmerz oder Betrübnis, benannt.[23]

Am Beispiel der Schweizer Soldaten beschreibt Hofer zum ersten Mal umfangreich die Ursachen und Symptome der vermeintlichen (Schweizer-) Krankheit, darunter psychische sowie organische Leiden, die bis zum Tod führen können. Durch die Rückführung in die ‚Heimat', also durch ‚Heimkehr', so Hofers Auffassung, könnten die Auswirkungen des ‚Heimwehs' jedoch bekämpft oder sogar geheilt werden.[24] Entsprechend folgert zum Beispiel Friedrich Schiller über hundert Jahre später in seinem „Versuch über den Zusammenhang der tierischen Natur des Menschen mit seiner geistigen" (1780): „Man bringe einen, den das fürchterliche Heimweh bis zum Skelett verdorren gemacht hat, in sein Vaterland zurück, er wird sich in blühender Gesundheit verjüngen."[25]

Im Angesicht der zunehmenden Mobilität der industrialisierten Gesellschaft und der daraus resultierenden weitverbreiteten Erfahrung der Entfernung vom Geburtsort gewann der medizinische Terminus ‚Heimweh' im 19. Jahrhundert besonders an Brisanz. Aber bereits seit Ende des 18. Jahrhunderts wurde das Motiv des ‚Heimwehs' auch vermehrt von der Romantik aufgegriffen, was sich exemplarisch an Joseph von Eichendorffs gleichnamigen spätromantischen Gedicht aus dem Jahr 1841 zeigt:

Wer in die Fremde will wandern,
Der muß mit der Liebsten gehn,
Es jubeln und lassen die andern
Den Fremden alleine stehn.

Was wisset ihr, dunkele Wipfeln,
Von der alten, schönen Zeit?
Ach, die Heimat hinter den Gipfeln,
Wie liegt sie von hier so weit!

---

23 Johannes Hofer: „Dissertatio Medica", deutsche Zusammenfassung von 1779 durch D. Lorenz Crell, in: *Vom Heimweh*, hg. v. Fritz Ernst, Zürich 1949 [1688], S. 63–72, hier: S. 63.
    Vgl. Johannes Hofer: *Dissertatio Medica De Nostalgia, Oder Heimweh*, Auszug: Namensgebungen des Heimwehs im § 2, in: *Vom Heimweh*, hg. v. Fritz Ernst, Zürich 1949 [1688], S. 61 f.
24 Vgl. Hofer: „Dissertatio Medica", deutsche Zusammenfassung, S. 65–67.
25 Friedrich von Schiller: „Versuch über den Zusammenhang der tierischen Natur des Menschen mit seiner geistigen", in: Ders.: *Schillers Sämtliche Werke*, hg. v. Eduard von der Hellen, 16 Bde., Bd. 11: *Philosophische Schriften. Erster Teil*, Stuttgart, Berlin 1905 [1780], S. 41–79, hier: S. 61.

Am liebsten betracht ich die Sterne,
Die schienen, wenn ich ging zu ihr,
Die Nachtigall hör ich so gerne,
Sie sang vor der Liebsten Tür.

Der Morgen, das ist meine Freude!
Da steig ich in stiller Stund
Auf den höchsten Berg in die Weite,
Grüß dich, Deutschland, aus Herzensgrund![26]

In Eichendorffs „Heimweh" bündeln sich romantische Vorstellungen von einer engen Verbundenheit mit der ‚heimatlichen' Natur und den dort angesiedelten Menschen, die wiederum aus der geographischen und zeitlichen Distanz heraus zu einer rückwärtsgewandten Sehnsucht nach der vertrauten ‚deutschen Heimat' führen. Zum Zeitpunkt der Veröffentlichung des Gedichtes war die Emotionalisierung des Begriffs bereits initiiert, wobei das romantische Interesse an den Sujets ‚Heimat' und ‚Heimweh' zugleich wesentlich zu der im 19. Jahrhundert erfolgten Bedeutungserweiterung der ‚Heimat' beitrug. Nicht zuletzt durch die literarische Verwendung wurde der Begriff auch im allgemeinen Sprachgebrauch sukzessiv eingebürgert.

Zudem lieferten auch gesellschaftspolitische Entwicklungen wichtige Impulse für die neue Auffassung von ‚Heimat': Während bereits im frühen 19. Jahrhundert eine verstärkte Suche nach nationalstaatlicher Einheit und einem deutschen Nationalbewusstsein als unmittelbare Reaktion auf die französische Hegemonie und Fremdherrschaft sowie den österreichischen Imperialismus aufkommt, rückt ‚Heimat' in ihrer Verwendung immer näher an die Begriffe ‚Volk' und ‚Vaterland' und erhält so zusätzlich zur subjektiven auch eine politische Dimension. Deutlich wird diese begriffliche Annäherung in Jacob Grimms Göttinger Antrittsrede „Über die Heimatliebe" aus dem Jahr 1830:

> Was als gemeine Redensart von vielen gedrechselt und im Munde geführt wird: Wo es einem gut gehe, dort sei seine Heimat, das ist mir immer als schlechter Spruch erschienen und geeignet, eine höchst unnütze Art von Leichtfertigkeit zu erzeugen. Denn wer glaubt wohl wirklich, er könne seine Heimat wie ein Kleidungsstück wechseln und, nachdem das alte abgelegt, ein neues schöneres anziehen? [. . .] Alle liebevollen Gefühle aber, um mit Cicero zu reden, umfaßt das eine Vaterland; daher sei es durch eine Wohltat der Natur tief in unsern Sinn und unsere Seelen hineingelegt, gleichwie uns jener Winkel, in welchem wir zum ersten

---

[26] Joseph von Eichendorff: „Heimweh", in: Ders.: *Gedichte*, hg. v. Luitgard Albrecht-Natorp, Krefeld 1948, S. 23.

male das Licht der Welt erblicket und an der Mutterbrust gesogen haben, vor allen andern anlacht; von einer unersättlichen Sehnsucht nach ihm werden wir immer getrieben sein, wenn es jemals nötig war ihn zu verlassen und in einem andern Lande hängenzubleiben.[27]

Das ‚Vaterland' bildet immer stärker die nationale Entsprechung der regionalen ‚Heimat'. Folglich greift Jacob Grimm die zu seiner Zeit gängige Ansicht auf, dass die Verbundenheit mit der ‚Heimat' und dem ‚Vaterland' von Grund auf im Menschen verankert sei – gewissermaßen als *conditio humana*, die den Menschen auf natürliche Weise und unverrückbar mit seiner Region und seiner Nation vereint.

Aus dieser existenziellen Verbundenheit mit ‚Heimat' und ‚Vaterland' leitet Jacob Grimm in seiner Antrittsrede wiederum humane und soziale Pflichten ab sowie eine grundsätzliche Notwendigkeit, ein nationalstaatliches Bewusstsein zu entwickeln:

> Es ist ebenso unausbleiblich, daß das ganze Volk, dem es vorherbestimmt ist, seine vornehmsten Teile zu erhalten und sich durch die übrigen weiter zu erheben, nicht nur zu einer gehörigen Gebietsgröße heranwächst, sondern auch die einzelnen Stämme, aus denen es sich zusammensetzt, in einer Familie vereinigt. Doch scheint sich das Schicksal Deutschlands noch nicht erfüllt zu haben. Denn während unser Staat unter den Königen sächsischen und schwäbischen Stammes zu einem wahrhaft volksmäßigen Gehalt und einer engen Verbindung aller Glieder hatte heranreifen können, hat er in der darauf folgenden Zeit lange gekrankt und schwersten Schaden aus dem Umstande erlitten, daß in den letzten vier Jahrhunderten die höchste Reichsgewalt beim Hause Österreich beschlossen lag.[28]

Die Herausbildung einer nationalen Identität erweist sich in Deutschland in der Tat als schwierig. Im Übergang vom Heiligen Römischen Reich Deutscher Nation über die Fremdherrschaft Napoleons zu Beginn des ‚langen 19. Jahrhunderts' sowie vom Deutschen Bund (ab 1815) bis hin zum Deutschen Kaiserreich (ab 1871) fehlen die gemeinsamen Grundlagen sowie die zeitliche Konstanz für das Herausbilden einer nationalstaatlichen Identität. Auch die freiheitlich-demokratischen Einheits- und Unabhängigkeitsbestrebungen des Bürgertums scheitern 1848. In dieser politischen Umgebung bildet sich der Begriff ‚Heimat' als Werkzeug zur „*nationale*[n] *Beschwörung des gemeinsamen Vaterlandes*" und als „*politisches Beschwichtigungsangebot*"[29] heraus. In Anbetracht fehlender nationalstaatlicher Gemeinsamkeiten resultiert die politische Aufladung der ‚Heimat' im 19. Jahrhundert gewissermaßen aus einer „deutsche[n] Verlegenheit", die, so Christian Graf von Krockow, nach „Abhilfen" suche: „Mehr und mehr werden die Begriffe ineinander gemischt als sei Volk das, was die Heimat bevölkert, als gewinne der Patriotismus seine Macht aus der Liebe zur Heimat, als vollende sich die Heimat im Vaterland,

---

27 Jacob Grimm: „Über die Heimatliebe. 1830. (De desiderio patriae)", in: *Goettinger Universitaetsreden aus zwei Jahrhunderten. 1737–1934*, hg. v. Wilhelm Ebel, Göttingen 1978, S. 220–227, hier: S. 220.
28 Grimm: „Über die Heimatliebe. 1830. (De desiderio patriae)", S. 223.
29 Bausinger: „Heimat in einer offenen Gesellschaft", S. 80 (Hervorhebung im Original).

als werde sie in ihm bewahrt und verteidigt."[30] ‚Heimat', ‚Volk' und ‚Vaterland' werden zu Schlagworten eines sich in Teilen immer stärker herausbildenden Nationalismus, wobei sich gerade die eigentlich unpolitische Ausrichtung des Begriffs durch ihren besänftigenden, identitätsstiftenden Charakter für nationalistische Zwecke als besonders hilfreich herausstellt.

Zwar nimmt die anti-modernistische, nationalistische Auffassung von ‚Heimat' schon seit der späten Romantik und den Befreiungskriegen von der napoleonischen Vorherrschaft 1813 bis 1815 stetig zu, besonders aber nach den Umbrüchen der Märzrevolution 1848 und den damit einhergehenden nationalen Einheits- und Unabhängigkeitsbestrebungen bildet sich zunehmend eine volkspädagogisch engagierte Bewegung heraus, die sich der Stärkung regionaler und nationaler Identität durch ‚Heimatschutz' verschreibt. Dabei wird die Vergangenheit in erster Linie als Erfolgsgeschichte verstanden, was dazu führt, dass besonders die kulturellen ‚Verluste' moniert und zugleich wieder heraufbeschworen werden.[31] Die Bestrebungen dieser bürgerlichen Heimatbewegung zeichnen sich ab den 1870er Jahren in der Gründung zahlreicher Vereine, aber auch Museen ab, darunter sowohl fachspezifische (zum Beispiel geschichts-, kunst- oder naturwissenschaftliche) als auch universalwissenschaftlich ausgerichtete Institutionen, die sich zum Ziel setzen, Kultur und Natur ihrer ‚Heimat' einerseits wissenschaftlich zu erforschen sowie andererseits nachhaltig zu bewahren.[32] Die Förderung, der Schutz und die Pflege der ‚Heimat' gelten dabei als Basis für den Erhalt des ‚Vaterlandes' sowie für die Forcierung eines ausgeprägten Nationalbewusstseins. Die engagierten Bestrebungen der bürgerlichen Heimatbewegung des späten 19. Jahrhunderts führen zugleich zu einer immer stärkeren Präsenz des Begriffs im öffentlichen sowie im politischen Raum und liefern nicht zuletzt einen wesentlichen Beitrag zum gipfelnden Erfolgskurs der ‚Heimat' um die Jahrhundertwende.

2.3 Heimatkunst und Heimatroman um die Jahrhundertwende

Infolge der umfassenden Bedeutungserweiterung der ‚Heimat' und der sich gleichzeitig ausbreitenden nationalistischen Tendenzen im Laufe des 19. Jahrhunderts, erlebt der Gebrauch des Begriffs um die Jahrhundertwende eine Blütezeit, welche sich literarisch beziehungsweise kulturell zum einen an dem

---

30 Christian Graf von Krockow: „Heimat – Eine Einführung in das Thema", in: *Heimat. Analysen, Themen, Perspektiven*, hg. v. Will Cremer und Ansgar Klein, Bonn 1990, S. 56–69, hier: S. 64.
31 Vgl. Karl Ditt: „Die deutsche Heimatbewegung 1871–1945", in: *Heimat. Analysen, Themen, Perspektiven*, hg. v. Will Cremer und Ansgar Klein, Bonn 1990, S. 135–154, hier: S. 135.
32 Vgl. Ditt: „Die deutsche Heimatbewegung 1871–1945", S. 135–143.

Aufkommen und dem Erfolg der Heimatkunstbewegung sowie zum anderen an dem gleichzeitig und nachhaltig populären Heimatroman festmachen lässt.[33] Dabei knüpfen sowohl der Heimatroman als auch die Heimatkunst unmittelbar an die bürgerliche Heimatbewegung des späten 19. Jahrhunderts an und rekurrieren auf die verbreitete Verwendung der ‚Heimat' als ‚Kompensationsraum'[34], als eskapistisches Konzept im Angesicht der rasant fortschreitenden Industrialisierung und Modernisierung. Gleichzeitig ebnen sie jedoch auch den Weg für die Komprimierung des Begriffs auf nationalistische, faschistoide Bedeutungsinhalte, die schließlich in den 1930er Jahren von den Nationalsozialisten zur radikalen Ideologisierung der ‚Heimat' instrumentalisiert werden.

Die Bezeichnung Heimatkunst bezieht sich dabei auf die ‚völkisch' ausgerichtete, politisierte kulturelle respektive literarische Strömung, deren Grundlagen wesentlich von Adolf Bartels geprägt wurden. Gemeinsam mit Friedrich Lienhard zählt Bartels bis heute zu deren wichtigsten Vertretern und Theoretikern; auch der Name der Bewegung geht auf seine Initiative zurück.[35] Nach Bartels Auffassung war der oberste Anspruch der Heimatkunst „Treue in der Erfassung der Natureigenart und der Volksseele ihrer Heimat", in der Hoffnung, dass so „die bescheidene, aber ehrliche Heimatkunst [...] den Boden für die große, nationale Kunst" bereiten könne.[36] Die motivisch transportierten ‚heimischen' beziehungsweise ‚heimatlichen' Inhalte der Strömung verstand Bartels im Hinblick auf die gesellschaftspolitischen Verhältnisse durchaus als programmatisch; in *Die deutsche Dichtung der Gegenwart* erklärt er 1897 in Bezug auf die Autor*innen, die im Stile der Heimatkunst verfahren:

> Und da kommt ihnen eine gewaltige Zeitströmung entgegen: Der Rückschlag auf die verflachenden und schablonisierenden Wirkungen der Anschauungen der liberalen Bourgeoisie und der leeren Reichssimpelei wie auch des Internationalismus der Sozialdemokratie. Man weiß wieder, was die Heimat bedeutet, daß es ohne die Unterlage eines starken Heimatge-

---

33 Einen umfangreichen Überblick über Besonderheiten und zeitgeschichtliche Kontexte der Heimatkunstbewegung und des Heimatromans gibt Karlheinz Rossbacher: *Heimatkunstbewegung und Heimatroman. Zu einer Literatursoziologie der Jahrhundertwende*, Stuttgart 1975.
Zum Wechselverhältnis zwischen Heimatkunst und Kolonialismus vgl. Rolf Parr: „Koloniale Konstellationen von Heimat und Fremde. Wie Heimat und Fremde im Rückblick miteinander verschmelzen", in: *Heimat Revisited. Kulturwissenschaftliche Perspektiven auf einen umstrittenen Begriff*, hg. v. Dana Bönisch, Jil Runia und Hanna Zehschnetzler, Berlin, Boston 2020, S. 127–144.
34 Vgl. Bausinger: „Heimat in einer offenen Gesellschaft", S. 80; siehe auch Kapitel 2.2.
35 Zu der Begrifflichkeit „Heimatkunst" vgl. Adolf Bartels: *Heimatkunst. Ein Wort zur Verständigung*, München, Leipzig 1904, S. 6 f.
36 Adolf Bartels: *Die deutsche Dichtung der Gegenwart. Die Alten und die Jungen*, 4. Aufl., Leipzig 1901 [1897], S. 280 f.

fühls auch kein rechtes Nationalgefühl giebt, daß es eine der größten sozialen Aufgaben ist, die Heimat dem modernen Menschen wiederzugeben oder sie ihm zu erhalten, ihn in ihr wahrhaft heimisch zu machen.[37]

Analog zur Heimat(schutz)bewegung waren deutscher Nationalismus sowie die Rückbesinnung auf ‚Heimat' folglich zentrale Impulse der Vertreter*innen der Heimatkunst, darunter zum Beispiel Hermann Löns, Wilhelm von Polenz oder Julius Langbehn. Der Anfang der Heimatkunst wird in der Regel auf die Erscheinung von Langbehns *Rembrandt als Erzieher* (1890) datiert, welches den volkserzieherischen, kulturkonservativen, nationalistischen, rassistischen Tenor für die Strömung vorgibt: „Das arische Blut", heißt es darin exemplarisch, „es ist ein aristokratisches Blut; es ist von allem menschlichen ‚Blut' dasjenige, welches am meisten sittliches ‚Gold' in sich hat."[38]

Dabei kann die Heimatkunst eben als unmittelbare Gegenbewegung, als Reaktion auf soziale, politische und kulturelle Prozesse verstanden werden: Einerseits richtete sie sich explizit gegen den voranschreitenden Modernismus und damit gegen den technischen Fortschritt, die Großstadt, den Intellektualismus, gegen Dekadenz, Kosmopolitismus, Internationalismus und einen befürchteten Werteverlust – andererseits richtete sie sich innerhalb des Stilpluralismus der Jahrhundertwende ausdrücklich gegen den Naturalismus und dabei besonders gegen Émile Zola und den von ihm proklamierten intellektuellen, innovativen Umgang mit Kunst.[39] Als vermeintliche Repräsentant*innen von Modernisierung, Intellektualismus und Kapitalismus galten Menschen jüdischen Glaubens den Autor*innen der Heimatkunst häufig als Musterbeispiel für die Werte, die sie ablehnten, wodurch diese zum „gesellschaftspolitischen Sündenbock"[40] stilisiert wurden. Im Gegenzug widmete sich diese kulturelle, literarische Bewegung der ‚Heimat' und propagierte besonders das bodenständige Bauern-

---

37 Bartels: *Die deutsche Dichtung der Gegenwart*, S. 280.
38 Julius Langbehn: *Rembrandt als Erzieher*, 23. Aufl., Leipzig 1890, S. 328.
  Adolf Bartels nennt Langbehn im Hinblick auf sein Werk *Rembrandt als Erzieher* einen „Prophet[en]" für die Heimatkunst, Bartels: „Heimatkunst", S. 12.
39 In *Heimatkunst. Ein Wort zur Verständigung* erläutert Bartels 1900 sowohl Vor- als auch Nachteile des naturalistischen Kunst- und Weltverständnisses, macht jedoch zugleich seine Ablehnung gegenüber Zola deutlich, wenn es zum Beispiel heißt: „Er [der Naturalismus] war, zumal in der unmittelbar von Zola übernommenen romantischen und mechanischen Form und in einer ursprünglichen Einseitigkeit als Großstadtkunst vielfach geradezu ‚scheußlich'", Bartels: „Heimatkunst", S. 11.
  In *Die deutsche Dichtung der Gegenwart* bezieht sich Bartels wiederum auf Wilhelm Weigands „Elend der Kritik", in welchem der Naturalismus „trotz der trefflichen Leistungen einzelner Dichter" als „eine Gefahr für den durchaus individualistischen germanistischen Geist" bezeichnet wird. Bartels: *Die deutsche Dichtung der Gegenwart*, S. 280.
40 Kanne: *Andere Heimaten*, S. 37.

tum, die als harmonisch empfundene Natur, überschaubare Räume des Dorfes oder der Kleinstadt sowie die Rückbesinnung auf traditionelle, vorindustrielle Werte. Mit vermeintlich realistischer Neutralität kompensierten die idealisierten, agrarromantischen Motive der Werke der Heimatkunstbewegung folglich die als defizitär empfundenen gesellschaftlichen und kulturellen Entwicklungen und zielten stattdessen auf eine unkritische Stärkung des deutschen ‚Heimat'- und Nationalgefühls.

Die populärste literarische Form der Heimatkunst war der Heimatroman; gleichzeitig war um die Jahrhundertwende nicht jeder Heimatroman automatisch Teil der Heimatkunstbewegung. Trotz oft synonymer Verwendung müssen die literarische Form Heimatroman, das übergeordnete Genre der Heimatliteratur sowie die Strömung der Heimatkunst voneinander unterschieden werden. Heimatliteratur (oder auch Heimatdichtung) wird dabei gemeinhin als thematisch bestimmter Oberbegriff für Literatur „aus dem Erlebnis der Heimat, einer bestimmten Landschaft und ihrer Menschen sowie des ländl. Gemeinschaftslebens im weitesten, nicht nur rein stoffl. Sinne als allg. Grundlage der Welterfahrung"[41] verstanden. Folgt man dieser Definition Gero von Wilperts, so ist das Genre der Heimatliteratur durchaus weit gefasst und schließt nicht nur den Heimatroman, sondern auch dessen Vorläufer wie zum Beispiel die hellenistische Bukolik, die mittelalterliche Schäferdichtung, den europäischen Bauernroman oder die im 19. Jahrhundert populäre Dorfgeschichte ein. Zwar wird der Begriff Heimatliteratur in einem engeren Sinne üblicherweise auf einen ländlichen Raum und literarische Werke seit Mitte des 19. Jahrhunderts bezogen, die einen realistischen Anspruch im Hinblick auf die Abbildung ihrer geographischen und sozialen Umwelt verfolgen, jedoch kann das Genre in einem weiteren Sinne sowohl ländliche als auch städtische, sowohl unkritisch-verklärende als auch sozialkritische literarische Darstellungen der ‚Heimat' umfassen.[42]

Der Begriff Heimatroman wiederum bezeichnet die literarische Hauptform der Heimatliteratur und der Heimatkunst sowie eine spezifische Form der ‚Trivial-' beziehungsweise ‚Unterhaltungsliteratur', deren Grundmotiv die Schaffung einer idyllischen, ländlich geprägten Gegenwelt zur modernen, industrialisierten Gesellschaft sowie die Idealisierung der ‚heimatlichen Natur' und der dort lebenden Menschen ist. Beflügelt von der steigenden Literalität, neuen verlagsrechtlichen und drucktechnischen Möglichkeiten sowie der damit einhergehenden Veränderung des Buchmarktes erlebten die ‚trivialen' Heimatromane ab der zweiten Hälfte des

---

41 Gero von Wilpert: „Heimatdichtung, Heimatliteratur", in: Ders.: *Sachwörterbuch der Literatur*, 8. Aufl., Stuttgart 2001 [1974], S. 330.
42 Vgl. zur Definition von Heimatliteratur auch Karl Konrad Polheim: „Einleitung", in: *Wesen und Wandel der Heimatliteratur. Am Beispiel der österreichischen Literatur seit 1945. Ein Bonner Symposium*, hg. v. dems., Bern u. a. 1989, S. 15–21, hier: S. 17–21.

19. Jahrhunderts eine Hochkonjunktur und antworteten dabei verstärkt auf die Anforderungen des neuen Marktes, indem sie den Lesenden eskapistische, harmonische Literatur zur Entspannung und zur Ablenkung vom Alltag boten. Nach dem Vorbild Ludwig Ganghofers, der gemeinhin als Schöpfer und Wegbereiter des Heimatromans gilt, wird dabei üblicherweise eine stereotype Handlung in einer klischeehaften Landschaft situiert, in der „in primitiver Schwarz-Weiß-Malerei die guten Menschen kernig, urwüchsig und erdverbunden, die bösen verstädtert und verderbt"[43] präsentiert werden. Zwar ist die Abgrenzung zwischen ‚trivialem' Heimatroman und Heimatroman der Heimatkunst nicht immer eindeutig, jedoch verstanden sich viele populäre Autor*innen von Heimatromanen um die Jahrhundertwende nicht als Teil der Heimatkunstbewegung, wie zum Beispiel Ludwig Ganghofer oder der österreichische Heimatdichter Peter Rosegger.

Doch auch wenn der ‚triviale' Heimatroman zum Teil als unpolitische, ‚unschuldige' literarische Form aufgefasst wird[44] und die Ausprägung der nationalistischen, rassistischen Tendenzen in den Romanen der Heimatkunst zumeist programmatischer, radikaler auftreten, sind doch kulturkonservative Züge auch in vermeintlich unpolitischen Heimatromanen der Jahrhundertwende zu finden. Dabei überschneidet sich nicht nur die ästhetische, motivische Gestaltung der ‚trivialen' Heimatromane mit den agrarromantischen Darstellungen in den Romanen der Heimatkunstbewegung; auch eine grundsätzliche Nähe der thematisch-stofflichen Grundlagen ist wohl kaum zu bestreiten, bilden doch besonders die Ablehnung der gesellschaftlichen Modernisierung, die Nähe zum wilhelminischen Imperialismus, die klare literarische Abgrenzung zum Naturalismus sowie die daraus resultierende Hinwendung zur ländlichen Lebensweise einen wesentlichen Pfeiler der den beiden literarischen Genres zugrunde liegenden ‚Heimat'-Auffassungen.

---

43 Gero von Wilpert: „Heimatroman", *Sachwörterbuch der Literatur*, S. 332.
44 Vgl. dazu z. B. Eugen Thurnher, der in seinem programmatisch betitelten „Plädoyer für den Heimatroman" die These aufstellt, dass „[d]er Heimatroman [...] genuin nichts (oder nur sehr wenig und in untergeordneten Beispielen) mit der Heimatkunstbewegung zu schaffen" habe. Als wesentliches Unterscheidungsmerkmal führt Thurnher dabei besonders deren verschiedene Ausrichtungen auf, denn man müsse „grundsätzlich zwischen geistesgeschichtlichem Werden und einem bloß äußeren Anklang (oder einer Übernahme) von gewissen Stoffen und Motiven unterscheiden". Von den programmatischen Forderungen der Heimatkunstbewegung, so Thurnhers Argumentation, sei der unpolitische Heimatroman – zum Beispiel in Form der „echt bäuerliche[n] Naivität" eines Peter Roseggers – strikt abzugrenzen. Vgl. *Eugen Thurnher*: „Plädoyer für den Heimatroman", in: *Wesen und Wandel der Heimatliteratur. Am Beispiel der österreichischen Literatur seit 1945. Ein Bonner Symposium*, hg. v. Karl Konrad Polheim, Bern u. a. 1989, S. 25–37, hier: S. 30–31.

Wirft man einen genaueren Blick auf das Werk Ganghofers, zeigt sich, dass hinter seinem (Heimat-)Werk ein von ihm umfangreich durchdachtes gesellschaftspolitisches Weltbild steht.[45] Peter Mettenleiter weist in diesem Kontext darauf hin, dass sich die politische und soziale Relevanz von Ganghofers vermeintlich unpolitischem Werk um die Jahrhundertwende besonders aus den hohen Auflagen und der rührseligen, stereotypen ‚Schwarz-Weiß-Malerei' ergeben habe, die besonders für ‚naive' Lesende ein massives Identifikationspotential aufwiesen: „Gerade hinter der Fassade von Wohlanständigkeit und Edelmut funktionieren die Auslösungsmechanismen für latente Vorurteile. Zwar sind sie nur durch Klischees gestützt; aber das Ressentiment bedarf nur des Impulses, nicht der Beglaubigung."[46] Die verklärte, regressive ‚Heimat' der ‚trivialen' Heimatromane sowie die rassistische, volkserzieherische ‚Heimat' der Heimatkunstbewegung können entsprechend als unmittelbare Wegbereiter der ideologischen Instrumentalisierung des Begriffs durch die Nationalsozialisten verstanden werden.

2.4 ‚Heimat' im Kontext nationalsozialistischer Blut-und-Boden-Ideologie

Aufgrund des ideologischen Missbrauchs sowie der propagandistischen Ausbeutung der ‚Heimat' für faschistische Zwecke stellt die Zeit des Nationalsozialismus in der Begriffsgeschichte einen tiefen Einschnitt dar. Vorbereitet durch die Umbrüche und Folgen des Ersten Weltkrieges – besonders des 1919 ratifizierten Versailler Vertrags, der wirtschaftlichen Rezession infolge des Black Thursday an der New Yorker Börse im Oktober 1929 sowie der zunehmenden Entwicklung und Ausbreitung faschistischer Bewegungen in der Weimarer Republik – erhält der Begriff ‚Heimat' schließlich durch die Nationalsozialisten eine radikale ideologische Dimension. Zwar gibt es nach Ende des Zweiten Weltkrieges, und besonders seit den späten 1970er Jahren, vermehrt Tendenzen

---

45 Vgl. dazu Wilfried von Bredow und Hans-Friedrich Foltin: *Zwiespältige Zufluchten. Zur Renaissance des Heimatgefühls*, Bonn 1981, S. 55f. Von Bredow und Foltin bezeichnen Ganghofers Autobiographie, *Lebenslauf eines Optimisten* (1909–1911), als „Staatsutopie vom natürlich-gesunden Menschen" und beschreiben sie als „ein bemerkenswertes ideologisches Dokument des Ausweichens vor den realen Gegebenheiten [. . .] mitsamt den dazugehörenden sozialen und gesellschaftlichen Aufgaben und Forderungen", ebd., S. 55f.
Vgl. Ludwig Ganghofer: *Lebenslauf eines Optimisten. Buch der Jugend*, 19. Aufl., Stuttgart 1918 [1910], Kapitel XII, S. 524–584.
46 Peter Mettenleiter: *Destruktion der Heimatdichtung: Typologische Untersuchung zu Gotthelf – Auerbach – Ganghofer*, Tübingen 1974, S. 376.

zu einer Rehabilitierung der ‚Heimat' und einer Loslösung des Begriffs von national(sozial)istischen Tendenzen, jedoch weisen zum Beispiel Will Cremer und Ansgar Klein treffend darauf hin, dass die „Kenntnis der ausgrenzenden und aggressiven Funktionalisierung des Heimatbegriffes, die [. . .] im Nationalsozialismus mündete, [. . .] die unabdingbare Voraussetzung eines aktuellen Begriffsgebrauchs"[47] sein müsse.

In ihrer Auffassung der ‚Heimat' greifen die Nationalsozialisten dabei unmittelbar auf die konservative, nationalistische, antisemitische Deutung zurück, die um die Jahrhundertwende auch der Heimatkunstbewegung zugrunde lag: „Was mit Julius Langbehns (des ‚Rembrandtdeutschen') Schriften beginnt", resümiert Karl Trost in seiner Untersuchung der Rolle der „Heimat in der Literatur", „endet nicht bei Hans Grimms ‚Volk ohne Raum' (1926), sondern führt ganz unmittelbar in die politische Verführung durch nationalsozialistische Kulturpropaganda."[48] Besonders Hans Grimms Buchtitel *Volk ohne Raum* wird zu einem zentralen Schlagwort nationalsozialistischer Territorialansprüche, aber auch Vertreter der Heimatkunstbewegung, wie Adolf Bartels oder Hermann Löns, werden einerseits zu wichtigen Vorbildern der NS-Literatur sowie andererseits gleichzeitig zunehmend politisch vereinnahmt. Die Nationalsozialisten führen das ‚Heimat'-Konzept der Heimatkunstbewegung und die mit diesem einhergehenden Forderungen dabei jedoch einen verhängnisvollen Schritt weiter: Die Ablehnung von Judentum, Intellektualismus, Dekadenz, Kosmopolitismus sowie Internationalismus als vermeintlichem Inbegriff der Modernisierung wird unter Hitler systematisch radikalisiert, ideologisiert und schließlich politisch funktionalisiert.

‚Heimatliche' Vorstellungen von Bauernstand und Landvolk sind unter Hitler fast untrennbar mit den politischen Vorstellungen von ‚Staat', ‚Nation', ‚Volk' und ‚Vaterland' verbunden.[49] Die Stärkung des Bauernstandes, die Erhaltung der Natur sowie die Rückbesinnung auf vermeintlich traditionelle Werte werden folglich zu

---

47 Will Cremer und Ansgar Klein: „Heimat in der Moderne", in: *Heimat. Analysen, Themen, Perspektiven*, hg. v. dens., Bonn 1990, S. 33–55, hier: S. 44.
48 Karl Trost: „Heimat in der Literatur", in: *Heimat. Analysen, Themen, Perspektiven*, hg. v. Will Cremer und Ansgar Klein, Bonn 1990, S. 867–883, hier: S. 872.
49 Miriam Kanne weist in diesem Kontext auf die für Hitler zentrale Rolle des Bauernstandes hin, den er als Archetyp der ‚deutschen Heimat' versteht. Aufgrund der Naturverbundenheit, Bodenständigkeit und Tatkraft hielt Hitler diesen für ideal geeignet, die nationalsozialistischen Machtansprüche politisch umzusetzen und zu verankern. Vgl. Kanne: *Andere Heimaten*, S. 47 f.
Vgl. „Schon die Möglichkeit der Erhaltung eines gesunden Bauernstandes als Fundament der gesamten Nation kann niemals hoch genug eingeschätzt werden. Viele unserer heutigen Leiden sind nur die Folge des ungesunden Verhältnisses zwischen Land- und Stadtvolk. Ein fester Stock kleiner und mittlerer Bauern war noch zu allen Zeiten der beste Schutz gegen soziale Erkrankungen, wie wir sie heute besitzen." Adolf Hitler: *Mein Kampf. Eine kritische Edition*, 2 Bde.,

zentralen Pfeilern der nationalsozialistischen ‚Heimat'. Dabei rückt der Begriff immer stärker in einen engen Zusammenhang mit den Schlagworten ‚Blut und Boden', die gemeinsam mit ‚Heimat' als Basis nationalsozialistischer Kultur- und Weltanschauung verstanden werden können. Aber nicht nur mit dem Begriff ‚Heimat', auch mit der Parole von ‚Blut und Boden' greifen die Nationalsozialisten auf bereits bestehendes Begriffsinventar zurück, welches sie wiederum für ihre Zwecke manipulieren und instrumentalisieren, wobei die individuelle Vorstellung von ‚Heimat' als persönlicher Familienabstammung und Familienbesitz in einer spezifischen kulturellen Region durch die Nationalsozialisten zunehmend zentralisiert und kollektiviert wird. Der Kulturhistoriker Oswald Spengler gilt gemeinhin als Urheber des Begriffspaares ‚Blut und Boden', welches die Nationalsozialisten radikal für ihre Zwecke beanspruchten. In seiner kulturphilosophischen, antidemokratischen Schrift *Der Untergang des Abendlandes* (1922) schreibt Spengler:

> Man versenke sich in die Seele eines Bauern, der von Urzeiten her auf seiner Scholle sitzt oder von ihr Besitz ergriffen hat, um dort mit seinem Blute zu haften. Er wurzelt hier als der Enkel von Ahnen und der Ahn von künftigen Enkeln. Sein Haus, *sein* Eigentum: das bedeutet hier nicht ein flüchtiges Zusammengehören von Leib und Gut für eine kurze Spanne von Jahren, sondern ein dauerndes und inniges Verbundensein von *ewigem* Land und *ewigem* Blute [. . .].[50]

Die mystifizierte Auslegung der natürlich-genealogisch gewachsenen seelischen sowie räumlichen Verwurzelung mit der ‚heimatlichen Scholle' war für die nationalsozialistische Auffassung von ‚Heimat' richtungsweisend; besonders die vermeintliche Verbindung von ‚ewigem Land und ewigem Blute' wird von Hitler und den Nationalsozialisten für deren größenwahnsinnige und menschenverachtende politischen Ziele adaptiert. In Spenglers Schollen- sowie Blut-und-Boden-Metaphorik klingt darüber hinaus zum einen die frühe (erb)rechtliche Bedeutungsdimension der ‚Heimat' nach und zum anderen auch bereits eine anthropologische, evolutionsbiologische Deutung an, auf welche wiederum die pseudowissenschaftliche nationalsozialistische Rassentheorie aufbaute: Ein ‚gesunder', erfolgreicher Staat – so die nationalsozialistische Auffassung – könne nur durch die Einheit der ‚arischen Rasse' (Blut) mit ihrem ‚germanischen Land' (Boden) erreicht werden. Die mutmaßliche Verwurzelung mit der ‚Heimat' liefert den Nationalsozialisten folglich die Rechtfertigung für wahnwitzige territoriale

---

hg. v. Christian Hartmann, Othmar Plöckinger, Roman Töppel und Thomas Vordermayer, Bd. 2: *Die nationalsozialistische Bewegung*, München, Berlin 2016, S. 151.
50 Oswald Spengler: *Der Untergang des Abendlandes. Umrisse einer Morphologie der Weltgeschichte*, 2 Bde., Bd. 2: *Welthistorische Perspektiven*, 3. revidierte Aufl., München 1976 [1922], S. 679 (Hervorhebung im Original).

Besitzansprüche sowie für einen beispiellosen Genozid. Gleichzeitig formt diese Vorstellung von ‚Heimat' die nationalsozialistische Identität, fördert Verbundenheit sowie Loyalität mit dem Staat und fordert die kollektive Beteiligung an der Umsetzung der staatlichen Interessen ein.

Eine mit genealogischer, evolutionsbiologischer Wurzel-Metaphorik untermalte pseudonaturwissenschaftliche, anthropologische Deutung der ‚Heimat' liegt auch der viel zitierten Rede des Pädagogen Eduard Spranger vom 21. April 1923 zugrunde, dessen Ausführungen zum *Bildungswert der Heimatkunde* den Nationalsozialisten als kulturpädagogisches Vorbild dienten:

> In dem Heimaterlebnis schwingt etwas tief Religiöses mit, auch bei dem, der es sich nicht eingestehen will, und wenn wir von jemandem sagen: er habe keine Heimat, so ist das ungefähr soviel, als ob wir sagten: sein tieferes Dasein habe keinen Mittelpunkt. [...] Von Heimat reden wir, wenn ein Fleck Erde betrachtet wird unter dem Gesichtspunkt seiner Totalbedeutung für die *Erlebniswelt* der dort lebenden Menschengruppen. *Heimat ist erlebbare und erlebte Totalverbundenheit mit dem Boden.* Und noch mehr: *Heimat ist geistiges Wurzelgefühl.*[51]

‚Heimat' wird von Spranger als die absolute geographische, ethnische sowie emotionale Verbundenheit mit einem ‚Fleck Erde' verstanden. Dabei gehöre diese zwar „zu dem Subjektivsten des Menschenlebens", gleichzeitig betont Spranger aber, dass die ‚Heimat' eben auch eine „ganz bestimmte, im Wissen erfaßbare sachliche Beschaffenheit" aufweise, woraus er wiederum die Berechtigung sowie den hohen Wert der Heimatkunde ableitete: „Auf der tiefen Kenntnis dieses ihres Wesens baut sich erst die echte und bewußte Heimatliebe auf. Deshalb suchen wir Heimat*kunde*, weil wir in ihr die natürlichen und geistigen Wurzeln unserer Existenz erfassen."[52] Zwar wurde die Heimatkunde bereits seit Ende des Ersten Weltkrieges zunehmend staatlich gefördert und in Schulen etabliert, jedoch legten die Nationalsozialisten einen zusätzlichen kulturpädagogischen Fokus auf deren institutionelle Ausweitung und das von Spranger definierte Ziel der frühen Erziehung zur ‚Heimatliebe'.[53] In *Der Neue Brockhaus* heißt es 1937 unter dem Eintrag „Heimatkunde" entsprechend: „Sie bildet die erste Stufe einer völkischen, auf den tatsächlichen Voraussetzungen von Blut und Boden aufbauenden Erziehung."[54]

Diese kulturpolitische, ‚völkische' Erziehung zur ‚Heimatliebe', und damit zur Blut-und-Boden-Ideologie, konnte unter Hitler nicht zuletzt durch die umfangreiche

---

[51] Eduard Spranger: *Der Bildungswert der Heimatkunde*, 3. Aufl., Stuttgart 1952 [1943], S. 5, 11 f. (Hervorhebung im Original).
[52] Spranger: *Der Bildungswert der Heimatkunde*, S. 5 (Hervorhebung im Original).
[53] Vgl. dazu Ditt: „Die deutsche Heimatbewegung 1987–1945", S. 147–152.
[54] „Heimatkunde", in: *Der Neue Brockhaus. Allbuch in vier Bänden und einem Atlas*, Bd. 2 (1937), S. 378.

ideologische Gleichschaltung der in der zweiten Hälfte des 19. Jahrhunderts aufgekommenen bürgerlichen Heimatbewegung durchgesetzt werden. Die zunächst wissenschaftlich ausgerichtete bürgerliche Heimatbewegung ist bereits seit der Jahrhundertwende sukzessiv zu einer „zentralisierten kulturell-politischen Missionsbewegung" herangewachsen, was den Nationalsozialisten deren Instrumentalisierung für eigene, durch ein anthropologisch-rassistisches ‚Heimat'-Verständnis begründete Machtansprüche zunehmend erleichterte.[55] So wurden die zahlreichen um die Jahrhundertwende bestehenden, sich der ‚Heimatpflege' widmenden Vereine mit ihren unterschiedlichen kulturellen und regionalen Schwerpunkten bereits im April 1904 zum ‚Deutschen Bund Heimatschutz' zusammengeführt, welcher unter den Nationalsozialisten wiederum zunächst personell beziehungsweise organisatorisch mit nationalsozialistischen Behörden verschränkt und schließlich 1941 durch die vollkommene Integration in das nationalsozialistische ‚Volkskulturwerk' zu einer Kulturorganisation der NSDAP gemacht wurde. Durch diese gezielt geplanten und umgesetzten kulturpolitischen ‚Heimat'-Bestrebungen konnte die Blut-und-Boden-Ideologie der Nationalsozialisten so über scheinbar unpolitische Wege vermittelt werden.[56]

Nicht zuletzt war es auch die von Hitler und Goebbels ‚perfektionierte' radikale, demagogische Rhetorik, die ‚Heimat' in Verbindung mit ‚Blut und Boden' zu einem zentralen manipulativen, ideologischen Instrument der Nationalsozialisten machte. Miriam Kanne hebt besonders die hypnotisierende und konditionierende Wirkung der ‚Heimat' in den Reden Hitlers und Goebbels hervor, in denen einerseits individuelle Gefühle angesprochen, andererseits die emotionale Verbundenheit mit der Nation und somit eine kollektive Identität heraufbeschworen wurde, wodurch der Begriff wiederum zu einer „Sinn- und Identität stiftenden Parole völkischen Größenwahns"[57] und einem „nationalsozialistischen Propagandainstrument *par excellence*"[58] avanciert sei. Noch im Oktober 1944, knapp ein halbes Jahr vor der bedingungslosen Kapitulation der deutschen Wehrmacht, heißt es in einer Rede Joseph Goebbels' in Köln:

> Wir verteidigen nicht mehr ein Land, das für uns mehr oder weniger uninteressant ist, sondern wir verteidigen jetzt ein Land, das unsere eigene Heimat darstellt, in dem unsere Frauen und Kinder wohnen. [. . .] Wir haben jetzt eine unmittelbare Verbindung von der Heimat zur Front, aber auch von der Front zur Heimat, und zwar nicht nur materiell, sondern auch ideell. Die politische Erziehungsarbeit, [. . .] die die Partei bisher an der *Heimat* durchgeführt hat, kann jetzt im selben Umfange auch an der *Front* durchgeführt

---

55 Ditt: „Die deutsche Heimatbewegung 1987–1945", S. 139; vgl. ebd., S. 148 f.
56 Vgl. Ditt: „Die deutsche Heimatbewegung 1987–1945", S. 138, 152 f.
57 Kanne: *Andere Heimaten*, S. 40.
58 Kanne: *Andere Heimaten*, S. 42.

werden. Das ist eine wichtige Voraussetzung des Sieges. Denn dieser Krieg ist ein politischer Krieg, ein Weltanschauungskrieg. [. . .] In diesem Krieg geht es nicht um die Korrektur irgendeiner Grenze oder um die Ziehung einer neuen Grenzlinie, sondern in diesem Krieg geht es um eine weltanschauliche Auseinandersetzung, um eine Art zu leben und eine Art, das Leben zu gestalten. Diese typische deutsche Art zu leben soll uns *genommen* werden. Das heißt: Unsere Eigenart, unsere deutsche Eigenart, und damit das, was wir unser deutsches Vaterland nennen, – das ist damit unmittelbar bedroht.[59]

Die ‚Heimat' fusioniert hier unmittelbar mit der ‚Front', dem ‚Vaterland' und nicht zuletzt der ‚typisch deutschen Art zu leben'. Die Verteidigung der ‚Heimat', und damit der nationalsozialistischen Weltanschauung, gehörte nicht nur kurz vor Kriegsende zu einem der zentralen propagandistischen Argumente der Nationalsozialisten – unter Hitler dringt der Begriff sukzessiv in die verschiedensten Winkel nationalsozialistischer Rhetorik und Politik vor: Komposita wie ‚Heim ins Reich', ‚Heimatschutz', ‚Heimatpflege', ‚Heimatkunde', ‚Heimatfront', ‚Heimatdienst' oder ‚Heimatliebe' zeugen exemplarisch von der universellen Einsatzkraft des Begriffs für nationalsozialistische, faschistische Zwecke.

2.5 Heimatfilm und Heimatlosigkeit nach Kriegsende

Trotz des ideologischen Missbrauchs des Begriffs durch die Nationalsozialisten wird ‚Heimat' „zum unauflösbaren Teil der deutschen Nachkriegskultur".[60] Im Angesicht einschneidender persönlicher und materieller Verlusterfahrungen in der frühen Nachkriegszeit, im Kontext alliierter Besatzungspolitik, der anschließenden Teilung Deutschlands sowie der omnipräsenten Konfrontation mit Flucht und Vertreibung scheint der Begriff kurz nach dem Krieg für viele Menschen nostalgische Erinnerungen an die Vergangenheit zu wecken und einen ‚Kompensationsraum'[61] zu bieten, der Sicherheit, Orientierung sowie Identität verspricht. Sowohl die an die Heimatliteratur der Jahrhundertwende anknüpfende sentimentale, apolitische Ausrichtung der Heimatfilme als auch die verbreitete Erfahrung des Verlusts der vertrauten Lebenswelt nach Kriegsende erweitern die begrifflichen Dimensionen der ‚Heimat' nachhaltig und prägen bis heute rezeptionsästhetische und gesellschaftspolitische Erwartungen und Assoziationen.

---

[59] Joseph Goebbels: „3.10.44 – Köln, Werkhalle eines Industriebetriebs – Kundgebung des Gaues Köln-Aachen der NSDAP", in: Ders.: *Goebbels-Reden*, hg. v. Helmut Heiber, Bd. 2: *1939–1945*, Düsseldorf 1972, S. 405–428, hier: S. 410 f. (Hervorhebung durch den Herausgeber).
[60] Bozzi: *Der fremde Blick. Zum Werk Herta Müllers*, S. 44.
[61] Vgl. Bausinger: „Heimat in einer offenen Gesellschaft", S. 80; siehe auch Kapitel 2.2.

Die Konjunktur des ‚Heimat'-Begriffs unmittelbar nach dem Zweiten Weltkrieg zeigt sich exemplarisch an dem bemerkenswerten Erfolg, den Heimatfilme in den westlichen Besatzungszonen und ab 1949 in der Bundesrepublik feierten. Den Trümmerbildern, denen die Menschen auf den Straßen begegneten, wurde in den Heimatfilmen ein idyllisches Leben fern vom Alltag der frühen Nachkriegszeit entgegengesetzt: Romantische, unberührte Landschaften, unpolitische Handlungsstränge sowie rührselige Liebesgeschichten versprachen eine ‚heile Welt' – wenn auch nur für die Dauer eines Films. Heimatfilme wie *Schwarzwaldmädel* (1950), *Grün ist die Heide* (1951) oder *Der Förster vom Silberwald* (1954) wurden trotz immer größerer Konkurrenz Hollywoods zu deutschen Kassenschlagern und obwohl die Filmkritik schon früh zu einer Diskreditierung des Genres als trivial, stereotyp und künstlerisch wertlos tendierte, schienen die populären Heimatfilme kollektive Bedürfnisse der Nachkriegsgeneration zu befriedigen – allen voran die Sehnsucht nach einem intakten, überschaubaren, stabilen Lebensumfeld.[62] Die im Heimatfilm zentralen, oft als ‚kitschig' deklarierten Themen, Stoffe und Motive sowie die konfliktscheue, eskapistische, harmonische Ausrichtung des Genres sind dabei nicht nur stark an den ‚trivialen' Heimatroman angelehnt, tatsächlich dienten den Heimatfilmen häufig populäre Veröffentlichungen der Jahrhundertwende als Vorlage, wobei sich zum Beispiel Adaptionen der Romane Ludwig Ganghofers als beliebt erwiesen.[63]

Der Heimatfilm war in der Bundesrepublik zu seiner Blütezeit[64] jedoch keineswegs ein neues Genre – schon vor dem Zweiten Weltkrieg wiesen frühe Heimat-(stumm)filme häufig eine nationalistische, kulturkonservative Tendenz auf, die sich die Nationalsozialisten wiederum kulturpädagogisch zunutze machten.[65] Die tradierten Themen, Stoffe und Motive der frühen Heimatfilme wurden für die nationalsozialistischen Heimatfilme in der Regel „linientreu modifiziert" und zu

---

[62] Elizabeth Boa und Rachel Palfreyman vergleichen die Ursachen der Popularität der deutschen Heimatfilme nach Kriegsende mit dem Erfolg des Western-Genres in den USA: „The immense popularity of the Heimat genre can be attributed, then, partly to escapism, partly to nostalgia in a period of deprivation followed by intense and hectic economic activity, partly to the desire for social cohesion as a salve for the traumas of war, and partly to a thirst for easy reconciliation instead of recognition of crimes which could neither be forgiven nor forgotten." Boa und Palfreyman: *Heimat – A German Dream*, S. 11.
[63] Vgl. dazu Bredow und Foltin: *Zwiespältige Zufluchten*, S. 53 f.
[64] Steiner und Brecht legen die ‚Blütezeit' des Heimatfilms auf die Jahre der „Restauration und des ‚Wiederaufbaus' (etwa: 1947–1957)" fest, Ines Steiner und Christoph Brecht: „Der deutsche Heimatfilm – Eine kommentierte Auswahl", in: *Heimat. Lehrpläne, Literatur, Filme*, hg. v. Will Cremer und Ansgar Klein, Bonn 1990, S. 359–524, hier: S. 407.
[65] Zur Geschichte des deutschen Heimatfilms vgl. Wolfgang Kaschuba: „Der deutsche Heimatfilm – Bildwelten als Weltbilder", in: *Heimat. Analysen, Themen, Perspektiven*, hg. v.Will

einem zentralen Propagandainstrument befördert.[66] Wolfgang Kaschuba erklärt den außerordentlichen Erfolg des Heimatfilms so kurz nach dem Zweiten Weltkrieg trotz dessen „Indienstnahme durch die Nationalsozialisten" mit der „Kontinuität und Vielfalt des Genres": Denn gerade durch den ‚unschuldigen' Verweis tradierter ‚Heimat'-Motivik in die Zeit vor 1933 konnte der Heimatfilm von seinem faschistischen Dienst gelöst werden, was wiederum dazu führte, dass das „belastete Wort von ‚deutscher Heimat' [. . .] bald wieder salonfähig" geworden sei.[67] Die Verbrechen, die im Zweiten Weltkrieg im Namen der ‚Heimat' begangen wurden, sowie der nach Kriegsende noch enge Zusammenhang zwischen dem Begriff und den Schlagwörtern ‚Blut und Boden' werden von der breiten deutschen Kulturindustrie in den Westlichen Besatzungszonen und in der Bundesrepublik unterschlagen. „Überall fällt einem auf, daß es keine Reaktion auf das Geschehene gibt" – schreibt Hannah Arendt 1949/50 bei ihrem *Besuch in Deutschland* – „aber es ist schwer zu sagen, ob es sich dabei um eine irgendwie absichtliche Weigerung zu trauern oder um den Ausdruck einer echten Gefühlsunfähigkeit handelt."[68] Eine direkte Konfrontation und Auseinandersetzung mit der ‚Heimat'-Auffassung der Nationalsozialisten wird verbreitet gescheut, stattdessen wird der Begriff kommentarlos wieder auf ein prä-faschistisches, entideologisiertes, vermeintlich ‚entnazifiziertes' Verständnis zurückgesetzt.

Auch die universelle Erfahrung von Flucht und Vertreibung spielt eine zentrale Rolle für die begriffliche Konstitution der ‚Heimat' nach dem Zweiten Weltkrieg: Zu Kriegsende befinden sich Millionen Deutsche auf der Flucht – bei dem auch heute noch geläufigen Begriffspaar ‚Flucht und Vertreibung' müssen jedoch, so von Krockow pointiert, „noch andere Erinnerungen [. . .] geweckt werden als die an Königsberg oder Breslau. Denn Flucht und Vertreibung begannen

---

Cremer und Ansgar Klein, Bonn 1990, S. 829–851; vgl. auch Steiner und Brecht: „Der deutsche Heimatfilm", S. 359–524. Einzelne Analysen liefern Boa und Palfreyman: *Heimat – A German Dream*; Johannes von Moltke: *No Place like Home: Locations of Heimat in German Cinema*, Berkeley 2005.

66 Steiner und Brecht: „Der deutsche Heimatfilm", S. 404.
67 Kaschuba: „Der deutsche Heimatfilm", S. 837 f.
68 Hannah Arendt: *Besuch in Deutschland*, Berlin 1993 [1950], S. 24.
Weiter heißt es: "Der Durchschnittsdeutsche sucht die Ursachen des letzten Krieges nicht in den Taten des Naziregimes, sondern in den Ereignissen, die zur Vertreibung von Adam und Eva aus dem Paradies geführt haben. Eine solche Flucht vor der Wirklichkeit ist natürlich auch eine Flucht vor der Verantwortung. [. . .] Aber die Wirklichkeit der Nazi-Verbrechen, des Krieges und der Niederlage beherrschen, ob wahrgenommen oder verdrängt, offensichtlich noch das gesamte Leben in Deutschland, und die Deutschen haben sich verschiedene Tricks einfallen lassen, um den schockierenden Auswirkungen aus dem Weg zu gehen", ebd., S. 26 f.

ja nicht mit dem Einmarsch der Roten Armee".[69] Bereits mit der Machtergreifung der Nationalsozialisten beginnt für viele Menschen die Erfahrung der ‚Entwurzelung': Flucht, Emigration und Exil sind häufig der einzige Weg, der politischen Verfolgung durch die Nationalsozialisten, der Kriegsgefangenschaft, der Zwangsarbeit, der Deportation in Konzentrationslager sowie dem Morden unter Hitler zu entgehen. Gleichzeitig befinden sich zu Kriegsende bis zu zwölf Millionen Displaced Persons in Deutschland, die von den Nationalsozialisten aus ihrer gewohnten Umgebung gerissen, verfolgt, verschleppt und misshandelt wurden. Wenn heute jedoch von ‚Heimatvertriebenen' die Rede ist, so bezieht sich das in der Regel ausschließlich auf die etwa zwölf Millionen Menschen, die infolge des Heranrückens der Roten Armee sowie der Beschlüsse des Potsdamer Abkommens seit 1944 aus den ehemals deutschen Ostgebieten vertrieben wurden.[70] In Anbetracht einer neuen, fremden Umgebung wird der Begriff ‚Heimatlosigkeit' für viele zum Synonym für den Verlust einer vertrauten Lebenswelt, wobei nach Kriegsende jedoch besonders die große Zahl ‚deutscher' Geflüchteter wieder zu einem zunehmenden öffentlichen Diskurs führt.

Infolge der ubiquitären Erfahrung von ‚Heimatlosigkeit' organisieren sich Teile der ‚Heimatvertriebenen' in den Westlichen Besatzungszonen bereits ab 1948 in Regional- und Landesverbänden, in Landsmannschaften sowie in Parteien, die sich zum Ziel setzen, die Interessen der von Flucht und Vertreibung betroffenen Deutschen öffentlich zu vertreten. Der Interessenpartei Gesamtdeutscher Block/Bund der Heimatvertriebenen und Entrechteten (GB/BHE) gelang 1953 sogar der Sprung in den Bundestag, wodurch sie einen wesentlichen Einfluss auf die westdeutsche Außenpolitik nehmen konnte.[71] Mit der Stuttgarter „Charta der deutschen Heimatvertriebenen" definierten Vertreter verschiedener Vertriebenenverbände bereits am 5. August 1950 ihr ‚Grundgesetz', welches bis heute als Grundlage des Bundes der Vertriebenen gilt. Nach ihrer feierlichen Verkündung in Stuttgart leistete die Charta einen wesentlichen Beitrag zur Aussöhnung und Integration der ‚Heimatvertriebenen' in die westdeutsche Gesellschaft – gleichzeitig ist das Dokument bis heute aufgrund seines

---

69 von Krockow: „Heimat – Eine Einführung in das Thema", S. 61.
70 Vgl. zur juristischen Unterscheidung zwischen Vertriebenen, Heimatvertriebenen, Sowjetzonenflüchtlingen und Spätaussiedlern das „Gesetz über die Angelegenheiten der Vertriebenen und Flüchtlinge (Bundesvertriebenengesetz)", in: *Bundesministerium der Justiz und für Verbraucherschutz. Gesetze im Internet*, §§ 1–3, unter: http://www.gesetze-im-internet.de/bvfg/ (abgerufen am 01.07.2018).
71 Vgl. Matthias Stickler: „'Wir Heimatvertriebenen verzichten auf Rache und Vergeltung' – Die Stuttgarter Charta vom 5./6. August 1950 als zeithistorisches Dokument", in: *„Zeichen der Menschlichkeit und des Willens zur Versöhnung". 60 Jahre Charta der Heimatvertriebenen*, hg. v. Jörg-Dieter Gauger und Hanns Jürgen Küsters, Sankt Augustin, Berlin 2011, S. 43–74, hier: S. 49 f.

kulturkonservativen, revanchistischen Ansatzes Gegenstand einer kontrovers geführten Diskussion.⁷²

Zu den in der Charta dargelegten „Pflichten und Rechte[n]" der Heimatvertriebenen gehört neben der Versicherung des Verzichts auf „Rache und Vergeltung"⁷³ und der Zusage, sich am „Wiederaufbau Deutschlands und Europas" zu beteiligen, die für die Verbände zentrale Forderung eines „Recht[s] auf Heimat":

> Wir haben unsere Heimat verloren. Heimatlose sind Fremdlinge auf dieser Erde. Gott hat die Menschen in ihre Heimat hineingestellt. Den Menschen mit Zwang von seiner Heimat trennen, bedeutet, ihn im Geiste töten. Wir haben dieses Schicksal erlitten und erlebt. Daher fühlen wir uns berufen zu verlangen, daß das Recht auf die Heimat als eines der von Gott geschenkten Grundrechte der Menschheit anerkannt und verwirklicht wird.⁷⁴

Zwar fehlt in der Charta eine klare Definition von ,Heimat', aus dem Gedanken des von Gott gegebenen Grundrechts auf diese sollte jedoch mit dezidert religiöser Argumentation ein völkerrechtlicher Anspruch auf Rückgewinnung und eine somit ermöglichte Rückkehr in die im Krieg verlorenen Gebiete abgeleitet werden. Wilfried von Bredow und Hans-Friedrich Foltin bezeichnen die in der Charta formulierte Forderung folglich als „eine grob ideologische Betrachtungsweise": „Die Ideologie des Rechtes auf die Heimat konnte als realistisches Element für sich nur ins Feld führen, daß die Vertreibung ein Unrecht war. Es hat aber wenig Sinn, dieses Unrecht neues Unrecht zeugen zu lassen."⁷⁵ Nicht zuletzt wurde der nationalsozialistische Gebrauch des ,Heimat'-Begriffs in der Charta vollkommen ausgeblendet. Unverblümt werden ,Heimat'-Forderungen aufgestellt, ohne das nationalsozialistische Regime und dessen Verbrechen auch nur im Ansatz zu thematisieren – stattdessen schwingt in den Formulierungen der Charta Selbstmitleid und ein „kontextlose[s] Opferdenken"⁷⁶ mit, wenn es zum Beispiel ungeachtet des Schicksals von Millionen ermordeter

---

72 Zur Diskussion um die Charta vgl. *„Zeichen der Menschlichkeit und des Willens zur Versöhnung". 60 Jahre Charta der Heimatvertriebenen*, hg. v. Jörg-Dieter Gauger und Hanns Jürgen Küsters, Sankt Augustin, Berlin 2011.
73 Ein wesentlicher Kritikpunkt an dieser Formulierung ist bis heute, dass eine Erklärung des Verzichtes auf „Rache und Vergeltung" von einem generellen Recht beziehungsweise Anspruch auf diese ausgehe. Zu weiteren Kritikpunkten an der Charta siehe Stickler: „Die Stuttgarter Charta vom 5./6. August 1950 als zeithistorisches Dokument", S. 45–48, 54–64.
74 „Charta der deutschen Heimatvertriebenen. Stuttgart, den 5. August 1950", in: *BdV. Bund der Vertriebenen*, unter: http://www.bund-der-vertriebenen.de/charta-der-deutschen-heimat vertriebenen/char ta-in-deutsch.html (abgerufen am 01.07.2018).
75 Bredow und Foltin: *Zwiespältige Zufluchten*, S. 188, 190.
76 Volker Beck, zitiert nach: Vertriebenen-Festakt in Stuttgart: Lob und Kritik zum Jahrestag, in: *Spiegel Online* 06.08.2010, unter: http://www.spiegel.de/politik/deutschland/vertriebenen-festakt-in-stuttgart-lob-und-kritik-zum-jahrestag-a-710400.html (abgerufen am 01.07.2018).

Juden heißt: „Die Völker der Welt sollen ihre Mitverantwortung am Schicksal der Heimatvertriebenen als der vom Leid dieser Zeit am schwersten Betroffenen empfinden."[77] Ebenso wie in der westdeutschen Kulturindustrie wurde der nationalsozialistische Missbrauch des ‚Heimat'-Begriffs im Kontext der Diskurses um die ‚Heimatvertriebenen' weitestgehend unterschlagen und stattdessen durch den Rückgriff auf ein präfaschistisches Verständnis desselben ersetzt, welcher so ungehindert wieder in den öffentlichen Raum gelangen konnte.

2.6 Sozialistische ‚Heimat' im ‚Osten'

Während der Heimatfilm in der westlichen Kulturindustrie floriert und die Interessen der ‚Heimatvertriebenen' öffentlich immer mehr Aufmerksamkeit erlangen, zeichnet sich in der Sowjetischen Besatzungszone und ab 1949 in der DDR ein der Bundesrepublik diametral entgegengesetzter Umgang mit dem tradierten ‚Heimat'-Begriff ab. Besonders die nationalsozialistischen Konnotationen, ein westdeutscher revanchistischer Gebrauch sowie die in der westlichen Kulturindustrie florierenden ‚Heimatwelten' werden zunächst kritisch betrachtet und führen zu einer strikten Ablehnung des als diskreditiert empfundenen Wortes.[78] Die Sowjetische Besatzungszone beziehungsweise die DDR zielen auf einen politischen und sozialen Neuanfang, scheinbar frei von jeglichen faschistischen, präfaschistischen oder auch westdeutschen ‚Heimat'-Vorstellungen.

Die neue kollektive Identität der DDR wird in klarer Abgrenzung zum Nationalsozialismus und zum westlichen Kapitalismus aufgebaut, wodurch geläufige ‚Heimat'-Begriffe schnell in Verruf gerieten: Anstatt von ‚Heimatvertriebenen' spricht die DDR konsequenterweise von ‚Übersiedlern' oder ‚Neubürgern', deren Integration schon in den frühen 1950er Jahren für abgeschlossen erklärt wird.[79] Und statt harmonische, verklärende Heimatfilme zu produzieren, konzentriert sich die DDR in den 1950er Jahren entsprechend verstärkt auf Trümmer- und Aufbaufilme, die einerseits die nationalsozialistische Vergangenheit aus kommunistischer Perspektive aufarbeiten, andererseits ein optimistisches Zukunftsbild vermitteln sollten; Filme wie *Eine Berliner Romanze* (1956) oder *Schlösser und Katen* (1957) kommunizierten affirmative Eindrücke der kollektiven Verbundenheit und des sozialistischen

---

77 „Charta der deutschen Heimatvertriebenen", in: *BdV. Bund der Vertriebenen*.
78 Vgl. Kaschuba: „Der deutsche Heimatfilm", S. 843.
79 Vgl. Bernd Faulenbach: „Die Vertreibung der Deutschen aus den Gebieten jenseits von Oder und Neiße", in: *Bundeszentrale für politische Bildung online* (06.04.2005), unter: http://www.bpb.de/geschichte/nationalsozialismus/dossier-nationalsozialismus/39587/die-vertreibung-der-deutschen?p=all (abgerufen am 01.07.2018).

Aufbaus. Zwar wird die Erwähnung des Wortes ‚Heimat' in der frühen ostdeutschen Filmindustrie weitestgehend vermieden, jedoch deutet sich bereits hier die Darstellung und Beschwörung einer anderen, alternativen nationalen Identität an, die wiederum den Weg für ein sozialistisches ‚Heimat'-Verständnis ebnete.

Folglich bleibt es nicht lange bei der Verfemung der ‚Heimat' östlich des Eisernen Vorhangs. Staatspräsident Wilhelm Pieck erklärt bereits am 5. Oktober 1950 bei einer Rede „Zur Oder-Neiße-Grenze" in seinem Geburtsort Guben:

> Wir wollen doch alle in Frieden leben und das Recht auf Frieden hat jedes Volk. [. . .]. So werden wir hier auf dieser Seite und die polnischen Freunde auf der anderen Seite für das gleiche große Ziel kämpfen, um so unseren Frauen und Kindern, der Zukunft den Frieden der Welt zu erhalten.
>
> Wir haben unsere engere Heimat verloren, aber wir haben die große Heimat des Friedens, die Heimat eines demokratischen friedliebenden Deutschlands gewonnen. Für die Erhaltung des Friedens in unserem geeinten deutschen Vaterland laßt uns gemeinsam kämpfen.[80]

Schon in der frühen Staatsauffassung der DDR rückt der Begriff in die enge Verbindung mit dem sozialistischen Vaterland und dem Selbstverständnis der DDR als demokratischem, friedliebenden Staat, welcher zum einen unmittelbar mit den sozialistischen ‚Bruderländern' verbunden ist und zum anderen eben auch mit militärischen Mitteln verteidigt werden soll. Besonders in den 1950er Jahren bildet sich im öffentlichen Raum der DDR sukzessiv solch ein neues, sozialistisches Verständnis von ‚Heimat' heraus, das diese wiederum auf eine (supra)nationale, kollektive Ebene erhebt.

Eine zentrale Rolle kommt dabei dem bereits 1945 in der Sowjetischen Besatzungszone gegründeten Kulturbund zur demokratischen Erneuerung Deutschlands zu, der zunächst als Dachorganisation für bereits bestehende regionale Kulturvereine fungierte, nach der Abschaffung des unabhängigen Vereinswesens in der Sowjetischen Besatzungszone jedoch schrittweise gleichgeschaltet und so schließlich von der SED unter dem Namen Deutscher Kulturbund beziehungsweise Kulturbund der DDR zunehmend kulturpolitisch instrumentalisiert wurde.[81] Der Kulturbund war wesentlich daran beteiligt, den Aufbau sowie den Erhalt des Sozialismus zu propagieren; besonders sollte sich der diesem untergeordnete Arbeitskreis der ‚Natur- und Heimatfreunde' darauf konzentrieren, „unsere Werktätigen ihre Heimat noch mehr

---

80 Wilhelm Pieck: „Zur Oder-Neiße-Grenze. Aus einer Rede in seiner Geburtsstadt Guben am 5. Oktober 1950", in: Ders.: *Reden und Aufsätze*, 3 Bde., Bd. 2: *Auswahl aus den Jahren 1908–1950*, Berlin 1952, S. 552–555, hier: S. 555.
81 Zur Entwicklung der (bürgerlichen und institutionellen) Heimatbewegung vgl. Thomas Schaarschmidt: *Regionalkultur und Diktatur. Sächsische Heimatbewegung und Heimat-Propaganda im Dritten Reich und in der SBZ/DDR*, Köln u. a. 2004.

lieben zu lehren, den demokratischen, den sozialistischen Patriotismus zu wecken"[82], so der Erste Bundessekretär des Kulturbundes, Karl Kneschke, im Januar 1956 bei einer Rede in Leipzig. ‚Heimatliebe' und sozialistischer Patriotismus rücken im Kontext der ostdeutschen Kulturpolitik semantisch folglich immer näher zusammen.

Um die Aufgaben des Kulturbundes sowie der Natur- und Heimatfreunde zusätzlich zu verdeutlichen, veröffentlichte Kneschke kurz vor einer Ost-Berliner Konferenz zum Thema *Unsere sozialistische Heimat* bereits einen Aufsatz „Über den neuen Heimatbegriff" (1958), in welchem er einerseits den Grundtenor für die folgende Konferenz sowie andererseits das Fundament für das sozialistische ‚Heimat'-Verständnis legte. Wesentlich für diesen Begriff sei demnach die harmonische Verbindung zwischen Region und Staat, die, so Kneschke, nur im Sozialismus zu erreichen sei:

> Bei uns kann sich die Liebe zur kleinen Heimat mit der Liebe zur großen Heimat, unserer sozialistischen Heimat, unserer Deutschen Demokratischen Republik vereinigen. [. . .] Für diese Heimat, für ihre Heimat, die sie mit ihren eigenen Händen einrichten und aufbauen, schön wie nie zuvor, können die arbeitenden Menschen ihre Liebe verströmen lassen in einem demokratischen Patriotismus, der im Gefühl seiner Kraft das Wort prägt: ‚Groß und unser'. [. . .] Die schöne Heimat ist die sozialistische Heimat; sie ist da, wo der Sozialismus aufgebaut und der Frieden verteidigt wird, in unserer Deutschen Demokratischen Republik [. . .].[83]

Die Definition der ‚Heimat' nährte sich in der DDR folglich einerseits durch die Gleichsetzung von ‚Heimat' und Sozialismus sowie andererseits durch die strikte oppositionelle Abgrenzung der ‚sozialistischen Heimat' von nicht-sozialistischen, faschistischen oder auch im westdeutschen Alltag gebräuchlichen Begriffen. Damit geht die Konzeption in der DDR zugleich einher mit ostdeutschen Gründungsmythen wie dem sozialistischen Sieg über den faschistischen Westen, dem Selbstverständnis als klassenlosem Arbeiter- und Bauernstaat sowie der kollektiven Beteiligung der ‚Werktätigen' am Aufbau desselben.

Basierend auf der Kultur und Staatsauffassung der Sowjetunion umfasst die ‚sozialistische Heimat' schließlich antifaschistische, antikapitalistische, antiimperialistische sowie marxistisch-leninistische Ideale und dient der DDR so zunächst zur Rechtfertigung staatlicher Machtansprüche, dann zur ideologischen Durchset-

---

82 Karl Kneschke: „Die Arbeit der Natur-und Heimatfreunde. Aus dem Berichte des 1. Bundessekretärs auf der Zentralen Arbeitskonferenz des Kulturbundes zur demokratischen Erneuerung Deutschlands am 20. Januar 1956 in Leipzig", in: *Natur und Heimat* 5 (1956), S. 3, zitiert nach Schaarschmidt, *Regionalkultur und Diktatur*, S. 459.
83 Karl Kneschke: „Über den neuen Heimatbegriff", in: *Natur und Heimat* 7 (1958), S. 1–4, hier: S. 1f., zitiert nach: Schaarschmidt: *Regionalkultur und Diktatur*, S. 265f.

zung politisch-sozialer Pflichten. Die ostdeutsche Entwicklung des Wortes ‚Heimat' beschreibt Miriam Kanne dabei als Verlagerung „von rechts nach links", da der Begriff in der DDR „nach wie vor der Propagierung ideologischer Ziele dient und dabei mit derselben Motivik unterlegt wird, an der sich zuvor die Faschisten abarbeiteten".[84] Während die Nationalsozialisten jedoch tradierte nationalistische ‚Heimat'-Auffassungen weitertrugen und für ihre faschistischen, rassistischen Zwecke radikalisierten, definiert sich der ‚neue' Begriff der DDR in erster Linie durch Abgrenzung von vorherigen deutschen ‚Heimat'-Verständnissen sowie durch die Ausweitung der ‚Heimat' auf den ‚Arbeiter-und-Bauern-Staat' und die sowjetische Staatengemeinschaft. Trotz unterschiedlicher ideologischer Grundpositionen erfüllten schließlich sowohl der nationalsozialistische als auch der sozialistische ‚Heimat'-Begriff gesellschaftspolitisch eine übereinstimmende Funktion, nämlich die Übertragung der emotionalen Verbundenheit mit der ‚Heimat' auf den gesamten Staat sowie die Instrumentalisierung der staatlich heraufbeschworenen Loyalität für politische Zwecke.

Durch die Vereinnahmung der bestehenden Regionalkultur, engagierte kulturpädagogische Bestrebungen sowie demagogische Agitation und Propaganda konnten sowohl die NSDAP als auch die SED (mit unterschiedlichen Schwerpunkten und Ausrichtungen) verstärkt kulturelle Leitbilder propagieren, welche die Integration der Gesellschaft in das politische System fördern und somit den Staatserhalt aufrechterhalten sollten.[85] Noch zwei Tage nach dem Fall der Berliner Mauer heißt es in der vom SED-Politbüro veröffentlichten offiziellen „Stellungnahme zur Massenflucht" entsprechend:

> Der Sozialismus braucht jeden. Er hat Platz und Perspektive für alle. Er ist die Zukunft der heranwachsenden Generationen. Gerade deshalb lässt es uns nicht gleichgültig, wenn sich Menschen, die hier arbeiteten und lebten, von unserer Deutschen Demokratischen Republik losgesagt haben. Viele von ihnen haben die Geborgenheit der sozialistischen Heimat und eine sichere Zukunft für sich und ihre Kinder preisgegeben. Sie sind in unserem Land aufgewachsen, haben hier ihre berufliche Qualifikation erworben und sich ein gutes Auskommen geschaffen. Sie hatten ihre Freunde, Arbeitskollegen und Nachbarn. Sie hatten eine Heimat, die sie brauchte und die sie selbst brauchen. Die Ursachen für ihren Schritt mögen vielfältig sein. Wir müssen und werden sie auch bei uns suchen, jeder an seinem Platz, wir alle gemeinsam.[86]

---

84 Kanne: *Andere Heimaten*, S. 71.
85 Vgl. dazu Thomas Schaarschmidt: „Regionalkultur im Dienste der Diktatur? Die sächsische Heimatbewegung im ‚Dritten Reich' und in der SBZ/DDR", in: *Diktaturen in Deutschland – Vergleichsaspekte. Strukturen, Institutionen und Verhaltensweisen*, hg. v. Günther Heydemann und Detlef Schmiechen-Ackermann, Bonn 2003, S. 557–587, hier: S. 558.
86 „Stellungnahme des SED-Politbüros vom 11. Oktober 1989 zur Massenflucht", *Deutschland Archiv* 12 (1989), S. 1435 f., in: *Bundeszentrale für politische Bildung Online*, unter:

Zum Heraufbeschwören einer kollektiven, patriotischen Identität sowie einer emotionalen, gesellschaftlichen und politischen Verbundenheit mit dem Staat wird der ideologisch ausgerichtete Begriff der ‚sozialistischen Heimat' in der DDR auch nach dem Mauerfall noch in die Pflicht genommen, während in der Bundesrepublik die Erfolgswelle des (westdeutschen) ‚Heimat'-Begriffs der ersten Nachkriegsjahre ab den 1960er Jahren verstärkt ins Wanken gerät.

2.7 ‚Heimat' zwischen Tabuisierung und Renaissance im ‚Westen'

Nach anfänglicher Tendenz zu einem unbefangenen Gebrauch des Begriffs in den westlichen Besatzungszonen und der jungen Bundesrepublik wird die Kritik an der ‚Heimat' in den 1960er Jahren immer lauter. Unter anderem der Eichmann-Prozess 1961, die Auschwitz-Prozesse seit den frühen 1960er Jahren, die 68er-Bewegung, Willy Brandts Kniefall 1970 und der Historikerstreit 1986/87 rücken die Verbrechen der deutschen Vergangenheit verstärkt ins öffentliche Licht, was in der Bundesrepublik zu einer zunehmenden Ablehnung gegenüber dem für nationalsozialistische Zwecke missbrauchten Wort führt. Hermann Bausinger weist zwar darauf hin, dass ‚die Heimat' in der westlichen Öffentlichkeit seit Kriegsende vereinzelt immer wieder auftauche, spricht jedoch von den 1960er Jahren als einer „zeitweilige[n] Verabschiedung des Heimatbegriffs" die unmittelbar mit einer „Phase der Wachstums- und Planungseuphorie" zusammenfalle.[87] Wirtschaftswunder, Strukturwandel, Ost-Politik oder auch ‚Gastarbeit' erweitern den Blick von Geburtsort und Region auf die nationale und transnationale Ebene, und ‚Heimat' wird immer mehr zum Synonym für Rückständigkeit, Beschränkung und überkommene Klischees intakter sozialer Strukturen. In einer Zeit des nationalen und transnationalen Wandels und unkonventioneller Lebensentwürfe erscheint das traditionelle ‚Heimat'-Konzept vielen als überholt.

Die tiefe Skepsis gegenüber der ‚Heimat' zeigt sich zum Beispiel in der Diskussion um die Heimatkunde, die in den späten 1960er Jahren ihren Höhepunkt erreicht: „Heimat, das ist sicher der schönste Name für Zurückgebliebenheit"[88], erklärt Martin Walser 1968 programmatisch in einem gleichnamigen Aufsatz zur „Heimatkunde". Als Resultat der mit dem Begriff assoziierten räumlichen

---

http://www.bpb.de/geschichte/deutsche-einheit/deutsche-teilung-deutsche-einheit/43716/zusammen bruch-des-sed-regimes?p = all (abgerufen am 01.07.2018).
87 Bausinger: „Heimat in einer offenen Gesellschaft", S. 86.
88 Martin Walser: „Heimatkunde", in: Ders.: *Heimatkunde. Aufsätze und Reden*, Frankfurt/Main 1968, S. 40–50, hier: S. 40.

und geistigen Beschränkungen ersetzen in den Schulen ab den 1960er Jahren infolge umfangreicher Bildungsreformen nach und nach ‚sachlichere' Begriffe wie ‚Sachkunde' oder ‚Sozialkunde' die Bezeichnung ‚Heimatkunde'. Auch Sprangers pädagogisches Konzept der Erziehung zur ‚Heimatliebe', welches trotz nationalsozialistischer Vorbelastung auch nach dem Krieg zunächst weiter aufrechterhalten wurde, gerät nun zunehmend in die Kritik. So äußert zum Beispiel Hermann Müller in seiner pädagogisch-soziologischen Untersuchung der Heimat- und Sachkunde im Jahr 1970:

> Das Interesse ist leicht erkennbar, das Heimatkunde in ihren Dienst stellt. Es ist das Interesse, Zustände zu erhalten, die vom Wandel bedroht sind. [. . .] Heimatkunde tritt von Anfang an in den Dienst der Staatserhaltung, der Erhaltung der Machtordnung. Heimatkunde ist Appell zum Gehorsam, der auch den unteren Schichten noch eine Einheit und Gleichheit verspricht, an der alle Heimatlosen, alle Fremden nicht teilhaben. In der Heimatkunde geht es nicht um Wissen, sondern um Bindung. [. . .] Was zur Geltung gebracht wird seit Beginn des heimatkundlichen Unterrichts, ist gesellschaftliche Stabilisierung und Bindung mit dem Anspruch an das Kind, sich widerspruchslos einzuordnen.[89]

Neben der hier von Hermann Müller angesprochenen manipulativen, ideologischen, exkludierenden, dem Staats- beziehungsweise Machterhalt dienenden Ausrichtung des Unterrichtsfaches werden im Rahmen der didaktischen Reformbestrebungen unterschiedlichste Mängel des einschlägigen Curriculums moniert: von dem für Schüler*innen realitätsfernen thematischen Fokus auf bäuerlich-ländliche Lebenswelten über fehlende naturwissenschaftliche und gesellschaftskritische Methoden bis hin zur undifferenzierten, emotionalen und sentimentalen Überfrachtung des Lehrplanes. Wenngleich das ursprüngliche Konzept der Heimatkunde bereits Anfang der 1970er Jahre weitestgehend reformiert wurde, hält die kritische Diskussion um die konkreten Details der bundesweiten Überarbeitung und Anpassung der Lehrpläne auch in den 1970er Jahren noch an.[90]

Trotz der wachsenden Skepsis bleibt das Verhältnis zur ‚Heimat' in der Bundesrepublik zwiespältig: Während die Vorbelastung des Begriffs immer stärker ins öffentliche Bewusstsein rückt, setzt bereits Anfang der 1970er Jahre zugleich eine Tendenz zur Neubesetzung des missbrauchten Wortes ein, die sich auch literarisch niederschlägt. „Ob wir es nämlich wahrhaben wollen oder nicht", beobachtet Jürgen Koppensteiner 1981, „in der deutschen Gegenwartsli-

---

[89] Hermann Müller: „Affirmative Erziehung: Heimat- und Sachkunde", in: *Erziehung in der Klassengesellschaft. Einführung in die Soziologie der Erziehung*, hg. v. Johannes Beck, München 1970, S. 202–223, hier: S. 208 f.
[90] Vgl. dazu Michael Neumeyer: *Heimat. Zu Geschichte und Begriff eines Phänomens*, Kiel 1992, S. 47 f.

teratur heimatet es sehr."⁹¹ Exemplarisch für den ‚Heimat'-Diskurs der 1970er Jahre heißt es 1978 in dem Roman *Heimatmuseum* von Siegfried Lenz aus der Perspektive des Protagonisten Zygmunt Rogalla:

> Ich weiß, ich weiß: Heimat, das ist der Ort, wo sich der Blick von selbst näßt, wo das Gemüt zu brüten beginnt, wo Sprache durch ungenaues Gefühl ersetzt werden darf . . .
> Damit Sie mich nicht mißverstehen, lieber Martin Witt, ich gebe zu, daß dieses Wort in Verruf gekommen ist, daß es mißbraucht wurde, so schwerwiegend mißbraucht, daß man es heute kaum ohne Risiko aussprechen kann. Und ich sehe auch ein, daß es in einer Landschaft aus Zement nichts gilt, in den Beton-Silos, in den kalten Wohnhöhlen aus Fertigteilen, das alles zugestanden; aber wenn es schon so ist: Was spricht denn gegen den Versuch, dieses Wort von seiner Belastung zu befreien? Ihm seine Unbescholtenheit zurückzugeben?⁹²

Rogalla versucht, das von ihm nach dem Tod seines Onkels geführte titelgebende Lucknower Heimatmuseum gegen dessen ideologische Instrumentalisierung während des Ersten und des Zweiten Weltkrieges zu verteidigen. Er plädiert für eine Rehabilitierung des Begriffs, für die Befreiung von ‚seiner Belastung' und für die Rückkehr zur ‚Unbescholtenheit' der ‚Heimat'; als das Museum jedoch auch in der westdeutschen Nachkriegszeit der politischen Vereinnahmung zum Opfer fällt, beschließt Rogalla, sein Lebenswerk niederzubrennen.

Die hier von Lenz thematisierte Frage um eine Rehabilitierung des Wortes nach dem nationalsozialistischen Missbrauch ist nur ein Beispiel für die ‚Renaissance', die dem ‚Heimat'-Begriff und dem ‚Heimat'-Gefühl in den 1970er und 1980er Jahren verbreitet attestiert wird.⁹³ In diesen zwei Jahrzehnten erscheint in der Bundesrepublik eine Fülle von wissenschaftlichen Publikationen, die neue Blickwinkel auf die ‚Heimat' einnehmen und philosophische, soziologische oder kulturanthropologische Definitionen anstreben. Besonders einflussreich ist der emanzipatorische Begriff, den die Kulturanthropologin Ina-Maria Greverus 1972 in *Der territoriale Mensch* und 1979 in *Auf der Suche nach Heimat* entwirft. Demnach müsse ‚Heimat' von generalisierenden, politischen Gehalten gelöst werden und sich stattdessen auf die selbstgestaltete, aktive Aneignung der unmittelbaren menschlichen Umwelt beziehen: „Die Lebensbedin-

---

91 Jürgen Koppensteiner: „Anti-Heimatliteratur: Ein Unterrichtsversuch mit Franz Innerhofers Roman *Schöne Tage*", in: *Die Unterrichtspraxis/Teaching German* Vol. 14, Nr. 1 (1981), S. 9–19, hier: S. 9.
92 Siegfried Lenz: *Heimatmuseum*, Hamburg 1978, S 120.
93 Vgl. zum Beispiel: „Die Renaissance des Themas Heimat in Literatur, Massenmedien und Unterricht ist unübersehbar.", Franklin Schultheiß, Horst Dahlhaus und Wolfgang Maurus: „Vorwort", in: *Heimat. Analysen, Themen, Perspektiven*, hg. v. Will Cremer und Ansgar Klein, Bonn 1990, S. 11–12, hier: S. 11.

gung Heimat ist weder angeboren noch kann sie verordnet werden, sondern sie ist eine Leistung des tätigen, sich Umwelt aneignenden Subjekts."[94]

Ähnlich wie bei Greverus lässt sich im wissenschaftlichen Diskurs insgesamt eine Tendenz zur Loslösung des Begriffs von einem ideologischen und eine Hinwendung zu einem individuellen, offenen Verständnis sowie eine stärkere Einbeziehung sozialer Dimensionen beobachten. ‚Heimat' bezieht sich nun auch auf moderne, gesellschaftliche Alternativen in Abgrenzung zu tradierten ‚heimatlichen' Klischees ländlicher Idylle und wird zu einem individuellen „Satisfaktionsraum[]"[95], der Sicherheit und Identität verspricht. Diese neuen Perspektiven auf ‚Heimat' in einer sich wandelnden Gesellschaft fasst Hermann Bausinger 1986 wie folgt zusammen:

> *Heimat und offene Gesellschaft schließen sich nicht mehr aus:* Heimat als *Aneignung* und gemeinsam mit anderen, Heimat als *selbst mitgeschaffene kleine Welt,* die Verhaltenssicherheit gibt, Heimat als *menschlich gestaltete Umwelt.* In diesem neuen Verständnis von Heimat werden viele der alten Konzepte in Frage gestellt: Heimat ist nicht mehr Gegenstand passiven Gefühls, sondern *Medium und Ziel praktischer Auseinandersetzung;* Heimat kann nicht ohne weiteres auf größere staatliche Gebilde bezogen werden, sondern betrifft die *unmittelbare Umgebung;* Heimat erscheint gelöst von nur-ländlichen Assoziationen und präsentiert sich als *urbane Möglichkeit;* Heimat ist nichts, das sich konsumieren läßt, sondern sie wird aktiv angeeignet.[96]

Besonders die Betonung von Offenheit, Kleinräumigkeit, Individualität sowie die aktive und mündige Beteiligung an Wahl und Gestaltung von ‚Heimat' sind zentrale Merkmale der verbreiteten neuen Ansätze der 1970er und 1980er Jahre, welches zugleich eben mit einer ausdrücklichen Abwendung von einer zentralistischen, ideologischen Gleichsetzung von ‚Staat' und ‚Heimat' einhergeht.[97]

Aber nicht nur in literarischen und wissenschaftlichen Diskursen rückt der Begriff wieder stärker in das öffentliche Bewusstsein – angestoßen von gesellschaftspolitischen Entwicklungen wie der sukzessiven Industrialisierung und Modernisierung vieler Regionen, der Ölkrise 1973, wirtschaftlicher Unsicherheit, steigender Arbeitslosigkeit, zunehmender Wahrnehmung der Umweltzerstörung sowie einem rasanten technischen Fortschritt entwickelt sich ab den 1970er Jahren eine ‚neue' Heimatbewegung, die in den 1980er Jahren ihren Hö-

---

94 Greverus: *Auf der Suche nach Heimat,* S. 17.
95 Ina-Maria Greverus: *Der territoriale Mensch. Ein literaturanthropologischer Versuch zum Heimatphänomen,* Frankfurt/Main 1972, S. 45. Vgl. Greverus: *Auf der Suche nach Heimat,* S. 17.
96 Bausinger: „Heimat in einer offenen Gesellschaft", S. 88 (Hervorhebung im Original).
97 „Heimat wird verstärkt zur Zuflucht gegenüber den Interventionen des Staates", so Jens Korfkamp zusammenfassend über den neuen ‚Heimat'-Begriff der 1970er und 1980er Jahre. Korfkamp: *Die Erfindung der Heimat,* S. 7.

hepunkt erreicht. Dieser Aufschwung trägt wesentlich zu einer Enttabuisierung des Begriffs im öffentlichen, wissenschaftlichen sowie politischen Kontext bei, zugleich zeichnet sie sich aber auch durch einen deutlich kritischeren Umgang mit dem geschichtlich vorbelasteten Wort aus. Nach dem Erscheinen von Edgar Reitz' elfteiligem Filmepos *Heimat – Eine deutsche Chronik* im Oktober 1984 verkündet beispielsweise der *Spiegel*, dass im Bewusstsein der westdeutschen Gesellschaft ein „neue[s] Heimat-Gefühl" entfacht worden sei:

> Kein anderer Titel könnte so signalhaft und entschieden Programm sein wie „Heimat". Die Wiederkehr eines lange verachteten Begriffs und ein neues Gefühl, das das Land in diesen Jahren bewegt – Rückbesinnung auf Heimat, Rückgewinnung von Heimat –, haben diese Film-Unternehmung hervorgebracht und scheinen in ihr eine beispielhafte Erfüllung zu finden. [. . .] Lange war der Begriff verpönt, mit dem Ruch von Blut und Boden behaftet, und schien ein für allemal von Heimat-Vertriebenen, Heimatfilmen und der Touristenfolklore von Trachtentanzgruppen und Blasmusik besetzt. Die neue Heimat-Bewegung, die nach einigem Zögern nun auch den Begriff entschieden für sich beansprucht, hat das gesellschaftliche Bewußtsein in diesen Jahren nachhaltig verändert.[98]

Eine erneute Hinwendung zur Natur und zu überschaubaren Lebensräumen in unmittelbarer Abgrenzung zum kapitalistischen Konsum und der damit einhergehenden Umweltzerstörung der modernen, massenmedialen Gesellschaft macht der *Spiegel* dabei als zentrales Charakteristikum der neuen Heimatbewegung aus: „Der anstrengende Idealfall dieser neuen Lebensweise" – so heißt es plakativ – sei „die Bauernhof-Kommune mit Selbsterfahrung, Bio-Gemüse, eigenen Freilaufhühnern, Pullovern aus selbstgesponnener Schafwolle und einem bißchen Töpferei als Nebenerwerb."[99] Altstadtsanierungen, die Förderung von Denkmalpflege, Dialekt, Volksliedern und kulturgeschichtlichen Museen, die Diskussion um die Wiedereinführung der Heimatkunde, die Gründung zahlreicher Bürgerinitiativen und nicht zuletzt die wachsende ökologische Bewegung sind nur einige Beispiele für die wiedergeborene Hinwendung zu regionalen Räumen in den 1970er und 1980er Jahren. Und ähnlich wie bereits im 19. Jahrhundert kann diese neue Heimatbewegung als direkte Antwort, „als Reaktion auf bedrohlich empfundene Auswirkungen der Industriegesellschaft"[100] verstanden werden.

Ein weiteres Beispiel für die kritische Auseinandersetzung mit bestehenden ‚Heimat'-Konzepten ist neben der neuen, bürgerlichen Heimatbewegung auch die aufkommende Anti-Heimatliteratur, welche seit den 1960er Jahren in Österreich floriert. Laut einer viel zitierten Definition Jürgen Koppensteiners handelt

---

98 „Geh über die Dörfer!", in: *Der Spiegel* 40 (1984), S. 252–261, hier: S. 252 [o.V.].
99 „Geh über die Dörfer!", S. 254.
100 Vgl. Bausinger: „Heimat in einer offenen Gesellschaft", S. 86.

es sich bei dieser um ein spezifisch österreichisches Genre, das sich einerseits unmittelbar gegen die traditionelle Heimatliteratur wende, gleichzeitig aber das Verhältnis zwischen Mensch und ‚Heimat' in den Vordergrund rücke:

> Als Anti-Heimatliteratur ist jene Literatur zu verstehen, in der man wohl die Gestalten und Requisiten der traditionellen, oft sentimental-kitschigen Heimatliteratur findet [. . .], die aber keine Heimatbezüge im traditionellen Sinn aufweist. Es geht also nicht um Liebe zur Heimat, um die Harmonie des ländlichen Lebens, um Brauchtum oder Abwehr einer feindlichen, meist städtischen Gegenwelt. Anti-Heimatliteratur will vielmehr negative Zustände in der Heimat, im ländlich-bäuerlichen Milieu, aufdecken. Sie richtet sich dabei keineswegs gegen Heimat; sie setzt nur einen anderen Heimatbegriff voraus.[101]

Autor*innen wie Elfriede Jelinek, Franz Innerhofer, Thomas Bernhard oder Gernot Wolfgruber greifen in ihrer Anti-Heimatliteratur stereotype Themen, Stoffe und Motive der traditionellen Heimatliteratur auf – anstatt die dargestellte Umgebung jedoch zu verklären, zu idealisieren oder zu sentimentalisieren, wenden sie die tradierten Merkmale durch Überzeichnung oder Satire in ihr Gegenteil. Trotz heterogener (formaler) Beschaffenheit des Genres lässt sich insgesamt eine Tendenz zur Erinnerungsarbeit erkennen – zur Thematisierung der ausgeblendeten Vergangenheit in der Kunst als Arbeit gegen die ‚historische Amnesie' der Öffentlichkeit.[102] Das tradierte ‚Heimat'-Konzept wird dabei herausgefordert und provoziert, während durch das Aufdecken regionaler und sozialer Missstände schließlich zugleich auch andere, neue, subjektive und kritische ‚Heimat'-Konzepte entworfen werden. Man dürfe sich von der „Heimatpropaganda die Heimat nicht abspenstig machen lassen", heißt es 1975 bei Michael Scharang programmatisch.[103]

Dieser subversive künstlerische Ansatz ist jedoch keineswegs ein Alleinstellungsmerkmal der österreichischen Literatur. Anknüpfend an Vorbilder wie Marieluise Fleißer oder Ödön von Horváth setzt der Neue Deutsche Film der verklärten, ‚trivialen' Unterhaltungsindustrie der Bundesrepublik kritische ‚Heimatfilme' produktiv entgegen. Rainer Werner Fassbinder, Peter Fleischmann oder Volker Schlöndorff, aber auch Autoren wie Franz Xaver Kroetz und Martin Sperr setzen sich in der Nachkriegszeit zunehmend diskursiv und agitatorisch

---

101 Koppensteiner: „Anti-Heimatliteratur", S. 9.
102 Vgl. Ingeborg Rabenstein-Michel: „Bewältigungsinstrument Anti-Heimatliteratur", in: *Germanica* 42 (2008), S. 1–11, hier: S. 4.
103 Michael Scharang: „Landschaft und Literatur", in: *Kürbiskern* 3 (1975), S. 98–101, hier: S. 100 f. Vgl. Solms, „Zum Wandel der ‚Anti-Heimatliteratur'", in: *Wesen und Wandel der Heimatliteratur. Am Beispiel der österreichischen Literatur seit 1945. Ein Bonner Symposium*, hg. v. Karl Konrad Polheim, Bern u. a. 1989, S. 173–189, hier: S. 174.
Zur Rolle der ‚Heimat' in der österreichischen Literatur vgl. W. G. Sebald: *Unheimliche Heimat: Essays zur österreichischen Literatur*, Frankfurt/Main 1995. Vgl. auch Solms: „Zum Wandel der ‚Anti-Heimatliteratur.'"

mit der ‚Heimat' auseinander und streben ebenso wie die österreichische Anti-Heimatliteratur eine Erinnerung an die und Konfrontation mit der unmittelbaren Geschichte durch das Aufdecken sozialer und politischer Missstände der (eskapistischen) Nachkriegsgesellschaft an. Dabei werden die ideologische Konstitution der ‚Heimat' und deren repressive Mechanismen demaskiert und die öffentliche ‚Heimat'-Debatte zugleich künstlerisch forciert. Der ‚Heimat'-Begriff ist dabei durchaus weit gefasst und wird je nach konkretem Anliegen thematisch und motivisch ausdifferenziert. Ähnlich der bürgerlichen Heimatbewegung der 1970er und 1980er Jahre grenzen sich diese künstlerischen Entwürfe damit zum einen stark von dem bisherigen, vorbelasteten Begriff ab, durch die kritische Verhandlung der historischen Implikationen der ‚Heimat' im Sinne einer Vergangenheitsaufarbeitung wird andererseits zugleich eine ‚Wiedergeburt' beziehungsweise ein neues, alternatives, offenes Verständnis der ‚Heimat' vorangetrieben.

2.8 Hybrid ‚Heimat' in einer globalisierten Gesellschaft

Die in den 1970er und 1980er Jahren eingeleitete Auffassung der ‚Heimat' als einem aktiv gestalteten, individuellen Lebensraum, der Identität und Sicherheit verspricht, ist in den 1990er Jahren weiterhin präsent; gleichzeitig scheint es jedoch in Anbetracht des rasanten technischen und digitalen Fortschritts, zunehmend transparenter Grenzen, einer immer schnelleren kommunikativen Vernetzung sowie der steigenden Mobilität der globalisierten Gesellschaft immer schwieriger, eine klare Definition des Begriffs herauszufiltern. Im unmittelbaren Anschluss an die Entwicklungen der ‚Renaissance' der ‚Heimat' in den 1970er und 1980er Jahren bilden sich zwar seit der Deutschen Einheit und dem Ende des Kalten Krieges sowohl im wissenschaftlichen als auch im öffentlichen Gebrauch Tendenzen zu einem hybriden Verständnis des Begriffs heraus, dabei wandelt sich aber nicht der Begriff selbst, sondern lediglich sein Gebrauch, was wiederum dazu führt, dass ältere semantische Gehalte der ‚Heimat' weiter Bestand haben.[104]

Die komplementären Deutungen werden in dem 1990 von der Bundeszentrale für politische Bildung herausgegebenen Diskussionsbeitrag zum Thema ‚Heimat' deutlich. In dem Vorwort des umfangreichen, zweibändigen interdisziplinären Sammelbandes heißt es: „Heimat in einer offenen Gesellschaft definiert sich heute vor allem aus der Frage nach den sozialen Horizonten der Lebenswelt,

---

[104] Zur ‚semantischen Kontinuität' vgl. Reinhart Koselleck: „Hinweise auf die temporalen Strukturen begriffsgeschichtlichen Wandels", in: *Begriffsgeschichte, Diskursgeschichte, Metapherngeschichte*, hg. v. Hans Erich Bödeker, S. 29–47.

von denen aus Vertrautheit und Überschaubarkeit ermöglicht werden."[105] Anknüpfend an die pädagogische, didaktische Ausrichtung des Bandes wird besonders die Multidimensionalität des Konzeptes in einer ‚offenen Gesellschaft' hervorgehoben: Die „vielfältigen existenziellen und gesellschaftspolitischen Bezüge des Begriffs machen deutlich, daß Heimat ein wichtiger und anforderungsreicher Gegenstand politischer Bildung ist."[106] Während die Bundeszentrale für politische Bildung das Ziel der beiden Bände folglich in „kritischen Analysen und einer gesteigerten Sensibilität" sieht und einem „erneute[n] politische[n] oder weltanschauliche[n] Mißbrauch des Heimatbegriffs"[107] entgegenzuwirken versucht, heißt es in dem anschließenden Vorwort des ebenfalls an der Konzeption der Bände beteiligten Deutschen Heimatbundes: „Es ist zu hoffen, daß dieses Buch den hohen Stellenwert der Begriffe ‚Heimat' und ‚Heimatpflege' bewahren hilft und zu einem Standardwerk in der Heimatliteratur gedeiht."[108] Auch wenn der Präsident des Deutschen Heimatbundes, Hans Tiedecken, explizit auf die Notwendigkeit der historischen Einbindung des Begriffs hinweist, klingen in dieser Formulierung zugleich auch regressive Implikationen an, was der formulierten Schwerpunktsetzung der ‚Bundeszentrale für politische Bildung' im Grunde entgegensteht.

Während seit den 1970er Jahren also Kleinräumigkeit, Individualität und aktive menschliche Mitgestaltung zentrale Schlagworte für eine neue Auffassung von ‚Heimat' darstellen, scheint sich seit den 1990er Jahren in den definitorischen Ansätzen eine Tendenz zur Mobilisierung und Pluralisierung des Begriffs herauszubilden. Diesen liegt nicht zuletzt seit dem *Spatial Turn* auch häufig ein zunehmendes Interesse an und ein neues, multidimensionales Verständnis von ‚Raum' als prozessualem Konstrukt, als kultureller und sozialer Praktik, zugrunde.[109] So beschreibt zum Beispiel Dieter Baacke ‚Heimat' bereits im Jahr 1990 als „Suchbewegung" und arbeitet die Schwierigkeiten für Jugendliche heraus, in Anbetracht eines globalen Überangebots an Möglichkeiten einen Raum der Orientierung und der Zugehörigkeit zu finden:

> Heimat wird, insbesondere in den metropolistisch orientierten jugendkulturellen Bewegungen, nicht mehr bestimmt durch Herkunft, Erinnerung, frühe Bindung, ständige Heimkehr. Sie ist vielmehr beweglich geworden und hineingegeben in Prozesse der Indi-

---

105 Schultheiß, Dahlhaus und Maurus: „Vorwort", S. 11.
106 Schultheiß, Dahlhaus und Maurus: „Vorwort", S. 11.
107 Schultheiß, Dahlhaus und Maurus: „Vorwort", S. 11.
108 Hans Tiedeken: „Vorwort", in: *Heimat. Analysen, Themen, Perspektiven*, hg. v. Will Cremer und Ansgar Klein, Bonn 1990, S. 13.
109 Vgl. dazu Friederike Eigler: „Critical Approaches to Heimat and the ‚Spatial Turn'", in: *New German Critique* 115 (2012), S. 27–48.

vidualisierung wie auch solche von Gruppen, die Räume suchen und brauchen. Aber es sind meist gerade *nicht* die Orte erlernter Verbindlichkeiten, sondern solche, die über das Ich oder im sozialen Miteinander sich neu konstituieren.[110]

Seit dem neuen Jahrtausend bezeichnen die Begriffe ‚Millenials' oder ‚Generation Y' die von Baacke thematisierten jugendkulturellen Besonderheiten der Entscheidungsfindung im Kontext globaler Entwicklungen und scheinbar grenzenloser Optionen, welche Baacke bereits 1990 als „neue[] Chancen der Heimatfindung in beweglichen Modellen von Raumdefinitionen und persönlichen Zuordnungen"[111] deutet.

Auch Gabriele Eichmanns beobachtet in dem von ihr im Jahr 2013 herausgegebenen Sammelband mit dem programmatischen Titel *Heimat Goes Mobile*, dass ‚Heimat' immer noch eine zentrale Rolle in der deutschen Kultur spiele, nun aber nicht mehr das tradierte Verständnis mit seinem Fokus auf Statik, Ortsgebundenheit und Ausschlussprinzipien vorherrsche, sondern ‚Heimat' eine hybride Form einnehme, die im engen Zusammenhang mit Bewegung, Mobilität und globalen Einflüssen stehe:

> A formerly local entity, the notion of home becomes more and more globalized and takes on unique shapes. Feeling at home in multiple places thus has to be regarded as a rather common occurence since *Heimat* and mobility, the familiar and the foreign, are not diametrically opposed any longer. It is *Heimat*'s hybrid nature that comes to be its decisive feature in a global world and that renders *Heimat* a useful concept that conveys both, stability and mobility.[112]

Der Begriff ‚Heimat' wird im aktuellen wissenschaftlichen Kontext zunehmend von Grenzen sowie Beschränkungen befreit und konzentriert sich verstärkt auf die neuen Möglichkeiten, die ein mobiles, plurales, prozessuales, transkulturelles ‚Heimat'-Verständnis im Zeitalter der Globalisierung und im Kontext einer Welt als ‚global village'[113] generiert. Durch diese Öffnung der Dimension des Raumes wird wiederum das in der ‚Heimat' angelegte Ausschlussprinzip eingedämmt –

---

110 Dieter Baacke: „Heimat als Suchbewegung. Problemlösungen städtischer Jugendkulturen", in: *Heimat. Analysen, Themen, Perspektiven*, hg. v. Will Cremer und Ansgar Klein, Bonn 1990, S. 479–496, hier: S. 490.
111 Baacke: „Heimat als Suchbewegung. Problemlösungen städtischer Jugendkulturen", S. 496.
112 Eichmanns: „Introduction: Heimat in the Age of Globalization", S. 5 (Hervorhebung im Original).
113 Vgl. Marshall McLuhan: *The Gutenberg Galaxy: The Making of Typographic Man*, Toronto 2011 [1962]. Zu globalen Dimensionen von ‚Heimat' vgl. Bönisch, Runia und Zehschnetzler: „Einleitung: Revisiting ‚Heimat'".

Mobilität und Stabilität rücken in den Vordergrund. Demzufolge ist es auch laut Duden heute nicht mehr unüblich, von ‚Heimat' im Plural zu sprechen.[114]

‚Heimat' als Hybrid zu verstehen, bedeutet jedoch eben auch, dass neben den neu aufkommenden progressiven Definitionen regressive semantische Gehalte des Begriffs weitergetragen werden. Bausinger spricht bereits 1990 von einer Kommerzialisierung der tradierten „Fertigbauteile" der ‚Heimat' in der deutschen Kulturindustrie, die sich auch die Werbung zunutze mache, indem Produkte gerade durch ihre regionalen oder lokalen Besonderheiten, durch ihre „Binnenexotik", angepriesen werden: „Heimat wurde und wird von der Stange geliefert."[115] Auch im neuen Jahrtausend lässt sich beobachten, wie stereotype ‚Heimat'-Chiffren für kommerzielle Zwecke genutzt und zu ‚Kultobjekten' transferiert werden: Kuckucksuhren, Trachten und Hirsche, Trabbis, Sandmännchen und Gartenzwerge scheinen nach wie vor nostalgische und ostalgische Sehnsüchte zu befriedigen. Unter Stichworten wie ‚support you local artist' oder ‚aus der Region' ist auch eine generelle Hinwendung zur unmittelbaren geographischen und kulturellen Umgebung in der Lebensmittel- und Kulturindustrie zu erkennen, die häufig wiederum mit dem Wunsch nach Orientierung und Überschaubarkeit im Kontext einer zunehmenden globalen ‚Unübersichtlichkeit' verbunden ist. Nicht zuletzt im politischen Kontext feiert der Begriff ‚Heimat' in der Bundesrepublik des neuen Jahrtausends eine ‚Re-Renaissance', die spätestens seit der Umbenennung des ‚Bundesministeriums des Innern' in ‚Bundesministerium des Innern, für Bau und Heimat' und der Ernennung Horst Seehofers zum ersten nationalen ‚Heimatminister' mit Beginn der Legislaturperiode 2018 zu einem verbreiteten, kontroversen öffentlichen Diskurs um die Bedeutungsdimensionen des Begriffs geführt hat.[116]

---

114 Während in der 18. Auflage des (westdeutschen) Dudens von 1980 unter dem Eintrag „Heimat" noch der Vermerk zu finden ist, dass der Plural „selten" sei – ist dieser Hinweis seit der 19. Auflage des Dudens von 1986 entfernt worden und nun auch von ‚Heimaten' die Rede. Vgl. „Heimat", in: *Duden. Rechtschreibung der deutschen Sprache und der Fremdwörter*, 18. Aufl. (1980), S. 320; „Heimat", in: *Duden. Rechtschreibung der deutschen Sprache*, 19. Aufl. (1986), S. 491; „Heimat", *Duden online*.
115 Bausinger: „Heimat in einer offenen Gesellschaft", S. 83.
116 Das ‚Bundesministerium des Innern, für Bau und Heimat' definiert die Aufgaben des neuen Ressorts unter dem Begriffspaar „Heimat und Integration" im Kontext eines aktuellen Strukturwandels und vor dem Hintergrund der Globalisierung und der Digitalisierung. Kurz nach der Umbenennung des Ministeriums und der Gründung der sogenannten Heimatabteilung wurde der Begriff jedoch zunächst nicht explizit erläutert: „Der Staat, die Zivilgesellschaft, aber auch jeder Einzelne von uns ist gefordert, diesen Wandlungsprozess mitzugestalten, damit für alle gesellschaftlichen Gruppen ein friedliches Miteinander garantiert werden kann. Dabei gilt es, unsere offene und pluralistische Gesellschaft zu bewahren und die Anerkennung unserer freiheitlich-demokratischen

Bereits seit Anfang der 1990er-Jahre wird zudem der nationalistische, ideologisch vorbelastete ‚Heimat'-Begriff wieder verstärkt von einer politisch ‚Rechten' vereinnahmt, welche diesen für die Abwertung moderner, globaler, transkultureller Entwicklungen verwendet und für die Rechtfertigung ihrer rechtsradikalen Zwecke missbraucht. Die Ausschreitungen in Rostock-Lichtenhagen oder die tödliche Brandstiftung in Mölln führen schon 1992 exemplarisch die zunehmende Zahl rassistisch motivierter Straftaten sowie die wachsende Neonazi-Szene vor Augen. Korfkamp sieht die Ursache dafür in erster Linie in den „vielfältigen sozialen und ökonomischen Desorientierungserfahrungen", die aus der Deutschen Einheit resultierten: Besonders in den damals ‚Neuen Bundesländern', aber auch in Westdeutschland, habe, so Korfkamp, die Sorge um Arbeitsplätze und Wohnungsnot sowie die vermeintliche Bedrohung der gewohnten Lebenswelt zu einer Projektion innerdeutscher Konflikte nach Außen geführt: „Mit der Bewußtwerdung der bedrohten oder verlorenen Heimat ist hier die Definition der Heimatgrenzen und die Abwertung des Fremdartigen verbunden: (empfundener) Heimatverlust wird so zum Movens von Fremdenhaß".[117] Die konservative, rechte und rechtsradikale, exkludierende Besinnung auf ‚Heimat' scheint auch im neuen Jahrtausend nicht abzureißen. Als bedrohlich empfundene Auswirkungen der Globalisierung, wie etwa die transnationalen wirtschaftlichen, politischen und kulturellen Verflechtungen

---

Grundordnung als rechtlichen Rahmen unseres Zusammenlebens zu schützen. Das Bundesministerium des Innern nimmt sich in vielfältiger Weise der Aufgabe an, das gemeinschaftliche Miteinander und die Integration von Zugezogenen zu stärken." „Heimat & Integration", in: *BMI Online*, unter: https://www.bmi.bund.de/DE/themen/heimat-integration/heimat-integration-node.html (abgerufen am 21.08.2018).

Inzwischen wird ‚Heimat' vom BMI definiert als „dort, wo sich Menschen wohl, akzeptiert und geborgen fühlen. Jeder kennt dieses Gefühl, dazuzugehören und Bestandteil einer Gemeinschaft zu sein. Unsere Heimatpolitik ist angesichts des rasanten Wandels unserer Lebensverhältnisse eine notwendige Gestaltungsaufgabe von Bund, Ländern und Kommunen. Die Menschen suchen Sicherheit und Orientierung. Unser Ziel ist die Neubelebung und -verortung einer gemeinsamen Identität und eines belastbaren Wertefundaments, das uns verbindet. [. . .] Daher haben wir im Bundesministerium des Innern, für Bau und Heimat eine Heimatabteilung eingerichtet. Ihre Aufgabe ist es, den Zusammenhalt, das Gemeinschaftsgefühl und die Identifikation in beziehungsweise mit unserem Land zu erhöhen. Zum anderen trägt sie dazu bei, die Lebensbedingungen vor Ort im ganzen Land zu verbessern." „Heimat & Integration", in: *BMI Online*, unter: https://www.bmi.bund.de/DE/themen/heimat-integration/heimat-integration-node.html (abgerufen am 19.05.2020).

Zu aktuellen Implikationen der ‚Heimat' im politischen Diskurs vgl. Beate Binder: „Politiken der Heimat, Praktiken der Beheimatung, oder: Warum das Nachdenken über Heimat zwar ermattet, aber dennoch notwendig ist", in: *Heimat Revisited. Kulturwissenschaftliche Perspektiven auf einen umstrittenen Begriff*, hg. v. Dana Bönisch, Jil Runia und Hanna Zeschnetzler, Berlin, Boston 2020, S. 85–105.

117 Korfkamp: *Die Erfindung der Heimat*, S. 78.

oder die zunehmende Zahl Flüchtender, führen zu einer verbreiteten Hinwendung zu non-globaler Kleinräumigkeit – zu überschaubaren, ‚stabilen' Räumen wie der Nation oder der Region – die sich exemplarisch an dem rasanten Aufstieg rechtspopulistischer Parteien in Europa und darüber hinaus, an Donald Trumps Mauerbauplänen oder dem 2016 beschlossenen ‚Brexit' zeigt.

Ähnlich wie bereits im 19. Jahrhundert können auch diese Entwicklungen als Reaktion auf als bedrohlich empfundene Modernisierungsprozesse, als (regressiver) ‚Kompensationsraum' im Sinne Bausingers[118] verstanden werden. Svetlana Boym spricht in diesem Kontext von einer „global epidemic of nostalgia", einem emotionalen Bedürfnis nach Gemeinschaft, kollektiver Erinnerung und Kontinuität in einer zunehmend fragmentierten Welt, welches zugleich jedoch die Gefahr der antimodernen Mystifizierung der Geschichte mithilfe nationaler Symbole mit sich bringe, und folgert: „The twentieth century began with a futuristic utopia and ended with nostalgia."[119] Mit Rückgriff auf eben diese Thesen Boyms spricht Zygmunt Bauman wiederum von der gesellschaftspolitischen Gegenwart als „Age of Nostalgia", in dem in unmittelbarer Abwendung von ehemals hoffnungsvollen, utopischen Blicken in die (bessere) Zukunft nun die Suche nach Orientierung in eine verklärte, als verloren geglaubte (bessere) Vergangenheit gerichtet werde. Aus der doppelten Negation von Utopien im Sinne Thomas Morus' – also der Wiederbelebung des einst Zurückgewiesenen – enstehen in der Gesellschaft gegenwärtig retrotopische Denkmuster und Praktiken: „visions located in the lost/stolen/abandoned but undead past, instead of being tied to the not-yet-unborn and so inexistent future, as was their twice removed forebear".[120] In diesem Sinne lässt sich auch ‚Heimat' als ‚Retrotopie'

---

[118] Vgl. Bausinger: „Heimat in einer offenen Gesellschaft", S. 80; siehe auch Kapitel 2.2.
[119] Vgl.: „By the twenty-first century, the passing ailment turned into the incurable modern condition. The twentieth century began with a futuristic utopia and ended with nostalgia. Optimistic belief in the future was discarded like an outmoded spaceship sometime in the 1960s. Nostalgia itself has a utopian dimension, only it is no longer directed toward the future. Sometimes nostalgia is not directed toward the past either, but rather sideways. The nostalgic feels stifled within the conventional confines of time and space." Svetlana Boym: *The Future of Nostalgia*, New York 2001, S. XIV. Vgl. dazu Zygmunt Bauman: *Retrotopia*, Cambridge 2017, S. 2f.

Zur aktuellen Positionierung des Begriffs ‚Nostalgie' vgl. Sabine Sielke: „Nostalgie – die ‚Theorie'", in: *Nostalgie/Nostalgia. Imaginierte Zeit-Räume in globalen Medienkulturen/Imagined Time-Spaces in Global Media Cultures*, hg. v. ders., Frankfurt/Main 2017, S. 9–32. Vgl. auch dies.: „From 'Homeland Security' to 'Heimat shoppen': How an Old Longing Has Gained New Cultural Capital, Globally (as Homelessness is on the Rise)", in: *Heimat Revisited. Kulturwissenschaftliche Perspektiven auf einen umstrittenen Begriff*, hg. v. Dana Bönisch, Jil Runia und Hanna Zehschnetzler, Berlin, Boston 2020, S. 253–270.
[120] Bauman: *Retrotopia*, S. 5.

verstehen, denn während das Konzept zu Beginn des 20. Jahrhunderts noch vermehrt für utopische, ideologische Visionen einer unbekannten Zukunft verpflichtet wurde, bezieht sich dieses im Kontext der Globalisierung (auch) auf verklärte Visionen überschaubarer, prä-globalisierter Momente in der ‚verlorenen, gestohlenen, verlassenen, aber untoten' Vergangenheit. Damit ist gewissermaßen ein ‚Zeitalter des Heimwehs' erreicht, das sich, ähnlich wie bereits im 19. Jahrhundert, in der rückwärtsgewandten Sehnsucht nach Orientierung, Stabilität und Vertrautheit im Angesicht von als bedrohlich und unüberschaubar empfundenen gesellschaftspolitischen Entwicklungen äußert.

Seit der deutschen Wiedervereinigung werden nicht nur neue (plurale) ‚Heimat'-Konzeptionen entworfen und vermeintlich harmlose traditionelle Begriffe in der deutschen Kultur- und Lebensmittelindustrie weitergetragen, zugleich bleiben ältere ideologische Gehalte des Wortes auch stets abrufbar, welche wiederum immer wieder Gefahr laufen, gesellschaftspolitisch vereinnahmt zu werden. Diese vielfältigen sinn- und identitätsstiftenden Tendenzen machen nicht zuletzt deutlich, wie abhängig der Begriff von gesellschaftlichen, politischen, kulturellen Entwicklungen sowie individuellen Perspektiven ist und wie konstant verschiedene Konnotationen der ‚Heimat', die sich im Laufe der Begriffsgeschichte herausgebildet haben, überdauern. Miriam Kanne bezeichnet das Wort ‚Heimat' folglich als „Ausdruck eines veränderten Zeitgeistes"[121] und „begriffliche[] und definitorische[] Chimäre".[122] Elizabeth Boa und Rachel Palfreyman hingegen weisen auf dessen ‚Janusköpfigkeit' hin, denn einerseits zeige ‚Heimat' innerhalb der homogenisierenden Tendenz der Moderne Differenzen auf, andererseits stifte beziehungsweise stärke sie kollektive Identität, wobei dieses Wechselspiel zwischen Identität und Differenz je nach historischem Kontext unterschiedliche politische Formen annehmen könne: „Heimat has mediated, often for ill, sometimes for good, between locality and nation through the twist and turns of German history and the twentieth century."[123]

‚Heimat' steht heute im Spannungsfeld von Vertrautheit und Fremdheit, Individualität und Kollektivität, Zugehörigkeit und Exklusion, Region und Nation, Lokalisierung und Globalisierung, Nostalgie und Utopie, Vergangenheit und Zukunft. Sie avanciert zu einem begrifflichen Assoziationsraum, der sich durch seine wechselvolle Geschichte mit unterschiedlichen Bedeutungsinhalten füllen lässt und sowohl progressive als auch regressive Konnotationen weckt. Weder die Rehabilitierung eines tradierten, präfaschistischen ‚Heimat'-

---

[121] Kanne: *Andere Heimaten*, S. 58.
[122] Kanne: *Andere Heimaten*, S. 14.
[123] Boa und Palfreyman: *Heimat – A German Dream*, S. 204.

Verständnisses noch die uneingeschränkte (postmoderne) Neubesetzung der begrifflichen Inhalte von ‚Heimat' sind schließlich möglich oder nützlich. Vielmehr muss in einer sensibilisierten, differenzierten Verwendung des Begriffs stets der jeweilige gesellschaftliche, kulturelle, politische oder persönliche Kontext sowie die konkrete Funktion des entsprechenden Gebrauchs und seiner Bedeutung(en) mitgedacht werden.

3 „,Heimat' war immer ein anderes Wort" – Herta Müllers ,Heimat'-Begriff(e)

In dem Essay mit dem programmatischen Titel „Heimat oder Der Betrug der Dinge" erklärt Herta Müller im Jahr 1997:

> Seit der Wiedervereinigung wollen Intellektuelle das Wort ,Heimat' neu besetzen. Sie versprechen sich davon, es jungen Menschen zugänglich zu machen. Die werden Skins oder Neonazis, heißt es, weil sie ,Heimat' vermissen. Ich glaube das nicht und mache an der Neubelebung des Wortes ,Heimat' nicht mit. Wenn ich mich zu Hause fühle, brauche ich keine ,Heimat'. Und wenn ich mich nicht zu Hause fühle, auch nicht. Es kommt mir vor, daß mir morgens beim Aufwachen die Zimmerwand fremder vorkommt als am Tag davor der Bahnhof.
> Das ist ,Heimat'.[1]

Trotz der erneuten Konjunktur sowie des zunehmenden öffentlichen und wissenschaftlichen Diskurses um Inhalte und Funktionen der ,Heimat' seit der Deutschen Einheit verschließt sich Herta Müller einer Rehabilitierung und einer Neubesetzung, die bereits seit deren ,Renaissance' in den 1970er Jahren zunehmend gefordert wird. Im Angesicht der ideologischen Instrumentalisierung des Begriffs über weite Strecken des 20. Jahrhunderts sowie Müllers individuellen Erfahrungen mit ,der Heimat' scheint dessen Hybridisierung oder Mobilisierung für sie keine Option darzustellen.

Doch obwohl sie ,keine Heimat braucht', wie die Autorin selbst formuliert, ist die begriffliche und motivische Auseinandersetzung mit dieser in ihrem Werk präsent. In verschiedenen essayistischen Texten, Vorträgen und Interviews erläutert sie ihre persönliche Perspektive und ihr konzeptionelles Verständnis der ,Heimat', verhandelt deren gesellschaftspolitische und kulturelle Implikationen und entwickelt dabei gleichzeitig auch ihren eigenen, individuellen Begriff, der sich vornehmlich aus ihren Erfahrungen mit den kollektiven Identitäten und Machtstrukturen der zwei ,Heimaten' speist, die ihr Leben und ihr Werk prägen. Dabei liegt ihr Fokus eben nicht auf einer „Neubelebung des Wortes" (Betrug 219), sondern auf der Erinnerung an dessen Instrumentalisierung durch totalitäre, repressive Systeme sowie die daraus resultierenden verklärenden, exkludierenden gesellschaftspolitischen Tendenzen. Herta Müllers ,Heimat'-Diskurs ist schließlich auch eine Form der Erinnerungskultur und der ,Vergangenheits-',

---

[1] Herta Müller: „Heimat oder Der Betrug der Dinge", in: *Kein Land in Sicht. Heimat – weiblich?*, hg. v. Gisela Ecker, München 1997, S. 213–219, hier: S. 219. Im Folgenden wird der Text unter der Sigle (Betrug) nachgewiesen.

oder vielmehr: der ‚Gegenwartsbewältigung'.[2] Gerade im Hinblick auf die historische Semantik plädiert sie für einen sensiblen Gebrauch des Begriffs, wobei die kollektive sinn- und identitätsstiftende Funktion der ‚Heimat' weitestgehend dekonstruiert wird: „‚Heimat' war immer ein anderes Wort als Mensch, Haus oder Baum. Es ging an allem Konkreten, an jedem Detail von Menschen, Häusern und Bäumen vorbei, ohne sie zu streifen. Es hatte nur mit sich selbst zu tun. Seine Identitätsstiftung war eine Täuschung." (Betrug 214)

3.1 Verklärung und Ideologie: ‚Dorfheimat' und ‚Staatsheimat' in Rumänien

Ihre individuelle Auffassung von ‚Heimat' schildert Müller ausführlich in „Heimat oder Der Betrug der Dinge": Anhand einer auf ihren Erfahrungen basierenden, beinahe soziologisch anmutenden Analyse der banatschwäbischen Minderheit und des rumänischen Sozialismus unternimmt sie den Versuch einer Begriffsbestimmung. Ausgehend von ihrer ersten Begegnung mit dem Wort in einem kleinen, entlegenen Dorf an der ungarisch-serbischen Grenze entwirft sie dabei zugleich eine Art persönliche Begriffsgeschichte, welche wiederum die konstitutiven Funktionen und Funktionsmechanismen des ‚Heimat'-Begriffs der Autorin vor Augen führt.

Das symptomatisch situierte entlegene Grenz-Dorf, in welchem Müller zum ersten Mal mit dem Begriff in Berührung kommt, wird dabei analog zu seiner prekären geographischen Lage als archaische Provinz präsentiert, in der das alltägliche Leben vom Tod überschattet wird. Im Angesicht der ubiquitären Tode helfe der Aberglaube zu erklären, was „für Menschenhirne nicht durchschaubar" (Betrug 213) sei: So wird das Schicksal dafür verantwortlich gemacht, dass Menschen vom Blitz getroffen, vom Zug überfahren oder von Stromdrähten getötet werden, und die Eulen bestimmten durch ihre nächtlichen Flüge die kommenden

---

[2] Der Begriff ‚Vergangenheitsbewältigung' ist insofern problematisch, als dass er nahelegt, dass Vergangenes ‚bewältigt' und damit (abschließend) gelöst oder bezwungen werden könne. Max Czollek entwickelt in seinem gleichnamigen Essay das Konzept der „Gegenwartsbewältigung", das an den Begriff der ‚Vergangenheitsbewältigung' anknüpft, dabei aber die Relevanz der Erinnerung an Vergangenes für die kritische Auseinandersetzung mit der Gegenwart betont. Vgl „Gegenwartsbewältigung", in: *Eure Heimat ist unser Albtraum*, hg. v. Fatma Aydemir und Hengameh Yaghoobifarah, 7. Aufl., Berlin 2019, S. 167–181. Vgl. dazu auch Lea Wohl von Haselberg, Marina Chernivsky und Hannah Peaceman: „Vergegenwärtigungen", in: *Jalta. Positionen zur jüdischen Gegenwart* Nr. 4: *Gegenwartsbewältigung* (02.2018), hg. v. dens., Micha Brumlik, Max Czollek und Anna Schapiro, S. 4–7.

Toten (vgl. Betrug 214). In eben dieser unbegreiflichen, beinahe mystisch anmutenden ruralen Gemeinschaft liefert die ‚Heimat' der Dorfbevölkerung wiederum eine Antwort auf die Suche nach einer überschaubaren und verständlichen Lebenswelt:

> Ich dachte mir so oft: Wo der Tod so überschwenglich ins Leben fährt, wo das Leben so wenig und das Schuften so viel zählt, muß die Umgebung besessen in den Kopf gehoben werden. Zur ‚Heimat' verklärt, wurden Fluß und Wald und Feld zu einem Netz, das Halt versprach. Man mußte wissen, von wo einer herausfiel, wenn er scheiterte und starb.
>
> (Betrug 213)

Die geographische beziehungsweise territoriale Umgebung des Dorfes wird hier zur ‚Heimat' stilisiert, die sich der Dorfbevölkerung in einem traditionellen, sich im 19. Jahrhundert herauskristallisierenden Sinne als eine ‚Besänftigungslandschaft' darstellt und einen ‚Kompensationsraum'[3] bietet, der in Anbetracht der Omnipräsenz von Arbeit und Tod Stabilität und Orientierung verspricht. Im Bild der ‚Heimat' als ‚Netz' entlarvt Müller jedoch zugleich auch die trügerische Funktion derselben, denn ein Netz kann zwar verbinden, schützen und Halt geben, jedoch hat es auch Maschen und Öffnungen, durch welche die Menschen hindurchfallen. Nur scheinbar stiftet ‚Heimat' Halt, tatsächlich offenbart die Durchlässigkeit des ‚Netzes' eine bloße Bewältigungsstrategie im Angesicht der unüberschaubaren und unverständlichen Lebensumwelt – eine Suche nach Sinn und Halt, die sich in der idealisierten landschaftlichen Heimatästhetik der Dorfbevölkerung niederschlägt.

Das erste Mal konkret gehört habe Müller das Wort ‚Heimat' als Kind in diesem Dorf bei einer Hochzeitsfeier,[4] und zwar in einem von betrunkenen Hochzeitsgästen gesungenen Lied: „Nach meiner Heimat, da zieht's mich wieder / Es ist die alte Heimat noch." (Betrug 213 f.) Der konkrete Bezugspunkt der Sehnsucht, die sich in den „besoffenen Liedern" (Betrug 214) der männlichen Hochzeitsgäste äußert, verschließt sich der kindlichen Perspektive Müllers zunächst:

> Ein kurzer Gedanke ging mir damals durch den Kopf: Weshalb singen sie das, sie sind doch zu Hause. Sie hatten Sehnsucht nach dem Ort, an dem sie sich befanden [. . .].
>
> Viel später begriff ich, daß es jenseits des Suffs noch eine andere Sehnsucht gab. Nicht nach einem anderen Ort, sondern nach einer anderen Zeit: die Erinnerung an den

---

3 Vgl. Bausinger: „Heimat in einer offenen Gesellschaft", S. 80; siehe auch Kapitel 2.2.
4 Die Tradition der Hochzeit beschreibt Müller hier ebenfalls als Bewältigungsstrategie im Umgang mit einem ontologischen Gefühl der Endlichkeit des menschlichen Lebens sowie zugleich als rituelle Möglichkeit zur Aufrechterhaltung der dörflichen Gemeinschaft: „Die überschwenglichen Hochzeiten [. . .] waren Feste des Dorfes gegen den Tod. Das Ritual erwartete die Vermehrung, den Nachwuchs für das Dorf." (Betrug 213)

3.1 Verklärung und Ideologie: ‚Dorfheimat' und ‚Staatsheimat' in Rumänien — 55

> Krieg. Die Männer, die damals mit meinem Vater in der SS waren, hießen in den sechziger Jahren noch ‚gute Kameraden'. Nationalsozialismus war ein Stück ‚Jugend', die jedem Nüchternen das Schweigen verordnete und jedem Betrunkenen die Zunge löste.
>
> (Betrug 214)

In den Volksliedern der betrunkenen Männer stellt sich ‚Heimat' nicht als konkreter, geographisch fassbarer Ort dar, sondern als temporaler und emotionaler Raum: als Erinnerung an die Jugend im Krieg, als ‚Nostalgie' und als ontologisches Gefühl der Vergänglichkeit in Anbetracht des Verlusts der vorigen Lebenswelt. Die jugendlichen Kriegserlebnisse werden aus der Perspektive der Erwachsenen retrospektiv verklärt und durch wehmütige, im Krieg erlernte Heimatlieder wieder in die Gegenwart transportiert. Dabei werden Versatzstücke ausgeblendet, welche die Narration der ‚guten alten Zeit' stören könnten: Die nationalsozialistische Vergangenheit, über die im ‚nüchternen' Leben Schweigen herrscht, wird unterschlagen, während der Alkohol die Sehnsucht nach dieser zum Vorschein bringt und die öffentlich verordneten Schuldgefühle verdrängt.

Sowohl die romantisierte Überhöhung der Landschaft im ungarisch-serbischen Dorf als auch die nostalgische, enthistorisierte Erinnerung an eine verloren geglaubte Vergangenheit der betrunkenen Veteranen zeugen von einer dem Müller'schen Verständnis von ‚Heimat' inhärenten eskapistischen Tendenz – einer Weltflucht und dem Versuch, eine Scheinwirklichkeit und eine gemeinsame Identität aufrechtzuerhalten, während die Realität zugleich verformt wird:

> Ohne Verklärung läßt sich das Wort ‚Heimat' gar nicht gebrauchen. Es tut immer einen unsäglichen Schritt, um schön zu sein: der jetzige Augenblick ist gleichzeitig Vergangenes. Das Vergangene ist jetziger Augenblick. So werden beide Realitäten verzerrt. Die ‚Heimat' ersetzt jedes Schuldgefühl durch Selbstmitleid. Sie ist unauffälliges, weil zugelassenes Mittel der ‚guten Menschen' zur Verdrängung und Verfälschung. (Betrug 214)

Während ‚Heimat' von der Dorfbevölkerung also zum einen selektiv und unkritisch für die Kompensation von als bedrohlich empfundenen Ereignissen verpflichtet wird, tragen die betrunkenen Hochzeitsgäste in ihren Liedern zum anderen den ‚völkisch' vereinnahmten Begriff der Nationalsozialisten unbehelligt und unkritisch weiter. Die politischen und menschlichen Grausamkeiten des Zweiten Weltkrieges werden durch den reaktionären Filter der Suche und Sehnsucht nach ‚Heimat' aus dem Bewusstsein ausgeschlossen. ‚Heimat' schafft und bewahrt hier in euphemistischer Weise kollektive Identität. In ihrer Dankrede zur Verleihung des Hoffmann-von-Fallersleben-Preises für zeitkritische Literatur spricht Müller 2010 entsprechend von einem Hang zur ideologischen Funktionalisierung von Liedern in Diktaturen und folgert in Bezug auf die Kriegslieder, welche in ihrer Jugend auf jedem Dorffest gesungen worden sein: „Beschwörung des Krieges als Jugendzeit. Entkleidet von allen politischen Inhalten werden Lieder bemüht und dienen. Auch wenn im Verstand die Distanzierung eingetreten ist, verklären sie das Gefühl und machen Menschen weiterhin zutraulich."[5]

Dieser ersten Begegnung mit der ‚Heimat' im entlegenen Dorf stellt Müller in ihrer persönlichen ‚Begriffsgeschichte' einen weiteren, ‚staatlichen' Gebrauch des Wortes gegenüber, dem sie wiederum als Heranwachsende begegnet sei:

> Als ich zur Schule ging wurde das Wort ‚Heimat' anders als in den besoffenen Liedern mißbraucht. Es bedeutete ‚Vaterland'. Es stand nahe bei den Wörtern ‚Partei' und ‚Regierung' und ‚Fortschritt'. Es kam oft in den Gedichten der Schulbücher vor. Es war so verlogen, wie es in den Liedern der Männer besoffen war. Das verlogene Wort ließ die Details der Menschen und Dinge so außer Acht wie das besoffene Wort. [. . .] ‚Heimatliebe' und ‚Vaterland' waren häßliche Wörter geworden. (Betrug 215)

Während das von den Nationalsozialisten ideologisch in Dienst genommene Wort in den Heimatliedern der in den Dörfern ansässigen deutschen Enklave weitergetragen wird, instrumentalisiert nun die sozialistische Regierung Rumäniens den Begriff für ihre politischen Zwecke. ‚Heimat' fungiert als staatliche, nationale Identitätsstifterin, als Werkzeug für die Kontrolle und Konditionierung der Bürger*innen: „Es bestimmte, vielleicht weil ich älter geworden war, noch härter von außen. Das Wort ‚Heimat' zwang zum Fahnenhissen im Halbkreis." (Betrug 215) Zwar verschieben sich die Bedeutungsinhalte von ‚rechts' nach ‚links', jedoch zeigt sich in der politischen Funktionalisierung und Instrumentalisierung des Begriffs durch die „verlogene[] Heimat" (Betrug 216) des rumänischen Staates ebenso ein totalitäres Konzept, das diesen zur Rechtfertigung der Befehle und Zwänge der sozialistischen, diktatorischen Politik sowie zur Aufrechterhaltung von Macht verpflichtet und dabei die Realität nicht weniger als die „besoffene Heimat" (Betrug 216) der Hochzeitsgäste verklärt.

In „Heimat oder Der Betrug der Dinge" wird deutlich, wie eng Herta Müllers Verständnis von ‚Heimat' mit den beiden kollektiven Identitäten verflochten ist, mit denen sie in Rumänien konfrontiert war. Analog zur ‚besoffenen' und zur ‚verlogenen Heimat' taucht in ihren essayistischen Texten folglich mehrfach die neologistische, aus ihren Erfahrungen schöpfende Unterscheidung zwischen ‚Dorfheimat' und ‚Staatsheimat' auf: Im banatschwäbischen Dorf bezieht sich ‚Heimat' auf die archaische, ethnozentrische Enklave, die ungeachtet ihrer nationalsozialistischen Vergangenheit deutsche Traditionen lebt und pflegt – im

---

[5] Herta Müller: „Denk nicht dorthin, wo du nicht sollst. Dankrede zur Verleihung des Hoffmann-von-Fallersleben-Preises für zeitkritische Literatur in Wolfsburg am 27. März 2010", in: Dies.: *Immer derselbe Schnee und immer derselbe Onkel*, München 2011, S. 25–41, hier: S. 33.

sozialistischen Rumänien bezieht sich ‚Heimat' auf den diktatorischen Staat, der durch Unterdrückung und Gewalt seine totalitären Machtansprüche sichert. In der im Rahmen ihrer Tübinger Poetik-Dozentur gehaltenen Vorlesung mit dem Titel „In jeder Sprache sitzen andere Augen" erklärt Müller im Jahr 2001:

> Ich mag das Wort ‚Heimat' nicht. Es wurde in Rumänien von zweierlei Heimatbesitzern in Anspruch genommen. Die einen waren die schwäbischen Polkaherren und Tugendexperten der Dörfer, die anderen die Funktionäre und Lakaien der Diktatur. Dorfheimat als Deutschtümelei und Staatsheimat als kritikloser Gehorsam und blinde Angst vor Repression. Beide Heimatbegriffe waren provinziell, xenophobisch und arrogant. Sie witterten überall den Verrat. Beide brauchten sie Feinde, urteilten gehässig, pauschal und unverrückbar. Beide waren sich zu schade, ein falsches Urteil jemals zu revidieren. Beide bedienten sich der Sippenhaft.[6]

Der Begriff ‚Heimat' steht für Herta Müller in Verbindung mit starren autoritären Gemeinschaften – mit Konformitätszwang, Kontrolle, Unterdrückung, Unbelehrbarkeit und der fehlenden Öffnung für ‚Anderes'. In dem aus ihrer Paderborner Poetik-Vorlesung entstandenen Band *Der Teufel sitzt im Spiegel* heißt es in Bezug auf die deutsche Minderheit in Rumänien: „Identität, da sie so zwanghaft wachgehalten werden sollte, wurde immer auch Intoleranz."[7] Entsprechend schüren beide der von Müller beschriebenen ‚Heimaten' Ängste, um ihre Gemeinschaft beziehungsweise ihr System aufrechtzuerhalten. Die kollektive Identität der ‚Dorf-' sowie der ‚Staatsheimat' wird dabei weniger gestiftet als vielmehr verordnet und durch Kontrolle, Überwachung und Repression durchgesetzt, wobei der Druck zur Anpassung und Unterordnung keinen Freiraum für Individualität jenseits gesellschaftlicher Normen lässt.

3.2 Exklusion und Repression: Doppelte Marginalisierung

Zentral für Müllers Auffassung von ‚Heimat' ist zudem ihre persönliche Position in der ‚Dorf-' und der ‚Staatsheimat', die sie in verschiedenen essayistischen Texten thematisiert. Die kollektiven Identitäten dieser beiden ‚Heimaten' bedeuten für sie eben nicht Inklusion und Sicherheit, sondern Exklusion und Repression.

---

6 Herta Müller: „In jeder Sprache sitzen andere Augen." Vorlesung im Rahmen der Tübinger Poetikdozentur 2001, in: Dies.: *Der König verneigt sich und tötet*, Frankfurt/Main 2009, S. 7–39, hier: S. 29. Im Folgenden wird der Text unter der Sigle (Augen) nachgewiesen.
7 Herta Müller: *Der Teufel sitzt im Spiegel. Wie Wahrnehmung sich erfindet*, Berlin 1991, S. 21. Im Folgenden wird der Text unter der Sigle (Teufel) nachgewiesen.

In einem Vortrag zu Elias Canettis *Masse und Macht* (1960) im Literaturhaus Graz adressiert Müller 2005 die Kontrollfunktion und die ausgrenzenden Strategien der ‚Masse' des Dorfes:

> Man steht im Auge der Dörfler, und dieses Auge nennt sich ‚Heimat'. Diese Heimat herrscht über das Dorf. Und wer nicht bereit ist, alles an dieser dreihundert Jahre alten, sturen, trägen Heimat zu verklären, der wird von dieser Heimat zum Fremden gestempelt oder gar zum Feind gemacht.[8]

Da sich Müller mit der hegemonialen ‚heimatlichen' Identitätskonstruktion des banatschwäbischen Dorfes nicht identifizieren kann, wird folglich auch sie zur ‚Fremden' und zur ‚Feindin' der Gemeinschaft gemacht: „Ich galt im Dorf als suspekt und in meiner eigenen Familie als missraten, und es war mir egal."[9] Gleiches gilt für die sozialistische Identität der rumänischen Diktatur, mit der sich Müller ebenso wenig identifizieren kann, wodurch sie erneut stigmatisiert und ausgegrenzt wird:

> Und sehr bald war dieser Staat hinter allen meinen Freunden her. Und hinter mir. Wegen nichts und wieder nichts, nur weil wir laut sagten, was alle wussten, dass dieser Staat Diktatur heißt, und ein Gestell ist aus Misere und Angst. [. . .] Ich war zuerst im Dorf ein Feind, dann in der Stadt ein Feind für den Staat.[10]

Aufgrund der zentralistischen Ausrichtung der banatschwäbischen sowie der sozialistischen Identität findet sich Müller in beiden Gemeinschaften in einer Außenseiterposition. Ihre Weigerung, die verordneten Identitäten zu adaptieren, bedroht die herrschenden Machtstrukturen, wodurch sie sowohl auf dörflich-regionaler als auch auf staatlich-nationaler Ebene marginalisiert wird: „Ich bin doppelt an den Rand gelangt", heißt es in ihrer Klagenfurter Rede zur Literatur 2004, „gleichzeitig an den der Dorfheimat und an den der Staatsheimat."[11]

---

[8] Herta Müller: „Man will sehen, was nach einem greift. Zu Canettis ‚Masse' und Canettis ‚Macht'". Vortrag im Literaturhaus Graz am 23. Juni 2005, in: Dies.: *Immer derselbe Schnee und immer derselbe Onkel*, München 2011, S. 172–184, hier: S. 172.
[9] Müller: „Man will sehen, was nach einem greift. Zu Canettis ‚Masse' und Canettis ‚Macht'", S. 172.
[10] Müller: „Man will sehen, was nach einem greift. Zu Canettis ‚Masse' und Canettis ‚Macht'", S. 173.
[11] Herta Müller: „Die Anwendung der dünnen Straßen. Klagenfurter Rede zur Literatur am 23. Juni 2004", in: Dies.: *Immer derselbe Schnee und immer derselbe Onkel*, München 2011, S. 110–124, hier: S. 116. Vgl. „Die sogenannten Landsleute aus dem Banat haben mich Nestbeschmutzerin, Hure und Hexe genannt, der Geheimdienst hat mich zum Staatsfeind erklärt. Beide Seiten haben gegen mich gehetzt, Hand in Hand gearbeitet, auch wenn sie es nicht wussten. Sie brauchten keine Absprachen, denn sie hatten die gleichen Gründe: sie hassten das Aufwühlen ihrer geregelten Welt." Ebd., S. 114.

Um die fehlende Identifikation und die daraus resultierende Diskrepanz zwischen ihrer Person und der sie umgebenden Welten anschaulich zu machen, verwendet Müller 2001 in ihrem Vortrag „Die Insel liegt innen – die Grenze liegt außen" das Bild der titelgebenden Insel:

> Ich habe über dreißig Jahre in einer Diktatur gelebt, in Rumänien. Jeder für sich war eine Insel und das ganze Land noch einmal – ein nach außen abgeschottetes, nach innen überwachtes Gelände. Es gab also auf der großen festen Insel, die das Land war, die kleine umherirrende Insel, die man selber war. Beides aufeinandergelegt im Zwang, zwei aufeinandergezwungene Tatsachen. Dabei hätte eine und jede der beiden für sich alleine gereicht, um daran zu zerbrechen.[12]

Parallel zu dem Entwurf der ‚Dorfheimat' und der ‚Staatsheimat' beschreibt Müller in ihrem Vortrag die ‚Insel des Dorfes' und die ‚Insel des Staates' als zwei kollektive Identitäten, mit deren Inhalten sie als ‚kleine umherirrende Insel' nicht übereinstimmt: „Ich entgleise aus dem Wir-Gefühl", heißt es in Bezug auf das banatschwäbische Dorf, „obwohl ich es teilen wollte." (Insel 163) Das ‚Wir' der deutschen Minderheit wird dabei von außen als „Insel der Nazifritzen gesehen", während die deutsche Minderheit sich selbst als „Insel der schuldlos von den Rumänen Bestraften" empfindet, was wiederum dazu führt, dass „als innere Kompensation [. . .] der Mythos der Überlegenheit gestrickt [wurde]." (Insel 162) Dieser ‚Insel des Dorfes' steht die staatliche ‚Insel' gegenüber, das „Land, dessen Grenzen mit Gewehren und Hunden bewacht werden", sowie die dort ansässige Nomenklatura: „Wie auch in meinem deutschen Dorf mußten auch sie die Erhaltung ihrer Insel als Pflicht auffassen, immer den besseren Wirs entsprechen." (Insel 167 f.) Dieser ethnozentrische Prozess des *Otherings*[13] der Dorfgemeinschaft und des sozialistischen Staates führt wiederum unmittelbar zur Stigmatisierung Andersdenkender und damit nicht zuletzt zu Fremdenfeindlichkeit. Mit der Bezeichnung ‚Insel' assoziiert Müller also keineswegs grenzenlose Freiheit jenseits der Zivilisation; stattdessen erinnert das Bild an eine ‚heimatliche' Schollenmetaphorik und illustriert dabei eine grundsätzliche Unfreiheit und Isolation, die einerseits aus der Ab- und Ausgrenzung der verschiedenen ‚Inseln', andererseits aus deren jeweiligem Streben, das ‚bessere Wir' zu sein, resultiert: „Weil wir die Besseren sind,

---

12 Herta Müller: „Die Insel liegt innen – die Grenze liegt außen. Vortrag für das Badenweiler Kolloquium ‚Inselglück' 2001", in: Dies.: *Der König verneigt sich und tötet*, Frankfurt/Main 2009, S. 160–175, hier: S. 160. Im Folgenden wird der Text unter der Sigle (Insel) nachgewiesen.
13 *Othering* wird hier, anknüpfend an Gayatri Chakravorty Spivak, verstanden als diskursive Konstruktion des ‚Anderen', etwa durch die Hervorhebung positiver Selbstbilder und der damit verbundenen Abwertung des ‚Anderen'. Vgl. dazu Gayatri Chakravorty Spivak: „The Rani of Sirmur. An Essay in Reading the Archives", in: *History and Theory* 24.3 (1985), S. 247–272.

werden wir drangsaliert – genauso hatte ich es erklärt bekommen. Parallel laufend zur staatlichen eine banatschwäbische Ideologie." (Insel 163)

Aufgrund ihrer intersektionalen ‚Randposition' entfremdet sich Müller bereits im banatschwäbischen Dorf immer stärker von ihrer Umgebung und entwickelt individuelle Strategien, um die Einsamkeit zu bewältigen: „In dieser Zeit war ich viel allein im Haus, im Hof, auf den Straßen und Wiesen. Ich begann ein gefährliches Spiel mit mir. Das Spiel bestand im Zählen: Schritte zählen, Pflastersteine, Blätter, Blüten, Wolken." (Betrug 214) Aus der kindlichen Perspektive scheint das Zählen der Dinge zu helfen, die Welt zu strukturieren, ihr eine Form zu geben – gleichzeitig scheint sich die junge Herta Müller durch eben dieses Zählen immer weiter von ihrer unmittelbaren Umgebung zu distanzieren. Denn bei der stetigen, fast rituellen Wiederholung verzählt sie sich, entwickelt ein zunehmendes Misstrauen und nimmt ihre Umwelt als bedrohlich wahr. Bereits als Kind verschließt sich ihr der Zugang zur banatschwäbischen ‚Heimat', was dazu führt, dass sie eben nicht von deren ‚Netz' aufgefangen wird, sondern durch dessen Maschen hindurchfällt:

> Das war der Betrug der Dinge, der ganzen Umgebung an mir. Weil sie sich als ‚Heimat' verstand und genügte, ließ sie mich in ihr verstecktes Leben nie hinein. In diesem Versteckspiel gewann die ‚Heimat' jeden Tag, und ich verlor das Spiel. [. . .]
> Die ‚Heimat' hatte sich an mir vergriffen und ich mich an ihr. Weil ich leben wollte, mußte ich es mit dem Zählen immer noch einmal versuchen. Ich glaubte nicht mehr an mich. Und an die ‚Heimat' nur deswegen, weil sie mich in Frage stellte. Ich fürchtete sie.
> (Betrug 214 f.)

‚Heimat' präsentiert sich Herta Müller als Betrügerin, als soziales Ausschlussprinzip und Druckmittel. Sie führt ihr die eigene Alterität vor Augen; sie täuscht, verklärt die Realität und spiegelt vor, Identität zu stiften und Halt zu geben, während sie in Wahrheit autoritären beziehungsweise totalitären Gemeinschaften zur Stabilisierung ihrer Systeme verhilft und sich dafür eben wesentlich über soziale Exklusion konstituiert.

Anstatt sich also an die ‚Dorf-' oder die ‚Staatsheimat' zu assimilieren, bedient sich Müller des Begriffs ‚Heimat', um eine Kategorie für die diktatorischen, repressiven Strukturen ihrer Umgebung zu finden: „Auch ich nahm mir das Wort ‚Heimat. Wenn mich schon nichts auffangen konnte, wollte ich wenigstens für all das, was mich niederdrückte, ein Wort." (Betrug 214) In „Heimat oder Der Betrug der Dinge" wirft Müller immer wieder die Frage auf, was ‚Heimat' denn wirklich sei: „Die unbewußte Fortsetzung aller Verbote in meinem Kopf, war das ‚Heimat'? [. . .] Die Verletzung durch das grelle Licht im Tal, war das ‚Heimat'? [. . .] Dieser Mann als Braut- und Sargmusiker, Pendler, Schuster, Ehemann und Vater in einer Person, war er ‚Heimat'?" (Betrug 215 f.) Verinnerlichter Zwang, aggressive Natur und philiströse Menschen ‚drücken' Müller ‚nieder', was sich exemplarisch an dem hier angesprochenen Mann zeigt, der Teil der Musikkapelle auf der Beerdigung ihres Großvaters war. Obwohl dieser Musiker offenbar von einem innerlichen Konflikt erfüllt ist und obwohl (beziehungsweise weil) er von den diktatorischen Mechanismen des Dorfes ‚beherrscht' wird, spricht er nach der Veröffentlichung von *Niederungen* in Rumänien nicht mehr mit Herta Müller: „Ich hatte seine ‚Heimat' verleumdet. Aber, wäre er zerbrochen an dem, was er in sich trug, hätte das Dorf ihn nicht mehr akzeptiert. Das war ‚Heimat'." (Betrug 216 f.) Müller stellt die Bedeutung der ‚Heimat' schließlich infrage, gerade indem sie eine Fülle von möglichen Antworten auf die Frage nach deren Bedeutung liefert, wobei sie den Begriff zugleich konsequent auf die demoralisierende, zerrüttende Beschaffenheit ihrer Umgebung bezieht:

> Daß mir niemand glaubte, auch das ist ‚Heimat'. [. . .]
> Ich kam immer pünktlich und gegen mich selbst um halb sieben in der Fabrik an. Auch das ist ‚Heimat'. Und daß der Betrieb überschaubar war wie ein Dorf, auch das war ‚Heimat'.
> Die Spuren des Geheimdienstes in der Wohnung, wenn ich nach Hause kam, auch das war ‚Heimat'. Auch die Haussuchungen und Verhöre. Auch mich in Angst treiben, mit dem Tod zu drohen, mir den Arbeitsplatz wegzunehmen, es war ‚Heimat'. Auch der Jubel der Zeitungen und das Gesicht Ceauşescus auf dem Bildschirm des Fernsehers waren ‚Heimat', auch der Stromausfall am Abend. Auch die schönen Volkslieder mit der Klage um menschliches Leid, die längst verboten waren. Auch die ‚Arbeitsbesuche' des Diktators, der sich Badewasser mitnahm in der Zisterne und Kammerdiener, Köche und Ärzte. Auch daß es keine Grundnahrungsmittel gab im Land, keine Zahnpasta und Aspirin, war ‚Heimat'. Und es blieb unverändert ‚Heimat', sowohl für die mit ihren besoffenen Liedern als auch für die mit den Mappen und sauberen Händen. (Betrug 218)

Müller integriert die unterschiedlichsten Dimensionen in ihr Verständnis des Begriffs: Nicht nur Ort, Erinnerung, Gemeinschaft kann zur ‚Heimat' werden, auch einzelne Personen, Einstellungen, Gewohnheiten, Politik, Arbeit und Kultur macht sie als integrale Bestandteile des Konzeptes aus. So wie die attributiv verwendete Wiederholung von ‚auch das ist Heimat' ihren Text gliedert, scheint die ‚Heimat' das gesamte Leben zu strukturieren und alle Sphären des Alltags zu durchdringen – einen Alltag, der von Unterdrückung, Verfolgung, Mangel, Gewalt und Zwang gekennzeichnet ist.

Nicht zuletzt betont Müller nachdrücklich den verklärenden und statischen Gebrauch des Wortes in der banatschwäbischen Gemeinschaft sowie im sozialistischen Staat: Unabhängig von den sich wandelnden geschichtlichen, politischen und gesellschaftlichen Bedingungen und den verschiedenen Konnotationen der ‚Heimat' wird der Begriff im poststalinistischen Rumänien konstant und absolut aufrechterhalten, ohne ihn für einen Bedeutungswandel respektive für Bedeutungsverschiebungen zu öffnen. Mit Blick auf die Begriffsgeschichte und die persönlich erfahrenen repressiven Tendenzen der ‚Heimat', kann das Wort für Müller in der gebräuchlichen, konventionellen Form folglich nicht aufrechterhalten werden. Ihre konnotative Deutung der ‚Heimat' zeigt auf, dass sie den Begriff zwar multidimensional auffasst und ihn extensional auf zahlreiche Bedeutungsinhalte ausweitet, ihn zugleich aber intensional auf negative Merkmale reduziert beziehungsweise konzentriert. Der an dem Wort erfolgte Missbrauch führt folglich zu neuen Benennungsanforderungen: Mit den metaphorischen, neologistischen Wortkombinationen ‚Dorfheimat' und ‚Staatsheimat' setzt Müller dem häufig euphemistischen Gebrauch gewissermaßen eine dysphemistische Verwendung entgegen. Durch die Präfixe ‚Dorf-' und ‚Staat-' wird der tradierte Begriff zum einen pejorativ belegt und implizit abgewertet, zum anderen werden die verklärenden, ideologisierenden, repressiven und exkludierenden Tendenzen des Konzeptes hervorgehoben.

3.3 Nostalgie und Utopie: ‚Kopfheimat' und ‚Heimwehlosigkeit' im Exil

Neben der ‚Dorfheimat' und der ‚Staatsheimat' klingt in „Heimat oder Der Betrug der Dinge" eine weitere ‚Heimat' an, welche die Bedeutungsdimensionen des Begriffs in Müllers essayistischen Texten zusätzlich erweitert: „Je schlimmer die Situation in den Dörfern wurde, um so deutlicher dachten die Leute in zwei Richtungen, wenn sie ‚Heimat' sagten. Die alte Richtung blieb. Die neue, die hinzukam, war Deutschland." (Betrug 218) Die Bundesrepublik wird besonders ab den 1970er Jahren für viele Rumäniendeutsche zum ‚Sehnsuchtsort' – Flucht oder Ausreise lassen auf ein Leben ohne staatliche Kontrolle, Unterdrückung und Zwang hoffen. Nach der Übersiedlung in die Bundesrepublik beklagen jedoch viele Banater Schwaben wiederum die ‚verlorene Heimat' in Rumänien, pflegen rumäniendeutsche Traditionen und Bräuche und tragen die verklärte ‚Dorfheimat' in der ‚neuen Heimat' Deutschland weiter.[14] So habe sich laut Müller der Vertriebenenverband Landsmannschaft der Banater Schwaben schon seit seiner Gründung 1950 in der Bundesrepublik

> eine Kopfheimat aus Blasmusik, Trachtenfesten, schmucken Bauernhäusern und geschnitzten Holztoren geschaffen. Die Diktaturen Hitlers und Ceaușescus wurden immer ausgeblendet. Führungspersonen der nationalsozialistischen Volksgruppe im Banat gehörten zu den Gründungsmitgliedern der Landsmannschaft.

---

[14] Müller berichtet zum Beispiel von ihrer Mutter, die „in diesen acht Jahren, seit sie hier [in der Bundesrepublik] ist, die Wörter ‚toll' und ‚Schrippe' und ‚schnuckelig' und ‚gucken' gelernt [hat] und [. . .] täglich über ihre verlorene ‚Heimatgemeinde' [klagt]." (Betrug 219)

3.3 Nostalgie und Utopie: ‚Kopfheimat' und ‚Heimwehlosigkeit' im Exil — 63

Diese Kopfheimat suggeriert der deutschen Öffentlichkeit eine auf gleiche Weise ohnmächtige, verfolgte deutsche Minderheit in Rumänien. Die Wahrheit sieht anders aus.[15]

Die ‚Kopfheimat' der Banater Schwaben nach ihrer Auswanderung, die Müller hier beschreibt, steht funktional in enger Verbindung mit der ‚besoffenen Heimat' in den Liedern der betrunkenen Hochzeitsgäste in „Heimat oder Der Betrug der Dinge": Die retrospektive Verklärung der verloren geglaubten Vergangenheit und die damit einhergehende Verzerrung der Realität lassen gebotene Schuldgefühle zu Selbstmitleid werden – anstatt sich mit dem faschistischen und sozialistischen Erbe auseinanderzusetzen, trügen (klischeehafte) Traditionen und Bräuche über dieses hinweg und die Verstrickung zahlreicher Banater Schwaben in die deutsche und die rumänische Diktatur wird unterschlagen. Die verlassene ‚Heimat' wird rückblickend idealisiert und störende Versatzstücke werden im Zuge der Aufrechterhaltung einer ‚schönen Erinnerung' ausgeblendet. Die mit der wehmütigen Hinwendung zu vergangenen Zeiten einhergehenden Praktiken der Verdrängung und Verfälschung zeugen, ähnlich wie bei den nostalgischen Heimatliedern der banatschwäbischen Veteranen, von einer eskapistischen Tendenz, einer Realitätsflucht und Geschichtsvergessenheit sowie von der unkritischen Aufrechterhaltung einer kollektiven Identität.

Im weitesten Sinne bezieht sich Müllers neologistisches Kompositum ‚Kopfheimat' also auf eine individuell im ‚Kopf' konstruierte ‚Heimat' – im engeren Sinne bezieht es sich auf die emotionale gegenwärtige Konstruktion von vergangenen Lebenswelten in der Erinnerung, die sich gerade aus der Distanz zur ‚Heimat' nährt. Damit steht die ‚Kopfheimat' in enger Verbindung mit dem nostalgischen und zugleich utopischen Charakter, welcher der ‚Heimat' häufig zugesprochen wird: „Heimat ist Nichtort, ου τοπος", schreibt zum Beispiel Bernhard Schlink, „Heimat ist Utopie. Am intensivsten wird sie erlebt, wenn man weg ist und sie einem fehlt; das eigentliche Heimatgefühl ist das Heimweh."[16] Als Gegenbegriff zu Exil definiert sich ‚Heimat' hier gerade durch ihre Abwesenheit. Dabei ist die Erinnerung an die verlassene ‚Heimat' stets auch ein selektiver Prozess, das Vergangene wird rekonstruiert, in die Gegenwart transportiert und zum Teil auch für die Zukunft herbeigesehnt, mit der Realität ist dies aber zugleich (oft)

---

[15] Herta Müller: „Cristina und ihre Attrappe oder Was (nicht) in den Securitate-Akten steht." Erweiterte Fassung aus DIE ZEIT vom 23. Juli 2009, in: Dies.: *Immer derselbe Schnee und immer derselbe Onkel*, München 2011, S. 42–75, hier: S. 69.
In *Mein Vaterland war ein Apfelkern* äußert sich Müller ebenfalls zu der regressiven, verklärten „abstrakte[n] Heimat" der Landsmannschaft der Banater Schwaben: „Ihre Heimatideologie musste sich mit der konkreten Heimat und dem Alltag der Diktatur nicht herumschlagen. Sie schwelgen bis heute in einem abstrakten Heimatbesitz aus der Ferne", S. 48.
[16] Bernhard Schlink: *Heimat als Utopie*, Frankfurt/Main 2000, S. 32.

inkompatibel. Im Kontext von Migration steht das ‚Heimweh' als gegenwärtige Melancholie im Hinblick auf die vergangene Lebenswelt zugleich jedoch in starker Abhängigkeit sowohl von den persönlichen Erlebnissen in der ‚Heimat', dem Grad der Freiwilligkeit des Verlassens dieser sowie der Intensität der Fremdheitserfahrungen im Exil.

Die individuelle Erfahrung der Ausgrenzung, der Unterdrückung, der Verfolgung und der Vertreibung ist mit einer verklärten kollektiven ‚Kopfheimat', wie jener der Landsmannschaft der Banater Schwaben, schließlich kaum vereinbar. In einer Rede über die Flucht des Schriftstellers und Dissidenten Liao Yiwu vor den Repressionen des chinesischen Staates ins deutsche Exil anlässlich der Vorstellung seines Buches *Für ein Lied und hundert Lieder. Ein Zeugenbericht aus chinesischen Gefängnissen* erklärt Müller im August 2011:

> Heimat, das ist der Ort, wo man geboren ist und lebt. Oder geboren ist, lange gelebt hat, dann gegangen und immer mal wieder zurückgekehrt und wieder gegangen ist. Für gerettete Verfolgte ist Heimat der Ort, wo man geboren ist, lange gelebt hat, geflohen ist und nicht mehr hin darf. Man sagt sich: Hol sie der Teufel. Doch das klappt nicht. Diese Heimat bleibt der intimste Feind, den man hat. Man hat alle, die man liebt, zurückgelassen.[17]

Unter Betonung der geographischen Dimension hebt Müller zum einen die für Exilierte fehlende Freiheit hervor, ihren Aufenthaltsort zu wählen; zum anderen macht gerade die intime Bindung zur verlassenen ‚Heimat' und den damit verbundenen Orten und Menschen die Beziehung zu dieser (besonders) aus der Distanz so problematisch. Entsprechend sei es für Liao Yiwu ein „bitteres Glück", dass er nach Deutschland, in „unsere Fremde", statt ins Gefängnis gekommen sei: „So ein bitteres Glück ist an und für sich mehr wert als glattes Glück – es hat immer zu viel gekostet, aber einem noch mehr erspart."[18] Genau dieses ‚bittere Glück' wiederum helfe, so Müller, im Exil nicht in verklärte Sehnsucht und Melancholie zu verfallen oder der ‚verlorenen Heimat' unreflektiert nachzutrauern. Die Tatsache, den Repressionen eines totalitären Staates (einer ‚Staatsheimat') entkommen zu sein, wirkt möglichen Gefühlen des Heimwehs entgegen; dies führt den ‚geretteten Verfolgten' vor Augen, dass eine glückliche

---

[17] Herta Müller: „Diesseitige Wut, jenseitige Zärtlichkeiten. Herta Müller über Liao Yiwu, Rede anlässlich der Vorstellung seines Buches ‚Für ein Lied und hundert Lieder' in Berlin", in: *Frankfurter Allgemeine Zeitung Online* (27.08.2011), unter: http://www.faz.net/aktuell/feuilleton/herta-mueller-ueber-liao-yiwu-diesseitige-wut-jenseitige-zaertlichkeiten-11126134-p4.html?printPagedArticle=true#pageIndex_4 (abgerufen am 01.07.2018).

[18] Müller: „Diesseitige Wut, jenseitige Zärtlichkeiten. Herta Müller über Liao Yiwu, Rede anlässlich der Vorstellung seines Buches ‚Für ein Lied und hundert Lieder' in Berlin".

Zukunft in der ‚Heimat', aus der sie geflohen sind beziehungsweise vertrieben wurden, nicht möglich gewesen wäre – statt ‚heimatlos' macht es ‚heimwehlos':

> Aber das bittere Glück ist schlau – es verwechselt absichtlich Heimweh mit Heimwehlosigkeit. Und es ist ein exzellenter Meister des Konjunktivs. Es sagt einem klipp und klar: Du hättest doch nie so sein wollen, wie du hättest werden müssen, wenn du hättest daheim bleiben dürfen. Dieser Konjunktiv ist nicht mehr Wunschform, sondern Fazit. Er vertreibt alle Wehmut, wissend, dass sie ohne wegzugehen wiederkehrt. Aber auch der Meister Konjunktiv kommt wieder. Wir reden von Heimat – ich glaube, das bittere Glück ist die Heimat des Konjunktivs.[19]

Das ‚bittere Glück' zeichnet einen ambivalenten inneren Prozess im unfreiwilligen Exil nach: das stetige Aushandeln von ‚Heimweh' und ‚Heimwehlosigkeit', von Sehnsucht nach ‚Heimat' und Vergegenwärtigung der Unmöglichkeit eines Lebens in dieser. Damit räumt Müller hier wiederum durchaus die (zwiespältige) Existenz einer affektiven Bindung und retrospektiven Hinwendung zu einer repressiven Umgebung ein, ohne jedoch diese als ‚Heimat' zu benennen. Vielmehr macht Müller hier eine Form der Zugehörigkeit, aus, die prozessual ver- respektive ausgehandelt wird und im Sinne Bilgin Ayatas als ‚deheimatisiert' verstanden werden kann, als begrifflich losgelöstes *belonging* „jenseits verklärter Heimatrhetoriken"[20] und politisch motivierter Kampfbegriffe.

3.4 Vertrauen und Identifikation: „Heimat ist das, was gesprochen wird"

Trotz (oder gerade wegen) ihrer kritischen Haltung gegenüber der ‚Heimat' und der engen konzeptuellen Beziehung dieser zu Diktatur und Repression erkennt Müller die tiefen psychischen ‚Beschädigungen' an, die aus dem Wegfallen von bestehenden Bindungen resultieren können:

> Ob man aus der Bindung zu den Eltern abgesprungen oder der Verfolgung eines Landes entkommen ist, es bleibt bei beidem eine irrationale Sehnsucht, obwohl man zu diesen

---

19 Müller: „Diesseitige Wut, jenseitige Zärtlichkeiten. Herta Müller über Liao Yiwu, Rede anlässlich der Vorstellung seines Buches ‚Für ein Lied und hundert Lieder' in Berlin".
20 Bilgin Ayata: „Geht es um Grundwerte? Oder Rassismus? Der Siegeszug des Heimatbegriffs gefährdet die europäische Demokratie", in: *Der Tagesspiegel* (25.10.2019), unter: https://www.tagesspiegel.de/kultur/geht-es-um-grundwerte-oder-rassismus-der-siegeszug-des-heimatbegriffs-gefaehrdet-die-europaeische-demokratie/25152490.html (abgerufen am 19.05.2020). Vgl. dazu auch die vom Maxim Gorki Theater und der Humboldt-Universität zu Berlin veranstaltete Konferenz „De-Heimatize Belonging" im Oktober 2019 im Rahmen des 4. Berliner Herbstsalons: „De-Heimatize Belonging", in: *Maxim Gorki Theater*, unter: https://www.gorki.de/de-heimatize-belonging-konferenz/2019-10-25-1900 (abgerufen am 19.05.2020).

> Eltern oder in dieses Land nie mehr zurückkehren will. Dieser Phantomschmerz im Erinnern hat das betörende Zeug, das keine Ruhe gibt. Das manchen Beschädigten, wie wir wissen, tödlich ins Vergangene zerrt, in den Suizid.
>
> (Augen 36)

Der irrationale ‚Phantomschmerz im Erinnern' entspricht hier im Wesentlichen der temporalen Dimension der ‚Heimat': dem ‚Heimweh' beziehungsweise der wehmütigen Erinnerung an Vergangenes, Zurückgelassenes – sei es die familiäre Umgebung der Kindheit oder die repressive Umgebung einer Diktatur. Im literarischen Diskurs und besonders im Kontext von Exilliteratur führt der ‚Phantomschmerz im Erinnern' nach der Flucht vor Verfolgung wiederum häufig zum Topos der Sprache als mobiler ‚Heimat', gewissermaßen als flexiblem Orientierungs- und Ankerpunkt, als Identitätsmerkmal, als vertrauter Raum ohne konkrete Ortsgebundenheit. Auch die Vorstellung der Sprache als ‚Heimat' ist für Müller jedoch untrennbar mit den repressiven Konstitutionen des Begriffs verbunden; sie suggeriere, dass die „Muttersprache im Schädel als tragbare Heimat alles wettmachen" (Augen 29) und somit überall Halt bieten könne, was Müller im Rahmen ihrer Tübinger Poetik-Dozentur in Anbetracht der Ursprünge und der Geschichte des Topos als Trugschluss entlarvt:

> Viele deutsche Schriftsteller wiegen sich in dem Glauben, daß die Muttersprache, wenn's drauf ankäme, alles andere ersetzen könnte. Obwohl es bei ihnen noch nie drauf angekommen ist, sagen sie: SPRACHE IST HEIMAT. Autoren, deren Heimat unwidersprochen parat steht, denen zu Hause nichts Lebensbedrohliches zustößt, irritieren mich mit dieser Behauptung. Wer als Deutscher SPRACHE IST HEIMAT sagt, steht in der Pflicht, sich mit denen in Beziehung zu setzen, die diesen Satz geprägt haben. Und geprägt haben ihn die Emigranten, die Hitlers Mördern durch Flucht entkommen waren. Auf sie bezogen schrumpft SPRACHE IST HEIMAT zu einer blanken Selbstvergewisserung. Er bedeutet lediglich: ‚Es gibt mich noch.' SPRACHE IST HEIMAT war den Emigranten in einer aussichtslosen Fremde das in den eigenen Mund gesprochene Beharren auf sich selbst.
>
> (Augen 28)[21]

Im Kontext der deutschen Exilliteratur zur Zeit des Nationalsozialismus und in Bezug auf Autoren wie Kurt Tucholsky, Stefan Zweig oder Klaus Mann ist die Annahme, dass die deutsche Sprache allein Stabilität liefern und den Verlust der vorigen Lebenswelt ausgleichen könne, illusorisch. Entsprechend wendet sich Müller auch hier gegen eine Neubesetzung zugunsten der Erinnerung an die historische Semantik des Begriffs. Sie fordert einen reflektierten Gebrauch, denn wenn Menschen mit „sichere[m] Boden unter den Füßen" die Phrase verwendeten, würden

---

[21] Die Ausführungen zu Sprache und Heimat aus Müllers Tübinger Poetik-Vorlesung „In jeder Sprache sitzen andere Augen" (2001) finden sich in derselben Formulierung aber in anderem Kontext auch in ihrer Rede an die saarländischen Abiturient*innen des Jahrgangs 2001, Herta Müller: *Heimat ist das was gesprochen wird*, hg. v. Ralph Schock, Saarbrücken 2009, hier: S. 23 f.

die existenziellen Verluste der Geflohenen ausgeblendet: „Man kann nicht, man muß seine Sprache mitnehmen. Nur wenn man tot wäre, hätte man sie nicht dabei – aber was hat das mit Heimat zu tun." (Augen 29)

Die Ablehnung der semantischen Verbindung von ‚Sprache' und ‚Heimat' resultiert bei Müller zudem aus einem wesentlichen Konflikt, dem wiederum ihre sprachkritische Haltung zugrunde liegt. Sprache – und nicht zuletzt der Begriff ‚Heimat' – wird immer wieder von totalitären Staaten politisch funktionalisiert und ideologisch instrumentalisiert: „Denn alle Diktaturen, ob rechte oder linke, atheistische oder göttliche, nehmen die Sprache in ihren Dienst." (Augen 31) In Diktaturen wird Sprache zum Maßstab für Inklusion oder Exklusion und zum Instrument der Macht. So hat zum Beispiel auch die ‚Staatsheimat' der sozialistischen Diktatur Ceaușescus die Sprache in ihren Besitz genommen, durch Verordnung kollektivert, durch Tabuisierung reglementiert und durch Zensur kontrolliert: „Diese Inbesitznahme bindet den Worten die Augen zu und versucht, den wortimmanenten Verstand der Sprache zu löschen. Die verordnete Sprache wird so feindselig wie die Entwürdigung selbst. Von Heimat kann da nicht die Rede sein." (Augen 31) Sprachliches und kulturelles Wissen sind notwendigerweise miteinander verknüpft. Wie soll also eine Sprache Stabilität und Orientierung generieren, die von einem politisch-gesellschaftlichen System verwendet wird, das man kategorisch ablehnt? Und wie soll eine Sprache Halt geben, deren Inhalte sich gegen die eigene Person richten? Bei Müller resultiert gerade aus der unterschiedlichen Verwendung derselben Sprache die Kluft zwischen ihr, der ‚Dorfheimat' und der ‚Staatsheimat': „War dieser Ort Heimat, nur weil ich die Sprache dieser beiden Heimatfraktionen kannte. Es war doch, gerade weil ich sie kannte, so weit gekommen, daß wir nie dieselbe Sprache sprechen wollten und konnten. Unsere Inhalte waren schon im kleinsten Satz unvereinbar." (Augen 30)

Anstatt sich also dem verbreiteten Topos ‚Sprache ist Heimat' anzuschließen, hält es Müller folglich mit dem spanischen Schriftsteller Jorge Semprún, der nach seiner Gefangenschaft im Konzentrationslager Buchenwald im französischen Exil lebte, dort begann seine Texte auf Französisch zu verfassen und 1977 in *Federico Sánchez vous salue bien* (*Federico Sánchez verabschiedet sich*) schreibt: „Nicht Sprache ist Heimat, sondern das, was gesprochen wird."[22] Anstatt ‚Heimat' als eine formale Selbstvergewisserung zu verstehen, konzentriert sich Müller im Anschluss an Semprún auf die konkreten Inhalte der Sprache

---

[22] Jorge Semprún: *Federico Sánchez verabschiedet sich*, a. d. Französischen v. Wolfram Bayer, Frankfurt/Main 1994, S. 13, zitiert nach Müller: „In jeder Sprache sitzen andere Augen", S. 30.

und wendet sich damit zugleich unmittelbar gegen einen undifferenzierten, romantisierten Gebrauch des Begriffs:

> Er [Semprún] weiß um das minimale innere Einverständnis mit den gesagten Inhalten, das man braucht, um dazuzugehören. Wie sollte im Franco-Spanien das Spanische ihm Heimat sein, Die Inhalte der Muttersprache richteten sich gegen sein Leben. Sempruns Einsicht HEIMAT IST DAS, WAS GESPROCHEN WIRD denkt, statt am elendigsten Punkt der Existenz mit Heimat zu kokettieren. (Augen 30 f.)[23]

Sprache als kollektives Kulturgut kann für Müller folglich keine ‚Heimat' sein – die Inhalte des individuell Gesprochenen hingegen schon. Mit der Abwandlung von ‚Sprache ist Heimat' zu ‚Heimat ist das, was gesprochen wird' macht Müller schließlich deutlich, dass Sprache unter der Voraussetzung eines ‚minimalen Einverständnisses', also der Identifikation mit deren Inhalten, Zugehörigkeit und Halt stiften kann. Auch in ihrer Rede zu Georges-Arthur Goldschmidts *Ein Wiederkommen* äußert Müller im Juni 2012 entsprechend: „Dass Sprache Heimat ist, diese Binsenweisheit, sollte niemand mehr sagen, ohne hinzuzufügen, oder noch besser, ohne voranzustellen: Wenn man der Heimat nicht im Weg steht, wenn sie einen leben lässt, dann ist Sprache Heimat."[24]

Die Möglichkeit von Sprache als ‚Heimat' unter der Bedingung von Vertrauen und Identifikation greift Müller auch in ihrer Dankrede zur Verleihung des Heinrich-Böll-Preises 2015 auf. Mit Rückgriff auf eine Formulierung Bölls über die „Suche nach einer bewohnbaren Sprache" nach Kriegsende erkennt Müller an, dass Literatur und die individuelle Verwirklichung sprachlicher Ästhetik schließlich eine persönliche Option auf Halt darstellen könne: „Die Sprachschönheit in die Tat umzusetzen kann ‚bewohnbare Sprache' sein, gerade beim Fliehen. Man vertraut sich der Sprache an, um von Zuhause weg, irgendwohin ins Fremde zu kommen, wo es sowieso nur besser sein kann als daheim."[25] Gerade das Vertrauensverhältnis

---

23 Zu Semprúns ‚Heimat'-Begriff vgl. Marisa Siguan: *Schreiben an den Grenzen der Sprache. Studien zu Améry, Kertész, Semprún, Schalamow, Herta Müller und Aub*, Berlin, Boston 2014, S. 167 f.
24 Herta Müller: „Georges-Arthur Goldschmidt: Ein Wiederkommen. Die Umgebung als Heimwehschutz", in: *Frankfurter Allgemeine Zeitung Online* (01.06.2012), unter: http://www.faz.net/aktuell/feuilleton/buecher/rezensionen/belletristik/georges-arthur-goldschmidt-ein-wieder kommen-die-umgebung-als-heimwehschutz-11770806.html?printPagedArticle=true#pageIn dex_2 (abgerufen am 01.07.2018).
25 Herta Müller: „Heimweh nach Zukunft." Dankrede zur Verleihung des Heinrich-Böll-Preises 2015, in: *Herta Müller. Heinrich-Böll-Preis 2015*, hg. v. Gabriele Ewenz, Köln 2015, S. 13–21, hier: S. 17.
Zu Bölls ‚Heimat'-Auffassung vgl. Heinrich Böll: „Heimat und keine", in: Ders.: *Werke. Essayistische Schriften und Reden*, 3 Bde., Bd. 2: *1964–1972*, hg. v. Bernd Balzer, Köln 1979, S. 113–116. Vgl. dazu auch Werner Nell: „Differenz und Exklusion: Heimat als Kampfbegriff – mit einer Erinnerung an Heinrich Böll", in: *Heimat Revisited. Kulturwissenschaftliche Perspektiven auf einen*

zwischen Mensch und der (individuellen) Sprache kann also in der ‚Fremde' ein gewisses Zugehörigkeitsgefühl begründen. Dem rückwärtsgewandten ‚Phantomschmerz im Erinnern' beziehungsweise dem ‚Heimweh' nach einer zurückgelassenen Lebenswelt setzt Müller in ihrer Dankrede unter dem programmatischen Titel „Heimweh nach Zukunft" darüber hinaus ein alternatives, progressives ‚Heimweh' nach einer künftigen, sicheren Lebenswelt entgegen. Ausgehend von ihren eigenen Erfahrungen eines Lebens im „Konjunktiv der Flucht"[26] und im Hinblick auf die anhaltende Fluchtbewegung in Richtung Europa, hebt sie die Aussichtslosigkeit sowie die Hoffnung auf ein Leben in Sicherheit und Frieden hervor, die Fliehenden gemein sei. Während es für Böll im Angesicht der unmittelbaren Geschichte noch eine Utopie gewesen sei, dass man aus Deutschland einen Staat machen könne, nach dem man ‚Heimweh' hat, habe sich Deutschland heute zu einem Staat gewandelt, auf den sich dieses progressive ‚Heimweh' projizieren lasse:

> Aber vielleicht ist das heutige Deutschland trotzdem eine Heimweh-Heimat geworden. Nicht nur für uns, die wir hier leben. Auch für Menschen, die aus Diktatur und Krieg fliehen müssen. Die haben Heimweh nach Frieden und Sicherheit. Und weil Deutschland ihnen das bieten kann, haben sie Heimweh nach Deutschland. Zu Tausenden haben sie dasselbe Heimweh, das Osteuropäer in meinem Alter sogar ohne Krieg noch gut kennen – Heimweh nach Zukunft.[27]

Sowohl in dem Topos ‚Sprache ist das, was gesprochen wird' als auch in dem Entwurf des ‚Heimwehs nach Zukunft' klingen folglich versöhnlichere Töne gegenüber dem Begriff ‚Heimat' an. Unter der Bedingung des Vertrauens, der Identifikation, des Friedens und der Sicherheit scheint Müller der ‚Heimat' eine gewisse (Daseins-)Berechtigung im Sinne einer ‚deheimatisierten' Zugehörigkeit einzuräumen, die sich mit ihren Konzepten der ‚Dorf-' und der ‚Staatsheimat' semantisch hingegen nicht überein bringen lässt.

3.5 Mythos und Identität: ‚Heim(at)liche' Dekonstruktion

Sowohl die historische Entwicklung als auch Herta Müllers persönliche ‚Begriffsgeschichte' machen deutlich, wie vielschichtig und kontextabhängig ‚Heimat' ist. Zugleich scheinen sich unabhängig von der konkreten semantischen

---

umstrittenen Begriff, hg. v. Dana Bönisch, Jil Runia und Hanna Zehschnetzler, Berlin, Boston 2020, S. 145–165.
26 Müller: „Heimweh nach Zukunft", S. 14.
27 Müller: „Heimweh nach Zukunft", S. 19.

Füllung des Wortes die gesellschaftlichen, politischen beziehungsweise kulturellen Funktionsweisen der ‚Heimat' in den verschiedenen geschichtlichen Kontexten zu ähneln: Seit der Abwendung von ‚Heimat' als Rechtsbegriff erfüllt diese vorwiegend ein sinn- und identitätsstiftendes Potential. Mit ihrer vermeintlich unschuldigen Konnotation steht sie immer wieder stellvertretend für Vertrautheit, Beständigkeit, Halt sowie für ein ‚Wir'-Gefühl und wirkt dabei Komplexität, Instabilität und Auflösung von Identität entgegen.[28] Gerade in Anbetracht einer unübersichtlichen, sich wandelnden, als bedrohlich wahrgenommenen oder auch lediglich unbekannten Umgebung weckt ‚Heimat' Hoffnung auf Stabilität und Sicherheit. So lässt sich auch anhand der Begriffsgeschichte beobachten, dass besonders politische, soziale und kulturelle Umbrüche und Diskontinuitäten einerseits maßgeblich zum Bedeutungswandel sowie andererseits zur zunehmenden Hinwendung zur ‚Heimat' beigetragen haben.

Gabriele Eichmanns deutet ‚Heimat' folglich als Versprechen eines ‚sicheren Hafens' in einer unsteten Welt: „*Heimat* is a place that seems to remain the same in a world of constant change and advancement, a mythical or almost divine location that functions according to its own clock."[29] Auch Celia Applegate hebt in *A Nation of Provincials. The German Idea of Heimat* die mythische Konstitution der ‚Heimat' hervor, die ihre Rolle als (kollektive) Identitätsstifterin und die damit einhergehende symbolisch-integrative Funktion besonders in Zeiten des Umbruchs und im Anblick der Auflösung gewohnter gesellschaftlicher Strukturen übernehme: „Heimat has never been a word about real social forces or real political situations. Instead it has been a myth about the possibility of a community in the face of fragmentation and alienation."[30] Gisela Ecker weist im Hinblick auf die verschiedenen Repräsentationsformen der ‚Heimat' im 20. Jahrhundert unter dem programmatischen Titel „Das Elend der unterschlagenen Differenz" zudem auf die historisch konstanten homogenisierenden Tendenzen des Konzeptes hin: „Es handelt sich um eine Stiftung von Identität, die Ausschlüsse vornimmt, und die Erzählungen und politischen Schriften

---

28 Vgl. Gisela Ecker: „‚Heimat': Das Elend der unterschlagenen Differenz", in: *Kein Land in Sicht. Heimat – weiblich?*, hg. v. ders., München 1997, S. 7–31, hier: S. 30.
29 Eichmanns: „Introduction: Heimat in the Age of Globalization", S. 3. Vgl.: „Hence, it is precisely an environment characterized by impermanence and constant change that causes us to return to *Heimat* as the promise of a safe haven in our search for security and stability. In a world characterized by new technology, the opening up of new markets, pronounced capitalistic tendencies and the urge to become a citizen of the world, we begin to long again for a mythical space of innocence that *Heimat* appears to be." Ebd., S. 2.
30 Celia Applegate: *A Nation of Provincials. The German Idea of Heimat*, Berkeley 1990, S. 19.

zeigen, daß weniger ein realer Ort gemeint ist als ein innerer Zustand von Widerspruchsfreiheit, für den ‚Heimat' als Zeichen einstehen muß."[31]

Als kulturelles, gesellschaftspolitisches Konzept verdichtet ‚Heimat' Erinnerung, bündelt Hoffnungen, schafft Orientierung und verspricht Halt. Zugleich verdrängt sie dafür Komplexität und verklärt Vergangenes. An ‚Heimat' kristallisiert sich kollektives und individuelles Gedächtnis, sie formt kollektive und individuelle Identität, wodurch sie aber auch stets der Gefahr der Ideologisierung ausgesetzt ist. Der mythische Charakter der ‚Heimat' ist dabei nicht im traditionellen Sinne einer narrativen Aufarbeitung menschlicher Fragen und Ängste zu verstehen, sondern im kultursemiotischen Sinne Roland Barthes' als gesellschaftlich kommuniziertes Phänomen, das kulturelle Identität stiftet, dabei allerdings zur Ausblendung politischer und historischer Verhältnisse tendiert. In *Mythologies* (*Mythen des Alltags*) schreibt Barthes 1957 zur Erklärung:

> [I]l abolit la complexité des actes humains, leur donne la simplicité des essences, il supprime toute dialectique, toute remontée au delà du visible immédiat, il organise un monde sans contradictions parce que sans profondeur, un monde étalé dans l'évidence, il fonde une clarté heureuse: les choses ont l'air de signifier toutes seules. [. . .]
> Les mythes ne sont rien d'autre que cette sollicitation incessante, infatigable, cette exigence insidieuse et inflexible, qui veut que tous les hommes se reconnaissent dans cette image éternelle et pourtant datée, qu'on a construite d'eux un jour comme si ce dût être pour tous le temps.[32]

> Er beseitigt die Komplexität der menschlichen Handlungen, verleiht ihnen die Einfachheit der Wesenheiten, unterdrückt jede Dialektik, jeden Rückgang hinter das unmittelbar Sichtbare; er organisiert eine Welt ohne Widersprüche, weil ohne Tiefe, ausgebreitet in der Evidenz; er legt den Grund für eine glückliche Klarheit. Die Dinge tun so, als bedeuten sie von ganz allein. [. . .] Die Mythen sind nichts anderes als die unaufhörliche, niemals nachlassende Forderung, das heimtückische und unnachgiebige Verlangen, daß alle Menschen sich in diesem ewigen und doch zeitbedingten Bild wiedererkennen, das man irgendwann einmal von ihnen gemacht hat, als ob es für alle Zeiten so sein müßte.[33]

Kollektive Vorstellungen einer Kultur werden im kommunikativen Prozess der Mythisierung deformiert und von ihrem politischen und historischen Kontext befreit. Damit ermöglichen sie einen Zustand der Widerspruchsfreiheit, stellen

---

31 Ecker: „‚Heimat': Das Elend der unterschlagenen Differenz", S. 30.
32 Roland Barthes: *Mythologies*, Paris 1957, S. 252, 264 f.
33 Roland Barthes: *Mythen des Alltags*, aus dem Französischen v. Horst Brühmann, vollst. Ausgabe, Berlin 2010, S. 296, 312.

sich zugleich aber als etwas natürlich Gewachsenes, etwas Selbstverständliches dar. Gerade diese vermeintliche Selbstverständlichkeit gesellschaftlicher Mythen mache sie laut Barthes wiederum anfällig für die ideologische Instrumentalisierung: „[I]l n'y a plus qu'à posséder ces objects neufs, dont on a fait disparaître toute trace salissante d'origine ou de choix."[34]/„Man braucht diese neuen Objekte, an denen jede schmutzige Spur ihrer Entstehung oder Auswahl abgewischt ist, nur noch in Besitz zu nehmen."[35]

Genau diesem mythischen Charakter setzt Müller ihre eigene Auffassung der ‚Heimat' entgegen. In ihrem Werk analysiert sie, gewissermaßen in poststrukturalistischer Manier, die ‚herrschenden' Konzeptionen und Konnotationen von ‚Heimat', hinterfragt diese und hebt deren gesellschaftliche, kulturelle und politische Konstruiertheit hervor. Gerade die Selbstverständlichkeit im Gebrauch des Begriffs läuft Müllers (sprachkritischem) Verständnis der ‚Heimat' zuwider. Während sie in Gesprächen, Vorträgen und in ihren essayistischen Texten ihre begriffliche Auffassung der ‚Heimat' erläutert, lotet sie in ihren erzählerischen Texten (und Collagen) unterschiedliche Dimensionen und Funktionen des Konzeptes aus. Müller fühle sich einer „detektivischen Heimatkunde" verpflichtet, formuliert Bozzi plakativ, wobei die von ihr präsentierten „Landschaften und Provinzen [. . .] keineswegs bloß als Natur, sondern immer als historisches Palimpsest" erscheinen.[36] Dabei ist der ‚detektivische' ‚Heimat'-Diskurs Müllers jedoch nicht auf ‚Landschaften und Provinzen' beschränkt, sondern zeigt sich im gesamten topographischen, kulturellen, sozialen und affektiven narrativen Raum.

Mit der differenzierten und (aufgrund der Offenheit des Begriffs notwendigerweise) multidimensionalen Darstellung der ‚Heimat' in ihren Texten deckt die Autorin schließlich die repressiven Tendenzen des Konzeptes auf, um sie zugleich produktiv und subversiv zu durchkreuzen. Diese ‚heimatliche' Dekonstruktion vollzieht sich in ihrem autofiktionalen Werk dabei weitestgehend ‚heimlich', denn aufgrund ihrer sprachkritischen Haltung ist die ‚Heimat' zwar

---

34 Barthes: *Mythologies*, S. 260.
35 Barthes: *Mythen des Alltags*, S. 306.
   Vgl. dazu auch Hans Blumenberg, der den Mythos mit Rückgriff auf den US-amerikanischen Neurologen Kurt Goldstein als „Kunstgriff" versteht, den das „Mängelwesen Mensch" zur Rationalisierung von Angst im Angesicht des „Absolutismus der Wirklichkeit" gebrauche: „Dies geschieht primär nicht durch Erfahrung und Erkenntnis, sondern durch Kunstgriffe, wie den der Supposition des Vertrauten für das Unvertraute, der Erklärung für das Unerklärliche, der Benennung für das Unbenennbare". Hans Blumenberg: *Arbeit am Mythos*, Frankfurt/Main 2001 [1979], S. 11.
36 Bozzi: *Der Fremde Blick. Zum Werk Herta Müllers*, S. 51.

begrifflich selten zu finden, aber dennoch motivisch und strukturell präsent. Insofern sind Müllers poetologische Selbstkonzeption und ihre ‚Heimat'-Aufassung unmittelbar verflochten; denn die ‚Poetologie der Entgrenzung' wirft nicht nur Licht auf ihre Kunst- und Sprachaufassung, sondern erweitert zugleich das Verständnis des Begriffs in ihrem Werk; sie zeigt auf, wie der ‚Heimat'-Diskurs auch ohne die begriffliche Nennung den Weg in ihr Werk findet und kann damit als notwendiges Bindeglied zwischen der konzeptionellen Auffassung und der daraus resultierenden motivischen, strukturellen, formalästhetischen Darstellung der ‚Heimat' in erzählerischen Texten verstanden werden.

4 Vom „stummen Irrlauf im Kopf" – Herta Müllers Poetologie der Entgrenzung

„Das Kriterium der Qualität eines Textes", erklärt Herta Müller im Rahmen ihrer Tübinger Poetikdozentur, „ist für mich immer dieses eine gewesen: kommt es zum stummen Irrlauf im Kopf oder nicht. Jeder gute Satz mündet im Kopf dorthin, wo das, was er auslöst, anders mit sich spricht als in Worten." (Augen 20) Der ‚stumme Irrlauf im Kopf' scheint bei Müller sowohl für die Rezeption als auch für die Produktion von Texten maßgeblich zu sein. Für sie selbst als Lesende sind diejenigen Stellen eines Textes für dessen Qualität verantwortlich, die ihr „die Gedanken sofort dorthin ziehen, wo sich keine Worte aufhalten können." (Augen 20) Für sie selbst als Schreibende hingegen sind ihre persönlichen Gedanken, Gefühle, Erfahrungen und Eindrücke die unmittelbaren Ausgangspunkte ihrer Texte, in denen sie versucht, das Unsagbare in Worte zu fassen: „Die inneren Bereiche decken sich nicht mit der Sprache, sie zerren einen dorthin, wo sich Wörter nicht aufhalten können. [. . .] Ich wußte nie, wie viele Worte man bräuchte, um den Irrlauf der Stirn gänzlich zu decken." (Augen 14 f.) In einer Reihe von Essays, Vorlesungen, Zeitungsartikeln, Dankreden und Interviews entwickelt Müller einerseits ein umfangreiches Bild dessen, was aus ihrer Perspektive der ‚stumme Irrlauf im Kopf' der Lesenden, also die ‚Qualität' literarischer Texte ist. Gleichzeitig entwickelt sie andererseits ein ausführliches poetologisches Konzept, welches den ‚stummen Irrlauf' in ihrem eigenen ‚Kopf', also die Genese ihres Werkes sowie dessen geschichtliche, persönliche und literarische Hintergründe reflektiert.

Die sprach- und ideologiekritische Haltung, die bereits Müllers Verständnis von ‚Heimat' offenlegt, schlägt sich in moderner Tradition auch in ihrer poetologischen Selbstkonzeption nieder. Ihre Auffassung von Literatur und ihr unkonventioneller Stil scheinen zum einen aus ihren persönlichen Erfahrungen sowie ihrer politischen Einstellung gewachsen zu sein, zum anderen zeigt sich darin deutlich die strikte Ablehnung kollektiver Ideologien und totalitärer, repressiver Systeme. Als konsequente Reaktion auf solch machtbesetzte Räume überschreitet Müller dabei stetig sprachliche, formale und semantische Grenzen, löst sie auf und kreiert durch ihren poetologischen Ansatz ästhetisch (und thematisch) gewissermaßen einen *Third Space* beziehungsweise ‚Dritten Raum' im Sinne Homi K. Bhabhas – einen metaphorischen Raum, in dem kulturelle Differenz produktiv und dynamisch verhandelt wird: „This interstitial passage between fixed identifications opens up the possibility of a cultural hybridity that entertains difference without an assumed or imposed hierarchy."[1] Durch ihre hybride, individuelle Schreibweise leistet Müller ‚kulturelle Grenzarbeit', bricht die binäre, konformistische Konstruktion von Identität und Sprache auf und setzt sich so der homogenisierenden Tendenz von kollektiven Identitätskonstruktionen, zugleich aber auch der Indienstnahme von Sprache durch Diktaturen entgegen. Die radikale Individualität der Schreibweise Müllers kann dabei nicht zuletzt eben auch als Opposition gegen die ideologischen, repressiven, mythischen ‚Heimat'-Begriffe der kollektiven Identitäten verstanden werden, die ihr Leben und ihr Werk prägen.

4.1 ‚Selbstbeschränkung' im Schreiben gegen Diktaturen

Ernest Wichner, Gründungsmitglied der ‚Aktionsgruppe Banat', schreibt 2002 über „Herta Müllers Selbstverständnis":

> Herta Müller schreibt seit fünfundzwanzig Jahren über die Diktatur, denn sie gehört zu jenen Schriftstellern, deren Texte von dem handeln, was sie erlebt haben. Und dies war, vom Jahr ihrer Geburt an bis zu ihrer Ausreise dreiunddreißig Jahre später in die Bundesrepublik Deutschland, das Leben in einer stets rigider und menschenverachtender sich auf die finale Katastrophe hin entwickelnden Diktatur.[2]

Erlebt hat Müller selbst ein Leben im poststalinistischen Sozialismus Rumäniens, jedoch schreibt sie weniger über ‚die Diktatur' als vielmehr über ‚Diktaturen' im Allgemeinen – über die Auswirkungen totalitärer, suppressiver Systeme auf den einzelnen Menschen. Und sie scheint auch weniger ‚über' Diktaturen zu schreiben als vielmehr ‚gegen' Diktaturen – gegen Macht, Unterdrückung und die „geplante Zerstörung von Menschen durch Repression."[3] Grundlegend für die Funktionsweise von Diktaturen ist die Setzung und Verletzung von Grenzen,

---

[1] Homi K. Bhabha: *The Location of Culture*, London u. a. 1995, S. 4.
[2] Ernest Wichner: „Herta Müllers Selbstverständnis", in: *TEXT + KRITIK* 155 (2012), S. 3–5, hier: S. 3.
[3] Herta Müller: „Tischrede." Nach der Verleihung des Nobelpreises am 10. Dezember 2009 im Stadthaus von Stockholm, in: Dies.: *Immer derselbe Schnee und immer derselbe Onkel*, München 2011, S. 22–24, hier: S. 23.
  Vgl. „Überall, wo ich hinkam, hatte ich mit dieser Attrappe zu leben. Sie wurde mir nicht nur hinterhergeschickt, sie eilte mir auch voraus. Obwohl ich von Anfang an und immer nur gegen die Diktatur geschrieben habe", Müller: „Cristina und ihre Attrappe oder Was (nicht) in den Securitate-Akten steht", S. 75.

sowohl im topographischen als auch im moralischen Sinne; genau diesen Grenzen setzt Müller ihre ‚Poetologie der Entgrenzung' jedoch produktiv entgegen.[4]

Die Zusammenhänge zwischen Leben und Schreiben, besonders vor dem Hintergrund des Schreibens in, über oder gegen Diktaturen, reflektiert Müller 1996 im Rahmen ihrer Bonner Poetik-Vorlesung am Beispiel von Theodor Kramer, Ruth Klüger und Inge Müller:

> Diese Texte verbergen die Untrennbarkeit vom Leben ihrer Autoren nicht. Sie geben dieses Leben als einzige Voraussetzung ihrer selbst an, machen persönlich Gelebtes durch Intensität zum literarischen Text. Der literarische Text läuft nicht neben der Nachweisbarkeit geschichtlicher Realität her. Er allein schafft es, durch das Detail der Sinne, die Vorstellbarkeit des Ganzen zu erzwingen. Er stellt den persönlichen Blickfang, das einzelne Befinden über die Geschichtsschreibung, die sich dem Nachempfinden des einzelnen Unglücks verschließt. Das Einzelne als exemplarischer Fall für tausendfach Geschehenes ist und bleibt unverzichtbar. Das Geschehene ist in der Hand der Geschichtsschreibung bestenfalls gezählt, aber gelebt ist es an dieser Stelle nicht.[5]

Trotz der hier hervorgehobenen grundlegenden Unterschiede von Literatur und Geschichtsschreibung betont Müller zugleich die zentrale Bedingtheit der Texte

---

4 Vgl. Gisela Ecker: „Grenzen", in: *Herta Müller-Handbuch*, hg. v. Norbert Otto Eke, Stuttgart 2017, S. 202–205, hier: S. 202.
  Sissel Lægreid spricht in „Sprachaugen und Wortdinge" von Müllers ‚Poetik der Entgrenzung', deren „ästhetische Wirkung darin liegt, dass sowohl die Grenzen der Einzelwörter wie auch die Grenzen der Sprache ständig überschritten werden", was sie wiederum im Hinblick auf die „Erfahrungen und Erinnerungen mit dem repressiven Machtdiskurs" als spachlichen Widerstand deutet. Sissel Lægreid: „Sprachaugen und Wortdinge – Herta Müllers Poetik der Entgrenzung", in: *Dichtung und Diktatur. Die Schriftstellerin Herta Müller*, hg. v. ders. und Helgard Mahrdt, Würzburg 2013, S. 55–79, hier: S. 61, 69. Auch Paola Bozzi weist auf solch eine „stetige Grenzüberschreitung" hin und versteht das Werk Müllers „als einen Beitrag zu der produktiven Irritation, zu jenen ständigen Verhandlungen von und zwischen kulturellen, nationalen, ethnischen sowie geschlechtsspezifischen und multiplen Identitäten innerhalb der Gesellschaft der Bundesrepublik." Bozzi: *Der Fremde Blick. Zum Werk Herta Müllers*, S. 9. Vgl. dazu auch Christina Markoudi: „Herta Müllers Literatur des ‚Dazwischen' als deutsche Nationalliteratur?", in: *Turns und kein Ende? Aktuelle Tendenzen in Germanistik und Komparatistik*, hg. v. Elke Sturm-Trigonakis, Olga Laskaridou, Evi Petropoulou und Katerina Karakassi, S. 105–112.
  Die Deutung der entgrenzenden sprachlichen, semantischen und ästhetischen Tendenzen als subversiver literarischer Praxis wird in diesem Kapitel systematisch auf die als zentral erachteten poetologischen Positionen der Autorin angewendet. Die Bezeichnung ‚Poetologie' wird vorgezogen, da es sich im Hinblick auf die umfangreichen selbstreflexiven Kommentare Müllers durchaus um ein konkretes literarisches Selbstverständnis handelt.
5 Herta Müller: *In der Falle*, Göttingen 1996, S. 5. Im Folgenden wird der Text unter der Sigle (Falle) nachgewiesen.

Kramers, Klügers und Inge Müllers von der Geschichte, die ihre persönlichen Biographien geprägt hat. Diese geschichtlich-biographische Prägung mache die Texte der drei Autor*innen zu einem repräsentativen Exempel für die Auswirkungen der verbrecherischen, menschenverachtenden Repressionen der nationalsozialistischen und der sozialistischen Diktatur Deutschlands auf den Menschen, welche durch das ‚Nachempfinden des einzelnen Unglücks' erinnert werden. Müller beschreibt Literatur hier als wesentlichen Generator einer Erinnerungskultur, die ihrerseits wiederum ein generelles Geschichtsbewusstsein hervorbringen kann, was zugleich eben auch auf ihr eigenes Werk zutrifft. „Geschichte als Summe von Biographien", resümiert sie in Bezug auf Inge Müller, „als Kette von persönlichen *Geschichten*. In den Biographien stecken Fakten. Sie fangen vor dem eigenen Leben an und laufen hinter seinem Ende weiter." (Falle 42)

Aufgrund ihrer eigenen thematischen Konzentration auf die Auswirkungen von Diktaturen auf den Menschen, die sich bis heute konsequent und konstant durch die essayistischen, lyrischen sowie prosaischen Texte Müllers zieht, wurde ihr besonders bis zur Jahrtausendwende – aber auch bis hin zur Verleihung des Literaturnobelpreises 2009 – nicht selten eine „Fixiertheit auf die Erfahrungen mit und in der Diktatur", auf einen „angeblich so obsolet gewordene[n] Stoff"[6] nachgesagt. Wichner beschreibt diese öffentliche Tendenz zur Ablehnung von Müllers thematischer ‚Fixiertheit' im Jahr 2002 mit der „Gnade des Vergessens" und dem „galoppierenden Gedächtnisverfall" der Gesellschaft in Bezug auf die kommunistischen Diktaturen in Osteuropa und zieht eine Parallele von Müller zu Autor*innen wie Paul Celan, Ruth Klüger oder Jorge Semprún, deren Texte über die nationalsozialistische Diktatur erst mit zeitlichem Abstand einen Platz im öffentlichen Diskurs einnehmen: „Und es hat Jahrzehnte gedauert, bis man bereit war, gegen vielfältige Widerstände anzunehmen, was ihre Texte sagen."[7] Damit setzt er Müller in die Tradition von Literatur im Sinne einer Erinnerungkultur, welche Müller selbst jedoch relativiert, wenn sie schreibt: „Bücher über schlimme Zeiten werden oft als Zeugnisse gelesen. [. . .] Für viele sind meine Bücher somit Zeugnisse. Ich aber empfinde mich im Schreiben nicht als Zeugin. Ich habe das Schreiben gelernt vom Schweigen und Verschweigen. Damit begann es."[8] Da ihre individuelle Art des Schreibens zum einen explizit in unmittelbarem

---

6 Wichner: „Herta Müllers Selbstverständnis", S. 4.
  Zu den frühen Reaktionen auf Herta Müllers Werk vgl. Norbert Otto Eke: „Herta Müllers Werke im Spiegel der Kritik (1982–1990)", in: *Die erfundene Wahrnehmung. Annäherung an Herta Müller*, hg. v. dems., Paderborn 1991, S. 107–130.
7 Wichner: „Herta Müllers Selbstverständnis", S. 4.
8 Herta Müller: „Wenn wir schweigen, werden wir unangenehm – wenn wir reden, werden wir lächerlich. Kann Literatur Zeugnis ablegen?", in: *TEXT + KRITIK* 155 (2012), S. 6–17, hier: S. 6.

Zusammenhang mit den Verhältnissen der sie umgebenden Diktatur entstanden ist und der gesellschaftspolitische Anspruch ihres Werkes zum anderen nicht zu negieren ist, kann jedoch gerade auch ihr poetologisches Selbstverständnis als eine Art ‚Zeugnis' gelesen werden – als Reaktion und literarische Präsentation eines individuellen Erfahrungsgedächtnisses der Geschichte.

Müller selbst weist ebenfalls darauf hin, wie besonders in den 1990er Jahren sowohl einzelne Menschen in ihrem Alltag als auch die Literaturkritik in Deutschland offenbar immer wieder von ihr forderten, sich mit Deutschland, anstatt mit der sozialistischen Diktatur, zu befassen. In ihrem Vortrag „Bei uns in Deutschland" für die Frankfurter Römerberggespräche erklärt sie im Jahr 2000, „deutsche Literaturkritiker formulieren zwar etwas komplizierter als die deutschen Brezel- oder Aspirinverkäufer, aber ihre Wünsche gehen in dieselbe Richtung. Auch sie wollen endlich den hiesigen Akzent in meinen Büchern sehen."[9] Sich in ihren Werken ausschließlich mit Deutschland zu befassen und dabei die „Vergangenheit zu löschen"[10], stellt für Müller jedoch keine Option dar:

> Ich habe keine Wahl, ich bin am Schreibtisch, nicht im Schuhladen. Manchmal möchte ich laut fragen: Schon mal was gehört von Beschädigung? Von Rumänien bin ich längst losgekommen. Aber nicht losgekommen von der gesteuerten Verwahrlosung der Menschen in der Diktatur, von ihren Hinterlassenschaften aller Art, die alle naselang aufblitzen. Auch wenn die Ostdeutschen dazu nichts mehr sagen und die Westdeutschen darüber nichts mehr hören wollen, läßt mich dieses Thema nicht in Ruhe. Ich muß mich im Schreiben dort aufhalten, wo ich innerlich am meisten verletzt bin, sonst müßte ich doch gar nicht schreiben.[11]

Müller hat das Thema Diktatur nicht frei gewählt, vielmehr hat das Thema Diktatur sie gewählt und aufgrund ihrer ‚Beschädigung' lässt es sie nicht los.[12] In ihrer Rede zur Verleihung des Nobelpreises für Literatur in der Schwedischen Akademie in Stockholm erklärt sie am 8. Dezember 2009 entsprechend: „Das

---

9 Herta Müller: „Bei uns in Deutschland." Vortrag für die Frankfurter Römerberggespräche 2000, in: Dies.: *Der König verneigt sich und tötet*, Frankfurt/Main 2009, S. 176–185, hier: S. 184 f.
10 Müller: „Bei uns in Deutschland", S. 185.
11 Müller: „Bei uns in Deutschland", S. 185.
12 Vgl. dazu Herta Müller über Jürgen Fuchs: „Seine Erfahrungen haben sich ihn zum Autor genommen. Das Thema hat ihn gewählt, nicht umgekehrt. Und er hat sich dem Thema gestellt", Herta Müller: „Der Blick der kleinen Bahnstationen. Das Millimeterpapier der Erinnerung bei Jürgen Fuchs." Laudatio auf Jürgen Fuchs zur Verleihung des Hans-Sahl-Preises am 30. September 1999 im Literaturhaus Berlin, in: Dies.: *Immer derselbe Schnee und immer derselbe Onkel*, München 2011, S. 200–214, hier: S. 214.

Thema Diktatur ist von sich aus dabei, weil die Selbstverständlichkeit nie mehr wiederkehrt, wenn sie einem fast komplett geraubt worden ist."[13]

Die Anforderungen des Marktes, der Lesenden oder der Literaturkritik spielen für Herta Müllers ‚Themenwahl' offenbar keine Rolle und gerade das Ignorieren des verbreiteten Wunsches nach einem ‚hiesigen Akzent' und das oppositionelle Annehmen des Themas der Diktatur(en) für ihre beziehungsweise in ihrer Literatur wird seit dem Nobelpreis wiederum als besonderes Vermächtnis ihres Werkes gewürdigt. Bereits 2002 schreibt auch Wichner über den in der Öffentlichkeit verbreiteten, jedoch „mehr als fragwürdigen Wunsch" das Thema Müllers „im Fundus der großen ideologiegeschichtlichen Sammlungen des 20. Jahrhunderts" zu belassen: „Dass Herta Müller just diesen Frieden mit ihrer Selbstbeschränkung auf das, wovon sie mehr versteht, als ihr lieb sein kann, stört, ist der wirksamste Stachel ihres Werkes."[14] Thematisch ist Müllers Werk aufgrund ihrer persönlichen Erfahrungen folglich ‚beschränkt' – die Sprache, mit der sie sich diesem Thema widmet, ist jedoch umso entgrenzender. Folglich steht Müllers Auffassung von ‚Heimat' ebenfalls in reziprokem Verhältnis zum Thema ‚Diktatur', denn auch die begriffliche und motivisch-strukturelle Darstellung von ‚Heimat' legt bei Müller die Auswirkungen totalitärer, suppressiver Systeme auf den einzelnen Menschen offen und genauso wenig wie sie die geschichtlichen Kontexte in ihrem Werk ausblenden kann oder will, blendet sie die begriffsgeschichtlichen Kontexte der ‚Heimat' aus. Sie konzentriert sich gewissermaßen auf die ‚diktatorischen' Konnotationen des Konzeptes und analog zum Themenfeld der Diktatur schreibt sie weniger ‚über' als vielmehr ‚gegen' ‚Heimat(en)'.

4.2 Die ‚Vergangenwart in der Gegenheit': Zur Rekonstruktion der Erinnerung

Bereits die Themen im Werk Müllers lassen erkennen, wie eng ihre Biographie mit ihren Texten verwoben ist. Sascha Bunge argumentiert zum Beispiel, dass Müllers Biographie als „Schlüssel" für ihre Werk verstanden werden könne, wobei diese jedoch nicht „in ihren einzelnen Bestandteilen oder Befindlichkeiten erforscht und nachvollzogen werden will, sondern als Beispiel dient für das

---

13 Herta Müller: „Jedes Wort weiß etwas vom Teufelskreis." Rede zur Verleihung des Nobelpreises für Literatur in der Schwedischen Akademie in Stockholm am 8. Dezember 2009, in: Dies.: *Immer derselbe Schnee und immer derselbe Onkel*, München 2011, S. 7–21, hier: S. 18.
14 Wichner: „Herta Müllers Selbstverständnis", S. 3.

permanente Versteckspielen, dem Biographien in einem totalitären System ausgesetzt sind."[15] Einerseits fungiert die Biographie Müllers als Projektionsfläche für die Erfahrungen in einem totalitären, repressiven System, andererseits ist die Übertragung dieser Erfahrungen in einen literarischen Text bei Müller notwendigerweise immer auch eine Fiktionalisierung des Erlebten. In ihrer Dankrede zur Verleihung des Walter-Hasenclever-Literaturpreises konstatiert sie am 20. Juni 2006 in Aachen: „Erlebtes verschwindet in der Zeit und taucht wieder auf in der Literatur. Aber nie hab ich eins zu eins über Erlebtes geschrieben, sondern nur auf Umwegen. Dabei habe ich immer prüfen müssen, ob das wirklich Erfundene sich das wirklich Geschehene vorstellen kann."[16]

Einer dieser ‚Umwege' im Schreiben über Erlebtes resultiert aus Müllers Auffassung von Erinnerung. Ihr poetologisches Verständnis der literarischen Verarbeitung persönlicher Erfahrungen und Erinnerungen adressiert sie ausführlich in dem Band *In der Falle*, der 1996 aus ihrer Bonner Poetik-Vorlesung hervorgegangen ist. Trotz des darin von ihr angenommenen untrennbaren Zusammenhangs von Text und Leben in ‚Erinnerungsliteratur' betont sie, dass sich die Erinnerung an Erlebtes bereits durch den Vorgang des Erinnerns immer weiter von der Wahrheit des Erlebten entferne: „Es ist seltsam mit der Erinnerung. Am seltsamsten mit der eigenen. Sie versucht, was gewesen ist, so genau wie nur möglich zu rekonstruieren, aber mit der Genauigkeit der Tatsachen hat dies nichts zu tun." (Falle 21) Das Erinnern an Erlebtes beschreibt sie dabei im Kontext der Erfahrungen mit einer repressiven Diktatur als zwanghafte Rekonstruktion vergangener Tatsachen, als traumatischen Prozess, dessen gegenwärtige Folgen der vergangenen seelischen Zerrüttung in nichts nachstehen:

> Was bei der Tatsache nicht geschehen ist, es passiert bei ihrer Rekonstruktion.
> Die Rekonstruktion kann, auch wenn sie nicht [. . .] durch äußeren, sondern aus dem inneren Zwang des Erinnerns geschieht, vergleichbare Folgen haben. Sie überbietet die Intensität der Tatsachen von damals, kann sich nicht an ihnen selber, sondern nur an der erfolgten Beschädigung festhalten. Für die Person, die sich erinnern muß, ist sie Rückfall auf sich selbst von damals und jetzt. Und da, wo die vergangenen Tatsachen in der Defensive standen, wird die Rekonstruktion durch die Beschädigung offensiv. Sogar aggressiv gegen den, der sich erinnern muß. An der Erinnerung zerbrechen später Menschen, die den Tod anderer gesehen haben und ihm damals entgehen konnten. (Falle 23)

---

15 Sascha Bunge: „Das Arsenal der Bedrohung als Arsenal der Bilder. Einige Anmerkungen zu Herta Müller", in: *Banatica. Beiträge zur deutschen Kultur. Nation der Ethnien? Wege und Irrwege* 4 (1996), S. 114.
16 Herta Müller: „So ein großer Körper und so ein kleiner Motor." Dankrede zur Verleihung des Walter-Hasenclever-Literaturpreises in Berlin am 20. Juni 2006, in: Dies.: *Immer derselbe Schnee und immer derselbe Onkel*, München 2011, S. 84–95, hier: S. 84.

4.2 Die ‚Vergangenwart in der Gegenheit': Zur Rekonstruktion der Erinnerung

Die Rekonstruktion des Erlebten im Erinnern ist folglich intensiver, offensiver und aggressiver als das Erleben der Tatsachen selbst. Durch das Aufschreiben der zwanghaft erinnerten vergangenen Tatsachen wird das Erlebte darüber hinaus schließlich doppelt rekonstruiert: im Erinnern und im Schreiben. Die Texte von Menschen, die sich einem totalitären Staat verweigern und eben diese traumatischen Erfahrungen literarisch verarbeiten, haben laut Müller folglich „keinerlei Leichtigkeit": „Was dann auf einem Blatt steht, ist nicht Literatur im Gewöhnlichen, sondern der Sturz auf sich selbst. [...] Beim Lesen schnappt die Falle wieder zu." (Falle 16)

Auch wenn sich Müllers Ausführungen zunächst auf Kramer, Klüger und Inge Müller beziehen, schließt sie von deren Erfahrungen auch immer wieder auf „ähnliche[] Grundsituationen", denen „Menschen in allen Diktaturen" (Falle 11) ausgesetzt sind, und nicht zuletzt durch die naheliegenden thematischen Gemeinsamkeiten, kann ein Großteil der von ihr aufgestellten Überlegungen auch unmittelbar auf ihr eigenes Werk angewendet werden. Ähnliche Gedankengänge zur Unkontrollierbarkeit und Konstruiertheit von Erinnerungen finden sich in Bezug auf ihr eigenes Schaffen entsprechend bereits 1991 in ihrer Paderborner Poetik-Vorlesung *Der Teufel sitzt im Spiegel*:

> Das, was man später von früher her erinnert, sucht man sich nicht aus. Es gibt keine Wahl für eine Auswahl, die sich zwischen den Schläfen, hinter der Stirn selber trifft.
> Ich merke mir an, daß nicht das am stärksten im Gedächtnis bleibt, was außen war, was man Fakten nennt. Stärker, weil wieder erlebbar im Gedächtnis, ist das, was auch damals im Kopf stand, das, was von innen kam, angesichts des Äußeren, der Fakten.
> Denn das, was von innen kam, hat unter den Rippen gedrückt, hat die Kehle geschnürt, hat den Puls gehetzt. Es ist seine Wege gegangen. Es hat seine Spuren gelassen.
> Manche Leute reden, wenn sie von diesen Spuren reden, von ‚Wunden' oder ‚Narben'. Es sind keine. Ich kann heute ‚Angst' sagen. Und ich kann ‚Freude' sagen. Es trifft nicht mehr zu. Ich rede darüber. Ich lebe nicht mehr darin. Ich rekonstruiere, auch wenn ich innerlich nachvollziehe.
> (Teufel 10)

Nicht zuletzt aufgrund der von Müller immer wieder betonten ‚Spuren', die das Erlebte bei ihr hinterlassen hat – aufgrund der selbsterklärten „Beschädigung"[17], die sie mit sich trägt und die sie in ihren essayistischen sowie autofiktionalen Texten wiederum verarbeitet –, kann die individuelle, unkontrollierbare Rekonstruktion traumatischer vergangener Ereignisse in der Erinnerung für ihr poetologisches Selbstverständnis als konstitutiv verstanden werden.[18]

---

17 Müller: „Bei uns in Deutschland", S. 185.
18 Vgl. zur Bedeutung des ‚Traumas' in Müllers Werk Beverley Driver Eddy: „Testimony and Trauma in Herta Müller's *Herztier*", in: *German Life and Letters* 53/1 (2000), S. 56–72; Lyn Marven: *Body and Narrative in Contemporary Literatures in German. Herta Müller, Libuše Moníková,*

Dabei ist die traumatische Erinnerungsarbeit Müllers eben keineswegs nur biographisch zu verstehen, sondern sie schlägt sich auch in der sprachlichen und narrativen Struktur ihrer Texte nieder. Die konkrete gedankliche Funktionsweise des willkürlichen, schmerzbesetzten Erinnerns veranschaulicht Müller in dem im Rahmen der Tübinger Poetik-Dozentur 2000 entstandenen Essay mit dem programmatischen Titel „Einmal anfassen – zweimal loslassen". In dem Text situiert Müller die Erinnerung im komplexen Spannungsverhältnis von Vergangenheit, Gegenwart und Zukunft, welches sie in der Metapher vom ‚Anfassen' und ‚Loslassen' sowie den chiastischen Neologismen von ‚Vergangenwart' und ‚Gegenheit' verbildlicht. „Das Erinnern hat seinen eigenen Kalender", heißt es entsprechend, „[l]ange Zurückliegendes kann kürzere Vergangenheit als gestern Geschehenes sein. Ich könnte sagen: Ich treffe meine Vergangenwart in der Gegenheit, im Hin und Her vom Anfassen und Loslassen."[19] Um dieses konzentrische Zusammenspiel zu verdeutlichen, bezieht sich Müller auf die Geschichte eines Posters mit der Aufschrift „INGE WENZEL AUF DEM WEG NACH RIMINI"[20], das sie kurz nach ihrer Ankunft in Deutschland in Marburg im Zug gesehen habe. Anstatt die beabsichtigte Reiselust im Schlafwagen des Zuges zu wecken, erinnerte sie das auf dem Poster abgebildete weiße Nachthemd der schlafenden Inge Wenzel an drei Nachthemden ihrer eigenen Vergangenheit: an ein erstes selbstgenähtes Nachthemd, das ihre Großmutter ihr zum Abschied geschenkt hatte, als sie Nitzkydorf zum Studium in Temeswar verließ; an ein zweites Nachthemd, das eine Frau in ihrem Abteil trug, als Müller in Todesangst vor der Securitate Briefe für Amnesty International nach Bukarest schmuggelte; sowie an ein drittes aus Ungarn mitgebrachtes Nachthemd, das sie von dem Meister einer Temeswarer Pelzfabrik geschenkt bekam, dessen Kindern sie nach ihrer Entlassung aus einer Drahtfabrik Deutschunterricht erteilt hatte. Das erste und das dritte Nachthemd erinnern Müller wiederum an einen Freund, mit dem sie eben diese beiden Nachthemden auf einem Flohmarkt anpries. Dieser Freund wurde zwei Jahre später nach vermeintlichem Suizid erhängt in seiner Wohnung aufgefunden. „Inge Wenzel, die auf dem Weg nach Rimini an der Abteilwand über den Sitzen im Auftrag der Deutschen Bahn schlief", konkludiert Müller folglich, „wußte nicht, daß man im Auftrag aus

---

and Kerstin Hensel, Oxford 2005; Friederike Reents: „Trauma", in: *Herta Müller-Handbuch*, hg. v. Norbert Otto Eke, Stuttgart 2017, S. 227–235; Sanna Schulte: *Bilder der Erinnerung. Über Trauma und Erinnerung in der literarischen Konzeption von Herta Müllers Reisende auf einem Bein und Atemschaukel*, Würzburg 2015.

19 Herta Müller: „Einmal anfassen – zweimal loslassen." Vorlesung für die Tübinger Poetikdozentur 2000 zum Thema ‚Zukunft! Zukunft?', in: Dies.: *Der König verneigt sich und tötet*, Frankfurt/Main 2009, S. 106–129, hier: S. 107.

20 Müller: „Einmal anfassen – zweimal loslassen", S. 107.

dem Schlaf geholt und gestorben werden kann. Daß dies in dem Land, aus dem ich kam, eine gängige Variante des inszenierten Selbstmords war."[21]

Dieses verselbständigte Erinnern des Erlebten ist für Müller dabei einerseits ein Wiedererleben und ein Nachvollziehen, andererseits ändert sich jedoch in der gegenwärtigen Rekonstruktion des Erinnerten rückblickend die Perspektive auf das Erlebte. Die angstbesetzten vergangenen Erlebnisse erschüttern gegenwärtig die Psyche und führen zu seelischen Verletzungen, die – ausgelöst in der Vergangenheit –, in der Gegenwart unwillkürlich aufblitzen und in eine unbestimmte Zukunft nachwirken: „Ich wundere mich, wie wenig ich an jeder Gegenwart das Gepäck erkannt habe, das sie mir, als sie vorbei war, mitgegeben hat für die Zukunft."[22] Das Nachthemd der Inge Wenzel stellt für Müller folglich den Ausgangspunkt zur Entfaltung verschiedener gedanklicher Verknüpfungen in der Erinnerung dar, auf welche sie selbst keinen Einfluss hat, welche aber wiederum Einfluss auf sie selbst haben. Damit beschreibt sie zugleich einen Prozess der *mémoire involontaire* im Sinne Marcel Prousts, also eine (in diesem Fall traumatische) vergangene Erfahrung, die sich unbewusst und unwillkürlich anhand eines gegenwärtig wahrgenommenen Objektes entfaltet.[23] Diese Auffassung der Funktionsweise von *Er-Innerung* erlaubt es der Autorin zugleich, konventionelle Handlungsstrukturen aufzubrechen. Gerade in den frühen Texten folgen einzelne erinnerte Sequenzen häufig keiner strikten Ordnung; Assoziationsketten und Gedankensprünge spiegeln narrativ die psychische Verfassung ihrer Figuren. Anhand des Beispiels von Inge Wenzels Nachthemd wird schließlich deutlich, wie die Erinnerung bei Müller sowohl biographisch als auch narrativ ‚Vergangenwart', ‚Gegenheit' und Zukunft miteinander verknüpft: „Wie bei den Nachthemden gerieten mir auch im Bücherschreiben von Anfang an Vergangenheit, Gegenwart und Zukunft durcheinander."[24]

---

21 Müller: „Einmal anfassen – zweimal loslassen", S. 121.
22 Müller: „Einmal anfassen – zweimal loslassen", S. 107.
23 Vgl. Siguan: *Schreiben an den Grenzen der Sprache*, S. 243.
  Zu seinem Verständnis der *mémoire involontaire* erklärt Proust 1913 in einem Interview mit *Le Temps*: „Pour moi, la mémoire involontaire, qui est surtout une mémoire de l'intelligence et des yeux, ne nous donne du passé que des faces sans vérité; mais qu'une odeur, une saveur, retrouvées dans des circonstances toutes différentes, réveille en nous, malgré nous, le passé, nous sentons combien ce passé était différent de ce que nou croyions nous rappeler, et que notre mémoire volontaire peignait, comme les mauvais peintres, avec des couleurs sans vérité." Marcel Proust: „Interview à M. Elie-Joseph Bois. *Le Temps* 12.11.1913", in: Ders.: *Textes retrouvés*, hg. v. Philip Kolb, Urbana 1986, S. 217.
24 Müller: „Einmal anfassen – zweimal loslassen, S. 124.

Damit bewegt sich Müller in ihren Texten temporal gewissermaßen in einem Schwellenraum. Als Erinnerungs- beziehungsweise Gedächtnisliteratur schreibt sie die (individuelle) Vergangenheit aus gegenwärtiger Perspektive für die Zukunft fort und sprengt damit die temporalen Beschränkungen des Textes. Walter Benjamin spricht im Kontext von Prousts *À la recherche du temps perdu* von der „Penelopearbeit des Eingedenkens" und konstatiert im Hinblick auf die Unabgeschlossenheit solch eines Prozesses: „Denn ein erlebtes Ereignis ist endlich, zumindest in der einen Sphäre des Erlebens beschlossen, ein erinnertes schrankenlos, weil nur Schlüssel zu allem was vor ihm und zu allem was nach ihm kam."[25] Versteht man ‚Heimat' nun in temporaler Hinsicht als spezifisches „Modell[] des Erinnerns"[26], so kann diese im Hinblick auf Müllers Auffassung von Erinnerung eben auch keine Realität abbilden, sondern ist immer notwendigerweise (re)konstruiert. Als Erinnerungsraum, in dem Gedanken an Vergangenes, verloren Geglaubtes willkürlich oder unwillkürlich in die Gegenwart transportiert werden, ist ‚Heimat' in ihrer tradierten Form darüber hinaus ein zumeist melancholischer, wehmütiger Vorgang, der dem für Müllers Texte konstitutiven traumatischen Erinnern zuwiderläuft. Die emotionale Codierung von ‚Trauma' und ‚Heimat' ist im Hinblick auf die Erinnerung folglich dichotomisch angelegt, wobei beiden zwar eine gewisse Form von Schmerz gemein ist, die ‚heimatliche' Erinnerung zugleich jedoch gerade vor dem Hintergrund der ‚traumatischen' Erinnerung umso verklärter wirkt. Nicht zuletzt stellt sich die Erinnerung in Müllers Werk stets als individueller, konstruierter Prozess dar, was in einem übertragenen Sinne auch als Absage an eine mythische Deutung der ‚Heimat' als einer kollektiven Erinnerungkultur verstanden werden kann.

4.3 Die ‚erfundene Wahrnehmung' als epistemische Entgrenzung

Nicht nur rekonstruierte (traumatische) Erinnerungen sind ein zentraler Bestandteil von Müllers essayistischen und erzählerischen Texten sowie ein ‚Umweg', auf wel-

---

[25] Walter Benjamin: „Zum Bilde Prousts", in: *Schriften*, hg. v. Theodor W. Adorno und Gretel Adorno, 2 Bde., Bd. 2, Frankfurt/Main 1955, S. 132–147, hier: S. 133.
[26] Eric Piltz: „Verortung der Erinnerung. Heimat und Raumerfahrung in Selbstzeugnissen der Frühen Neuzeit", in: *Heimat. Konturen und Konjunkturen eines umstrittenen Konzepts*, hg. v. Gunther Gebhard, Oliver Heisler und Steffen Schröter, Bielefeld 2007, S. 57–79, hier: S. 74.
Vgl. zu ‚Heimat' und Erinnerung Rainer Piepmeier: „Philosophische Aspekte des Heimat-Begriffs", in: *Heimat. Analysen, Themen, Perspektiven*, hg. v. Bundeszentrale für politische Bildung, Bonn 1990, S. 91–108, hier: S. 101–103.

chem sie über Erlebtes schreibt; ein weiterer ‚Umweg' in der Verarbeitung von Erlebtem in Literatur ist bei Müller das von ihr entwickelte poetologische Verfahren der ‚erfundenen Wahrnehmung', das sie bereits 1991 in ihrer Paderborner Poetik-Vorlesung *Der Teufel sitzt im Spiegel* erläutert hat: „Autobiographisches, selbst Erlebtes. Ja, es ist wichtig. Aus dem, was man erlebt hat, sucht sich der Zeigefinger im Kopf auch beim Schreiben die Wahrnehmung aus, die sich erfindet." (Teufel 20) Ausgehend von der unkontrollierbaren Selbständigkeit von Erinnerung erläutert Müller in dem Band, wie persönliche Erfahrungen die individuelle Wahrnehmung prägen, was sich folglich wiederum auch im Prozess des Schreibens und nicht zuletzt in der besonderen Bildlichkeit ihrer Texte niederschlägt, die konventionelle rezeptionsästhetische Erwartungen und Deutungsmuster unterläuft.

Das Bild des ‚Zeigefingers im Kopf' zieht sich leitmotivisch durch den Band und illustriert einerseits die Unberechenbarkeit von Erinnerungen, andererseits die Unkontrollierbarkeit und Individualität von Wahrnehmung, die Müllers Schreibprozess wesentlich beeinflusst. Gleich zu Beginn des ersten Kapitels „Wie Wahrnehmung sich erfindet" heißt es zur Erklärung:

> Manchmal glaube ich jeder trägt im Kopf einen Zeigefinger. Der zeigt auf das, was gewesen ist. Das meiste, was wir uns sagen, erzählen, woran wir denken, wenn wir mit uns allein sind, ist gewesen.
>
> Was wir gerade tun, müssen wir nicht sagen. Wir tun es ja. Würden wir bei allem, was wir tun, sagen, was wir gerade tun, könnten wir es nicht mehr tun. Oft schließt das Tun das Sagen aus.
>
> Wir reden meist danach. Wir reden erst, wenn es geschehen ist. Dann war es, und wir sagen: es war. Es war kurz davor. Oder, es ist lange her.
>
> Es war, das klingt wie abgetan, denn damit beginnt es. Nicht nur das Erzählen. Auch das, was wir selber sind. (Teufel 9)

Einerseits sucht also der ‚Zeigefinger im Kopf' aus, woran man sich aus der Vergangenheit erinnert und wovon man im Anschluss erzählt, andererseits prägt dieser eben auch, ‚was wir selber sind', also die Persönlichkeit, die Identität und damit schließlich auch die individuelle Wahrnehmung der Gegenwart. Astrid Schau weist in diesem Kontext darauf hin, dass bereits im Bild des ‚Zeigefingers im Kopf' die für Müllers Texte grundlegende „Trennung von Ich und Welt, von Innen und Außen" sowie die Abhängigkeit der Identität von individuell Wahrgenommenem angelegt sei: „Noch ehe Müller den Gedanken in ihrem Essay entwickelt, erweist sich Identität als abhängig von Bildern, deren Eigendynamik sie auch als schreibendes Subjekt ausgeliefert ist."[27]

---

[27] Astrid Schau: *Leben ohne Grund. Konstruktionen kultureller Identität bei Werner Söllner, Rolf Bossert und Herta Müller*, Bielefeld 2003, S. 277.

Diese ‚Eigendynamik' der individuellen Wahrnehmung macht Müller in *Der Teufel sitzt im Spiegel* gewissermaßen ekphrastisch anhand eines Heiligenbildes aus Öl deutlich, das über dem Bett ihrer Großeltern hing. Die in der Landschaft abgebildeten Steine nahm sie in ihrer Kindheit als giftige, „überreife Gurken" (Teufel 11) wahr, vor deren nächtlichem Platzen sie wiederum Angst hatte. Die Ursache dieser kindlichen Wahrnehmung lässt Müller offen, ergänzt jedoch, dass sie zehn Jahre später in dem Heiligenbild lediglich Steine sah: „Doch weil die Angst vor dem Platzen und Vergiften nicht mehr da war, hab ich die Gurken nie wieder gesehen. Es war etwas verloren gegangen in meiner Wahrnehmung. Ich konnte sie nicht mehr so erfinden, wie sie sich seinerzeit selbst erfunden haben." (Teufel 12) Die innerliche Angst der kindlichen Perspektive Müllers beeinflusst ihre individuelle äußere Wahrnehmung – das äußere Bild wiederum ist Abbild der inneren Prozesse und eine individuelle Version der Realität. Mit zeitlichem Abstand und Veränderung der Identität verändert sich folglich auch die Wahrnehmung der Autorin, wobei Wahrnehmung und Identität zugleich in einem korrelativen Verhältnis stehen: „Es war damals ein anderer Blick, der hatte auch mich erfunden, da ich durch ihn eine andere Person gewesen war." (Teufel 12) Damit nimmt Müller hier eine konstruktivistische Position ein; Wahrheit und empirische Realität rücken in den Hintergrund, stattdessen steht der Prozess der autonomen ‚erfundenen Wahrnehmung' im Vordergrund. Zugleich dekonstruiert sie dadurch eben auch die Vorstellung von (narrativer) Objektivität.

Müller versteht Wahrnehmung folglich als einen aktiven, von Innerlichkeiten abhängigen Vorgang, der jedoch ebenso wenig wie die Erinnerung gesteuert werden kann und somit ‚radikal individuell'[28] ist:

> Die Wahrnehmung, die sich erfindet, steht nicht still. Sie überschreitet ihre Grenzen, da, wo sie sich festhält. Sie ist unabsichtlich, sie meint nichts Bestimmtes. Sie wird vom Zufall geschaukelt. Ihre Unberechenbarkeit trifft jedoch die einzige mögliche Auswahl, wenn sie sich wählt. Der Zeigefinger im Kopf bricht ständig ein. (Teufel 19)

Die literarische Bearbeitung des Erlebten durch die ‚erfundene Wahrnehmung' nimmt in Müllers Texten entsprechend eine zentrale Rolle ein und kommt ästhetisch zugleich einer zufälligen und entgrenzenden Bewegung gleich, die der

---

[28] Vgl. „In her poetologic rejection of the 'myth of the Given' (Sellars), Herta Müller, too, regards perception as an active process, defining here on the one hand the transgressive imagination of the child in the village of a totalitarian state and, on the other, the methodological tools for the author's representation of a certain authentic experience dependant on the senses and therefore radically individual", Paola Bozzi: „Facts, Fiction, Autofiction, and Surfiction in Herta Müller's Work", in: Herta Müller: *Politics and Aesthetics*, hg. v. Bettina Brandt und Valentina Glajar, Lincoln, London 2013, S. 109–129, hier: S. 112.

Idee einer konkreten Aussage wiederum entgegenwirkt.[29] Aus Müllers Auffassung von Wahrnehmung speist sich schließlich auch die besondere Bildlichkeit ihres Schreibens – die „Wahrnehmung der Welt in den Bildern"[30]–, bei der tatsächlich Erlebtes und Erinnertes stets durch die sich ‚erfindende Wahrnehmung' gefiltert ist. Entsprechend könne man davon sprechen, so formuliert es Marisa Siguan, „dass Herta Müller mit den Augen schreibt."[31] Die Grundlage der ‚erfundenen Wahrnehmung' ist folglich bei Müller das Erzählen in Bildern und Bilder sind wiederum der rote Faden, der die erzählerischen Texte Müllers strukturiert und anhand derer sich der Inhalt ihrer Texte entfaltet. Dies trägt nicht zuletzt auch ihrem sprachkritischen Ansatz Rechnung, denn ein Bild sagt sprichwörtlich mehr als tausend Worte. Dabei erfindet sich die individuelle Wahrnehmung der Erzählerpersonen der Texte Müllers in unmittelbarer Abhängigkeit von deren jeweiliger Innenwelt, gleichzeitig beeinflusst die individuelle Wahrnehmung auch deren jeweilige Innenwelt und formt die erzählerische Identität: „Aber was von innen kommt", schreibt Müller in *Der Teufel sitzt im Spiegel*, „das kommt auch bald von außen." (Teufel 20)

Claudia Becker deutet diesen Zusammenhang zwischen Innenwelt und Außenwelt bei Müller als politische Variante einer romantischen Tendenz und setzt sie in die Tradition des serapiontischen Prinzips E. T. A. Hoffmanns. Dabei wendet Becker die für das serapiontische Prinzip grundlegende Vermischung von Realität und Imagination durch die literarische Übertragung der Wirklichkeit in Dichtung auf Müllers erzählerisches Werk an und betont dabei besonders die fließenden Grenzen zwischen Innenwelt und Außenwelt in der textuellen Wahrnehmungsstruktur sowie die daraus resultierende unkonventionelle Sprach- und Bildtechnik der Autorin: „Phänomenologische Wirklichkeitsbeschreibung geht über in Fiktionalität; diese wiederum konstituiert sich aus Imagination und Bewußtseinsdaten einer Innenwelt, in der die Außenwelt ihre Spuren hinterlassen hat."[32] Die ‚erfundene Wahrnehmung' Müllers führe schließlich auf textueller Ebene zu einer „‚sur-reale[n]' Bildhaftigkeit"[33], die sich sowohl gegen die strikte

---

29 Vgl. dazu Lægreid: „Sprachaugen und Wortdinge – Herta Müllers Poetik der Entgrenzung", S. 63.
30 Norbert Otto Eke: „Augen/Blicke oder: Die Wahrnehmung der Welt in den Bildern", in: *Die erfundene Wahrnehmung. Annäherung an Herta Müller*, hg. v. dems., Paderborn 1991, S. 7–21, hier: S. 7.
31 Siguan: *Schreiben an den Grenzen der Sprache*, S. 252.
32 Claudia Becker: „‚Serapiontisches Prinzip' in politischer Manier – Wirklichkeits- und Sprachbilder in ‚Niederungen'", in: *Die erfundene Wahrnehmung. Annäherung an Herta Müller*, hg. v. Norbert Otto Eke, Paderborn 1991, S. 32–41, hier S. 32.
33 Becker: „‚Serapiontisches Prinzip' in politischer Manier – Wirklichkeits- und Sprachbilder in ‚Niederungen'", S. 32.

Trennung von Wirklichkeit und Fiktionalität als auch gegen die strikte Trennung von Innenwelt und Außenwelt richtet und in deren Kontext narrative Handlungsstränge häufig in den Hintergrund rücken.[34]

Die Annahme, dass ihre Texte eben nicht mimetisch die Welt abbilden, sondern einen Eindruck, eine individuelle Wahrnehmung der Welt präsentieren, bestätigt die Autorin, wenn sie schreibt: „Da er aus der lückenlosen Unwirklichkeit hervorgegangen ist, ist der Text, wenn er mal geschrieben ist, lückenlos wirklich. Er ist Wahrnehmung, erfundene Wahrnehmung, die sich im Rückblick wahr nimmt." (Teufel 38) Aus der Unwirklichkeit der wahrgenommenen Realität wird durch den Schreibprozess also gewissermaßen die Wirklichkeit des für wahr genommenen Textes; gerade in der Individualität der ‚erfundenen Wahrnehmung' scheint für Müller folglich die literarische Wahrheit zu liegen. Die ‚erfundene Wahrnehmung' stellt die epistemische Fähigkeit der individuellen Perzeption infrage, überschreitet sensorische Grenzen und setzt den Grenzziehungen und Grenzverletzungen von außen eine grenzenlose Innerlichkeit entgegen, die sich eben auch auf das Äußere überträgt. Informationen und Eindrücke werden dabei subjektiv gefiltert, nicht aber zu einem sinnvollen Gesamteindruck zusammengefügt. Sowohl die erinnerte als auch die wahrgenommene Lebenswelt sind bei Müller schließlich stets nur ein individueller Entwurf der Welt, ohne jeglichen Wahrheits- oder Authentizitätsanspruch.[35]

4.4 Leben vs. Schreiben: Zwischen Autofiktion und *Surfiction*

Infolge des Zusammenspiels von Müllers Auffassung von Erinnerung und Wahrnehmung kann ihr erzählerisches Werk folglich nicht von Fakten handeln, sondern lediglich von subjektiven, rekonstruierten und prozessualen Eindrücken, denn selbst Biographisches ist gewissermaßen ‚unrealistisch'. Einerseits besteht also eine nahezu untrennbare Korrelation zwischen Leben und Schreiben, andererseits sieht sie selbst wiederum einen elementaren Konflikt in der literarischen Dar-

---

[34] Vgl. dazu auch Paola Bozzi: „Sensory perceptions are privileged over reflection, with the result that the text is no more than the impression of the world [. . .]." Bozzi: „Facts, Fiction, Autofiction, and Surfiction in Herta Müller's Work", S. 119.
[35] Marisa Siguan weist darauf hin, dass Müllers literaturkritische und literaturtheoretische Überlegungen zwar anders als ihre erzählerischen Texte einen klaren Authentizitätsanspruch verfolgen, jedoch aufgrund des konsequenten Stils der Autorin als „ästhetisch konstruierte literarische Dokumente" betrachtet werden können. Siguan: *Schreiben an den Grenzen der Sprache*, S. 249 f.

stellung von Erlebtem. Im Rahmen ihrer Tübinger Poetik-Dozentur erläutert die Autorin, wie das Schreiben dennoch „aus dem Gelebten Sätze"[36] macht:

> Das Gelebte als Vorgang pfeift auf das Schreiben, ist mit Worten nicht kompatibel. Wirklich Geschehenes läßt sich niemals eins zu eins mit Worten fangen. Um es zu beschreiben, muß es auf Worte zugeschnitten und gänzlich neu erfunden werden. Vergrößern, verkleinern, vereinfachen, verkomplizieren, erwähnen, übergehen – eine Taktik, die ihre eigenen Wege und das Gelebte nur noch zum Vorwand hat. Man schleppt das Gelebte beim Schreiben in ein anderes Metier. Man probiert, welches Wort was vermag. Es ist nicht mehr Tag oder Nacht, Dorf oder Stadt, sondern es herrschen Substantiv und Verb, Haupt- und Nebensatz, Takt und Klang, Zeile und Rhythmus. Das wirklich Geschehene insistiert als Randerscheinung, man verpaßt ihm durch Worte einen Schock nach dem anderen. Wenn es sich selber nicht mehr erkennt, steht es wieder in der Mitte. Man muß das Wichtigtuerische des Erlebten demolieren, um darüber zu schreiben, aus jeder wirklichen Straße abbiegen in eine erfundene, weil nur die ihr wieder ähneln kann.[37]

Die literarische Darstellung des Erlebten entfernt sich nicht nur durch den Prozess des rekonstruierenden Erinnerns und die Individualität von Wahrnehmung, sondern auch durch den Schreibprozess immer weiter von dem tatsächlich Erlebten. Um das Erlebte dennoch so gut wie möglich beim Schreiben zu fassen, muss es notwendigerweise verändert beziehungsweise neu erfunden werden. „Das Aufgeschriebene ist nicht das Leben, wie es wirklich gewesen ist", so Ralph Köhnen zusammenfassend über den autobiographischen Gehalt der Texte Müllers, „das Erzählen verzehrt vielmehr die Erinnerung."[38]

Um diesem Konflikt zwischen Leben und Schreiben zu begegnen, positioniert Müller sich selbst in der Nähe des von dem französischen Schriftsteller und Literaturkritiker Serge Doubrovsky geprägten poetologischen Konzeptes der Autofiktion, in dessen literarischer Tradition ihr Werk besonders seit ihren Ausführungen im Rahmen ihrer Bonner Poetik-Vorlesung zunehmend angesiedelt wird. Im Kontext der Texte Theodor Kramers, Ruth Klügers und Inge Müllers rekurriert sie darin auf Georges-Arthur Goldschmidt, der seine Bücher selbst als autofiktional bezeichnet, sowie auf Jorge Semprún, der proklamiert: „Die Wahrheit der geschriebenen Erinnerung muß erfunden werden". (Falle 21)[39] Auch wenn Müller hier den Begriff Au-

---

36 Herta Müller: „Wenn wir schweigen, werden wir unangenehm – wenn wir reden, werden wir lächerlich." Vorlesung im Rahmen der Tübinger Poetikdozentur 2001, in: Dies.: *Der König verneigt sich und tötet*, Frankfurt/ Main 2009, S. 74–105, hier: S. 87.
37 Müller: „Wenn wir schweigen, werden wir unangenehm – wenn wir reden, werden wir lächerlich", S. 86.
38 Ralph Köhnen: „Terror und Spiel. Der autofiktionale Impuls in den frühen Texten Herta Müllers", in: *TEXT + KRITIK* 155 (2012), S. 18–29, hier: S. 18.
39 Auch das Werk von Jürgen Fuchs beschreibt Müller 1999 als autofiktional, vgl. Müller: „Der Blick der kleinen Bahnstationen. Das Millimeterpapier der Erinnerung bei Jürgen Fuchs", S. 214.

tofiktion (noch) nicht explizit auf ihr eigenes Werk bezieht, legt der Rückgriff auf das literarische Selbstverständnis Jorge Semprúns und Georges-Arthur Goldschmidts dennoch auch eine Parallele zu Müllers eigenem Werk nahe, welche sie später auch ausdrücklich formuliert.[40] Ohne den Begriff Autofiktion zu verwenden, konstatiert Müller auch bereits 1991 in *Der Teufel sitzt im Spiegel*, dass sie durch den Schreibprozess schließlich nur indirekt mir ihrer eigenen Person zu tun habe: „So kommt es, daß selbst Autobiographisches, Eigenes im engsten Sinne des Wortes, nur noch vermittelt, nur noch im weitesten Sinne des Wortes mit meiner Autobiographie zu tun hat." (Teufel 43)

Müller bricht also zum einen radikal mit dem autobiographischen Pakt Lejeunes, zum anderen thematisiert sie in ihrem essayistischen Werk sowie in Gesprächen und Reden immer wieder den biographischen Gehalt ihrer Texte.[41] Gerade aus der Übertragung des Erlebten in Literatur und der kritischen Haltung gegenüber der Sprache als Bindeglied zwischen Leben und Schreiben ergibt sich also die autofiktionale Konstitution ihrer Texte. Dabei ist Autofiktion wohlgemerkt nicht im traditionellen Sinne Doubrovskys zu verstehen als ‚Fiktion von absolut realen Ereignissen und Tatsachen'[42], also als Gattung und Variante der Autobiographie, die von der Gleichheit von Autor und Figur in Verbindung mit einer fiktionalitätsbehauptenden Gattungsbezeichnung ausgeht,[43] sondern in einem weiteren Sinne als Verfahren literarischer und produktionsästhetischer Selbstdarstellung, bei dem Autobiographisches und Fiktives, Wahres und Erfundenes miteinander vermischt werden. Insofern handelt es sich bei der Bezeichnung Autofiktion im Kontext von Müllers Werk eben nicht um eine „konkrete Schreibpraxis", sondern vielmehr um eine „mediale Strategie und eine die Grenzen der Literatur überschreitende kultu-

---

40 Vgl. dazu „Colloqui amb la Premi Nobel de Literatura Herta Müller. Kolloquium an der Universität Barcelona am 27. Juni 2012. Universitat de Barcelona", unter: www.ub.edu/ubtv/video/colloqui-amb-la-premi-nobel-de-literatura-herta-muller (abgerufen am 01.07.2018), hier: TC 18:55–23:50.
41 Philippe Lejeune: *Le pacte autobiographique*, Paris 1975.
Den biographischen Hintergrund ihres Werkes beleuchtet Müller zum Beispiel ausführlich in Herta Müller: *Mein Vaterland war ein Apfelkern. Ein Gespräch mit Angelika Klammer*, München 2014.
42 Vgl. „Autobiographie? Non, c'est le privilège réservé aux importants de ce monde, au soir de leur vie, et dans un beau style. Fiction, d'événements et de faits strictement réels, si l'on veut, *autoficiton*, d'avoir confié la langage d'une aventure à l'aventure du langage." Serge Doubrovsky: *Fils*, Paris 1977, Klappentext.
43 Vgl. dazu Jörg Pottbeckers: *Der Autor als Held. Autofiktionale Inszenierungsstrategien in der deutschsprachigen Gegenwartsliteratur*, Würzburg 2017, S. 11 f.
Zu dem uneinheitlichen Gebrauch des Begriffs ‚Autofiktionalität' in der Germanistik vgl. Christine Ott und Jutta Weiser: „Autofiktion und Medienrealität. Einleitung.", in: *Autofiktion und Medienrealität*, hg. von dens., Heidelberg 2013, S. 7–16.

relle Praxis."⁴⁴ Die Verarbeitung biographischer Ereignisse in Verbindung mit der Fiktionalisierung und der sprachlichen Veränderung dieser ermöglicht also einerseits eine biographische Lesart ihrer Texte, andererseits macht sie aber auch die engen Grenzen solch einer Lesart deutlich.

In *Der Teufel sitzt im Spiegel* legt Müller dar, wie Freunde und Fremde in Rumänien nach der Veröffentlichung von *Niederungen* häufig Nitzkydorf besuchen wollten: „Das war mir lästig, da ich wußte, sie wollten nicht das Dorf sehen, aus dem ich kam. Sie wollten in dem Dorf die ‚Niederungen' sehen. Sie wollten mit einem flüchtigen Blick des Besuchers, mit eigenen Augen das sehen, was ich aus dem Dorf gemacht hatte." (Teufel 16f.) Auch die von Müller geschilderten Reaktionen des rumänischen Geheimdienstes und der „sogenannten Landsleute aus dem Banat" sowie deren „Attacken" auf sie offenbaren eine biographische Deutung ihrer Texte: „In der Art, wie sie sich wehren, geben sie zu, dass sie sich in den Sätzen wiederfinden. Sie toben, weil sie sich nicht so haben wollen, wie sie sind, aber wenn sie nicht so wären, hätten sie die Wut zum Toben nicht."⁴⁵ Mit dem Selbstverständnis der autofiktionalen Schreibweise reagiert Müller gewissermaßen auf solch einseitige Reaktionen auf ihr Werk und relativiert dessen biographischen Gehalt. Trotz dieser Ablehnung eines geradlinigen Biographiebezuges befeuert sie durch ihre umfangreichen selbstreflexiven Äußerungen zugleich aber auch eine biographische Lesart ihrer Texte. Insofern werfen Müllers biographischen Kommentare Licht auf ihre Texte, ihre Texte wiederum auch Licht auf ihre Lebensgeschichte; durch ihr Selbstverständnis als autofiktionale Autorin konstruiert sie sowohl auf literarischer als auch auf außerliterarischer Ebene ein gewisses Selbstbild, das in wechselseitigem Verhältnis steht.⁴⁶ Eine rein biographische Lesart der erzählerischen Texte Müllers greift also selbstverständlich zu kurz, eine rein fiktionale Lesart lässt wiederum wichtige Hintergründe außer Acht. Ähnlich wie ‚Innenwelt' und ‚Außenwelt' stehen bei Müller Autobiographisches und Fiktives in einem reziproken Wirkungszusammenhang; die autoreferentiellen Parallelen

---

44 Paola Bozzi: „Autofiktionalität", in: *Herta Müller-Handbuch*, hg. v. Norbert Otto-Eke, Stuttgart 2017, S. 158–167, hier: S. 165. Vgl. zur „Auto(r)poetik" bei Müller ebd., S. 161–164.
45 Müller: „Die Anwendung der dünnen Straßen", S. 114.
46 Zum Konstruktcharakter von Identitäten vgl. Christian Moser und Jürgen Nelles: „Einleitung: Konstruierte Identitäten", in: *AutoBioFiktion. Konstruierte Identitäten in Kunst, Literatur und Philosophie*, hg. v. dens., Bielefeld 2006, S. 7–19.
    Vgl. zu den intertextuellen Episoden in essayistischen und erzählerischen Texten Müllers Lyn Marven: *Body and Narrative in Contemporary Literatures in German. Herta Müller, Libuše Moníková, and Kerstin Hensel*, S. 207.

zwischen ihrem Leben und ihrem Schreiben müssen schließlich immer vor dem Hintergrund von dessen fiktionaler, sprachlicher Bearbeitung gelesen werden.

Müllers Werk kann darüber hinaus nicht nur als autofiktional verstanden werden, sondern weist auch eine Nähe zur *Surfiction* im Sinne des amerikanischen Autors und Literaturkritikers Raymond Federman auf, die Paola Bozzi dargelegt hat.[47] Der Begriff *Surfiction*, den Federman in den 1970er Jahren entwickelt hat, bezieht sich dabei auf eine Art von Literatur, die eben nicht nur die Fiktionalität des Geschriebenen, sondern zugleich auch die Fiktionalität des Lebens an sich thematisiert. Angelehnt an den Begriff des Surrealismus versteht Federman ‚surfiktionale' Literatur als explizit ‚anti-realistisch' und geht davon aus, dass Literatur das reale Leben nicht eins zu eins abbilden könne, sondern dass Literatur immer eine eigene, individuelle, konstruierte Wahrheit transportiere.[48] Bozzi folgert entsprechend: „Surfiction does not draw a distinction between memory and imagination, between what really happened in the world and what it imagines happened. As such 'surfiction' erases the lines among past, present, and future and liberates itself from the conventions of realism."[49] Während der Begriff Autofiktion also die Grenzen zwischen Autobiographischem und Fiktivem verwischt, trägt der Begriff *Surfiction* schließlich den von Müller umfangreich entwickelten Konzepten der rekonstruierten Erinnerung und der ‚erfundenen Wahrnehmung' sowie der grundsätzlichen Notwendigkeit der Übertragung des Erlebten in Sprache Rechnung. Sowohl die autofiktionale als auch die surfiktionale Konstitution der Texte Müllers kann insofern als subversive, entgrenzende Strategie aufgefasst werden, denn durch ihre poetologische Selbstpositionierung in einem Schwellenraum zwischen Autobiographischem und Fiktivem stellt sie sowohl Autorschaft als auch Authentizität infrage und zeigt damit die Grenzen der Literatur und des Sagbaren auf, nur um sie durch ihre unkonventionelle, individuelle Sprache zugleich wieder zu durchbrechen.

4.5 Sprachliche Grenzen und oppositionelles Schreiben

Müllers sprachkritische Haltung ist sowohl für ihr poetologisches Selbstverständnis als auch aus produktions- und rezeptionsästhetischer Perspektive wesentlich für ihr Werk. In ihrer Tübinger Poetik-Vorlesung „In jeder Sprache

---

47 Vgl. Bozzi: „Facts, Fiction, Autofiction, and Surfiction in Herta Müller's Work"; „Autofiktion", in: *Herta Müller-Handbuch*.
48 Vgl. Raymond Federman: „Surfiction. Four Propositions in Form of an Introduction", in: *Surfiction. Fiction Now and Tomorrow*, hg. v. dems., Chicago 1975, S. 7–13.
49 Bozzi: „Facts, Fiction, Autofiction, and Surfiction in Herta Müller's Work", S. 111 f.

sitzen andere Augen" bringt sie ihre grundsätzliche Annahme einer sprachlichen Begrenzung und Begrenztheit auf den Punkt:

> Es ist nicht wahr, daß es für alles Worte gibt. Auch daß man immer in Worten denkt, ist nicht wahr. Bis heute denke ich vieles nicht in Worten, habe keine gefunden, nicht im Dorfdeutschen, nicht im Stadtdeutschen, nicht im Rumänischen, nicht im Ost- oder Westdeutschen. Und in keinem Buch. Die inneren Bereiche decken sich nicht mit der Sprache, sie zerren einen dorthin, wo sich Wörter nicht aufhalten können. (Augen 14)

In moderner Tradition geht Müller von einem zentralen Konflikt zwischen Sprache und deren Inhalten aus, denn obwohl Worte zum Reden und zum Schreiben genutzt werden, sind sie grundsätzlich „nicht in der Lage, das zu vertreten, was in der Stirn geschieht." (Augen 20) Gelebtes, Gedachtes oder Gefühltes kann mit Sprache nicht eins zu eins abgebildet werden und besonders in extremen Situationen stößt diese an ihre Grenzen.[50] Und trotz (beziehungsweise gerade wegen) dieser sprachkritischen Haltung zieht sich das Verlangen Müllers, Dinge sprachlich zu fassen, durch ihr gesamtes Werk und ist zugleich Ausgangspunkt ihres unverwechselbaren, unkonventionellen Stils: „Dennoch der Wunsch: ‚Es sagen können'." (Augen 15)[51] Gerade das Sprechen über die Diktatur kennzeichnet Müller dabei als prekär, denn redet man zu viel über die Einzelheiten der Gewalt, macht man sich ‚lächerlich', schweigt man darüber, wird man ‚unangenehm'.[52] In dem Balanceakt zwischen Reden und Schweigen in der Diktatur scheint sich für Müller das Schreiben schließlich als Hilfsmittel herauszukristallisieren, um dem Schweigen beziehungsweise dem Verschwiegenen sprachlich zu begegnen.[53] In ihrer Rede zur Verleihung des Nobelpreises am 8. Dezember 2009 stellt

---

[50] Vgl. „Was kann Reden? Wenn der Großteil am Leben nicht mehr stimmt, stürzen auch die Wörter ab. Ich hab die Wörter abstürzen sehen, die ich hatte. Und war mir sicher, daß mit ihnen auch die abstürzen würden, die ich nicht hatte, wenn ich sie hätte." (Augen 15)

[51] Vgl. „Literatur ist ein fades Wort. Der Literatur bin ich keinen Satz schuldig, sondern dem Erlebten. Mir selber und mir allein, weil ich das, was mich umgibt, sagen können will." Müller: „Die Anwendung der dünnen Straßen", S. 113.

[52] Vgl. Müller: „Wenn wir schweigen, werden wir unangenehm – wenn wir reden, werden wir lächerlich", S. 103–105.

[53] Als konkreten Ausgangspunkt ihres literarischen Schaffens macht Müller die Zeit aus, in der sie als Übersetzerin in einer Temeswarer Maschinenfabrik arbeitete. Nachdem sich Müller 1979 weigerte, mit dem rumänischen Geheimdienst zusammenzuarbeiten, wird sie von Vorgesetzten und Kollegen in der Fabrik schikaniert und verleumdet, und als sie schließlich keinen Platz zum Arbeiten mehr zur Verfügung gestellt bekommt, arbeitete sie im Treppenhaus weiter: „Aber das Schreiben hat im Schweigen begonnen, dort auf der Fabriktreppe, wo ich mit mir selbst mehr ausmachen musste, als man sagen konnte. Das Geschehen war im Reden nicht mehr zu artikulieren. Höchstens die äußeren Hinzufügungen, aber nicht deren Ausmaß. Diese konnte ich nur noch stumm im Kopf buchstabieren, im Teufelskreis der Wörter beim

sie entsprechend fest: „Man kann es glauben, aber nicht sagen. Aber was man nicht sagen kann, kann man schreiben. Weil das Schreiben ein stummes Tun ist, eine Arbeit vom Kopf in die Hand. Der Mund wird übergangen."[54]

Das Schreiben kann bei Müller also einerseits als Suche nach Worten für das Unsagbare verstanden werden, andererseits scheint sie es auch als eine Art individuelles Schlupfloch im Angesicht der kollektiven Begrenzungen der Diktatur zu verstehen, als Option und Opposition, die der Willkür des Staates die individuelle Freiheit der Worte entgegensetzt: „Je mehr Wörter wir uns nehmen dürfen", räsoniert sie in ihrer Nobelpreisrede, „desto freier sind wir doch."[55] Sprachkritik ist bei Müller also immer auch Kulturkritik, Kulturkritik wiederum Ideologiekritik, Ideologiekritik wiederum Spiegel einer gesellschaftspolitischen Verantwortung. Denn sprachliche Zeichen bedeuten nicht von selbst; sie sind innerhalb einer Sprachgemeinschaft notwendigerweise kulturell codiert und daher im Sinne Ferdinand des Saussures arbiträr.[56] Sprache ist hier ein performativer Prozess; sie ist mit Machtformen verknüpft, sie produziert und stabilisiert Herrschaftsverhältnisse, woraus sich wiederum der subversive Sprachgebrauch der Autorin sowie die apodiktische Individualität ihrer Texte ergibt. In ihrer Tübinger Poetik-Vorlesung „In jeder Sprache sitzen andere Augen" heißt es:

> Sprache war und ist nirgends und zu keiner Zeit ein unpolitisches Gehege, denn sie läßt sich von dem, was einer mit dem anderen tut, nicht trennen. Sie lebt immer im Einzelfall, man muß ihr jedesmal aufs neue ablauschen, was sie im Sinn hat. In dieser Unzertrennlichkeit vom Tun wird sie legitim oder inakzeptabel, schön oder häßlich, man kann auch sagen: gut oder böse. In jeder Sprache, das heißt in jeder Art des Sprechens sitzen andere Augen. (Augen 39)

In Müllers Verständnis von Sprache zeigt sich schließlich sowohl ein allgemeines Geschichtsbewusstsein als auch ein individuelles Bewusstsein für einzelne Geschichten. Wenn sie in ihrer Bonner Poetik-Vorlesung den verantwortungslosen Umgang der Deutschen „mit dem Thema Konzentrationslager" anprangert und dabei die Sprache der Kriegsgeneration als „bewußte Fälschung", die Spra-

---

Schreiben. Ich reagierte auf die Todesangst mit Lebenshunger. Der war ein Worthunger. Nur der Wortwirbel konnte meinen Zustand fassen, Er buchstabierte, was sich mit dem Mund nicht sagen ließ. Ich lief dem Gelebten im Teufelskreis der Wörter hinterher, bis etwas auftauchte, wie ich es vorher nicht kannte. Parallel zur Wirklichkeit trat die Pantomime der Wörter in Aktion." Müller: „Jedes Wort weiß etwas vom Teufelskreis", S. 18.
54 Müller: „Jedes Wort weiß etwas vom Teufelskreis", S. 18.
55 Müller: „Jedes Wort weiß etwas vom Teufelskreis", S. 20.
56 Vgl. Ferdinand de Saussure: *Cours de linguistique générale. Zweisprachige Ausgabe französisch-deutsch mit Einleitung, Anmerkungen und Kommentar*, hg. v. Peter Wunderli, Tübingen 2013 [1916].

che der Nachkriegsgeneration wiederum als „Verharmlosung" (Falle 36) enttarnt, wirft der differenzierte und zugleich präzise sprachliche Umgang mit der Geschichte, den sie Ruth Klüger zuschreibt, nicht zuletzt auch Licht auf ihre eigene sprachliche Positionierung: „Die Wahl der Worte ist Haltung und vom ethischen Anspruch nicht zu trennen." (Falle 27)

In Müllers Wortwahl spiegelt sich also zum einen die strikte Ablehnung kollektiver Ideologien und totalitärer, repressiver Systeme, zum anderen die wesentliche Verantwortung, die der Gebrauch der Sprache als kulturell codiertes Zeichensystem mit sich bringt. Konsequenterweise können Müllers Texte keinen totalitären, keinen absoluten Anspruch verfolgen. Denn nicht nur die Möglichkeiten der Worte sind eingeschränkt, auch das oppositionelle Annehmen des Themas der Diktatur(en) sowie der daraus resultierende Widerstand und Freiheitsanspruch führen notwendigerweise zu einer Sprache, die konventionelle Grenzen überschreitet. Demgegenüber zeugt Müllers unkonventionelle Sprache von einer uneingeschränkten Selbstbestimmung und Individualität, die sie dem Kollektiv und der Willkür entgegensetzt. Folgerichtig gibt Müller ihre Texte nach dem Schreiben in poststrukturalistischer Manier à la Roland Barthes[57] frei und räumt den Lesenden eine zentrale Rolle ein:

> Es zeigt sich immer wieder: Schreiben ist zuerst ein Gespräch mit den realen Gegenständen des Lebens. Und dann ein zweites Gespräch der in diesem ersten Gespräch ausgehandelten Zustände mit dem Papier – also die Verwandlung in einen Satz. Beim Aufschreiben sind beide Gespräche motorisch vorhanden. Aber wenn der Satz fertig auf dem Papier steht, ist er tot. Er wird erst wieder zu den beiden Gesprächen, wenn er gelesen wird.[58]

Damit löst Müller das ‚Herrschaftsverhältnis' der Sprache auf. Stattdessen gelangt der ‚stumme Irrlauf im Kopf' der Autorin durch ein doppeltes Gespräch mit dem Leben und dem Papier in den Satz – beim Lesen wird der tote Satz wiederum erneut zu einem doppelten Gespräch mit dem Papier und mit dem Leben, und schließlich zum ‚stummen Irrlauf im Kopf' der Lesenden. „das gedicht gibt es nicht. es / gibt immer nur dies gedicht das / dich gerade liest"[59], zitiert Müller in einer Rede aus „immer" von Oskar Pastior. Aus der autofiktionalen Verarbeitung ihrer Erinnerungen, der individuellen Wahrnehmung der Realität sowie den begrenzten Möglichkeiten der Sprache entstehen bei Müller Texte, die durch präzise, aber suggestive Sprache mit den Lesenden ‚sprechen'

---

57 Vgl. Roland Barthes: „La mort de l'auteur", in: Ders.: *Essais critiques*, 4 Bde., Bd 4: *Le bruissement de la langue*, Paris 1984, S. 61–67.
58 Müller: „Gelber Mais und keine Zeit", S. 135.
59 Oskar Pastior: *Das Hören des Genitivs. Gedichte*, München, Wien 1997, S. 82, zitiert nach Müller: „Ist aber jemand abhandengekommen, ragt aber ein Hündchen aus dem Schaum. Die ungewohnte Gewöhnlichkeit bei Oskar Pastior", S. 154.

und ihnen dabei einen größtmöglichen Raum anbieten: „Literatur spricht mit jedem Menschen einzeln – sie ist Privateigentum, das im Kopf bleibt. Nichts sonst spricht so eindringlich mit uns selbst wie ein Buch. Und erwartet nichts dafür, außer dass wir denken und fühlen."[60]

4.6 ‚Worte aus dem eigenen Mund': Sprachliche und semantische Entgrenzung

Als unmittelbares Resultat ihrer sprach- und ideologiekritischen Haltung macht Herta Müller aus den Wörtern, die ihr zur Verfügung stehen, konsequenterweise etwas ganz Eigenes und erfindet sie neu, um schließlich ihrem „Wunsch: ‚Es sagen können'" (Augen 15) immer näher zu kommen. „Vielleicht sollte man in jeder Sprache, und besonders in der deutschen" – wie Müller in ihrer Bonner Poetik-Vorlesung reflektiert – „Worte finden, die im eigenen Mund entstehen." (Falle 37) In ihrer Dankrede zur Verleihung des Berliner Literaturpreises am 3. Mai 2005 in Berlin ergänzt sie:

> Ich traue der Sprache nicht. Am besten weiß ich von mir selbst, dass sie sich, um genau zu werden, immer etwas nehmen muss, was ihr nicht gehört. Ich weiß nicht, warum Sprachbilder so diebisch sind, weshalb raubt sich der gültigste Vergleich Eigenschaften, die ihm nicht zustehen. Erst durchs Erfinden entsteht die Überraschung, und es beweist immer wieder, dass erst mit der erfundenen Überraschung im Satz die Nähe zur Wirklichkeit beginnt.[61]

Erst im Erfinden von Sprache und Sprachbildern sowie der daraus resultierenden ‚Überraschung im Satz' kann schließlich eine Genauigkeit und eine Nähe zum tatsächlich Gelebten, Gedachten oder Gefühlten entstehen. Dafür verändert Müller die Signifikanten, setzt sie in neue Zusammenhänge und löst sie damit von den konventionellen Signifikaten der Sprachgemeinschaft(en), wodurch wiederum eine maximale Offenheit und Individualität erreicht wird, die

---

60 Müller: „Tischrede", S. 24.
   Diese Auffassung von Literatur wendet Herta Müller auch auf ihre eigene Rezeption der Texte Oskar Pastiors an: „Mit keinen anderen Texten hab ich so viel gesprochen und sie mit mir. Keine anderen ließen mir so viel Platz wie diese. Und keine haben mir so viel freie Wahl gelassen und mich so nah begleitet", Müller: „Ist aber jemand abhandengekommen, ragt aber ein Hündchen aus dem Schaum. Die ungewohnte Gewöhnlichkeit bei Oskar Pastior", S. 164.
61 Herta Müller: „Immer derselbe Schnee und immer derselbe Onkel." Dankrede zur Verleihung des Berliner Literaturpreises in Berlin am 4. Mai 2005, in: Dies.: *Immer derselbe Schnee und immer derselbe Onkel*, München 2011, S. 96–109, hier: S. 98. Im Folgenden wird der Text unter der Sigle (Schnee) nachgewiesen.

4.6 ‚Worte aus dem eigenen Mund': Sprachliche und semantische Entgrenzung

nicht selten irritiert. In der sprachlichen, semantischen und zugleich auch ästhetischen Grenzüberschreitung liegt also gewissermaßen der Kern der ‚Poetologie der Entgrenzung'.

Ein zentrales Moment der Worte ‚aus dem Mund' Herta Müllers ist etwa ihre viel zitierte polyglotte Denk- und Schreibweise, die sie in ihrer Tübinger Poetik-Vorlesung „In jeder Sprache sitzen andere Augen" beleuchtet. Seit sie mit 15 Jahren Rumänisch gelernt hat, haben die Worte und die Grammatik der rumänischen Sprache im Vergleich und in Verbindung mit ihrer Muttersprache ihren Blick auf die Welt verändert, der sich zugleich in ihrer eigenwilligen Schreibweise niederschlägt:

> Von einer Sprache zur anderen passieren Verwandlungen. Die Sicht der Muttersprache stellt sich dem anders Geschauten der fremden Sprache. Die Muttersprache hat man fast ohne eigenes Zutun. Sie ist eine Mitgift, die unbemerkt entsteht. Von einer später dazugekommenen und anders daherkommenden Sprache wird sie beurteilt. Im einzig Selbstverständlichen blinkt auf einmal das Zufällige aus den Wörtern. Die Muttersprache ist fortan nicht mehr die einzige Station der Gegenstände, das Muttersprachenwort nicht mehr das einzige Maß der Dinge. (Augen 26)

Müller entzieht sich der Festlegung auf nur eine einzige Sprache und aus ihrer hybriden, polyglotten Weltsicht entstehen in ihren Texten linguistische Interferenzen, transkulturelle Neologismen und damit wiederum ungewöhnliche semantische und syntaktische Verbindungen, deren Entstehungskontexte für die Lesenden zum Teil nur schwer zu durchschauen sind. Während der Wind beispielsweise im Banater Dialekt ‚geht', so ‚weht' er hingegen im Hochdeutschen und ‚schlägt' im Rumänischen. Und während ‚die Lilie' im Deutschen feminin ist, ist sie im Rumänischen maskulin (vgl. Augen 24 f.). Diese unterschiedlichen Sichtweisen sind in Müllers Texten verflochten und aus der dichotomischen Positionierung zweier Sprachen wird ein „rätselhaftes, niemals endendes Geschehen. Eine doppelbödige Lilie ist immer unruhig im Kopf und sagt deshalb ständig etwas Unerwartetes von sich und der Welt. Man sieht in ihr mehr als in der einsprachigen Lilie." (Augen 25) Sprache, als kulturell codiertes Zeichensystem, ist hier folglich kein singuläres oder binäres Gebilde, sondern ein dynamischer Prozess, bei dem durch das stetige Überschreiten von Grenzen sprachliche und kulturelle Differenz produktiv gemacht wird. Dieser individuelle und zugleich transkulturelle Sprachgebrauch ist zugleich eben auch ein politisches Statement.

Aus der Unmöglichkeit und der gleichzeitigen Notwendigkeit der sprachlichen Genauigkeit ergibt sich zudem ein elementarer Konflikt, dem sich Müller mit den „vagabundierenden Eigenschaften" (Schnee 96) der Dinge nähert, die wiederum in enger Verbindung zu der ‚erfundenen Wahrnehmung' stehen. In „Immer derselbe Schnee und immer derselbe Onkel" erläutert die Autorin, wie sie auf andere Worte ausweicht, um in ihrer Beschreibung möglichst präzise zu sein. Dies führt sie am Beispiel der Frisuren der Frauen im banatschwäbischen Dorf aus, die sie als ‚sitzende Katzen' bezeichnet. Da die langen, dicken Zöpfe der Frauen mithilfe eines Hornkamms senkrecht am Hinterkopf hochgesteckt seien und die Ecken des Hornkamms kleinen Ohren glichen, scheint ihr der Ausdruck ‚sitzende Katzen' das Beschriebene genauer zu treffen als der Begriff ‚Zöpfe': „Wenn man im Beschreiben genau sein will, muss man im Satz etwas finden, das ganz anders ist, damit man genau sein kann." (Schnee 86) Dafür schöpft Müller in ihren Texten aus den Tropen: Metaphern, Synekdochen und Metonymien erzeugen unkonventionelle Bilder, die herkömmliche rezeptionsästhetische Erwartungen und hermeneutische Blickwinkel herausfordern. In ihrer Klagenfurter Rede zur Literatur erklärt Müller, dass sie anstatt von ‚Deportation' von der ‚Anwendung der dünnen Straßen' spreche, anstatt vom ‚Deportierten' vom ‚Löffelbieger'.[62] Die ‚dünnen Straßen' erscheinen brüchig, der ‚Löffelbieger' dürr, hungrig und krank, wobei die vermiedenen Worte durch Ausweichen auf andere Worte, durch das ‚Vagabundieren' in ihren Eigenschaften schließlich präzisiert werden. In „Gelber Mais und keine Zeit" heißt es in Bezug auf die Genese des Romans *Atemschaukel*: „Man irritiert das gewöhnliche Wort, bis es buchstäblich die Nerven verliert und das hergibt, was über seinen Inhalt hinausgeht."[63]

Die ‚vagabundierenden Eigenschaften' der Dinge ergeben sich zum einen aus dem Anspruch der sprachlichen Präzision, zum anderen zeigt sich darin paradoxerweise auch eine Ästhetik des Auslassens. Genährt aus dem Konflikt zwischen ihrer Sprachskepsis und ihrem Wunsch ‚Es sagen können', bewegen sich ihre Worte in einem Schwellenraum zwischen Sagen und Nichtsagen, zwischen Formuliertem und Nichtformuliertem: „Das Gesagte muss behutsam sein, mit dem, was nicht gesagt wird. [...] Das, was mich einkreist, seine Wege geht, beim Lesen, ist das, was zwischen den Sätzen fällt und aufschlägt, oder kein Geräusch macht. Es ist das Ausgelassene." (Teufel 19)[64] Das ‚Ausgelassene' zeigt sich bei Müller nicht nur semantisch: Zeilensprünge, Versifizierungen, Parataxen und flexible Interpunktion schaffen auch syntaktisch und typographisch Zwischenräume.

---

62 Vgl. Müller: „Die Anwendung der dünnen Straßen", S. 124.
63 Herta Müller: „Gelber Mais und keine Zeit." Zürcher Poetikvorlesung am 29. November 2007, in: Dies.: *Immer derselbe Schnee und immer derselbe Onkel*, München 2011, S. 125–145, hier: S. 138 f.
64 Vgl. „Versucht man den Überfall der Unruhe beim Schreiben zu treffen, die Drehung, durch die der Sprung ins Unberechenbare einsetzt, muß man in kurzen Takten seine Sätze schreiben, die von allen Seiten offen sind für die Verschiebung. Es sind Sprünge durch den Raum. Das, was fällt und aufschlägt oder kein Geräusch mehr macht, das was man nicht aufschreibt, spürt man in dem, was man aufschreibt." (Teufel 19)

4.6 ‚Worte aus dem eigenen Mund': Sprachliche und semantische Entgrenzung — 99

Wie sie beim Schreiben dem Spagat zwischen Aufschreiben und Auslassen sprachlich begegnet, macht Müller in „Immer derselbe Schnee und immer derselbe Onkel" am Beispiel der Erlebnisse ihrer Mutter nach Kriegsende deutlich. Nachdem diese im Januar 1945 vier Tage lang in einem Erdloch des Nachbargartens versteckt wurde, um der Deportation zur Zwangsarbeit in die Sowjetunion zu entkommen, schneite es plötzlich, wodurch die Schritte durch den Garten ihr Versteck offenbarten und man ihr kein Essen mehr bringen konnte, was sie dazu zwang, dieses zu verlassen. In ihren Erzählungen von der Denunziation durch den Schnee habe ihre Mutter das Wort ‚Verrat' jedoch konstant vermieden: „Das Erlebte war so stark, dass alle Jahre danach nur gewöhnliche Wörter fürs Erzählen taugten, keine Abstrakta, kein verstärktes Wort." (Schnee 100)

Ähnlich verfährt schließlich auch Müller in ihren eigenen Texten: „Für komplizierte lange Geschichten ein direktes Wort, das so viel Unausgesprochenes enthält, weil es alle Einzelheiten meidet. Weil so ein Wort den Verlauf des Geschehens zu einem Punkt verkürzt, verlängern sich im Kopf die Vorstellungen über die zahllosen Möglichkeiten." (Schnee 101f.)[65] Die sprachliche Verknappung des Geschehens auf nur ein (neologistisches) Wort und das damit einhergehende Auslassen konkreter, ausdrücklich formulierter Details führt in Müllers Texten schließlich zu einem „hohe[n] Grad an Suggestivität", zu einem „Blick, der weder das Betrachtete noch den Betrachter schont"[66], wie Ernest Wichner formuliert. Dabei rücken zugleich optische Details in den Vordergrund. „Die Wahrnehmungsperspektive der Texte", schreibt Norbert Otto Eke über Müller, „ist in ihrer Detailgenauigkeit zugleich zergliedernd."[67] Den Bildern ihrer Texte liegt ein präziser, sezierender Blick zugrunde; Sehen und Fragmentieren stehen in einem unmittelbaren Wirkungszusammenhang. Auslassen und Detailgenauigkeit schließen sich bei Müller folglich nicht aus: Gerade durch die Kombination sprachlicher Verknappung und metaphorischer Verdichtung entsteht in ihren Texten eine größtmögliche Nähe zu dem Unsagbaren, was ihre individuelle Wortwahl wiederum so schonungslos macht.

Als abstraktes Wort scheint schließlich auch ‚Heimat' kaum dazu geeignet zu sein, tatsächlich Geschehenes, Erfahrenes oder Erinnertes präzise auszudrücken und in Begriffe zu fassen, was Müller in „Heimat oder Der Betrug der Dinge" auch explizit formuliert: „Heimat' war immer ein anderes Wort als Mensch, Haus oder Baum. Es ging an allem Konkreten, an jedem Detail von Menschen, Häusern und

---

65 In mehreren Texten formuliert Müller zudem auch ihre Abneigung gegenüber Redewendungen, vgl. Müller: *In der Falle*, S. 36 f.; „Immer derselbe Schnee und immer derselbe Onkel", S. 107 f.
66 Wichner: „Herta Müllers Selbstverständnis", S. 3.
67 Eke: „Augen/Blicke oder: Die Wahrnehmung der Welt in den Bildern", S. 13.

Bäumen vorbei, ohne sie zu streifen." (Betrug 214)[68] Durch die Markierung als ‚anders' marginalisiert Müller das Wort gewissermaßen, wendet sich von ihm in seiner tradierten Form ab und leistet durch die neologistischen Komposita wie ‚Dorfheimat', ‚Staatsheimat', ‚Kopfheimat' und ‚Heimwehlosigkeit' aber zugleich auch Begriffsarbeit.[69] Die neuen Wortkombinationen heben bestimmte Bedeutungsdimensionen hervor und konkretisieren sie. Zugleich lässt Müller das Wort in ihren erzählerischen Texten über weite Strecken aus, vermeidet es, was jedoch der motivischen (und thematischen) Präsenz der ‚Heimat' durch den Fokus auf begrifflich mit ihr verbundene Details nicht entgegensteht. Die konkrete sprachliche Begrenztheit des Wortes ‚Heimat' formuliert Müller 1990 in Hinblick auf ihre eigene Übersiedlung in die Bundesrepublik in „Das Land am Nebentisch":

> Als ich aus Rumänien wegging, habe ich dieses Weggehen als „Ortswechsel" bezeichnet. Ich habe mich gegen alle emotionalen Worte gewehrt. Ich habe die Begriffe „Heimat" und „Heimweh" nie für mich in Anspruch genommen. Und dass mir, wenn ich auf der Straße hier zufällig Fremde neben mir rumänisch sprechen höre, der Atem hetzt, das ist nicht Heimweh. Das ist auch nicht verbotenes, verdrängtes, verborgenes Heimweh. Ich habe kein Wort dafür: Das ist so wie Angst, daß man jemand war, den man nicht kannte. Oder Angst, daß man jemand ist, den man selber von außen sieht. Oder Angst, dass man jemand werden könnte, der genauso wie ein anderer ist – und ihn wegnimmt.[70]

Aus der ‚Selbstbeschränkung' im Schreiben gegen Diktaturen resultiert also zum einen eine Konzentration auf die repressiven Bedeutungsfacetten der ‚Heimat', die Müller gewissermaßen durch ‚heimatliche' Erinnerungsarbeit rekonstruiert und zugleich produktiv durchkreuzt. Zum anderen führt die sprach- und ideologiekritische Haltung der Autorin zu einem subtilen und zugleich

---

68 Vgl. dazu Kapitel 3.
69 In ihren Collagen in *Im Heimweh ist ein blauer Saal* (2019) entwirft Müller darüber hinaus zum Beispiel das neologistische Kompositum „Heimwehgift", in *Atemschaukel* (2009) wiederum ‚heimatsatt'. Vgl. zu *Atemschaukel* Michel Mallet: „From *heimatlos* to *heimatsatt*. On the Value of Heimat in Herta Müller's *Atemschaukel*", in: *Heimat Goes Mobile: Hybrid Forms of Home in Literature and Film*, hg. v. Gabriele Eichmanns und Yvonne Franke, Newcastle/Tyne 2013, S. 82–102.
70 Herta Müller: „Das Land am Nebentisch." Oktober 1990, in: Dies.: *Eine warme Kartoffel ist ein warmes Bett*, Hamburg 1992, S. 9–12, hier: S. 10; vgl. Dies.: *Der Teufel sitzt im Spiegel*, S. 122 f.
Moonika Küla schließt im Kontext der hier zitierten Stelle darauf, dass der Grund dafür, dass Müller „mit den Begriffen ‚Heimat' und ‚Heimweh' nichts anzufangen vermag und anfangen will" darin begründet liege, dass sie sich in der „banatschwäbischen Heimat" „fremd" und in der „Fremde in Deutschland" nicht „daheim" fühle – eine Deutung, die im Hinblick auf Müllers ideologie- und sprachkritische Haltung sowie vor dem Hintergrund des Aufbruchs der dichotomischen Einteilung von ‚Fremde' und ‚Heimat' bei der Autorin entschieden zu kurz greift. Küla: „Wenn Heimat Heimatlosigkeit wird. Einblicke in den Heimatbegriff der rumäniendeutschen Schriftstellerin Herta Müller", S. 105.

subversiven Umgang mit dem Wort, der sich nicht zuletzt eben auch motivisch und strukturell in ihrem erzählerischen Werk niederschlägt. In *Niederungen*, *Herztier* und *Reisende auf einem Bein* zeigen sich drei unterschiedliche, zugleich aber thematisch und motivisch verwobene ‚Heimat'-Konfigurationen, welche die repressiven und exkludierenden Tendenzen des Konzeptes auf topographischer, kultureller, sozialer und affektiver Ebene offenlegen.

5 „Ich war eine schöne sumpfige Landschaft" – ‚Dorfheimat' in *Niederungen*

In dem in der Bundesrepublik erstmals 1984 im Westberliner Rotbuch Verlag erschienenen Erzählband *Niederungen*[1] liefert Herta Müller ein umfangreiches Bild dessen, was sie später in ihren Essays als ‚Dorfheimat' bezeichnet.[2] Entstanden sind die einzelnen autofiktionalen Kurzgeschichten dabei nach eigener Aussage explizit in engem Zusammenhang mit den Repressionen des Staates, mit denen sich Müller zunehmend konfrontiert sah und die sie offenbar zur Reflexion über ihre Herkunft veranlassten:

> Ich hatte mich nicht mehr im Griff, musste mich meines Vorhandenseins auf der Welt vergewissern. Ich fing an, mein bisheriges Leben aufzuschreiben – woher ich komme, dieses dreihundertjährige starre Dorf, diese Bauern mit ihrem Schweigen, dieser Vater mit seinem LKW auf den holprigen Straßen, sein Suff und seine Nazilieder mit den ‚Kameraden'. Diese Mutter, hart und verstört, wie vom Leben beleidigt, immer in den randlosen Maisfeldern. Und ich in dieser Fabrik, Maschinen, groß wie ein Zimmer, Öllachen überall, wie ein Spiegel, der einen senkrecht in die Erde rutschen lässt. Dieser Stücklohn am Fließband, die mechanischen Griffe der Hände, die fahlen Augen, Blicke wie altes Zinkblech. Daraus entstanden die Kurzgeschichten der *Niederungen*.[3]

Während ihr bereits die Veröffentlichung der Erzählung „Das schwäbische Bad" im Mai 1981 in der *Neuen Banater Zeitung* und die zensierte Erstveröffentlichung des Bandes *Niederungen* 1982 im Bukarester Kriterion Verlag scharfe Kritik von Seiten der deutschen Minderheit und schließlich sogar den Vorwurf der Nestbeschmutzung einbrachten, wurde von der westdeutschen Literaturkritik nach der Veröffentlichung der Westberliner Ausgabe von 1984 häufig gerade die sprachgewaltige, kritische Darstellung der dörflich geprägten Welt begrüßt.[4] Sowohl auf topographischer und kultureller als auch auf sozialer Ebene zeigt

---

1 Dieser Untersuchung liegt die 2010 im Hanser-Verlag erschienene durchgesehene und korrigierte Neuausgabe von *Niederungen* zugrunde.
  Vgl. zur Editionsgeschichte der frühen Prosa Herta Müllers Julia Müller: „Frühe Prosa", in: *Herta Müller-Handbuch*, hg. v. Norbert Otto Eke, Stuttgart 2017, S. 14–24. Zu den Änderungen der zensierten Fassung der rumänischen Erstausgabe von 1982 vgl. Müller: *Mein Vaterland war ein Apfelkern. Ein Gespräch mit Angelika Klammer*, München 2014, S. 41 f.
2 Vgl. dazu Kapitel 3.1.
3 Müller: „Cristina und ihre Attrappe oder Was (nicht) in den Securitate-Akten steht", S. 51 f.
4 Zur Rezeptionsgeschichte vgl. Norbert Otto Eke: „Herta Müllers Werke im Spiegel der Kritik (1982–1990)", in: *Die erfundene Wahrnehmung. Annäherung an Herta Müller*, hg. v. dems., Paderborn 1991, S. 107–130.

sich in den Kurzgeschichten des Bandes *Niederungen* die ‚Heimat' eben nicht als dörfliches Idyll und ‚heile Welt': Durch Gewalt, Konformitätszwang, Kontrolle und Unterdrückung werden innerhalb der präsentierten Lebenswelt Machtansprüche exerziert und Ängste geschürt, was wiederum individuellen Gefühlen des Vertrauens, der Sicherheit und der Zugehörigkeit entgegenwirkt. In *Niederungen* bricht Müller mit der traditionellen, seit dem 19. Jahrhundert prävalierenden motivischen Konzeption der ‚Heimat', kehrt diese in ihr Gegenteil und legt so die ‚unheimlichen', die repressiven und diktatorischen Funktionsweisen derselben offen.

5.1 „Das Dorf steht wie eine Kiste in der Gegend": Topographie des Dorfes

„Auf dem Bahnhof liefen die Verwandten neben dem dampfenden Zug her" – so eröffnet die erste von neunzehn Erzählungen den Prosaband *Niederungen* – „[b]ei jedem Schritt bewegten sie den hochgehobenen Arm."[5] In medias res beginnt die erste Szene der Kurzgeschichte „Die Grabrede" an einem Ort der Ankunft und des Abschieds: an einem Bahnhof. Die Verwandten am Bahnsteig winken einem jungen Mann mit „starr[em]" Gesicht, der im abfahrenden Zug hinter dem Fenster steht und einen Strauß „weißer zerfledderter Blumen vor der Brust" hält (N 7). Bereits die ‚zerfledderten' Blumen geben hier einen ersten Hinweis auf die trügerische Stimmung der Situation, denn das Reiseziel des jungen Mannes ist keineswegs so unschuldig wie die weiße Farbe der Blumen vor seiner Brust vermuten lässt. Nach der parataktischen Reihung der Eindrücke am Bahnhof heißt es typographisch durch einen Zeilenumbruch abgesetzt: „Der Zug fuhr in den Krieg." (N 7) Bei der geschilderten Einstiegsszene des Bandes handelt es sich nicht um Figuren der nun folgenden Handlung, sondern um bewegte Bilder aus dem Fernsehen, von welchen der Text im Anschluss perspektivisch auf den Sarg des aus dem Krieg zurückgekehrten Vaters der Erzählerin und die ihn umrahmenden Fotografien bei seiner Beerdigung überblendet – und somit gewissermaßen einen verdichteten Lebensweg zwischen Bahnhof und Dorf, zwischen Soldat und Veteran, zwischen jugendlichem Aufbruch und Tod präsentiert. Auch wenn sich „Die Grabrede" am Ende als Traum herausstellt, steht der den Prosaband einleitende Ort des Bahnhofs in starkem Kontrast zum

---

5 Herta Müller: *Niederungen*, München 2010 [1984], S. 7. Im Folgenden wird der Text unter der Sigle (N) nachgewiesen.

tatsächlichen Handlungsort eines Großteils der Kurzgeschichten in *Niederungen*. Der prädominante Schauplatz der neunzehn Erzählungen ist kein Durchgangsort, kein Ort des Abschieds oder der Ankunft, sondern ein kleines, abgeschottetes, statisches Dorf im Banat, welches anstatt von (für tradierte ‚Heimat'-Konzeptionen stereotyper) harmonischer Landschaft und idealisierter Agrarromantik von Tristesse, Monotonie, Verfall und Tod gezeichnet ist und aus dem ein Ausweg nahezu unmöglich scheint.

Bereits der Titel des Prosabandes legt solch eine deromantisierende Darstellung des dörflichen Raumes nahe, wobei die kartographische Positionierung eine zentrale Rolle für das narrative Bild der ‚Dorfheimat' einnimmt. Benannt nach der mit fast siebenundachtzig Seiten längsten Kurzgeschichte bezieht sich das titelgebende Substantiv ‚Niederung' auf ein tief liegendes Gebiet respektive eine flache Ebene, besonders in der unmittelbaren Umgebung von Gewässern. Dies entspricht zum einen der geographischen Lage des Banats, welches sich im südöstlichen Teil der ungarischen Tiefebene befindet, begrenzt von den Flüssen Theiß, Donau und Marosch sowie im Osten von den Karpaten. Zum anderen nimmt der Begriff ‚Niederungen' in seiner figurativen Bedeutung und im pluralen Gebrauch die ‚niederen' Geschehnisse sowie den sozialen und moralischen Verfall innerhalb des Dorfes vorweg, wodurch schon im Paratext des Bandes das besondere Verhältnis zwischen dem Schauplatz und der darin situierten Handlung statuiert wird. Im November 1984, kurz nach der Veröffentlichung des Prosabandes *Niederungen* in der Bundesrepublik, erläutert Müller in einem Gespräch mit der *Süddeutschen Zeitung*, dass ihre Titelwahl auf die Lektüre eines Textes von Johannes Bobrowski zurückgehe, bei welcher ihr das Wort ‚Niederungen' ins Auge gefallen sei. Aufgrund seiner Doppeldeutigkeit sei ihr der Ausdruck wiederum als „sehr treffend für den Text" erschienen und beziehe sich als Titel des Bandes schließlich unmittelbar „auf die Banat-Ebene": „Eine Niederung ist noch tiefer als eine Ebene. Und es bedeutet im übertragenen Sinne das niedrige Bewußtsein, die niedrige Beschäftigung, das Abgegrenztsein, das Nicht-in-die--Höhe-blicken-Wollen und das Nicht-über-sich-hinaus-schauen-Können."[6] Sowohl im wörtlichen als auch im bildlichen Sinne nimmt der Titel des Bandes schließlich programmatisch den begrenzten Horizont der Dorfbewohner*innen vorweg.

---

6 Vgl. „Er [der Titel des Bandes] bezieht sich auf ein Zitat von Johannes Bobrowski: ‚Wir, die wir in den Niederungen leben, wir verstehen den Tod, denn er ist uns nicht fremd, weil wir zusammen mit ihm aufgewachsen sind.' Beim Lesen dieser Stelle ist mir das Wort ‚Niederungen' aufgefallen, und das erschien mir dann sehr treffend für den Text." Herta Müller: „Mir erscheint jede Umgebung lebensfeindlich. Ein Gespräch mit der rumäniendeutschen Schriftstellerin Herta Müller", in: *Süddeutsche Zeitung* 266 (16.11.1984), S. 13.

Der abgeschlossene Schauplatz und die isolierte Lage des Dorfes inmitten einer flachen, von Bergen umzäunten Ebene stehen zum einen exemplarisch für traditionelle, ‚heimatliche' Vorstellungen eines bäuerlichen, ländlichen Lebens; zum anderen wirkt sich diese topographische Beschaffenheit auf die in einem Großteil des Bandes konstante kindliche autodiegetische Erzählerin vorwiegend bedrohlich und beklemmend aus. Diese charakteristische ‚niedere' Lage der ‚Dorfheimat' und deren ‚abgrenzende' Wirkung werden auch in der Erzählung „Faule Birnen" aufgegriffen, in welcher die Erzählerin mit ihrer Tante, mit (vermutlich ihrer Cousine) Käthe und ihrem Vater in ein Dorf ins Gebirge fährt, um dort Tomaten zu verkaufen. Auf dem Hinweg blickt die Erzählerin während der Autofahrt in die vorbeiziehende Landschaft, in welcher Berge die flache Ebene begrenzen und folgert: „Unser Dorf liegt tief unter den Bergen, sage ich. Käthe lacht: die Berge sind hier im Gebirge, und unser Dorf ist dort in der Ebene, sagt sie." (N 105) Das für Erwachsene selbstverständliche topographische Nebeneinander von Bergen und flacher Ebene ist aus der kindlichen Perspektive keineswegs eindeutig; landschaftliche Anordnung und Distanzen verschwimmen und durchkreuzen somit die Möglichkeit eines kohärenten, realistischen Bildes der dörflichen Umgebung. Das Dorf rückt dabei ‚tief' unter die Berge, was die ‚niedere' Beschaffenheit der ‚Dorfheimat' kartographisch sowie metaphorisch zusätzlich potenziert.

Auf dem abendlichen Rückweg aus den Bergen rückt die Erzählerin den Fokus erneut panoramaartig auf das Relief der Umgebung und die Lage des kleinen Ortes inmitten der flachen, weiten Landschaft: „Die Hügel laufen aus in breite Felder. Die Ebene liegt auf ihrem schwarzen Bauch. Der Wind steht still. Käthe sagt: bald sind wir zu Hause." (N 111) Ein weiteres Mal wird hier die übliche topographische Anordnung der Landschaft gebrochen und so die rurale Peripherie beziehungsweise die exponierte und isolierte Lage des Dorfes in der tiefen Ebene adressiert. Zugleich wird aber auch die für das Dorf scheinbar charakteristische Stimmung eingefangen. Dunkelheit und Windstille in der personifizierten Ebene vermitteln eine düstere und bedrohliche Atmosphäre, die parallel mit dem näher rückenden Dorf zunimmt: „Hinterm Feld steht ein grauer Kirchturm, dort ist unsere Kirche, sagt Käthe. Das Dorf ist flach und schwarz und stumm." (N 111) Vermutlich unterstützt durch eine nächtliche Uhrzeit und eine eingeschränkte Perspektive aus dem Auto heraus häufen sich nach der Ankunft in der Beschreibung des Dorfes dunkle Farben sowie Bilder der Leere und der Stille:

> Der Teich glänzt schwarz und leer. Die große Schlange frisst in der Mühle Kleie und Mehl. Das Dorf ist leer. Das Auto hält vor der Kirche. Ich seh den Kirchturm nicht. Ich seh die langen buckeligen Wände hinter den Pappeln stehn. Käthe geht mit der Tante die schwarze Straße runter. Die Straße hat keine Richtung. Ich seh das Pflaster nicht. (N 111)

Die eingeschränkte Sicht der Erzählerin kulminiert bei der Ankunft in Orientierungslosigkeit, wobei der Eindruck eines tristen und leblosen Dorfes in weiter, windstiller und tiefer Ebene für einen Großteil der Erzählungen des Prosabandes *Niederungen* maßgebend ist.

Während in „Faule Birnen" das Dorf weitgehend von außen betrachtet wird, richtet sich der Blick in der titelgebenden Kurzgeschichte „Niederungen" vor allem aus einer innerdörflichen Perspektive auf die ländliche Topographie. Im Gegensatz zur Beschreibung des Dorfes von außen als „flach und schwarz und stumm" (N 111) in „Faule Birnen", erscheint der offenbar identischen kindlichen Erzählerin das Dorf in der Titelerzählung wiederum syntaktisch parallel von innen als „durchsichtig und lang und schmal" (N 54):

> Man kann überall hindurchsehen, hindurchgreifen und hindurchgehen, und die Leute sind verunsichert, weil das Dorf so weit ist, weil man das Tal sieht und mit den Blicken hineingleitet in sein Gestrüpp, weil man den Wald sieht, so nahe, dass man sich darin verirrt, weil man den Lehm im Fluss sieht unter dem gelben Wasser, weil alles heranrückt an die Gurgel, an die Fingerspitzen. Der Himmel ist leer, weil die Bäume so leer sind. Man stolpert, weil es keine Hindernisse gibt und keine Entfernungen. (N 54 f.)

Leere, Offenheit und Weite inmitten der flachen Ebene sind für die Beschreibung des dörflichen Raumes von zentraler Bedeutung. Die Weite der Ebene vermittelt dabei keineswegs ein in tradierten ‚Heimat'-Konzeptionen häufig mit der Vorstellung natürlicher, ländlicher Räume einhergehendes Gefühl der Freiheit – stattdessen ‚verunsichert' die Über- und Durchsichtigkeit des Dorfes ‚die Leute'. Die topographische Umgebung stellt für die Bewohner*innen der ‚Dorfheimat' offenbar keinen Orientierungs- oder Ankerpunkt dar, sondern wird als Beklemmung und Bedrohung empfunden, die sich auch physisch auswirkt. So sieht man aus dem Dorf heraus das Tal, den Wald, den Fluss und wie bereits in „Faule Birnen" verschwimmen die Distanzen der Landschaft, sodass die unmittelbare Umgebung des Dorfes bis „an die Gurgel, an die Fingerspitzen" (N 55) der Menschen heranrückt und somit deren körperliche Integrität bedroht. Unterstützt durch die monotone, parallele Aneinanderreihung kausaler Adverbialsätze vermittelt die hier zitierte Beschreibung des Blickes durch das Dorf hindurch ein Gefühl der ‚Platzangst', des Verlorenseins in einer weitläufigen Umgebung, die keine Struktur oder Sicherheit bietet, wobei gerade die Offenheit der Ebene die Menschen paradoxerweise bedrängt, ihnen die Bewegungen erschwert und die Luft abschnürt. Der narrativen Gestaltung des geographischen Raumes liegt hier ein topologisches Raumverständnis zugrunde: Ort nicht als feste, abbildbare

Größe, sondern als relational und dymanisch,⁷ wodurch zum einen die isolierte Positionierung des Dorfes sowie zum anderen dessen destruktive Auswirkungen auf den Menschen markiert werden.

Die ‚Dorfheimat' ist in den Kurzgeschichten des Bandes *Niederungen* nicht nur von (beklemmender) räumlicher Weite gekennzeichnet, zugleich verweisen Bilder der Enge und des Verschlusses auf die symptomatische Isolation und Beschränkung der sich im dörflichen Raum bewegenden Menschen. In „Der deutsche Scheitel und der deutsche Schnurrbart" fährt „ein Bekannter" in ein „nahe gelegene[s] Dorf" (N 139), um dort seine Eltern zu besuchen. Statt sich jedoch frei und ungehindert darin fortzubewegen, stößt er „ununterbrochen gegen Wände und Zäune", geht „durch Häuser, die quer über den Weg gebaut waren", während „alle Türen [. . .] krächzend hinter ihm zu[schlagen]." (N 139) Diesen Gang des ‚Bekannten' durch das Dorf und seine „Suche nach den dörflichen Wurzeln" beschreibt Josef Zierden pointiert als „labyrinthischen Hindernisparcours, der Häuser, Wege und Menschen zu einem wirren Nebeneinander fügt und jedes Fortkommen hemmt."⁸ Auch wenn er viele Türen aufzustoßen versucht, schafft der (vermeintlich) ‚Bekannte' es nicht, die Türschwellen dauerhaft zu übertreten. Er irrt umher und findet weder einen räumlichen noch einen sozialen Zugang zu seinem Herkunftsort. Stattdessen endet die Erzählung mit seinen Schmerzen im Rücken vom Anlehnen an den Türrahmen des Friseurladens, in den Fingern vom Türenöffnen, im Hals von Selbstgesprächen sowie mit seiner Abfahrt am Bahnhof (vgl. N 141). Auch in anderen Kurzgeschichten des Bandes wiederholen sich solch bezeichnende Bilder der engen, geschlossenen, nicht zugänglichen Räume, die schmerzlich, verletzend, zum Teil sogar aggressiv auf die Figuren einwirken. In der titelgebenden Kurzgeschichte „Niederungen" schließt die Großmutter vor dem der Erzählerin verhassten Mittagsschlaf „der Reihe nach die Türen: die Zimmertür, die Vorzimmertür, die Eingangstür" (N 98), sodass der kindlichen Protagonistin letztlich jeglicher Ausweg aus ihrem Zimmer versperrt bleibt: „Ich darf zwei Stunden nicht heraus aus der Dunkelheit." (N 98) Während die landschaftliche Weite natürlichen Ursprungs ist, fällt auf, dass die dörflichen Räume in der Regel von den Dorfbewohner*innen selbst ge- beziehungsweise verschlossen werden, was wiederum auf die sozialen und emotionalen Ausschlussprinzipien innerhalb der Familie und der dörflichen Gemeinschaft hindeutet. Zudem ist das Verhältnis zwischen Enge und Weite in der Beschreibung des Dorfes nicht kontrastiv, sondern vielmehr als komplementäre Ergänzung zu verstehen, da den „Raumfiguren

---

[7] Vgl dazu Dana Bönisch: *Geopoetiken des Terrors. Visualität und Topologie in Texten nach 9/11*, Göttingen 2017.
[8] Josef Zierden: „Deutsche Frösche: Zur ‚Diktatur des Dorfes' bei Herta Müller", in: *TEXT + KRITIK* 155 (2012), S. 30–48, hier: S. 33 f.

des Einschlusses" keine „öffnenden Raumfiguren" entgegengesetzt, sondern vielmehr „klaustrophobische und gewissermaßen agoraphobische Raumerlebnisse" nebeneinander gestellt werden.[9] Sowohl die natürliche Weite als auch die menschengemachte Enge der ‚Dorfheimat' entfalten in ähnlicher Weise eine bedrohliche, bedrückende und beängstigende Wirkung.

Exemplarisch für die ‚klaustrophobischen Raumerlebnisse' des Bandes ist nicht zuletzt das Motiv des Dorfes als verschlossener Kiste, das in der titelgebenden Kurzgeschichte „Niederungen" gleich zwei Mal aufgegriffen wird und das in diametralem Kontrast zu romantischen, ‚heimatlichen' Vorstellungen von landschaftlicher Weite, Offenheit und Freiheit steht: „Das Dorf steht wie eine Kiste in der Gegend" (N 100), so die nüchterne nächtliche Feststellung der Erzählerin. Als sie kurz zuvor die Vorliebe ihres Großvaters für Hammer und Nägel beschreibt, heißt es zudem: „Manchmal ist das Dorf eine riesengroße Kiste aus Zaun und Mauer. Großvater klopft seine Nägel hinein." (N 95) Diese Analogie weist zum einen auf die Verschlossenheit und die bedrückende (räumliche und seelische) Enge des Dorfes hin, die laut einer frühen Deutung Norbert Otto Ekes an ein ausgewegloses „Sarggefängnis"[10] erinnere. Zum anderen hebt die aktive Beteiligung des Großvaters am Bau der Kiste die zentrale Verantwortung der Dorfbewohner*innen für diesen klaustrophobischen Zustand hervor. Entsprechend hallt das Hämmern des Großvaters durch das gesamte Dorf: „Man geht auf der Straße und hört das Hämmern, das klingt und klingt. Ein Zaun wirft den Schall an den anderen. Man geht zwischen den Zäunen umher." (N 95) Sowohl akustisch als auch räumlich scheinen die Bedrückung und die Enge des Dorfes unausweichlich, was dazu führt, dass die Dorfbewohner*innen beinahe ziellos in dessen engen Grenzen herumstreunen. Das Motiv des Dorfes als Kiste greift Müller auch in ihrer Tischrede nach der Verleihung des Nobelpreises am 10. Dezember 2009 in Stockholm auf, wenn sie über ihre persönlichen Erfahrungen als Heranwachsende im Banat berichtet: „Das Dorf kam mir immer mehr vor wie eine Kiste, in der man geboren wird, heiratet, stirbt. Alle Dorfleute lebten in einer alten Zeit, wurden schon alt geboren. Man muss das Dorf irgendwann verlassen, wenn man jung werden will, dachte ich."[11]

---

9 Anja K. Johannsen: *Kisten, Krypten, Labyrinthe. Raumfigurationen in der Gegenwartsliteratur: W. G. Sebald, Anne Duden, Herta Müller*, Bielefeld 2008, S. 173.
10 Norbert Otto Eke: „‚Überall, wo man den Tod gesehen hat'. Zeitlichkeit und Tod in der Prosa Herta Müllers. Anmerkungen zu einem Motivzusammenhang.", in: *Die erfundene Wahrnehmung. Annäherung an Herta Müller*, hg. v. dems., Paderborn 1991, S. 74–94, hier: S. 83.
11 Müller: „Tischrede", S. 22.
  Vgl. „Aus allen Richtungen quakten die Frösche, tobten die Grillen, zeigten den Weg unter die Erde. Und sperrten, daß auch keiner davonkommt, das Dorf ins Echo einer Kiste. [. . .] Das

Während die abgeschottete Lage in der weiten, flachen Ebene und die geschlossenen, schwer durchdringbaren Räume das Bild einer beklemmenden, isolierten Ortschaft und einer ausweglosen Situation zeichnen, unterstreicht die dörfliche Infrastruktur wiederum die provinzielle Monotonie und Ödnis, die für Müllers ‚Dorfheimat' charakteristisch sind. In der Erzählung „Dorfchronik" wird beispielsweise die Lage der öffentlichen Räume und Institutionen der kleinen Ortschaft penibel aneinandergereiht:

> In der Dorfmitte steht die Kirche. [. . .]
> Neben der Schule ist der Kindergarten. [. . .]
> Neben dem Kindergarten ist der Marktplatz. [. . .]
> Neben dem Marktplatz ist der Volksrat [. . .].
> Neben dem Volksrat befindet sich der Friseurladen [. . .].
> Neben dem Friseurladen liegt die Konsumgenossenschaft [. . .].
> Neben der Konsumgenossenschaft ist das Kulturheim. [. . .]
> Neben dem Kulturheim ist die Post. [. . .]
> Neben der Post ist die Miliz. [. . .] (N 125–132)

Die Genauigkeit der Auflistung evoziert einen Anspruch auf Vollständigkeit – der Anspruch auf Vollständigkeit führt wiederum die Begrenztheit des Angebots und der kulturellen sowie gesellschaftlichen Möglichkeiten in der ‚Dorfheimat' vor Augen. Was zunächst noch übersichtlich erscheinen mag, wird im Laufe der Erzählung ironisch gebrochen und entwickelt sich durch die sich wiederholende parallele Syntax sukzessiv zu Eintönig- und Gleichförmigkeit. ‚Neben' ist offenbar die einzige Präposition, die zur lokalen Beschreibung der öffentlichen Gebäude des kleinen, übersichtlichen Dorfes nötig ist. Auch in der Architektur bestätigt sich das Bild der provinziellen Monotonie. Das Dorf hat „drei Seitengassen" (N 132), die jeweils aus nahezu uniformen Häuserreihen bestehen: „Die Häuser der Häuserreihen sind alle gleich rosagetüncht, haben die gleichen grünen Sockel und die gleichen braunen Rolläden. Sie unterscheiden sich nur durch die Hausnummernschilder voneinander." (N 133) Die drei beinahe identischen Seitengassen begrenzen das Dorf nach außen; hinter ihnen beginnen die das Dorf umgebenden Felder (vgl. N 135). Dabei endet eine Seitengasse mit der Landwirtschaftlichen Produktionsgenossenschaft, die zweite endet mit der Staatsfarm und die dritte endet mit dem Friedhof (vgl. N 132). Das Leben im

---

Gefühl, in dieser Dorfkiste dem Fraß der Gegend ausgeliefert zu sein, überkam mich genauso an zu grellen Hitzetagen im Flußtal, wo ich Kühe hüten mußte." (Augen 10) „Ich sah mein Dorf wie hinter einer Glaswand stehen, eine gespenstisch aus der Welt gerückte Kiste mit gnadenlos erstarrten Leuten." (Insel 165).

Dorf spielt sich offenbar innerhalb der engen Grenzen zwangskollektivierter sozialistischer Landwirtschaftsbetriebe und dem Friedhof ab, was nicht zuletzt auch die starre Begrenzung (und Prädestination) des dörflichen Lebens von landwirtschaftlicher Arbeit, staatlicher Kontrolle und dem Tod impliziert.[12]

Die Todes-Metaphorik ist in den Kurzgeschichten des Bandes *Niederungen* besonders in der Darstellung der Natur und der Beschaffenheit der Landschaft gegenwärtig, was wiederum tradierten ‚Heimat'-Konzeptionen zugrunde liegenden Vorstellungen einer unberührten, pittoresken dörflichen Umgebung entgegenläuft. Auf die starke Präsenz des Todes in der dörflichen Natur weist auch Müller selbst hin, wenn sie im Rahmen ihrer Tübinger Poetikdozentur über ihre Kindheit in den dörflichen Maisfeldern berichtet: „Ich haßte das sture Feld, das wilde Pflanzen und Tiere fraß, um gezüchtete Pflanzen und Tiere zu füttern. Jeder Acker war das randlos ausgebreitete Panoptikum der Todesarten, ein blühender Leichenschmaus. Jede Landschaft übte den Tod." (Augen 12)[13] Entsprechend liest Norbert Otto Eke die autofiktionalen Texte Müllers selbst als Thanatographien: Die Akkumulation von Todes-, Verwesungs- und Fäkalmetaphorik, die in vielen frühen Texten Herta Müllers zu finden ist, lasse sich nicht mit einem „Hang zum Makabren" der Autorin erklären und habe auch nur am Rande mit dem „ontologische[n] Faktum des Sterbenmüssens" zu tun – vielmehr, so Eke, zeichneten die ‚Todes-Landschaften' Müllers metaphorisch den Niedergang und das Ende einer

---

12 Am Ende der „Dorfchronik" scheinen die Monotonie und die Ausweglosigkeit des Dorfes noch einmal ironisch zu gipfeln, wenn die autodiegetische Erzählerin in einem separaten Abschnitt auf einen Baum hinter dem Friedhof klettert, „der am Rand der Wiese steht, der aber ebensogut in der Dorfmitte stehen könnte, falls er nicht gar in der Dorfmitte steht." (N 138) Von diesem Baum aus blickt sie ins Nachbardorf und sieht „die Kirche des Nachbardorfes, auf deren dritter Treppe sich ein Marienkäfer den rechten Flügel putzt." (N 138) Mit ihrem übernatürlich geschärften Blick über die weite Ebene bis hin ins Nachbardorf bietet sich der Erzählerin erneut ein Bild der Überschaubarkeit, bei dem die Distanzen verschwimmen. Der erspähte Marienkäfer des anderen Dorfes scheint jedoch kein Glück zu versprechen, denn da „im Banat alle Dörfer Nachbardörfer sind" (N 130) – wie es ebenfalls in der „Dorfchronik" heißt – beschränken sich die Eintönigkeit und die Tristesse eben nicht auf das eigene Dorf, sondern sind in der gesamten Umgebung wiederzufinden. Die Besteigung des Baumes und der Blick in das Nachbardorf bieten aus dem kindlichen Blickwinkel weder Abwechslung noch Ausweg. Diesen Eindruck des Dorfes als Pars pro Toto für die Ausweglosigkeit und Eintönigkeit des gesamten Banats unterstreicht auch die Beschreibung der Brücke im Tal in der Titelerzählung „Niederungen", über welche der Zug lediglich „in dieselbe Ebene fährt, in eine andere Ortschaft, die genauso aussieht wie dieses Dorf." (N 38)

13 Vgl. „Ich hatte *Heimweh*, ein schlechtes Gewissen, als hätte ich mich aus dem Staub gemacht und die anderen dem Fraß der Dorferde mit dem blühenden Panoptikum der Sterbearten überlassen." Müller: „Wenn wir schweigen, werden wir unangenehm – wenn wir reden, werden wir lächerlich", S. 76 (Hervorhebung HZ).

archaischen, bäuerlichen Lebensform, einer provinziellen Kultur und einengenden Gemeinschaft nach,[14] was nicht zuletzt auch auf die Kurzgeschichten des Bandes *Niederungen* zutrifft.

Müllers Formulierung des ‚Panoptikums der Todesarten' erinnert zugleich an Jeremy Benthams Idee des Panopticons von 1787 – der architektonische Entwurf eines ‚idealen' Gefängnisses mit der Illusion der ständigen Überwachung – sowie an Foucaults begrifflich und gedanklich daran angelehntes Konzept des Panoptismus, das er 1975 in *Surveiller et punir* entwickelt. Darin adressiert Foucault zum einen die zunehmenden Kontrollmechanismen moderner Gesellschaften, zum anderen betont er den daraus resultierenden Konformitätszwang des Individuums, das sich durch das Wissen um das ständige Überwachtwerden zugleich eben auch selbst diszipliniert.[15] Der Eindruck der Landschaft als ‚Panoptikum der Todesarten' kann zugleich also auch als Verweis auf die hegemonialen Machtstrukturen der dörflichen Gemeinschaft gelesen werden, als Wissen um das ständige Überwachtwerden und das dadurch bedingte Gefühl der (Selbst-)Einschränkung in einer landschaftlichen Umgebung, die einem Gefängnis gleicht. Denn trotz zum Teil oberflächlicher landschaftlicher Unversehrtheit offenbaren sich in den Beschreibungen der Umgebung in *Niederungen* die ‚unheimlichen' Grausamkeiten der ländlichen Flora und Fauna, die ein romantisches, idyllisches Bild der ‚Dorfheimat' durchkreuzen und stattdessen deren topographischen, kulturellen und sozialen Verfall panoptisch in den Fokus rücken.

Exemplarisch zeigt sich die starke Präsenz des Todes in der Natur anhand der Beschreibung der sukzessiven Verwitterung der Bäume in der Dorfmitte, mit der die Erzählung „Dorfchronik" beginnt:

> Die Pappeln neben der Kirche bilden eine Allee. Die Allee besteht aus vielen Lücken und wenig Bäumen. Die Pappeln wachsen jährlich fünf Zentimeter an den oberen Astspitzen und verdorren fünfzehn an den unteren. Die Baumkronen sind an der Oberfläche schattig und grün, innen aber sind sie dürr und kahl. Das ganze Jahr hindurch bricht dürres Holz ab und fällt zu Boden. (N 125)

Auch wenn die Pappeln auf den ersten Blick gesund wirken, lässt sich deren stetiger Verfall über einen längeren Zeitraum erkennen, welcher in der „Dorfchronik" ebenso sachlich wie detailliert beschrieben wird. Pappeln rücken auch in der titelgebenden Kurzgeschichte „Niederungen" in den narrativen Mittelpunkt, weil sie im Sommer offenbar ungewöhnlich viele Blätter verlieren. Anders als das ‚dürre

---

14 Eke: „‚Überall, wo man den Tod gesehen hat'. Zeitlichkeit und Tod in der Prosa Herta Müllers. Anmerkungen zu einem Motivzusammenhang", S. 78.
15 Vgl. Michel Foucault: *Surveiller et punir. Naissance de la prison*, Paris 1975, Kapitel 11 „Le panoptisme", hier besonders: S. 199–201.

Holz', das in der „Dorfchronik" von den Pappeln herabfällt, sind die Blätter, die in „Niederungen" von den Pappeln zu Boden fallen, aber keineswegs verwelkt, sondern „grün und gesund wie der Sommer" (N 54), was der Bürgermeister und der Pfarrer auf den Klang beziehungsweise die Position der Kirchturmglocken zurückführen. Auch im Herbst verlieren die Pappeln kontinuierlich ihre Blätter, jedoch nicht etwa aufgrund des natürlichen Zyklus der Jahreszeiten, sondern wegen eines bedrohlichen Krankheitsbefalls: „In den Pappeln ist die Gelbsucht ausgebrochen, und fiebernd fallen die Blätter." (N 54) In der Titelerzählung erkranken zudem regelmäßig die Obstbäume,[16] woraufhin die Männer des Dorfes „ihre grünen giftigen Spritzmittel [mischen], die Bläschen auf den Blättern bilden und den Nerv verbrennen. Die Blätter werden rau und löcherig wie Siebe." (N 24) Folglich tragen auch die Männer einen wesentlichen Teil zum Niedergang der dörflichen Flora bei, wobei die aggressive Zerstörung der Blätter und des Blattnervs ehemals fruchtbarer Obstbäume zugleich eine symbolische Parallele zur Zerstörung der Lebensmittelversorgung und somit der Aufrechterhaltung des dörflichen Lebens nahelegt.

Im Verfall der Bäume spiegelt sich zudem die profunde Abhängigkeit der Dorfbewohner*innen von den Jahreszeiten, denen sie schutzlos ausgeliefert sind:

> Spät im Herbst, wenn das Dorf bereits kahl ist, stehen die Bäume wie riesige Besen da, nehmen die Wolken der Reihe nach herab in ihre harten Äste, und der Nebel, der sich bildet, hält die Häuserspitzen tagelang im Trüben, so dass die Häuser keine Dächer haben, wenn man vorübergeht.
>
> Und wo das Holz am dünnsten ist, dort knackt es, doch niemand horcht auf, denn überall gibt es bloß Wind und Verstümmelung. (N 54)

Wie in einem Schauerroman legt der Herbst in der Titelerzählung sowohl optisch als auch akustisch eine bedrohliche Atmosphäre über das Dorf. Die klimatischen Bedingungen des Herbstes ‚verstümmeln' die Vegetation und stellen so eine Bedrohung nicht nur für die Natur, sondern auch für die Menschen dar. Auch die anderen Jahreszeiten versetzen die Dorfbewohner*innen in eine gefährliche Abhängigkeit von der Natur; die winterliche Kälte ist zum Beispiel für den allmählichen Verfall der Gebäude verantwortlich: „Die Kälte frisst an

---

[16] Vgl. „Und wenn die Obstbäume erkranken, sagen die Männer im Dorf, dass wieder der verfluchte Pilz aus dem Wald da ist." (N 24) Anhand der Aprikosenbäume wird wiederum die Reziprozität von Mensch und kranker Natur deutlich: „Unsere Aprikosenbäume sind krank. Ich sehe die gelben Aprikosen an, ich denke mir dabei, dass sie krank sind. Ich esse eine kranke Aprikose und möchte auch eine Aprikosenkrankheit kriegen. Ich schaue Großvater an. Er hat eine Aprikosenkrankheit, das sieht man. Großvater geht wieder seiner Arbeit nach." (N 81)

den Häusergiebeln mit ihrem Salz. / Mancherorts bröckeln die Aufschriften ab. Buchstaben und Ziffern fallen in die Jahreszeiten." (N 35) Im Winter hingegen erschweren die „Unmengen Schnee" (N 33) den dörflichen Alltag, denn die mangelhafte regionale Infrastruktur führt nun zur vollkommenen (territorialen und intellektuellen) Isolation: „Eines Morgens war der Tag nur mühselig aus dem Schnee herausgekrochen, in den leeren Wind. Es waren keine Zeitungen gekommen. Der Zug war im Schnee erstickt und die Zeitungen lagen im Zug." (N 33) Statt als winterliche Schnee-Idylle zeigt sich die vierte Jahreszeit in der ‚Dorfheimat' als aggressive, feindselige Angreiferin, die den personifizierten Tag verschüttet und den Zug tötet, wodurch ein unbeschwerter Alltag wiederum obstruiert wird.

Bedrohung, Gewalt und Tod werden in dem Prosaband *Niederungen* allerdings nicht ausschließlich mit Herbst und Winter assoziiert; auch Frühling und Sommer sind in den Erzählungen weniger blühende Jahreszeiten voller Leben und Fruchtbarkeit als vielmehr existenzielle Unheilbringer, womit der ‚natürliche' Kreislauf des Jahres wiederum ausgehebelt wird. Dies zeichnet sich nicht nur am Beispiel der Pappeln ab, sondern auch in der Beschreibung der Ernte. In der „Dorfchronik" wird geschildert, wie die Witterung zu jeder Jahreszeit die dörfliche Ernte bedroht:

> Die Pflanzen leiden im Winter am Frost, was im Dorf ausfrieren, im Frühjahr an der Feuchtigkeit, was im Dorf ausfaulen, im Sommer an der Hitze, was im Dorf ausdorren genannt wird. Und im Herbst ist die Erntezeit eine Regenzeit, die [. . .] im Dorf im Dezember noch nicht beendet ist. Die tiefen Löcher, die man im Winter auf den Feldern sieht, sind nicht die Furchen der Pflüge, sondern die Fußstapfen der Bauern, die bei der Ernte bis über die Stiefel in den Boden sinken. Manche Bauern sagen, dass es seit der Verstaatlichung, die im Dorf Enteignung genannt wird, keine richtige Ernte mehr gegeben habe. (N 135)[17]

Die extremen Ausprägungen der Kälte, der Feuchtigkeit, der Hitze und des Regens führen zu einer Zersetzung der landwirtschaftlichen Erträge sowie einer erschwerten, vergeblichen körperlichen Arbeit auf dem Feld. Die Abhängigkeit der Bauern von der Natur und vom Staat wird hier zudem scheinbar gleichgesetzt, denn letztlich bedrohen beide nicht nur die Ernte, sondern damit unmittelbar auch die gesamte Existenz. Die zerstörerische Kraft des Sommers tritt auch in der

---

[17] Neben den von den Jahreszeiten bedingten Witterungsverhältnissen ist gemäß der Aussage der Ingenieure der LPG überdies die schlechte Beschaffenheit des Bodens für die Missernten des Dorfes verantwortlich: „Der Boden ist für die Disteln und Ackerwinden gut, die das Getreide und Gemüse, die von den Ingenieuren Kulturen genannt werden, ersticken. [. . .] Die Ingenieure führen die Missernten der Staatsfarm auf den Boden zurück, der für das Getreide zu salzig und für das Gemüse und die Obstbäume nicht salzig genug ist." (N 136)

Binnenerzählung der Großmutter in der Kurzgeschichte „Niederungen" zutage. Gefiltert durch die Stimme der autodiegetischen Erzählerin berichtet die Großmutter darin von ihren Erinnerungen an einen vergangenen Sommer, in dem es viele Schlangen im Dorf gegeben habe und in dem die sommerliche Hitze und Feuchtigkeit die landschaftlichen Erträge unbrauchbar machten: „Die Gärten rochen feucht und bitter. / Der Salat wuchs dunkelrot und raschelte wie Papier. [. . .] Die Hagebutten blieben grün und sauer. Der Sommer war zu nass für sie." (N 43) Im Hinblick auf die Hitze und die Schlangenplage in der Schilderung der Großmutter sowie die einhergehende „Abhängigkeit der Menschen von einer launischen Natur" weist Paola Bozzi auf eine Umkehrung des traditionellen Paradies-Motives hin, denn aus der Perspektive der Erwachsenen werde „das Paradies zur Hölle" und zugleich kehre sich „die Natur als Ursprung aller Freiheiten in eine allen Übels und aller Zwänge um."[18]

In der ‚teuflischen' Schlange der Binnenerzählung der Großmutter deutet sich zudem bereits an, dass die Motivik einer bedrohlichen und bedrohten Natur in dem Prosaband *Niederungen* nicht nur in der Flora, sondern auch in der Fauna der dörflichen Landschaft zum Ausdruck kommt, was ein ‚paradiesisches' Bild der ‚Dorfheimat' zusätzlich torpediert. So zerstört in der Retrospektive der Großmutter nicht nur der heiß-feuchte Sommer die Nahrung der Dorfbewohner*innen, auch die Schlangen bedrohen die örtlichen Ressourcen, indem sie „vom Wald durch den Fluss in die Felder, von den Feldern in die Gärten, von den Gärten in die Höfe, von den Höfen in die Häuser" kriechen und dort „die kühle Milch aus den Eimern" schlürfen (N 41). Die Menschen im Dorf leben offenbar weniger im Einklang mit den sie umgebenden Tieren, vielmehr erschweren oder bedrohen auch die Tiere den Alltag, was zum einen den Umgang der Dorfbewohner*innen mit diesen prägt und zum anderen bereits den zwischenmenschlichen Umgang innerhalb der Gemeinschaft indiziert. In der titelgebenden Erzählung „Niederungen" ertränken die Besenbinder die Katzenjungen ihrer sieben Katzen im Winter „in einem Eimer mit kochendem Wasser", im Sommer hingegen „in einem Eimer mit kalten Wasser", wonach die ertränkten Katzenjungen jeweils „mitten im Misthaufen eingescharrt" werden. (N 76) Die Hunde hingegen „träufeln körperwarme Pisse in die Wege", „stecken in verwetzten Fellen" (N 24) und sowohl von den Männern als auch von den Frauen bekommen sie regelmäßig grundlos Fußtritte, wobei die Tritte der Männer in der Regel aufgrund der materiellen Beschaffenheit der Schuhe

---

18 Bozzi: *Der fremde Blick. Zum Werk Herta Müllers*, S. 59.

härter ausfallen: „Von diesen Tritten sind die Hunde augenblicklich tot und liegen dann tagelang gekrümmt oder ausgestreckt und steif neben den Wegen und stinken unter den Fliegenschwärmen." (N 24)[19] Die Mutter der Erzählerin tötet im Laufe des Geschehens mit gleichgültiger Selbstverständlichkeit immer wieder Tiere, um Haus und Hof in Ordnung zu halten. Sie wirft zum Beispiel ein Spatzennest mit einem Besen aus der Dachrinne und damit der Katze zum Fraß vor, wobei die Schreie der Vogeljungen selbst aus dem Hals der Katze heraus noch zu hören sind (vgl. N 81); oder sie erschlägt Mäuse mit einem Maiskolben, weil diese versuchen, den Mais aufzufressen:

> Unter einem Maiskolben schnüffelt eine Nase, dann zucken zwei Augen.
> Mutter hat schon einen Maiskolben in der Hand. Der Hieb trifft auf den Schädel. Es piepst, über die Nase kriecht ein Blutfaden. So wenig Leben, dass auch das Blut blass bleibt.
> Der Kater kommt, wälzt die tote Maus mal auf den Rücken, mal auf den Bauch, bis sie sich nicht mehr regt.
> Gelangweilt beißt der Kater den Kopf ab. Es knirscht in seinem Gebiss. Manchmal sieht man beim Kauen seine Zähne. Knatschend geht er davon. Der Bauch der Maus bleibt liegen, grau und weich wie Schlaf. (N 29)

In der Darstellung des Tötens und des Todes der Mäuse sowie der Nahrungsaufnahme des Katers offenbaren sich natürliche, alltägliche Abläufe des (domestizierten) Tierreiches, die jedoch durch die Detailgenauigkeit der Beschreibung besonders brutal wirken.

Auch das Schlachten nimmt in dem durch das Agrarwesen geprägten Dorf eine zentrale Rolle ein, was sich wiederum motivisch in den Kurzgeschichten des Prosabandes niederschlägt. In der Titelerzählung werden beispielsweise im Herbst die verwahrlosten Enten geschlachtet, die scheinbar so schlecht behandelt wurden, dass sie kaum mehr als Tiere zu erkennen sind: „Sie sind fett und haben verkümmerte Flügel, und ihre spärlich durchbluteten Gehirne haben längst vergessen, dass sie Vögel sind." (N 39) Auch die Beschreibungen des Schlachtens wirken in ihrer nüchternen, gewissermaßen naturalistischen Präzision verstörend. Nachdem bereits im Sommer der weiße Flaum vom Bauch der Enten gezupft wurde, werden im Herbst zunächst die Federn vom Hals entfernt, um die Hauptader freizulegen. Anschließend stellt sich die Großmutter mit

---

19 In „Dorfchronik" ertränkt der Dorfälteste zudem die Jungen seiner „Häsin", da diese aus der Kreuzung mit seinem „großen roten Kater" entstanden sind; nach dem dritten Wurf erhängt er schließlich auch seinen Kater (N 128). In „Faule Birnen" wiederum „zermatscht" Käthe bei einem Gespräch mit der Protagonistin am Bach offenbar beiläufig „einen braungefleckten Frosch mit einem Stein." (N 109)

ihren Hausschuhen auf die Flügel der Enten: „Dann wird der Kopf rückwärts gehalten und das Messer geht in die dickste Ader, und der Schnitt spreizt sich weiter und offener. Das Blut tropft, dann rinnt es in die weiße Schale. Es ist heiß, an der Luft wird es schwarz." (N 39) Nach dem Töten der Enten schneidet die Großmutter noch „einen Deckel in die Brust", woraufhin es „nach Wärme und nach halbverdauten Fröschen, nach dem grünen Moder des Teichs" riecht (N 40). Neben der visuellen und taktilen wird hier auch die olfaktorische Wahrnehmung des Schlachtprozesses bis ins kleinste Detail geschildert. Schließlich findet auch die gustatorische Wahrnehmung einen Platz, wenn es heißt: „Morgen ist Sonntag, und ich habe, wenn es Mittag läutet, ein Herz und einen Flügel im Teller liegen. SCHÖNER SONNTAG, BESTEN APPETIT." (N 40) Nachdrücklich betont durch Majuskeln hebt der sarkastische Hinweis auf das sonntägliche Mittagessen einerseits die von der Erzählerin selbst empfundene Grausamkeit des Schlachtprozesses der Enten hervor, andererseits stellt die makabre, minutiöse Detailgenauigkeit zugleich auch eine größtmögliche Nähe zu der in der dörflichen Umgebung üblichen und realen Notwendigkeit des Schlachtens dar, in welcher Tiere in der Regel weniger als Lebewesen, sondern vielmehr als Nutztiere verstanden werden.[20] Analog zur Flora fokussiert und verdichtet die Darstellung der Fauna also wiederum die dissonanten, destruktiven und brutalen Aspekte des ländlichen Raumes, die im direkten Gegensatz zu einer als unversehrt und harmonisch imaginierten Natur stehen.

Die anti-idyllische, desillusionierte Darstellung der Landschaft der ‚Dorfheimat' entfaltet in *Niederungen* ihre besondere Kraft nicht zuletzt durch den stetigen Kontrast zwischen romantischen, ‚heimatlichen' Dorf-Motiven einerseits und deren unmittelbarer Dekonstruktion andererseits, wobei Müller immer wieder mit den üblichen rezeptionsästhetischen Erwartungen bricht. In der Titelerzählung „Niederungen" wird in der Beschreibung der Landschaft durchaus auch eine dörfliche Winteridylle angedeutet, wenn es heißt: „Draußen glitzert der Schnee." (N 37) Doch bereits im unmittelbar darauffolgenden Satz wird die Idylle gebrochen, denn von der vermeintlich unberührten Schneelandschaft schwenkt die

---

20 Das Motiv des Schlachtens spielt auch eine zentrale Rolle für die Episode mit dem Kalb, dem der Vater das Bein durchhackt, damit er vom Tierarzt eine Notschlachtgenehmigung erhält, und welches er anschließend gemeinsam mit dem Onkel der Erzählerin schlachtet (N 61 f.).

Zum autobiographischen Hintergrund dieser Szene erklärt Müller: „Ich sah unzählige Male alle Tage ohne Probleme zu, wie Hühner, Hasen oder Ziegen geschlachtet wurden. Ich wusste, wie man junge Katzen ertränkt, Hunde erschlägt, Ratten vergiftet. Aber durch den gebrochenen Fuß packte mich ein unbekanntes Gefühl, mich erwischte die natürliche Schönheit des Kalbs, seine beinah notorisch kitschige Unschuld, eine Art Schmerz vor dem Missbrauch." (Schnee 104 f.)

Perspektive salopp auf den darin abgezeichneten Urin der Hunde über: „Neben den Wegen haben die Hunde gelbe Flecken in den Schnee gepisst." (N 37) Nach ähnlichem Muster fungiert auch die Beschreibung der Schlehen im Tal außerhalb des Dorfes: „Und die Schlehen nebenan bleiben blau und kühl. Ihre Blätter sind vom kalkigen Schiss der Singvögel besudelt." (N 23) Was auf den ersten Blick als farbenprächtige Pflanze gelesen werden könnte, wird durch den nachgeschobenen Hauptsatz und die Fäkalien der Singvögel unmittelbar korrumpiert. Schließlich beginnt die Erzählung auch mit einer elliptischen, prädikatslosen Aneinanderreihung von Naturbeschreibungen im Präteritum, die zunächst noch eine Schilderung ‚schöner Erinnerungen' einer Kindheit im Dorf erwarten lassen könnte:

> Die lila Blüten neben den Zäunen, das Ringelgras mit seiner grünen Frucht zwischen den Milchzähnen der Kinder. [. . .]
> Die Akazienblüten in den Dorfstraßen. Das eingeschneite Dorf mit den Bienenvölkern im Tal. Ich aß Akazienblüten. [. . .]
> Der lange Gang mit dem wilden Wein, die Tintentrauben kochen unter ihrer hauchdünnen Haut in der Sonne. (N 17)

Bereits hier weist die ‚hauchdünne Haut' und das Kochen der Trauben in der Sonne jedoch subtil auf die Gewalt und die destruktive Kraft der Natur hin, die sich im Laufe des Geschehens immer stärker entfaltet und in ein „Panoptikum der Todesarten" (Augen 12) mündet. Hier zeigt sich exemplarisch, wie Müller in den Kurzgeschichten des Bandes *Niederungen* zwar tradierte ‚Heimat'-Motive entrückter, unberührter, überschaubarer und harmonischer dörflicher Landschaften aufgreift, zugleich jedoch den (behaupteten) äußeren Anschein der Idylle durch die narrative Konzentration auf die beklemmende, feindselige und zerstörende Beschaffenheit der topographischen Umgebung sowie eine schonungslose Detailgenauigkeit semantisch umkehrt. Den Klischees einer idyllischen, idealisierten dörflichen ‚Heimat'-Landschaft wird so ein subversives Bild entgegengesetzt.

5.2 „Ein Leben in einer Konserve": Kultur der ethnozentrischen Enklave

In den Motiven der Weite und der Enge, der Isolation und der Monotonie sowie der Krankheit und des Todes, die sich konstant durch die topographische Beschreibung der ‚Dorfheimat' ziehen, wird zum einen das trügerische Bild einer romantischen dörflichen Landschaft dekonstruiert, zum anderen äußert sich darin der Verfall der Kultur, der Gemeinschaft und der einzelnen Menschen, die in eben dieser destruktiven Umgebung situiert sind. Die Lebensform, die Müller in einem Großteil der Kurzgeschichten in dem Prosaband *Niederungen* zeichnet, orientiert sich dabei an der Kultur der Banater Schwaben, die vornehmlich als provinzielle, ethnozentrische, xenophobe Enklave präsentiert wird. Territorial, sprachlich und kulturell von ihrer Umgebung abgegrenzt, scheinen Abschottung nach Außen sowie Konformitätsdrang nach Innen als maßgeblich für den Erhalt der eigenen Identität verstanden zu werden. Im Jahr 1999 erklärt Müller:

> Die deutsche Minderheit aus Rumänien hat in ihrer Angst als Minderheit in einer Phobie gegen alles andere Äußere gelebt. In Angst, daß ihre Identität verloren geht, daß sich etwas verändert, daß etwas anderes hineinkommt. Das wurde absurd, daß die drei hundert Jahre lang, seit sie als Kolonisten in diese Orte kamen, alles immer wie ein Bündel Wegzehrung weitertransportiert und nichts anderes zugelassen haben. Von der Kleidung bis zum Essen, Volkslieder, Gebräuche und Alltag. Eine Mumifizierung mitten in jedem einzelnen Leben.[21]

Im Angesicht der peripheren territorialen Position, der eigenen Isolation und des Minderheitenstatus innerhalb der rumänischen Kultur werden die eigenen, ursprünglichen Werte, Normen und Traditionen vehement wachgehalten und gepflegt, wobei Neues beziehungsweise ‚Anderes' keine Chance hat. Diese primordialistische ‚Phobie' gegen Einflüsse aus anderen Kulturen sowie die daraus resultierende ‚Mumifizierung' der kulturellen Gepflogenheiten der Banater Schwaben ziehen sich folglich auch konstant durch die Darstellung der Kultur der ‚Dorfheimat' in *Niederungen* hindurch. Auf kultureller Ebene greift der Prosaband zum einen ein dörfliches Milieu auf und rekurriert auf tradierte ‚Heimat'-Vorstellungen einer archaischen kulturellen Ordnung mit traditionellen Wertevorstellungen; zum anderen konzentrieren sich die Erzählungen auf die verklärenden, ideologisierenden und exkludierenden Tendenzen dieses Weltbildes, welche die banatschwäbische Gemeinschaft in *Niederungen* statisch und unverrückbar kultiviert.

Solch ein kultureller Residualraum, in dem die provinzielle, archaische Lebensform trotz geschichtlicher Veränderungen der Lebensbedingungen über einen langen Zeitraum konstant aufrechterhalten wird und dabei stets von anderen Kulturen differenziert und abgegrenzt wird, manifestiert sich zum Beispiel in der Erzählung „Dorfchronik". In dieser werden die unterschiedlichsten Facetten der Kultur des „schwäbische[n] Dorf[es]" (N 128) beschrieben. ‚Die Leute' im Dorf gehen beispielsweise in die Kirche und feiern katholische Feste, arbeiten in der Landwirtschaft und in Haus und Hof, pflegen ihre Gärten und putzen ihre Häuser.

---

21 Herta Müller: „‚Die Schule der Angst.' Gespräch mit Herta Müller, den 14. April 1998", hg. v. Beverley Driver Eddy, in: *The German Quarterly* 72 (1999), S. 329–339, hier: S. 335.

Sei es Religion, schulische Erziehung, Arbeit, übliche Namen oder Nahrungsmittel, in der „Dorfchronik" werden detaillierte Informationen zu den verschiedensten Gewohnheiten und Bräuchen der Dorfbevölkerung formelhaft und zum Teil proverbial aufgelistet, wobei die stetige Wiederholung der Nominalphrase ‚die Dorfleute' den Eindruck einer kulturellen Kohärenz und einer absoluten kollektiven Identität vermittelt:

> Die Dorfleute teilen die Woche nach dem Kochprogramm in Fleischtage und Mehltage ein. Die Dorfleute essen gefettet, gesalzen und gepfeffert. Wenn der Dorfarzt ihnen aber das Fetten, Salzen und Pfeffern verbietet, essen sie ungefettet, ungesalzen und ungepfeffert und sagen während des Essens, dass nichts über die Gesundheit geht und dass das Leben nicht mehr schön ist, wenn man nicht mehr alles essen darf, und: Gutes Essen macht Sorgen vergessen. (N 134)

Nicht nur die repetitive Formulierung ‚die Dorfleute' unterstützt den Eindruck einer vereinnahmenden Kultur, auch die noch häufiger wiederkehrende, fast rituelle Wiederholung der Phrase ‚wird im Dorf ... genannt' vermittelt den Eindruck einer Gemeinschaft, in der es nicht nur einen eigenen sprachlichen Duktus, sondern klar vorgegebene Normen, Werte und Prinzipien gibt.[22] So werden „die Ferkel mit verschiedenfarbigen Augen [...] im Dorf Unglücksferkel genannt" (N 127), dass die „Hausfrauen putzen, wischen, kehren und bürsten" wird „im Dorf häuslich und wirtschaftlich sein genannt" (N 133), der Papst wird „im Dorf der Heilige Vater genannt" (N 137), oder die Verstaatlichung wird „im Dorf Enteignung genannt" (N 135). Nicht zuletzt wird im Dorf die „Banater Gegend [...] Inland genannt", die „anderen Länder[]" werden hingegen „im Dorf Ausland genannt", und das „Ausland" wird wiederum „im Dorf der Westen genannt" (N 133 f.). Vom Aberglauben über traditionelle Geschlechterrollen und Katholizismus bis hin zur Ablehnung des Sozialismus und der Hinwendung zum Westen scheinen die Normen und Überzeugungen in der Enklave unverrückbar vorbestimmt zu sein. Mehr als sechzig Mal auf nur knapp vierzehn Seiten wiederholt sich die Formulierung ‚im Dorf ... genannt', was nicht nur die Absolutheit und die Autorität der dörflichen Kultur potenziert, sondern zugleich auch suggeriert, dass ein Abweichen von der starren Kultur und der kollektiven Meinung der ‚Dorfheimat' unerwünscht respektive unmöglich ist. Kultur ist hier entsprechend als Herder'sche Kugel gedacht, die Homogenität nach Innen und

---

[22] Ralph Köhnen weist im Hinblick auf solch sich stetig wiederholende „leere Phraseologismen" darauf hin, dass sie „jede eigene Sprachform, die vielleicht eigenes Denken bezeugen könnte", unterdrücken. Ralph Köhnen: „Über Gänge. Kinästhetische Bilder in Texten Herta Müllers", in: *Der Druck der Erfahrung treibt die Sprache in die Dichtung*, hg. v. dems., Frankfurt/Main 1997, S. 123–138, hier: S. 131.

Abgrenzung nach Außen voraussetzt und eine Öffnung für ‚Anderes' ausschließt.[23]

Trotz der vermeintlich homogenen, geschlossenen kulturellen ‚Kugel' der Dorfbevölkerung zeichnet sich in den diachronen und synchronen Schilderungen der Merkmale des Dorfes in der „Dorfchronik" auch eine leise Kritik ab, die besonders in der Erzählperspektive zum Ausdruck kommt. So scheint sich hinter der Darstellung keineswegs eine vollkommen unkritische Adaption der Ansichten und Gepflogenheiten des Dorfes zu verbergen, vielmehr variiert die narrative Perspektive zwischen kindlicher Naivität und ironischer Entgrenzung. Die Besonderheiten des Dorfes werden zunächst sachlich und unkommentiert skizziert. Wenn es zum Beispiel heißt, dass man im Dorf in Bezug auf gefallene Soldaten davon spreche, dass sie „den Heldentod gefunden haben", „weil man wahrscheinlich annimmt, dass sie ihn gesucht haben" (N 137), scheint dies auf eine kindliche Perspektive und ein gewisses naives Unverständnis hinzuweisen. Auch die neutrale Darlegung des explizit dörflichen Vokabulars – wie ‚Kehrweihplatz' für ‚Betonplatte' (vgl. N 130), ‚Baumschule' für ‚Obstgarten' (vgl. N 136) oder ‚Geschäft' für ‚Konsumgenossenschaft' (vgl. N 131) – unterstützt den Eindruck eines kindlichen, unreflektierten Blickes auf das Dorf. Durch die Diskrepanz der Perspektive des Kindes und der (in der Regel) erwachsenen Perspektive der Lesenden entsteht jedoch auch eine gewisse Komik – beispielsweise wenn die Erzählinstanz erklärt, dass die „Toten des Dorfes" sich „zu Tode gegessen, zu Tode getrunken" haben, was im Dorf wiederum „zu Tode gearbeitet genannt wird" (N 137); oder wenn sie betont, dass es im Dorf keine Selbstmorde gebe, „da alle Dorfbewohner einen gesunden Menschenverstand haben, den sie auch im hohen Alter nicht verlieren." (N 137) Trotz vermeintlich neutraler Schilderung des im Dorf sozialisierten Kindes klingt im Laufe der Narration darüber hinaus immer wieder eine gewisse emotionale Distanz an. In einem Gespräch mit Beverley Driver Eddy erklärt Herta Müller in Bezug auf eben diese von der Dorfgemeinschaft abweichende kindliche Perspektive in dem Band *Niederungen*:

> Diese Ich-Person, dieses Kind in den *Niederungen* ist selbstverständlich eine künstliche Person, weil ich das Buch auch erst schreiben konnte, als ich aus dem Dorf draußen war, als ich eine Alternative dazu hatte. Wenn du keine Alternative hast, dann steckst du drin, und wer sollst du sein? Du wirst nur das, was rundherum vorgegeben ist, weil du dort gar

---

[23] Vgl. Johann Gottfried Herder: *Ideen zur Philosophie der Geschichte der Menschheit*, hg. v. Michael Holzinger, Berlin 2013 [1784–1791]; Ders: *Auch eine Philosophie der Geschichte zur Bildung der Menschheit*, hg. v. Hans-Dietrich Irmscher, Stuttgart 1990 [1774].

keine Wahl hast. Die Wahl, das nicht zu werden, das überhaupt zu beurteilen, hast du ja erst, wenn du es verlassen kannst, es von außen ansiehst. Das Kind, das in diesem Buch ist, kann nur eine künstliche Person sein. Es ist das Erwachsene drin.[24]

Dieses von Müller geschilderte, aus der zeitlichen Entrückung resultierende retrospektive (autofiktionale) Erwachsene tritt in der narrativen Perspektive des Kindes in der „Dorfchronik" besonders deutlich zutage. Und gerade durch die Duplizität und Diskrepanz der unmittelbaren Perspektive des Kindes und der mittelbaren Perspektive der Erwachsenen werden die Engstirnigkeit, die Verklärung und die Selbstverherrlichung der Dorfbevölkerung wiederum ironisch offengelegt.

In der „Dorfchronik" weist die Erzählfigur zudem mehrfach sowohl implizit als auch explizit auf den demographischen Niedergang hin, der für die ‚Dorfheimat' charakteristisch scheint.[25] Die Grundschule bestehe inzwischen lediglich aus elf Schülern und vier Lehrern (vgl. N 125), der Marktplatz werde kaum mehr genutzt (vgl. N 127) und die „jüngeren Rasiergäste[]" seien „unter siebzig" (N 130). Noch eindeutiger wird die zunehmende Abwendung vom Dorf im Hinblick auf den „Dorfälteste[n]", der sich „seit Jahren ins Ausland" wünscht (N 134), oder den Ingenieur der Staatsfarm, der bei einem Fotowettbewerb eine Italienreise gewonnen hat, von welcher er allerdings nicht zurückgekehrt ist (vgl. N 136). Schließlich heißt es unmissverständlich: „Seitdem das Dorf immer kleiner wird, weil die Leute, wenn nicht nach Deutschland, dann wenigstens in die Stadt abwandern, werden die Kehrweihfeste immer größer und die Trachten immer festlicher." (N 130) Als verzweifelter Versuch, die Kultur trotz zunehmender Abwanderung weiterhin intensiv zu pflegen, werden die Kehrweihfeste jeden Sonntag in einem anderen Dorf gefeiert, um die dörfliche Kultur nun zumindest auf regionaler Ebene aufrechtzuerhalten, denn „[d]ank der Kehrweihfeste kennt sich die Jugend aus dem ganzen Banat und so kommt es öfter zu zwischendörflichen Ehen, falls sich die Eltern davon überzeugen lassen, dass die beiden zwar nicht aus demselben Dorf, aber immerhin Deutsche sind." (N 131) Der Primordialismus der banatschwäbischen Gemeinschaft gipfelt in Form der zwischendörflichen Ehen schließlich in der biologischen ‚Reinhaltung' der deutschen Kultur innerhalb der rumänischen Umgebung und somit in unverblümten Rassismus. Die scheinbar drastisch zunehmende Abwanderung und der damit verbundene demographische Niedergang der Dorfbevölkerung führen also keineswegs zu einer Anpassung der Kultur an die neuen soziokulturellen Bedingungen oder einer Öffnung der dörflichen

---

[24] Müller: „‚Die Schule der Angst.' Gespräch mit Herta Müller, den 14. April 1998", S. 335.
[25] Vgl. dazu Predoiu: *Faszination und Provokation bei Herta Müller. Eine thematische und motivische Auseinandersetzung*, S. 60.

Kultur nach Außen, sondern sie schlagen vielmehr in das Gegenteil um: in eine rigorose Rückbesinnung auf die eigene ‚Heimat' und eine umso konsequentere ‚Mumifizierung' der banatschwäbischen Gemeinschaft sowie ihrer Normen, Traditionen und Werte nach Innen.

Auch in der Titelerzählung wird aufgezeigt, wie die bäuerliche Enklave in einer „Phobie gegen alles andere Äußere"[26] lebt und archaische, vormoderne Gepflogenheiten konsequent weiterträgt, obwohl sich diese zugleich aggressiv auf die Physis der Menschen auswirken. Dabei scheint besonders die Arbeit in Haus und Hof sowie in der Landwirtschaft den dörflichen Alltag zu strukturieren, was wiederum Spuren an den Dorfbewohner*innen hinterlässt. Nachdem der Vater im Winter nach Hause kommt und seine engen, „aus einer knochenharten Kuhhaut" (N 48) verfertigten Schuhe auszieht, werden seine von der harten körperlichen Feldarbeit gezeichneten Fersen sichtbar, die nicht weicher und glatter werden, selbst wenn er diese mit einem Dachziegel glatt reibt (vgl. N 48): „Und ich glaube, es gab niemanden im Dorf, der nicht diese rauhen, rissigen Fersen hatte. Vielleicht war der Boden, auf dem das Dorf stand, den alle Feld nannten, der Grund für diese Fersen." (N 48) Die Spuren der harten Arbeit zeichnen sich in „Niederungen" jedoch nicht nur an den Fersen der Dorfbevölkerung ab, sondern auch an dem wiederkehrenden Motiv der lädierten Hände. So hat die Mutter „ihre Hände zum Schuften" (N 95); sie sind „rissig und im Sommer grün wie die Pflanzen." (N 21) Die Weidenkörbe, in welchen die Erzählerin mit ihrer Mutter die Maiskolben sammelt, haben „zwei Griffe, die in die Handfläche schneiden. Es wachsen Schwielen darin und Wasserblasen, heiß und hart, in denen der Schmerz hämmert." (N 29) Beim Backen fällt der Erzählerin auf, dass ihre Großmutter „HARTE HÄNDE" (N 41) hat und auch in der Kirche schaut sie ihre „Großmutter an, nicht ihr Gesicht, sondern ihre Hände" (N 58):

> Es sind bloß Sehnen daran gespannt, es ist kein Fleisch mehr darauf, bloß Knochen und dürre Haut. Sie könnten jeden Augenblick im Tod erstarren, aber noch bewegen sie sich im Gebet und der Rosenkranz rasselt.
> Er presst sich an Großmutters Handknochen, an diese kleinen knochigen Hände, die so aussehen, wie die Arbeit selbst, so zerschunden, wie das harte Holz, das überall im Haus herumsteht, so zerkratzt und altmodisch wie ihre Möbel. (N 58)

Die den abgenutzten Möbeln gleichenden und den Tod ankündigenden betenden Hände der Großmutter stehen repräsentativ für die entmenschlichten Rituale der dörflichen Gemeinschaft. Harte Arbeit und Fleiß gelten in der ‚Dorfheimat' als zentrale Tugenden, was sich optisch an den verhärmten Menschen abzeichnet

---

26 Müller: „‚Die Schule der Angst.' Gespräch mit Herta Müller, den 14. April 1998", S. 335.

und sich nicht zuletzt in der Arbeitseinstellung der Protagonistin niederschlägt. Beim Füllen der Weidenkörbe mit Maiskolben bemerkt sie entsprechend, ihre „Handfläche schmerzt nur, wenn sie leer ist. Wenn der Mais daran reibt, fühl ich den Schmerz nicht mehr, er ist so stark, dass er sich selber tötet." (N 30)

Doch nicht nur harte Arbeit und Fleiß werden in der Agrargemeinschaft geschätzt, auch traditionelle Werte wie Sauberkeit und Sparsamkeit scheinen im dörflichen Tugendkatalog weit oben gelistet zu sein. Obwohl die Finger der Mutter als „rissig und hart" (N 20) beschrieben werden, sind sie wiederum beim „Geldzählen [...] glatt und gelenkig wie Spinnen, die einen Faden weben" (N 20):

> Mutter hält das Geld im Schlafzimmer in der Röhre des Kachelofens, Vater verlangt immer Geld, wenn er etwas kaufen will. Er will jeden Tag etwas kaufen und verlangt jeden Tag Geld, weil alles Geld kostet. Und Mutter fragt ihn jeden Abend, was er mit dem Geld gemacht hat, was er MIT DEM VIELEN GELD SCHON WIEDER gemacht hat. (N 20 f.)

Dem hier sechsfach wiederholten ‚Geld' wird ein besonderer Stellenwert eingeräumt, der zugleich regelmäßig zu familiären Disputen führt. Wenn im Anschluss davon berichtet wird, wie die Mutter beim Geldzählen laut spricht, „damit sie die Scheine besser spüren kann mit den Händen" und sie im Schlafzimmer beim Geldzählen die Rollläden unten lässt, während „der Leuchter mit seinen fünf Armen" nur „aus einer einzigen trüben Glühbirne" strahlt (N 21), wird die vermeintlich tugendhafte Sparsamkeit jedoch vielmehr mit Habgier und Geiz synchronisiert. Und auch die Wertschätzung der Sauberkeit in der schwäbischen Gemeinschaft wird in der Titelerzählung „Niederungen" satirisch gebrochen, so zum Beispiel wenn von den zahlreichen Besen der Mutter die Rede ist: „Mutter hat einen Zimmerbesen, einen Küchenbesen, einen Vorderhofbesen, einen Hinterhofbesen, [...] einen Bettzeugbesen zwischen den Ehebetten, einen Kleiderbesen im Kasten, einen Möbelabstaubbesen auf dem Kasten." (N 79) Insgesamt neunzehn verschiedene neologistisch entworfene Besenarten werden in nur fünfzehn Zeilen und zwei Absätzen aufgelistet und führen in ihrem parallelen Satzgebrauch den zwanghaften, alltäglichen Trott des Saubermachens der Mutter ironisch vor Augen. Zugleich wird in „Niederungen" auch angedeutet, wie vergeblich und sogar destruktiv der Sauberkeitswahn der Mutter ist, wenn es an anderer Stelle heißt: „Vom täglichen Aufwaschen waren im ganzen Haus die Bretter der Fußböden faul geworden." (N 75)

Die Erzählung „Das schwäbischen Bad" veranschaulicht exemplarisch, wie Müller in den Kurzgeschichten des Bandes *Niederungen* die kulturellen Traditionen und Werte der Banater Schwaben immer wieder mit satirischen Mitteln ad absurdum führt. In der Kurzgeschichte wird das samstägliche Bad der schwäbischen Familie als groteskes kollektives Ritual dargestellt. Nachdem

„der zweijährige Arni" von der Mutter mit einem „verwaschenen Höschen" in der Badewanne gewaschen wird, steigen Mutter, Vater, Großmutter und Großvater nacheinander in dieselbe Badewanne mit demselben Badewasser und reiben sich „graue Nudeln" von ihren Körpern (N 13). Dabei verändert sich der Rand der Badewanne von „gelb" über „braun" zu „schwarz" – das Wasser wiederum von „heiß" über „warm" und „lauwarm" zu „eiskalt" (N 13 f.). Den Badevorgang der Eltern und der Großeltern beschreibt die Erzählperson bis auf wenige Worte identisch in jeweils acht Sätzen – beginnend mit dem Einstieg in die Badewanne und endend mit dem Startsignal für die Nächste beziehungsweise den Nächsten in der Reihe: „Das Wasser ist noch heiß, ruft die Mutter dem Vater zu." (N 13) Dieser sich vier Mal zyklisch wiederholende Badevorgang wird wiederum jeweils von der Angabe der tatsächlichen Wassertemperatur und dem Hinweis auf die schäumende Seife narrativ verbunden, wobei die sich dabei konstant wiederholenden parataktischen Phrasen den Eindruck eines monotonen, repetitiven Rituals zusätzlich unterstützen.[27] Das groteske Spiel mit dem Ekel erreicht seinen Höhepunkt, wenn sich am Ende der Erzählung der Dreck von drei Generationen in ein und demselben Badewasser, die ‚graue[n] Nudeln' von zwei Generationen auf ein und derselben Wasseroberfläche sammeln, sodass das „schwarze Badewasser" schließlich „über den schwarzen Rand der Badewanne" (N 14) schwappt und die Großmutter den Großvater darin nicht mehr sehen kann. Analog mit dem verschwundenen Großvater sind Sparsamkeit und Sauberkeit als (vermeintlich) wertvolle kulturelle Eigenschaften nicht mehr erkennbar.

Außer dem zweijährigen Kind Arni ist in der Erzählung niemand mit einem Namen versehen worden, sondern lediglich mit der familiären Funktion. Josef Zierden deutet dies als Hinweis darauf, dass lediglich das Kind in seinem Badeverhalten noch unangepasst sei – die anderen Familienmitglieder hingegen seien nicht individualisiert und stehen so als „biologisch-soziale Rollenträger für die austauschbare Uniformität des Kollektivs": Noch im abschließenden Ablassen des Wassers und Kreisen der Nudeln über dem Abfluss, so Zierden, spiegelten sich „die sogartigen Wiederholungszwänge im banat-schwäbischen Alltag. Denn das geschilderte Generationenbad ist ja nur ein Ausschnitt aus dem

---

[27] Julia Müller weist darauf hin, dass Herta Müller in unterschiedlichen Erzählungen in *Niederungen* das rhetorische Mittel der Wiederholung gezielt für satirische Zwecke und zur Aufdeckung der sozialen Missstände einsetze und diese Erzählungen „durch Wiederholungen, Wiederholungen mit Variationen, Parallelismen, wiederholte Inquit-Formeln und eine demonstrativ einfache Sprache mit kleinem Wortschatz, die sich angesichts der heuchlerisch geordneten Verhältnisse dann doch syntaktisch unverhältnismäßig kompliziert, die beschränkte Fixierung auf äußerliche Ordnung heraus[arbeiten], so dass zugleich die depravierte Wirklichkeit aufscheint." Julia Müller: „Frühe Prosa", S. 16 f.

Hygieneleben Hunderter banatschwäbischer Dorffamilien im Kreislauf eines Jahres."[28] Auch nach dem Ablassen des Badewassers werden diese ‚sogartigen Wiederholungszwänge' sowohl sprachlich als auch thematisch wieder aufgegriffen, wobei sich in der Anapher und der parallelen Syntax wiederum die rituell anmutende Abendplanung der Familie abzeichnet: „Die schwäbische Familie sitzt frisch gebadet vor dem Bildschirm. Die schwäbische Familie wartet frisch gebadet auf den Samstagabendfernsehfilm." (N 14)

Die in der ‚Dorfheimat' ‚herrschenden' Gewohnheiten, Traditionen und Bräuche werden in den Kurzgeschichten des Bandes *Niederungen* weniger als kulturelle Leitbilder, sondern vielmehr als unumgängliche und unabänderliche Direktive vorgeführt, der sich die Dorfbevölkerung linientreu unterwerfen muss. Wer sich nicht unterwirft, wird entsprechend als ‚anders', als ‚fremd' klassifiziert und von der Gemeinschaft stigmatisiert, diskreditiert und exkludiert. Dem drastischen *Othering*[29] der banatschwäbischen Gemeinschaft liegt ein hierarchisches und stereotypes Denken zugrunde, das schließlich unmittelbar zu Xenophobie und Diskriminierung führt. Beispielhaft für solch ein Vorgehen ist der in der Titelerzählung „Niederungen" geschilderte Umgang mit der „Hexe" (N 42), welche ihrer gesellschaftlichen Position entsprechend am „Dorfrand" (N 41) lebt. In der Binnenerzählung der Großmutter von dem feuchten, heißen Sommer wird beschrieben, wie diese Frau bei der Gartenarbeit ihr Kind durch den Angriff einer Schlange verliert, woraufhin ihr Haar ergraut und sich die Dorfbevölkerung endgültig von ihr abwendet:

> Das Haar der Frau blieb grau, und die Leute aus dem Dorf hatten endlich den Beweis, dass sie eine Hexe war.
> Sie redeten nur noch von Zauberei und ließen sie mit sich allein. Sie gingen ihr aus dem Weg und beschimpften sie, weil sie ihr Haar *anders* kämmte, weil sie ihr Kopftuch *anders* band, weil sie ihre Fenster und Türen *anders* anstrich als die Leute im Dorf, weil sie *andere* Kleidung trug und *andere* Feiertage hatte, weil sie nie das Straßenpflaster kehrte und beim Schlachten so viel trank wie ein Mann und abends betrunken war und, statt Geschirr zu waschen und Speck zu salzen, allein mit dem Besen tanzte.
>
> (N 42; Hervorhebung HZ)

Weder durch ihr Aussehen oder ihre Kleidung noch durch die Optik ihres Hauses, ihre Konfession oder ihre Putzgewohnheiten fügt sich die Frau in die Strukturen des Dorfes ein, und auch die vorherrschenden traditionellen Geschlechterrollen negiert sie durch ihr ‚männliches' Verhalten, was wiederum dazu führt, dass sie

---

28 Zierden: „Deutsche Frösche: Zur ‚Diktatur des Dorfes' bei Herta Müller", S. 33.
29 Vgl. Spivak: „The Rani of Sirmur. An Essay in Reading the Archives"; vgl. Kapitel 3.2.

innerhalb der ethnozentrischen Kartierung der Dorfgemeinschaft marginalisiert und ihr Zugehörigkeit abgesprochen wird.

Die fehlende Anpassung der Frau an die im Dorf herrschenden Normen führt nicht nur zu ihrer Diskriminierung und ihrer gesellschaftlichen Ausgrenzung – die Rückführung ihrer ‚Andersartigkeit' auf Zauberei und die diffamierende Stigmatisierung als Hexe zeugen überdies von der aggressiven Xenophobie sowie von der Angst der Dorfgemeinschaft vor einem Bruch respektive der Störung der ‚heimatlichen' Ordnung und ihres monokulturellen Weltbildes. Das autochthone Selbstverständnis einer räumlich klar abgegrenzten kulturellen Gemeinschaft, in welche man ausschließlich hineingeboren wird, scheint durch die zugewanderte Frau bedroht, woraus wiederum die Notwendigkeit der Verteidigung und Wahrung der Gemeinschaft – also gewissermaßen eine regionale Form des ‚Heimatschutzes' – abgeleitet wird. Dieser apodiktische Ethnozentrismus wird auch aufgezeigt, wenn der Postbote an Neujahr einen Brief aus „einem unbekannten Ort irgendwo im Land" erhält und daraus schließt: „Den Namen LENA gibt es nicht in unserem Dorf. Der Brief kann nur für diese Kolonistin sein, für diese junge Hexe mit dem grauen Haar." (N 44) Die rigide Verschlossenheit, die Gefühlskälte und die starren Konventionen innerhalb der ‚Dorfheimat' spiegeln sich zugleich in der unmittelbar darauffolgenden Beschreibung der winterlichen Eiszapfen wider, denn in „jedem Eiszapfen sieht man ein eingefrorenes Bild – das Dorf." (N 44) Im Interview erklärt Müller im Jahr 1999, dass die kulturelle Konstanz und die Unveränderlichkeit der Werte und Urteile der banatschwäbischen Minderheit ihr gerade in Anbetracht der geschichtlichen und politischen Entwicklungen des 20. Jahrhunderts als besonders beunruhigend erschienen: „Für mich ist der Gedanke *unheimlich*, daß Menschen vor dreihundert Jahren mit einem Repertoire in eine Gegend kamen, und dieses Repertoire nichts verloren und nichts dazugekriegt hat. Ein Leben in einer Konserve."[30]

Durch die Identifikation der Banater Schwaben mit der deutschen Kultur, deren Normen und Werten, gehört zu diesem Leben in der ‚heimatlichen Konserve' in den Erzählungen des Bandes *Niederungen* nicht zuletzt die Ablehnung des Sozialismus sowie die retrospektive Hinwendung zum Nationalsozialismus.[31] Die Kurzgeschichte „Herr Wultschmann" veranschaulicht exemplarisch, wie sich die Dorfbevölkerung zum einen aktiv an den Verbrechen der Nationalsozialisten

---

[30] Müller: „‚Die Schule der Angst.' Gespräch mit Herta Müller, den 14. April 1998", S. 335 (Hervorhebung HZ).
[31] In „So ein großer Körper und so ein kleiner Motor" schreibt Müller: „Die meisten aus der deutschen Minderheit im Banat und auch in Siebenbürgen waren hitlerbegeistert. Auch mein Vater, der damals noch nicht mein Vater war", S. 85.

beteiligt hat und zum anderen die faschistischen Ideologien fortwährend konserviert. Die titelgebende Figur wird als Prototyp eines rücksichtslosen, verbrecherischen Soldaten und als Inbegriff der unbewältigten historischen Erfahrungen der Gemeinschaft präsentiert: „Herr Wultschmann erinnert sich an die Zeit des Zweiten Weltkriegs. Das waren noch Zeiten, sagt Herr Wultschmann. Damals hat jeder Mensch sein Leben noch gelebt." (N 167) Die verklärten Erinnerungen des ehemaligen Soldaten an den Krieg führen sowohl zu einer Diskreditierung der Gegenwart als auch zu der nachhaltigen Ableitung und Gültigkeit von Normen und Werten, die ihn der Nationalsozialismus und der Krieg gelehrt hat: „Der Krieg ist die Schule des Lebens, sagt Herr Wultschmann. Herr Wultschmann denkt viel nach." (N 170) So schätzt er beispielsweise Pünktlichkeit und Fleiß, Mut und Zielstrebigkeit, Regeln und Respekt, Stärke und Disziplin – Freundschaft und Liebe hingegen lehnt er ab, denn diese bergen die Gefahr, die ‚wichtigen Dinge' aus den Augen zu verlieren und von anderen Personen ausgenutzt zu werden: „Keine Gefühle für Menschen. Alle Gefühle für Sachen, für eine Sache, sagt Herr Wultschmann." (N 168) Die vermeintlichen Lebensweisheiten des gleich doppelt männlichen *Herrn* Wultsch*mann* wirken nicht zuletzt durch deren syntaktisch parallele Aneinanderreihung wie leere Worthülsen. Sein deutscher Nationalismus und die Sehnsucht nach dem Krieg gipfeln in einem absurden Puppenspiel, welches er „seit vielen Jahren" (N 169) praktiziert und bei welchem er Kriegssituationen nachspielt:

> Er stellt sich kerzengerade in die Straße einer belagerten Stadt vor ein Haus, hebt die Hand zum Gruß, sagt Heil, presst die Augen zu einem Spalt zusammen und stellt sich vor, das Haus explodiert. Und das Haus explodiert. Puppentheater, schreit Herr Wultschmann und zittert vor Freude. Wir haben den Krieg verloren, weil die deutschen Soldaten nicht Puppentheater spielen konnten, sagt Herr Wultschmann. (N 69)

Einerseits weist das Puppentheater auf die Trivialisierung des Krieges und der nationalsozialistischen Verbrechen hin, die sich in der Person des Herrn Wultschmann zugespitzt bündeln, andererseits manifestieren sich darin auch die posttraumatischen Spuren des Krieges sowie der gegenwärtige Versuch, die nostalgisch erinnerte Vergangenheit aufrechtzuerhalten und die Kontrolle über die eigene Situation zu bewahren. Denn seit Kriegsende ist für ihn „die Welt nicht mehr geregelt. Es fehlt an einer Führernatur, sagt Herr Wultschmann. Das merkt man überall, selbst in unserem kleinen Dorf merkt man es, sagt Herr Wultschmann." (N 169) Nicht zuletzt legt die Suche des titelgebenden Veteranen nach Halt und Orientierung einerseits eine Analogie zu einer kompensatorischen Auffassung von ‚Heimat', andererseits zu der ideologischen ‚Heimat'-Auffassung der Nationalsozialisten nahe, die wiederum für die Darstellung der banatschwäbischen Enklave paradigmatisch ist.

Im verschiedenen Werken Müllers weisen besonders patriarchalische Strukturen und Figuren auf das faschistische Gedankengut und somit auf die selektive, enthistorisierte Verdrängung vonseiten der banatschwäbischen Dorfgemeinschaft hin,[32] was sich auch in den Kurzgeschichten der *Niederungen* feststellen lässt. In „Die Grabrede" träumt die Erzählerin zum Beispiel in ihrem städtischen „Wohnblock" (N 14) von der Beerdigung ihres Vaters, an deren Ende sie von der „deutschen Gemeinde" (N 11) hingerichtet wird. Der Vater wird dabei zunächst implizit und gewissermaßen ekphrastisch durch die ihn im Sarg umgebenden Fotografien charakterisiert. Die fünf Stillleben stehen für verschiedene Stationen seines Lebens, die als prototypischer Lebenslauf einer Vielzahl banatschwäbischer (oder auch deutscher) Männer der Kriegsgeneration verstanden werden können: als Baby neben einem Stuhl, als Bräutigam neben seiner Braut, als Soldat vor einem Zaun, als Bauer oder Zwangsarbeiter in einem Maisfeld sowie als Viehwirt hinter einem Lenkrad (vgl. N 8). Auf dem dritten Foto steht der Vater „kerzengerade vor einem Zaun. [. . .] Seine Hand war über den Kopf gehoben zum Gruß. Auf seinem Rockkragen waren Runen." (N 7) Die Kommentare der Beerdigungsgäste während der Zeremonie bestätigen den Eindruck der Verstrickung des Vaters in die menschenverachtenden Verbrechen der Nationalsozialisten, wenn sie der Erzählerin davon berichten, dass der Vater „viele Tote auf dem Gewissen" (N 9) und gemeinsam mit vier anderen Soldaten „in einem Rübenfeld eine Frau vergewaltigt" habe, indem er ihr „eine Rübe zwischen die Beine" steckte (N 9).

Trotz der scheinbar öffentlich bekannten Gräueltaten des Vaters und der stetigen herabwürdigenden Kommentare der Beerdigungsgäste bekräftigt der Grabredner im Traum der Erzählerin die vermeintliche Sittlichkeit der Gemeinde: „*Wir* sind stolz auf *unsere* Gemeinde. *Unsere* Tüchtigkeit bewahrt *uns* vor dem Untergang. *Wir* lassen *uns* nicht beschimpfen." (N 11; Hervorhebung HZ) Die Verbrechen der Gemeindemitglieder werden vom Grabredner radikal verschwiegen und während hinter vorgehaltener Hand schlecht über den Vater gesprochen wird, heuchelt der Grabredner Zusammenhalt. In dessen drei kurzen Sätzen werden sowohl die selbstgefällige Glorifizierung und der kollektive Gehorsam als auch die radikale Angst vor Kritik und vor einem kulturellen Niedergang des Dorfes vor Augen geführt, welche für die Darstellung der ‚Dorfheimat' in dem Band *Niederungen* wiederum symptomatisch sind. Das kulturelle Welt- und Selbstbild der banatschwäbischen Enklave weist eine enge Nähe zu tradierten, regressiven

---

32 Vgl. dazu Bozzi: *Der fremde Blick. Zum Werk Herta Müllers*, S. 55.

‚Heimat'-Konzeptionen des 19. und frühen 20. Jahrhunderts auf, bei denen die Vergangenheit in erster Linie als Erfolgsgeschichte verstanden wird und dem befürchteten Werteverlust und der mutmaßlichen Entfremdung der eigenen Gemeinschaft die imaginäre Idylle der Landschaft sowie ursprüngliche Lebensformen und traditionelle Werte entgegengesetzt werden. Besonders im Hinblick auf den isolierten Minderheitenstatus innerhalb der rumänischen Kultur werden die Veränderungen der Lebensbedingungen als bedrohlich wahrgenommen und durch die Hinwendung zur ‚Heimat' vermeintlich kompensiert, was Müller durch den Fokus auf die verklärenden, ideologisierenden und exkludierenden Funktionsmechanismen des dörflichen Wertesystems jedoch als Trugschluss entlarvt und stattdessen den kulturellen und moralischen Verfall des Dorfes sowie die Engstirnigkeit, die Rückständigkeit und den Provinzialismus der banatschwäbischen Gemeinschaft in den Vordergrund rückt.

5.3 „Das Glück verdampft im Rübentopf": Gewalt in Familie und Dorfgemeinschaft

Die in der ‚Dorfheimat' gepflegten Normen und Werte schlagen sich auch im Umgang der Menschen miteinander nieder. So werden in den Kurzgeschichten des Bandes *Niederungen* in der Regel zwar konstante, jedoch wenig tiefe Beziehungen dargestellt; stattdessen erscheinen die Figuren als Prototypen einer traumatisierten Kriegsgeneration, die unfähig scheint, Nähe und Zuneigung offen zu zeigen. Entgegen traditioneller, stereotyper ‚Heimat'-Vorstellungen von Vertrauen, Liebe, Zusammenhalt und enger emotionaler Verbundenheit innerhalb überschaubarer sozialer Gruppen, stellen sich die dörfliche Gemeinschaft und die zwischenmenschlichen Beziehungen in *Niederungen* als distanziert, aggressiv und teilweise sogar destruktiv dar. Traditionelle Geschlechterrollen, fehlende Kommunikation und eine patriarchalische, statische Gesellschaftsstruktur nehmen jeglichen Raum für Individualität und obstruieren zugleich ein Gefühl der häuslichen beziehungsweise ‚heimatlichen' Geborgenheit.[33]

---

[33] Dorle Merchiers versteht die zerrütteten Familienhältnisse in der Titelerzählung „Niederungen" als maßgeblich für einen fehlenden ‚Heimat'-Bezug der Erzählerin, wobei sie ‚Heimat' als emotionales ‚Wir-Gefühl' versteht, dabei allerdings ‚Heimat' mit *terre natale*, also ‚Geburtsort', gleichsetzt: „L'essence de la *Heimat* est émotionelle: c'est la possibilité de dire ‚nous'. Le premier environnement qui façonne l'identité de l'individu et lui permet de découvrir le sentiment d'appartenance à un groupe, c'est la famille." Merchiers: „Perception et représentation de la terre natale (*Heimat*) dans l'œuvre de Herta Müller", S. 51 f.

Im narrativen Zentrum der Kurzgeschichten steht auf sozialer Ebene die Familie der Erzählfigur(en). Während sich die Gemeinschaft auf kultureller Ebene durch ein (vermeintlich) starkes ‚Wir'-Gefühl auszeichnet, sind die interpersonellen Verbindungspunkte und Interaktionen auf familiärer Ebene auf ein Minimum reduziert. In der Titelerzählung „Niederungen" wird der Vater in erster Linie als aggressiver Alkoholiker, die Mutter hingegen vor allem als einsame, weinende Hausfrau beschrieben: „Mutter weint. Sie redet beim Weinen genausoviel, wie sie weint, genausoviel wie beim Reden und bekommt immer einen Schnupfen aus Wasser und Glas, den sie an den Ärmel wischt. / Vater ist wieder betrunken." (N 92) Das Weinen der Mutter und der Alkoholkonsum des Vaters ziehen sich motivisch durch die gesamte Erzählung. Die Mutter weint bei einem Besuch der Großmutter, der gegenüber sie beklagt, „dass Vater täglich betrunken heimkommt" (N 49), oder als der Arzt kommen muss, weil der Vater „seine Leber ausgekotzt" (N 38) hat. Zugleich wird aber auch suggeriert, dass sich unter der Oberfläche dieses eingespielten Verhaltensmusters der Eltern zwei traurige, traumatisierte Individuen befinden, was zum Beispiel in einem Streit der Eltern zum Ausdruck kommt, bei dem die Mutter in der Küche weint und der Vater betrunken auf den „leeren Bildschirm" des Fernsehers blickt (N 92):

> Es flimmert nur von innen, und aus dem Flimmern hört man Musik. Und Vaters Gesicht ist so leer wie der Bildschirm, und Mutter sagt, mach den Fernseher aus, und Vater stellt bloß den Ton ab und lässt es weiterflimmern und beginnt ein Lied zu singen, das Lied von den *Drei Kameraden, die zogen ins Leben hinaus*.
> Bei *hinaus* wird Vaters Stimme sehr laut, und er zeigt durchs Fenster auf die Straße hin. Das Pflaster ist voller Gänsedreck. Wo sind sie denn geblieben, in der großen, großen weiten Welt. Vaters Stimme wird weicher. Der Wind hat sie vertrieben, weil kein Mensch, kein Mensch zu ihnen hält. Der Dorfwind zittert über den Grashalmen und dem Gänsedreck. Vater hat das Gesicht, hat die Augen, hat den Mund, Vater hat die Ohren voll mit seinem eigenen rauhen Lied. Vater ist ein todtrauriges Tier. (N 92 f.; Hervorhebung im Original)

Während der Vater seine Kriegslieder singt und seiner Vergangenheit als Soldat im Krieg nachtrauert, sich unverstanden und allein fühlt und in der Gegenwart nicht anzukommen scheint, wird der (beziehungsweise ein) Grund für die Traurigkeit der Mutter in „Niederungen" eher impliziert: Die autodiegetische Erzählerin stellt sich vor, sie sähe ihre Mutter „nackt und erfroren in Russland liegen, mit zerschundenen Beinen und grünen Lippen von Futterrüben. Mutter war eingeschlafen. Wenn sie wach war, hörte ich sie nie atmen. Wenn sie schlief, röchelte sie, als hätte sie sibirischen Wind in der Kehle." (N 102) Tagsüber erscheint der Erzählerin ihre Mutter atemlos, leblos; im Schlaf hingegen kommen die Erinnerungen an den Krieg und das Trauma der Verschleppung nach Russland durch ihren ‚Lebenshauch' subtil zum Vorschein.

Der Vater nutzt in „Niederungen" folglich den Alkohol, die Mutter wiederum die Hausarbeit, um dem Alltag respektive der Realität zu entfliehen und die Trauer zu betäuben. Zwar klagt die Mutter täglich mehrmals darüber, dass sie „mit der vielen Arbeit nie fertig werde" (N 74), dennoch vertieft sie sich so sehr in diese, dass ihre Tochter sie schließlich nicht mehr erkennt, „weil sie immer mehr sie selber, immer mehr ein Vorgang wird." (N 75) Die Obsession der Mutter mit der Hausarbeit führt dazu, dass sie nur noch durch ihre Tätigkeit charakterisiert und somit (analog zum Vater als ‚todtraurigem Tier') narrativ depersonalisiert beziehungsweise objektifiziert wird, was zugleich auf die mangelnde Interaktion und die fehlende gegenseitige Beachtung innerhalb der Familie verweist: „Mutters Augen schauen hin und her. Sie haben einen schwarzen Fleck Pupille, der dreht sich um sich selbst. Mutter hätte schöne stille Augen, wenn sie nicht den ganzen Tag ein Vorgang wär." (N 75) An anderer Stelle träumt die Erzählerin, dass ihre Mutter die Straße fege und stellt übereinstimmend mit der mütterlichen Einsamkeit typographisch unübersehbar fest: „MUTTER, MAN SIEHT, DASS DU EINSAM BIST." (N 41) Doch bereits vor der von den Erlebnissen im Zweiten Weltkrieg herrührenden Trauer und Einsamkeit der Eltern ist deren Beziehung nicht von Liebe, sondern in erster Linie von fehlender Nähe, mangelnder Kommunikation und Gewalt überschattet. In einer Binnenerzählung der titelgebenden Kurzgeschichte berichtet die Mutter zum einen von ihrer Hochzeitsnacht, in welcher der Vater „auf dem Klo gekotzt hatte" und danach sofort einschlief (N 19), zum anderen von einem Frühlings-Spaziergang vor ihrer Hochzeit, bei welchem der Vater sie „auch beim Kirschenpflücken im großen menschenleeren Weingarten nicht angerührt" habe (N 20):

> Er stand wie ein Pfahl neben mir und spuckte ständig nasse, glitschige Kirschkerne aus, und ich wusste damals, dass er mich im Leben oft verprügeln wird. Als wir zu Hause ankamen, hatten die Frauen im Dorf schon ganze Körbe voll Kuchen gebacken, und die Männer hatten schon ein junges schönes Rind geschlachtet. Die Klauen lagen auf dem Mist. Ich sah sie, als ich durchs Tor in den Hof trat. Und ich ging auf den Dachboden weinen, damit mich niemand sieht, damit niemand erfährt, dass ich keine glückliche Braut bin. Ich wollte damals sagen, ich will nicht heiraten, aber ich sah das geschlachtete Rind, und Großvater hätte mich umgebracht. (N 20)

Statt auf ihr Gefühl zu hören, fügt sich die Mutter aus Angst dem patriarchalischen Willen und dem gesellschaftlichen Druck, wohl wissend, dass sie ein Leben ohne Zuneigung und voller Gewalt erwartet. Der Ehealltag ist entsprechend gezeichnet von zwischenmenschlicher Distanz. Die Eltern der Erzählerin beschränken ihre Kommunikation und ihren Kontakt miteinander auf das Nötigste, wobei sie selbst Blicke und Berührungen vermeiden: „Tagsüber arbeiteten sie und sahen sich nicht, und nachts schliefen sie Rücken an Rücken ein und sahen sich nicht an." (N 74)[34]

Die Mutter und der Vater der Protagonistin sind jedoch nicht das einzige Ehepaar, dessen Beziehung von Trauer, Einsamkeit und Gewalt beherrscht wird. Im gesamten Band *Niederungen* sind die erwachsenen Figuren in der Regel nicht mit Namen versehen, sondern lediglich mit ihrer sozialen Rolle, was die Mutter und den Vater der Erzählerin zugleich auch zu Prototypen für zahlreiche Mütter und Väter der banatschwäbischen Gemeinschaft macht und so ein kollektives Schicksal der Menschen in der ‚Dorfheimat' sowie die Entfremdung des einzelnen Menschen innerhalb der übergeordneten Gemeinschaft nahelegt. Entsprechend ist nicht nur die Mutter der Erzählerin „keine glückliche Braut" (N 20) gewesen, auch die Fotos an den Wänden der strickenden alten Frauen des Dorfes zeugen von dem omnipräsenten Unglück der dörflichen Ehen: „An den Wänden hängen ihre Hochzeitsbilder. Sie haben schwere Kränze auf der flachen Bluse und im Haar. Sie haben schöne schlanke Hände überm Bauch und haben junge traurige Gesichter." (N 36) Die Flucht der Frauen vor der Trauer und der Einsamkeit in die Hausarbeit kommt auch anhand der zahlreichen Beerdigungen im Dorf zum Ausdruck: „Sie [die Mütter] sind heute morgen fürs Weinen aus den Betten gekrochen, haben fürs Weinen gefrühstückt und zu Mittag gegessen. / Sie bündeln jede Arbeit im Haus in Handgriffe, und ihre Köpfe hängen voll mit der Suche nach Abwesenheit und Flucht vor sich selbst." (N 66) Die psychischen Trümmer des Krieges und der unglücklichen Ehen werden in der manischen Hausarbeit jedoch weniger ‚bereinigt' als vielmehr verdrängt.

Korrespondierend mit der stereotypen Modellierung der Eltern der Erzählerin werden in der Kurzgeschichte „Niederungen" die Frauen immer wieder als traurige, einsame Hausfrauen, die Männer hingegen als stille, einsame Alkoholiker präsentiert, während die Interaktion der Geschlechter bis aufs Geringste reduziert bleibt. Im Winter gehen „die Frauen in den dunklen Falten ihrer Röcke [...] stumm in ihren Häuserwänden ein und aus"; die „vermummten Männer" hingegen kommen aus dem Wirtshaus und „gehen gedankenlos vorüber und reden mit sich selbst." (N 35) Im Frühjahr wiederum gehen die Frauen „an den leeren Vormittagen [...] ins Geschäft und kaufen Hefe oder ein Päckchen Zündhölzer", während „in den Kellern Balken gelegt [werden], auf denen die Männer wie große Sumpfvögel zu den Weinfässern stelzen", sodass der „Wein in ihren Gurgeln gluckst" (N 36). Dieses dichotomische Verhalten scheint über Generationen verinnerlicht

---

34 In Bezug auf die familiären Schlafzimmer stellt die kindliche Erzählerin entsprechend fest, dass „seit Mutters Hochzeit [...] niemand mehr in diesen Betten geatmet" habe (N 19).

worden zu sein, denn auch in der Binnenerzählung der Großmutter heißt es rückblickend, „die Frauen sprachen flüsternd und zogen sich die knochigen Kopftücher tief ins Gesicht" (N 42), während die Männer hingegen „stumm" auf dem Feld arbeiten, „einzeln" an den Tischen des Wirtshauses sitzen und sich „das brennende Getränk in den Hals" gießen (N 43). Auch zwischen den Geschlechtern sind Gespräche in „Niederungen" eher die Ausnahme als die Regel. Zyklisch wiederkehrende trostlose Momentaufnahmen des zwischenmenschlichen Alltags in der dörflichen Umgebung widerspiegeln die Inexistenz von Kommunikation, glücklichen Ehen und familiärer Nähe. Der rare Umgang der Eheleute miteinander ist hingegen geprägt von Gewalt und fehlendem Respekt, was schon Kinder in frühen Jahren spielend perpetuieren, wie es das Spiel der Erzählerin mit dem Nachbarsjungen Wendel demonstriert:

> Wir spielen Mann und Frau. Ich steck mir die zwei grünen Wollknäuel unter die Bluse, und Wendel klebt sich seinen Schnurrbart aus grünen Schafwollfäden an.
> Wir spielen. Ich beschimpfe ihn, weil er betrunken ist, weil kein Geld im Haus ist, weil die Kuh kein Futter hat, ich nenne Wendel Faulpelz und Dreckschwein und Vagabund und Säufer und Tunichtgut und Nichtsnutz und Hurenbock und Schweinehund. So geht das Spiel. Es macht mich froh, und es lässt sich spielen. Wendel sitzt und schweigt. (N 97)[35]

Die Freude, welche die Protagonistin in der Adaption der Rolle der Ehefrau empfindet, deutet auf die dörfliche Normalität solch verunglimpfender Konfrontationen sowie auf ein fehlendes Bewusstsein für einen respektvollen zwischenmenschlichen Umgang hin. Dies wird auch suggeriert, wenn die Erzählerin und Wendel nach dem Mittagsschlaf zwar „wieder Mann und Frau" spielen, ihr Spiel aber nicht beenden, da es bereits Abend ist: „Mutter und Vater übernehmen unser Spiel." (N 99)[36] Durch Erziehung, Sozialisation und Enkulturation in der ‚Dorfheimat' werden die dörflichen Verhaltensmuster unhinterfragt verinnerlicht und adaptiert, und somit in einem scheinbar endlosen Kreislauf über die folgenden Generationen weitergetragen.

---

35 Vgl. „Wir spielen Mutter und Vater in den Scheunen, wir liegen im Stroh nebeneinander und aufeinander. Zwischen uns sind unsere Kleider. Manchmal ziehen wir die Strümpfe aus, und das Stroh sticht uns in die Beine. Wir ziehen die Strümpfe versteckt wieder an und haben dann beim Gehen Stroh auf der Haut. Täglich bekommen wir Kinder, Maiskolbenkinder im Hühnerstall, Puppenkinder auf der Hühnerleiter. Ihre Kleider flattern, wenn der Wind durch die Bretter kommt." (N 18)
36 Rosa Pérez Zancas bezeichnet diese Spiele der Kinder entsprechend als „unerträgliche[n] Abklatsch des Alltags daheim", Pérez Zancas: „‚Ich habe das Schreiben gelernt vom Schweigen und Verschweigen': Herta Müllers *Niederungen*", S. 123.

Der zentrale Topos der zerrütteten Familienverhältnisse zeigt sich exemplarisch in der programmatisch betitelten Kurzgeschichte „Meine Familie", in der auf satirische Weise die Verwandtschaftsverhältnisse der Erzählfigur beleuchtet werden. Zunächst noch übersichtlich, wird in Form von parallelen, versifizierten Parataxen die Mutter als „vermummtes Weib" und die Großmutter als „starblind" beschrieben, während der Großvater „den Hodenbruch" erlitten und der Vater „noch ein anderes Kind mit einer anderen Frau" hat (N 15). Bereits hier zeichnet sich das schablonenhafte Bild der weiblichen Blindheit und der männlichen Untreue ab, welches sich im Laufe der Narration sukzessiv in ein unübersichtliches Netz von Lügen, Betrug und außerehelichen Verhältnissen spannt. Dabei präsentiert die Erzählperson weniger ihr eigenes Bild von ihrer Familie als vielmehr ein Bild ihrer Familie von außen – aus der Perspektive ‚der Leute', die sagen, dass sie einen anderen Vater habe, dass die Großmutter den Großvater aus Geldgier geheiratet habe und deren Eheschließung „reinste Inzucht" sei, oder dass die Mutter und der Onkel uneheliche Kinder seien (N 15). Mithilfe immer länger werdender, verschachtelter Hypotaxen und der beiden sich wiederholenden Phrasen „die Leute sagen" sowie „die andern Leute sagen" (N 15 f.) eröffnet sich nach und nach anhand von ‚Tratschereien' das Bild eines komplexen, verworrenen Stammbaumes. Es entstehe zwar kein „Bild von einer realen Familie", so Christoph Parry, „wohl aber der diskursive Abdruck eines engen Geflechts von Gerüchten, das die Dorfgemeinschaft zusammenhält. Hier kommt kein individuelles Subjekt zu Wort, sondern nur das Kollektiv in blinder Gedankenlosigkeit."[37] Ein ‚individuelles Subjekt' kommt in „Meine Familie" allerdings doch zu Wort, nämlich in Gestalt der Mutter, die bemüht ist, die Gerüchte zu bereinigen, und die im Gegensatz zu ‚den Leuten' sagt, dass „das andere Kind" nicht von ihrem Mann, sondern „von einem anderen Mann" sei und dass die Erzählfigur hingegen von ihrem Mann und „nicht von einem anderen Mann" sei (N 15). Doch auch die Aussagen der Mutter sind ebenso wenig nachvollziehbar wie verlässlich, denn die „hundert Lei" (N 15), die der Postmann der Erzählfigur zu Weihnachten bringt, scheinen wiederum einen ironischen Hinweis auf die Existenz eines außerehelichen Vaters zu geben. Durch die Gegenüberstellung der Aussagen ‚der Leute' und der Mutter sowie durch einen fehlenden Kommentar der Erzählinstanz wird die Unsicherheit, die Unzuverlässigkeit und das mangelnde Vertrauen in die tatsächlichen Familienverhältnisse schonungslos offengelegt.

---

37 Christoph Parry: „Zur Enklavenproblematik bei Herta Müller und Joseph Zoderer", in: *Gegenwartsliteratur. Ein germanistisches Jahrbuch* 10 (2011), S. 93–115, hier: S. 101.

Untreue und Misstrauen innerhalb der Familie sind auch in weiteren Kurzgeschichten des Bandes zentrale Topoi, was mehrfach auch zu gewalttätigen Konfrontationen führt und der Möglichkeit des sozialen Raumes als friedlichem, ‚heimatlichem' Ort der Zugehörigkeit und der Geborgenheit zuwiderläuft. In „Faule Birnen" wird die kindliche Erzählerin zum Beispiel zur unfreiwilligen Zeugin des Geschlechtsverkehrs zwischen ihrem Vater und ihrer Tante. In „Mutter, Vater und der Kleine" wird ein Familienurlaub geschildert, der – im Kontrast zu den im Rahmentext festgehaltenen Floskeln auf der von der Mutter verfassten Ansichtskarte – nicht aus Entspannung und Harmonie, sondern vielmehr aus Einsamkeit, Stress, Eifersucht, Alkoholismus und Streit besteht. Auch in der titelgebenden Kurzgeschichte „Niederungen" überwiegen im Familienalltag der ‚Dorfheimat' die Momente der Unstimmigkeit und der Disharmonie. So berichtet die namenlose Erzählerin von einem vergangenen Osterfest, an dem die Mutter ihr die Haare mit Zuckerwasser zu einer Rolle formte, wobei diese, „wie an allen Feiertagen" (N 48), schief geworden sei, „weil Mutter beim Kämmen weinte, denn Vater war wieder betrunken aus dem Wirtshaus gekommen. Der Feiertag war verdorben, wie alle Feiertage in diesem Haus." (N 48) Nicht zuletzt eskaliert in der Titelerzählung der Streit um den flimmernden Fernseher, als der Vater die Mutter singend mit einem Messer bedroht (N 94):

> Die Küche ist voller Dampf. Aus dem Rübentopf steigt wieder ein muffiger Qualm zur Decke auf und verschlingt unsere Gesichter.
> Wir schauen hinein in den weißen Nebel, der schwer ist und uns die Schädeldecke eindrückt. Wir schauen weg von unserer Einsamkeit, von uns selbst und ertragen die anderen und uns selber nicht, und die anderen neben uns ertragen uns auch nicht.
> Vater singt, Vaters Gesicht fällt singend auf den Tisch, verdammt noch mal, wir sind eine glückliche Familie, verdammt noch mal, das Glück verdampft im Rübentopf, der Dampf beißt uns die Köpfe ab, das Glück beißt uns die Köpfe ab, verdammt noch mal, das Glück frisst uns das Leben. (N 93)

Das Unglück der Familie gipfelt im Bild des nebulösen Küchendampfes. Trotz väterlichem Versuch, die Familie als glücklich darzustellen, verschlingt das Unglück in personifizierter Form die Gesichter, greift sie an, und frisst sie und das Leben der einzelnen Familienmitglieder auf. Die durch den aggressiven Qualm bedingte eingeschränkte Sicht führt auch dazu, dass die Angehörigen sich nicht mehr gegenseitig, sondern nur noch sich selbst wahrnehmen, was die Einsamkeit innerhalb des gewaltsamen Familienalltags und den fehlenden Zusammenhalt optisch potenziert.

Während der Vater singend auf dem Tisch liegt und die Mutter unentwegt „redet und weint" (N 94), will sich die Erzählerin in die ebenfalls bedrohlich wirkenden „klaffenden Filzschuhe" der Großmutter flüchten, in „die schwarze

Geborgenheit, in der man nicht atmen muss, dort ist der Ort, wo man ersticken kann, an sich selbst." (N 93 f.) Der Tod stellt sich ihr in Form des Hausschuhs als möglicher Ausweg aus dem familiären Unglück dar, wobei auch der Schuh paradoxerweise der Sphäre der Familie zugehört. Die existenzielle Destruktivität der konfliktreichen Beziehungen ist auch hier exemplarisch für die anderen Familien des Dorfes, denn schließlich mischen sich akustisch „Vaters Singen und Mutters Reden [...]. Und beide sagen das Wort allein, wenn sie einsam sagen wollen. Beide und alle im Dorf kennen das Wort einsam nicht, wissen nicht, wer sie sind." (N 94) Auch wenn den Dorfbewohner*innen das Wort offenbar nicht bekannt ist, scheint die Einsamkeit im Dorf allgegenwärtig. In der ‚Dorfheimat' zählt lediglich das kollektive, nicht aber das individuelle Schicksal, was nicht nur zu mangelnder zwischenmenschlicher Zuneigung führt, sondern nicht zuletzt auch zum Verlust der Selbstwahrnehmung und der Individualität.

Die Alltäglichkeit der häuslichen Gewalt wird in der titelgebenden Erzählung darüber hinaus anhand der Erziehung und des Umgangs der erwachsenen Familienmitglieder mit der jungen Erzählerin erkennbar. Wenn sie nach der ersten Aufforderung nicht beim Essen erscheint, hat sie die Spuren der „harten Hand" (N 47) ihrer Mutter auf der Wange. Und wenn sie scheinbar grundlos weint, prügelt ihre Mutter sie manchmal „und sagte dabei, na, jetzt hast du endlich auch mal einen Grund." (N 49) Die Großmutter wirft mit einem Pantoffel nach der Erzählerin, weil diese sagt, dass ihrer Großmutter der Gipsarm gut stehe (vgl. N 82 f.), und als die Großmutter drei Mal nach ihr rufen muss, treibt sie ihre Enkelin „unter Ohrfeigen in den Mittagsschlaf." (N 98) Der Vater hingegen stößt seine Tochter von sich und schreit sie an, als sie ihm beim Kämmen seiner Haare aus Versehen ins Gesicht greift (vgl. N 72). Als die Erzählerin Mitleid mit der Mutter eines geschlachteten Kalbs hat und ihre Mutter fragt, „ob auch sie traurig wäre, wenn man mich ihr wegnehmen, mich schlachten würde", gibt die Mutter ihr eine so starke Ohrfeige, dass sie an den Kleiderschrank stößt und „eine geschwollene Oberlippe und einen violetten Fleck auf dem Arm" (N 65) davonträgt:

> Mutter sagte, jetzt ist endlich genug geheult. Ich musste augenblicklich mit dem Schluchzen aufhören und im nächsten Augenblick freundlich mit meiner Mutter reden. Kinder dürfen den Eltern nichts nachtragen, denn alles, was Eltern tun, verdienen die Kinder nicht anders. Ich musste laut und freiwillig einsehen, dass ich die Ohrfeige verdient hatte, dass es schade sei um jeden Hieb, der danebengehe. (N 65)

Um ihre Tochter zusätzlich zu bestrafen, muss diese überdies die Scherben einer Schale aufkehren, die bei ihrem Sturz gegen die Schranktür zerbrochen ist. Die Eltern-Kind-Beziehung basiert auf der widerstandslosen Unterordnung des Kindes. Körperliche Gewalt gilt dafür in den gesellschaftlichen Strukturen und unter den kulturellen Vorgaben der vormodernen, archaischen bäuerlichen Gemeinschaft der ‚Dorfheimat' als legitimes Erziehungsmittel.

Auch psychische Gewalt nimmt in der Erziehung eine wesentliche Rolle ein. Während die junge Protagonistin gleich zu Beginn der Kurzgeschichte „Niederungen" in der Natur spielt, gibt ihr der Großvater klare Regeln vor: Das Ringelgras darf sie nicht essen, weil man davon dumm werde, Akazienblüten darf sie nicht essen, weil man von den Fliegen darin stumm werde, und wenn ein Käfer in ihr Ohr kriecht, schüttet der Großvater Spiritus in dieses, damit der Käfer nicht in ihren Kopf kriecht und sie davon wiederum nicht dumm werde (vgl. N 17). Die starren, sinnlosen Regeln und vermeintlichen Weisheiten des Großvaters schüren die Angst des Kindes und schüchtern es ein. Es hat diese so verinnerlicht, dass es seinen Alltag daran ausrichtet und sein Handeln entsprechend einschränkt, beispielsweise wenn es Blumen pflückt:

> Wenn dir eine Biene in den Mund fliegt, stirbst du. Sie sticht dir in den Gaumen. Der Gaumen schwillt so dick an, dass du an deinem eigenen Gaumen erstickst, sagte Großvater.
> Ich dachte beim Blumenpflücken ununterbrochen daran, dass ich den Mund nicht öffnen darf. Nur manchmal bekam ich Lust zu singen. Ich biss die Zähne zusammen und zerdrückte das Lied. (N 22)

Die eigentlich schöne Tätigkeit des Blumenpflückens kann die Erzählerin in Anbetracht der in ihr geschürten Ängste nicht genießen. Trotz des psychischen Drucks, den er ausübt, nimmt der Großvater innerhalb der familiären Verhältnisse eine Sonderstellung ein. Er ist das einzige Familienmitglied, das keine körperliche Gewalt gegenüber dem Kind anwendet. An verschiedenen Stellen der Titelerzählung lässt sich sogar eine gewisse Zuneigung zwischen den beiden erkennen. Der Großvater lässt seine Enkelin trotz „dumme[r] Fragerei" (N 19) spielen, er zertritt Raupen, wenn sie aus Angst vor diesen schreit (vgl. N 81), oder er hebt sie aus dem Wasser des Flusses, um sie vor dem Biss einer Schlange zu bewahren (vgl. N 87). In Bezug auf das gemeinsame Essen der Familie bringt die Erzählerin ihre Sympathie für ihren Großvater sogar sprachlich zum Ausdruck: „Großvater lässt sich mehrmals rufen. Manchmal glaub ich, er tut es mir zuliebe. Ich mag ihn, wenn er nicht auf Mutter hört." (N 47) Zwar ist die Zuneigung der Protagonistin gegenüber ihrem Großvater hier keineswegs bedingungslos, sondern an dessen fehlenden Gehorsam gegenüber der Mutter geknüpft, von der tendenziellen Gefühlskälte innerhalb der gewaltsamen Familie hebt sich die vorsichtige Formulierung ihrer Sympathie jedoch durchaus ab.

Trotz vorherrschender zwischenmenschlicher Distanz stellt nicht nur die Beziehung der Erzählerin zu ihrem Großvater eine Ausnahme in den von Gewalt gezeichneten Beziehungen in *Niederungen* dar. Auch an weiteren Stellen des Bandes lassen sich kurze, dezente Spuren eines liebevollen familiären Umgangs ausmachen. An manchen Abenden darf das Kind in „Niederungen" seinem Vater die Haare kämmen, das „Haar scheiteln, Maschen hineinbinden, Haarspangen aus Draht eng über seine Kopfhaut ziehen. Ich durfte ihm Kopftücher aufbinden, Schultertücher und Halsketten umhängen" (N 72), was dem Kind wiederum Freude bereitet.[38] An manchen Abenden im Frühjahr bringt die Mutter ihrer Tochter Sauerampfer, im Sommer gelegentlich „eine riesengroße Sonnenblume" (N 21) mit. Diese abendlichen Mitbringsel der Mutter erinnern wiederum an die ‚indirekte Zärtlichkeit' innerhalb der dörflichen Gemeinschaft, die Herta Müller 2009 in ihrer Nobelpreisrede „Jedes Wort weiß etwas vom Teufelskreis" anhand der Frage nach einem Taschentuch ausführt:

> HAST DU EIN TASCHENTUCH, fragte die Mutter jeden Morgen am Haustor, bevor ich auf die Straße ging. Ich hatte keines. Und weil ich keines hatte, ging ich noch mal ins Zimmer zurück und nahm mir ein Taschentuch. Ich hatte jeden Morgen keines, weil ich jeden Morgen auf die Frage wartete. Das Taschentuch war der Beweis, dass die Mutter mich am Morgen behütet. In den späteren Stunden und Dingen des Tages war ich auf mich selbst gestellt. Die Frage HAST DU EIN TASCHENTUCH war eine indirekte Zärtlichkeit. Eine direkte wäre peinlich gewesen, so etwas gab es bei den Bauern nicht. Die Liebe als Frage verkleidet.[39]

Solch kleine Momente der Zuneigung verbergen sich subtil auch in den Kurzgeschichten des Bandes *Niederungen* hinter der emotional distanzierten, stillen bäuerlichen Mentalität. Und gerade durch den starken Kontrast zwischen der nahezu ubiquitären Gewalt und Einsamkeit sowie den kurzen ‚indirekt zärtlichen' Lichtblicken dazwischen wirken die Beziehungen innerhalb der ‚Dorfheimat' umso bedrückender. Das Zusammenleben der kleinen, homogenen und weitestgehend autarken Gemeinschaft in der banatschwäbischen Enklave scheint zwar auf kultureller Ebene von einem starken Wir-Gefühl gekennzeichnet zu sein, auf sozialer Ebene stellt sich das Zusammenleben jedoch in erster Linie als unveränderliches Mosaik einzelner distanzierter und einsamer Individuen dar, was tradierten Konzeptionen einer eng verbundenen ‚heimatlichen' Dorfgemeinschaft schließlich zuwiderläuft.

---

[38] Vgl. „Vielleicht wird dieser Abend einer dieser wenigen stillen Abende. Vielleicht darf ich Vater wieder kämmen, vielleicht finde ich ein graues Haar, dann reiße ich es mit der Wurzel aus. / Vielleicht werde ich Vater eine rote Masche ins Haar binden. Ich werde heute seine Schläfe nicht berühren." (N 82)
[39] Müller: „Jedes Wort weiß etwas vom Teufelskreis", S. 7.

5.4 „die Angst vor der Angst der Angst": ‚Heimatgefühl' in der ‚Dorfheimat'

Im Jahr 2010 konstatiert Herta Müller in ihrer Dankrede zur Verleihung des Hoffmann-von-Fallersleben-Preises für zeitkritische Literatur, dass die Kindheit wahrscheinlich „der verworrenste Teil des Lebens" sei: „Es wird in daumenkleinen Details, die wir später mit einem glatten zweisilbigen Wort KINDHEIT nennen, so viel gleichzeitig aufgebaut und abgerissen wie später nie wieder."[40] Die kindliche Perspektive in einem Großteil der Kurzgeschichten des Bandes *Niederungen* eröffnet einen weitestgehend retrospektiven Einblick in solch ‚daumenkleine Details' einer Kindheit: in das Seelenleben eines Kindes, das im Banat geboren und aufgewachsen ist und in dieser Umgebung sozialisiert wurde. Gerade in traditionellen Konzeptionen wird ‚Heimat' häufig als Geburtsort oder Sozialisationsraum verstanden, wobei besonders die primäre und die sekundäre Sozialisation als grundlegend für die Herausbildung einer eigenen Identität und den Aufbau menschlicher Bindungen verstanden werden können. Zentral für die Erzählperson des Kindes in *Niederungen* ist jedoch, dass im Zuge ihres Sozialisationsprozesses weniger eine Verinnerlichung oder Adaption der sie umgebenden Lebensform als vielmehr eine kontinuierliche und konsequente Ablehnung ihrer topographischen, kulturellen und sozialen Umgebung erkennbar ist. Angst und Beklemmung überwiegen ‚heimatliche' Gefühle der Identifikation, des Vertrauens und der Sicherheit, was schließlich eben nicht zu einer Bindung an, sondern zu einer Differenzierung von der unmittelbaren Lebenswelt führt. In „Gelber Mais und keine Zeit" schreibt Müller 2007 in Bezug auf ihre eigene Kindheit in der dörflichen Umgebung des Banats:

> Ich habe gelernt, die Landschaft der Kindheit legt Spuren für den Landschaftsblick aller weiteren Jahre. Die Kindheitslandschaft sozialisiert ohne Hinweis. Sie schleicht sich in uns hinein. Kindheitslandschaften sind die ersten großen Bilder, die uns mit unserem Körper konfrontieren. [. . .] Man steht in der Ungleichheit. Das Landschaftsbild meiner Kindheit ist die erste große Niederlage, die ich kenne. Die ungleiche Beschaffenheit hat sich gezeigt. Allein in der Landschaft hab ich mich oft gefürchtet. Die Landschaft ist die erste grundlose Ausweglosigkeit, an die ich mich erinnern kann. Ich dachte, man müsse eine Pflanze werden, um zu wissen, wie man lebt. Das grüne Flusstal hinter den Maisfeldern war der erste äußere Spiegel meiner Hilflosigkeit.[41]

Die ‚ungleiche Beschaffenheit', die Müller selbst in Hinblick auf die sie umgebende Landschaft empfunden hat, spiegelt sich auch in der Wahrnehmungsperspektive

---

40 Müller: „Denk nicht dorthin, wo du nicht sollst", S. 27.
41 Müller: „Gelber Mais und keine Zeit.", S. 128.

des Kindes in den Kurzgeschichten des Bandes *Niederungen* wider. ‚Heimat' stellt sich hier eben nicht als ‚Satisfaktionsraum' im Sinne von Ina-Maria Greverus dar – als „emotionale Bezogenheit der Subjekte auf einen soziokulturellen Raum, in dem ihnen Identität, Sicherheit und aktive Lebensgestaltung möglich ist oder scheint",[42] als „Raum, in dem die Ich-Umwelt Beziehung funktioniert"[43]–, sondern wird vielmehr zu einem Dissatisfaktionsraum, in dem Furcht, Ausweglosigkeit, Unterordnung und Handlungsunfähigkeit dominieren, während affektive Regungen des Vertrauens und der Zugehörigkeit stetig unterminiert werden.

Die Asymmetrie zwischen Ich und Umwelt, der Erzählfigur und deren Umgebung, äußerst sich besonders in der Angst, welche sich motivisch und thematisch konstant durch den gesamten Band zieht und welche die Gefühlswelt des Kindes beherrscht. Die narrativen Räume der Erzählungen in *Niederungen* sind entsprechend gekennzeichnet von einer Atmosphäre des ‚Unheimlichen'. Dabei meint ‚unheimlich' hier weniger eine (spätromantische) Ästhetik des Grauens oder des Schauders als vielmehr eine Form des Angstgefühls, das die Wahrnehmungsperspektive der Erzählfigur(en) dominiert und sich durch diese (ängstliche) Filterung der narrativen Welt rezeptionsästhetisch auch auf die Lesenden überträgt. Etymologisch bildet ‚unheimlich' zugleich einen unmittelbaren Gegensatz zu ‚heimlich' im Sinne von ‚zum Heim gehörig' beziehungsweise ‚vertraut', wie es auch Freud bereits 1919 in seiner Untersuchung „Das Unheimliche" herausgearbeitet hat: „das Unheimliche sei jene Art des Schreckhaften, welche auf das Altbekannte, Längstvertraute zurückgeht."[44] Während Freud das ‚Unheimliche' vornehmlich im Kontext individueller Verdrängung und wiederbelebter primitiver Überzeugungen analysiert, kann der Begriff hier als Gefühl der unbestimmten und bestimmten Angst, als verstörende Irritation im Hinblick auf die unmittelbare, vertraute Umgebung und als daraus resultierende ontologische Empfindung des sich ‚Nicht-Zuhause-Fühlens' verstanden werden, welche die Gefühlswelt der *Niederungen* dominiert und zugleich auch die ästhetische Präsentation der dargestellten Lebenswelt maßgeblich prägt.[45]

---

42 Greverus: *Auf der Suche nach Heimat*, S. 13. Vgl. auch Kapitel 2.7.
43 Greverus: *Der territoriale Mensch*, S. 43.
44 Sigmund Freud: „Das Unheimliche", in: Ders.: *Das Unheimliche. Aufsätze zur Literatur*, Frankfurt/Main 1963 [1919], S. 45–84, hier: S. 46.
45 Auch Rosa Pérez Zancas bringt den Begriff des ‚Unheimlichen' mit dem Angstgefühl in *Niederungen* in Verbindung, ohne diesen jedoch auf Freud zu beziehen oder weiter zu definieren. Ausgehend von Müllers Biographie heißt es dazu: „Während die Negation ihrer Zugehörigkeit zum Banat verschriftlicht wird, der sie sich auch nicht ganz entziehen kann, wird der Kontrast und die Distanz zur individuellen Perzeption von Heimat und das Heimatgefühl verunheimlicht." Pérez Zancas: „‚Ich habe das Schreiben gelernt vom Schweigen und Verschweigen': Herta Müllers *Niederungen*", S. 121.

Die für die ‚Heimat' konstitutiven Komponenten wie topographische Umgebung, Kultur und Gemeinschaft sind folglich auch für die namenlose Erzählerin in der titelgebenden Kurzgeschichte „Niederungen" in erster Linie ‚unheimlich': Sie hat Angst vor Gänsen (vgl. N 52), vor Ameisen (vgl. N 50), vor Raupen (vgl. N 81) und Angst um das Leben einer Schlange (vgl. N 88). Sie hat Angst vorm Einschlafen, weil sie glaubt, dass ihre Großmutter sie verhexen will (vgl. N 98), hat Angst, dass nachts der „große knochige Mann im Zimmer ist, der am Dorfrand ein Haus gekauft hatte und von dem niemand wusste, woher er gekommen war" (N 26), oder dass sie ein Kind von ihrem Cousin Heini bekommen könnte, weil beide nachts „in denselben Topf gepisst" (N 52) haben. Neben diesen vornehmlich nicht-realen, infantilen Ängsten sind bei der Protagonistin jedoch auch reale Ängste in Momenten tatsächlicher Bedrohung zu beobachten, wie etwa die Angst vor den Augen ihres Vaters, als dieser singend ein Messer aus der Schublade nimmt und damit im Streit ihre Mutter bedroht (vgl. N 94). Doch nicht nur der Alltag der Erzählerin ist maßgeblich von Angst bestimmt; sie berichtet zudem von dem stotternden Nachbarsjungen Wendel, von welchem sie zunächst auf die anderen Menschen im Dorf und letztlich auch auf sich selbst schließt:

> Die Ärzte aus der Stadt sagen, dass Angst die Ursache von Wendels Stottern ist. Die Angst ist einmal in ihm festgewachsen und seither nicht mehr verschwunden. Wendel kann seine Angst nicht vertreiben. Es kommt immer noch neue Angst hinzu. Wendel hat immer und überall Angst. Viele im Dorf haben Angst. Überall, wo ein Haus steht, wo Mütter und Väter und Großmütter und Großväter und Kinder und Haustiere auf einem Haufen sind, ist immer auch Angst.
>
> Ich spüre manchmal die Angst. Die Angst vor der Angst spüre ich. Das ist nicht die Angst selber. (N 96)

Mit ihrem ‚unheimlichen' Gefühl steht die Erzählerin folglich nicht allein da; die scheinbar omnipräsente Angstatmosphäre des Dorfes wirkt wiederum zusätzlich beängstigend auf sie selbst. An einem der „wenigen stillen Abende" (N 69) im Dorf überträgt sich die Angst der Menschen sogar auf die Gebäude, welche folglich den Einbruch der Nacht fürchten: „Es waren keine Geräusche im Dorf. Der Abend weitete seinen schwarzen Sack. Er war leer. Auch die Scheunen hatten Angst." (N 69) Wenn nach dem Abend schließlich „ein zugenähter Sack Nacht übers Dorf" (N 99) kommt, spürt das Kind seine Angst sowie seine gesteigerte ‚Angst vor der Angst' ganz besonders:

> Es kommt die Angst und solange sie da ist, kann mir nichts geschehen. Ich rede mir das ein, aber ich glaube keinen Augenblick daran. Es ist nicht die Angst selber, es ist die Angst vor der Angst, die Angst vor dem Vergessen der Angst, die Angst vor der Angst der Angst. (N 99)

Angst ist hier weniger ein emotionaler Affekt in tatsächlicher oder vermeintlicher Gefahrensituation; vielmehr verliert sie in Anbetracht dieser zahlreichen, sich überlagernden diffusen Ängste als Schutzmechanismus völlig ihre Funktion und zeigt sich in neurotischer Ausprägung als unkontrollierbar, impulsiv und existenziell bedrohlich, was den ‚unheimlichen' Charakter der ‚Dorfheimat' wiederum potenziert.

Während sich tagsüber verschiedenste spezifische Phobien vor der Natur, vor Tieren, vor Menschen und Ereignissen mit der unspezifischen, frei flottierenden ‚Angst vor der Angst der Angst' mischen, erlebt die Erzählerin ihre bewussten und unterbewussten Ängste in den nächtlichen Träumen in bildlicher Form nach. Nachdem ihre Familie zum Beispiel ein Kalb geschlachtet hat und dessen Fell einige Wochen später als Bettvorleger in ihrem Zimmer liegt, wird sie im Schlaf von Albträumen verfolgt. In einem dieser nächtlichen Träume isst sie das Fell des Kalbes mit Besteck und fantasiert, „dass ich aß und erbrach und weiteressen musste und noch mehr Haare erbrach, und Onkel sagte, du musst alles essen, oder du musst sterben. Als ich im Sterben lag, wachte ich auf." (N 64) Auch in der folgenden Nacht schleicht sich das Kalb in den Traum des Kindes, in welchem sein Vater es zwingt, auf dem noch lebenden Kalb durch Blumenwiesen zu reiten. Während des Ritts bricht dem Kalb plötzlich das Rückgrat. Als das Kind daraufhin absteigen will, treibt sein Vater es dennoch schreiend auf dem Kalb durch „alle Wiesen der Umgebung": „Das Kalb keuchte und rannte in seiner Todesangst mit dem Kopf in einen Baum. Es floss Blut aus seinen Nüstern. Ich hatte Blut auf den Zehen, auf den schönen Sommerschuhen, auf dem Kleid, als das Kalb zusammenbrach." (N 64) In den ‚unheimlichen' Träumen der Erzählerin sind nicht nur die Ängste erkennbar, die aus den traumatischen Erinnerungen an die „Hinrichtung" (N 63) des Kalbs und die Weiterverarbeitung des Felles resultieren; zugleich zeichnet sich darin auch der rücksichtslose, brutale Umgang der Familienmitglieder mit den Tieren sowie mit dem Kind selbst ab. Gegen ihren Willen wird sie im Traum von ihrer Familie gezwungen, das Fell des Kalbes zu essen oder auf dem verletzten Kalb zu reiten, und trotz ihrer offensichtlichen Aversion fügt sie sich dem Druck der patriarchalischen Figuren des Onkels und des Vaters, bis sie im ersten Traum im Sterben liegt und im zweiten Traum auch selbst vom Blut des verunglückten Kalbes befleckt ist.

Wenn die Erzählerin darauf hinweist, dass sie den Bettvorleger aus dem Kalbsfell jeden Abend vor dem Zubettgehen aus ihrem Zimmer trägt – „weil ich nachts seine Haare spürte in meinem Hals" (N 64) –, wird darüber hinaus ersichtlich, wie ihre Ängste immer wieder in eine nicht nur seelische, sondern zugleich auch synästhetisch in eine körperliche Empfindung umschlagen. Als physisches, vasomotorisches Symptom von Angst und von einem Gefühl des

‚Unheimlichen' findet sich das Motiv der Kälte entsprechend in verschiedenen Kurzgeschichten des Bandes *Niederungen*. Im Traum der Protagonistin in „Die Grabrede" legt sich im Anblick der Fotos des verstorbenen Vaters trotz sommerlicher Hitze eine eisige Atmosphäre über den Raum: „Von den vielen falschen Bildern, von allen seinen falschen Gesichtern war es kalt geworden im Zimmer. Ich wollte mich vom Stuhl erheben, aber mein Kleid war an dem Holz festgefroren." (N 8) Aber nicht nur im Traum, auch im wachen Zustand empfinden die Erzählpersonen der *Niederungen* sowohl eine äußere als auch eine innere Kälte, wie bei den sonntäglichen Besuchen der Dorfkirche in der Titelerzählung, in welcher die Erzählerin auch im Sommer friert: „Es ist immer dunkel hier, und das Frösteln, das mich befällt, steigt aus dem Steinboden hoch. Es ist beängstigend wie eine weite Fläche Eis, wenn man schon zuviel gegangen ist darauf und keine Beine mehr am Leib hat und weitergehen muss auf dem Gesicht." (N 59) In der Assoziation des Steinbodens der Kirche mit einer brüchigen Fläche Eis deuten sich die eigene Verletzlichkeit, ein ausgeprägtes ontologisches Bewusstsein und eine existenzielle Erkenntnis der Sterblichkeit an, welche in den Ängsten der Erzählerin regelmäßig mitschwingen. In der Kirche stellt sie sich entsprechend vor, wie die „Wände, die Bänke, die Sonntagskleider, die murmelnden Frauen" über sie herfallen „und ich kann mich auch betend nicht wehren, auch nicht vor mir selbst. Meine Lippen werden kalt." (N 59) Dem Mobiliar der Kirche und den betenden Frauen des Dorfes ist sie schutzlos ausgeliefert, bis ihre kalten Lippen den sich nähernden Tod in Aussicht stellen.

Auch als das Mädchen an einem Abend im Haus der Familie mit den Schuhen des Vaters herumläuft, scheint die Kälte so aggressiv zu werden, dass diese seine körperliche Integrität bedroht:

> Ich fror.
> Die Kälte verstauchte mir die Backenknochen. Ich hatte kalte Zähne. Ich fror an den Augäpfeln. Auf dem Kopf tat mir das Haar weh, ich fühlte, wie tief es in meinen Kopf hineingewachsen war. Und es war nass bis auf die Haut oder auch nur kalt, aber das war dasselbe. [. . .]
> Ich öffnete die Küchentür, zitterte, und Mutter fragte, ob es kalt sei draußen, ob es wieder kalt sei draußen. Sie betonte das Wort wieder, und ich dachte mir, dass es kalt ist draußen, aber nicht wieder kalt, weil es jeden Tag eine andere Kälte ist, immer eine andere Kälte, täglich eine neue Kälte voller Rauhreif. Wieder hast du dich gefürchtet, sagte sie. (N 71)

Das Zittern ihrer Tochter scheint auch die Mutter nicht als Zeichen physischer, sondern psychischer Kälte zu begreifen. Diese empfindet die Erzählerin hier so stark, dass sie selbst an sonst nicht kälteempfindlichen Stellen, wie Augäpfeln und den Haaren, spürbar wird. Analog mit den Ängsten des Kindes gibt es auch nicht nur eine einzige, sondern verschiedene Arten beziehungsweise Abstufungen der Kälte, die sich wiederum auch körperlich unterschiedlich auswirken. Psyche und Physis werden schließlich eins. Die Auslöser dieser psychosomatischen Angstreaktion sind von außen jedoch nicht erkennbar, was zum einen eine Unangemessenheit und Unkontrollierbarkeit des Symptoms vermuten lässt sowie zum anderen eine pathologische Ausprägung der Ängste der Erzählerin nahelegt.

Die psychische Verfassung der Erzählfigur(en) überträgt sich in den Kurzgeschichten des Bandes jedoch nicht nur auf die eigene Physis, zugleich zeichnet sie sich auch in der individuellen Wahrnehmung der Gegenstände ab, die den eigenen Körper unmittelbar umgeben. Anja K. Johannsen beschreibt diese Wechselbeziehung zwischen Erzählinstanz und deren Umgebung als ‚osmotisches Verhältnis' und weist darauf hin, dass „die Grenze zwischen menschlichem Körper und Außenraum bei Müller prinzipiell als durchlässig, die Haut als permeable Membran gedacht wird."[46] Diese körperliche Permeabilität äußert sich beispielsweise, wenn die Erzählerin in „Niederungen" davon berichtet, dass sie von einer Kuh auf die Hörner genommen wurde, wobei sie sich die Haut an ihren Knien aufgeschürft hat: „Ich hatte Angst, dass durch diese offenen Knie der Tod in mich hineinfindet." (N 25) Schon durch die kleine Verletzung am Knie scheint sich das Mädchen subjektiv dem Tod anzunähern. Nachdem es die Haut an seinem Knie mit Regenwasser wäscht und diese nach dem Trocknen zu spannen beginnt, bekommt seine Haut zudem „etwas Glasiges. Ich fühlte am ganzen Körper, wie ich schön wurde, und ich ging vorsichtig, um nicht zu zerbrechen. Die Grashalme fächerten geschmeidig von meinem Gang und ich hatte Angst, sie werden mich zerschneiden." (N 26) Die Zerbrechlichkeit, die Verletzlichkeit und die Angst der Protagonistin zu sterben entweichen sinnbildlich durch ihre Haut in ihre Umgebung und lassen sich sowohl an ihrem eigenen Körper als auch an ihrer subjektiven Wahrnehmung der sie umgebenden Welt in der ‚Dorfheimat' ablesen.

Zentral für das ‚osmotische Verhältnis' der Erzählerin und ihrer Umgebung in der titelgebenden Kurzgeschichte „Niederungen" ist nicht nur die Projektion ihrer inneren Ängste auf ihre äußere Umgebung, zugleich projiziert sie auch ihre äußere Umgebung auf ihren eigenen Körper und ihre innere Gefühlswelt. So identifiziert sie sich paradoxerweise mit der Natur, die ihr zugleich auch feindselig und bedrohlich erscheint. Als sie zum Beispiel das Wiederkäuen der Kühe beobachtet, tun ihr die „Grasknollen, die ihnen nach dem ersten Kauen

---

[46] Johannsen: *Kisten, Krypten, Labyrinthe*, S. 203.
Vgl. dazu auch Herta Müller: „Gegenstände wo die Haut zu Ende ist", in: Dies.: *Der Teufel sitzt im Spiegel. Wie Wahrnehmung sich erfindet*, Berlin 1991, S. 89–103.

in der Gurgel wieder hochkommen, [. . .] selber in der Brust weh" (N 25). Oder als das Mädchen im Bett liegend hört, wie ein Schwein geschlachtet wird, fühlt es das Schlachtmesser auch an seiner eigenen Kehle: „Der Schnitt ging immer tiefer, mein Fleisch wurde heiß, es begann zu kochen in meinem Hals." (N 34)[47] Schließlich versucht die Protagonistin sogar ganz bewusst, ein Teil der Natur zu werden, die sie in der dörflichen Landschaft umgibt:

> Der Sommer wälzte seinen schweren Blumenduft aus dem hohen Gras über mich. Die wilden Grasblumen krochen mir unter die Haut. Ich ging an den Fluss und goss mir Wasser über die Arme. Es wuchsen hohe Stauden aus meiner Haut. Ich war eine schöne sumpfige Landschaft.
> Ich legte mich ins hohe Gras und ließ mich in die Erde rinnen. Ich wartete, dass die großen Weiden zu mir über den Fluss kommen, dass sie ihre Zweige in mich schlagen und ihre Blätter in mich streuen. Ich wartete, dass sie sagen: Du bist der schönste Sumpf der Welt, wir kommen alle zu dir. Wir bringen auch unsere großen schlanken Wasservögel mit, aber die werden flattern in dir und in dich hineinschreien. Und du darfst nicht weinen, denn Sümpfe müssen tapfer sein, und du musst alles ertragen, wenn du dich mit uns eingelassen hast.
> Ich wollte weit werden, damit die Wasservögel mit ihren großen Flügeln Platz in mir haben, Platz zum Fliegen. Ich wollte die schönsten Dotterblumen tragen, denn auch sie sind schwer und leuchtend. (N 85)

Die Aufhebung der Grenzen zwischen Körper und Außenwelt in der subjektiven Wahrnehmung der Protagonistin stellt einen aktiven Versuch dar, Anerkennung, Zugehörigkeit und Sicherheit in der Familie und der Dorfgemeinsschaft zu erfahren. Sie verschmilzt mit der Natur, möchte nicht nur eine ‚schöne sumpfige Landschaft' sein, sie wartet auch darauf, dass die großen Weiden ihr sagen, dass sie ‚der schönste Sumpf der Welt' sei, dass sie ihre Wasservögel mitbringen, sich gemeinsam mit ihr einlassen und Platz in ihr haben. Was die Erzählerin in ihrer realen Umwelt nicht findet, sucht sie stattdessen in ihrer landschaftlichen Umgebung. Ähnlich wie der Versuch sich in eine schöne Sumpflandschaft zu transformieren, bietet auch das Einverleiben von Blumen dem Kind eine Möglichkeit, sich der Natur anzupassen, sich mit ihr zu verbinden, um so Orientierung und einen Platz in der ihm so ‚unheimlich' erscheinenden Welt zu finden. Trotz mahnender Verbote des Großvaters isst es Ringelgras und Akazienblüten, zerbeißt deren Rüssel und behält diesen „lange im Mund. Wenn ich ihn schluckte, hatte ich schon die nächste Blüte an den Lippen. Es waren

---

[47] Nachdem das Kalb geschlachtet wurde und die Kuh tagelang traurig ins Stroh schaut und nicht frisst, versetzt die Erzählerin sich in das Kalb hinein, ihre Mutter hingegen projiziert sie in die Perspektive der Kuh: „Mutter brachte jeden Mittag warme, kuhwarme Milch in die Küche. Ich fragte sie, ob auch sie traurig wäre, wenn man mich ihr wegnehmen und schlachten würde." (N 65)

unzählige Blüten im Dorf, man konnte sie nicht alle essen." (N 17) In ihrer Nobelpreisrede erklärt Müller 2009 über ihre eigenen einsamen Tage als Kind beim Kühehüten im Flusstal: „Ich aß Blätter und Blüten, damit ich zu ihnen gehörte, denn sie wussten, wie man lebt, und ich nicht."[48] In diesen entgrenzenden Strategien, in der Grenzauflösung zwischen Körper und Natur, lässt sich in „Niederungen" folglich eine gewisse Sehnsucht nach Vertrauen und ‚heimatlicher' Zugehörigkeit erkennen. Die Erzählerin setzt sich praktisch mit ihrer unmittelbaren Umgebung auseinander und versucht, sich Ort, Kultur, Gemeinschaft aktiv anzueignen, wenn auch nur bruchstückhaft.[49] Eine Flucht in die Natur als Zufluchtsort, als romantische Entgrenzung und Selbstfindung bleibt der kindlichen Erzählerin jedoch letztlich verwehrt. Als ihr Großvater sie nur kurz nach ihrem Versuch, eine ‚schöne sumpfige Landschaft' zu sein, im Fluss vor einer Schlange rettet, indem er dieser den Kopf abhackt, führt ihr dies erneut die destruktive Kraft und die Bedrohlichkeit der Natur vor Augen. Mit einem Schlag ist sie desillusioniert: „Ich wollte auf einmal kein Sumpf mehr sein." (N 88)

Ihren festen Platz innerhalb der Welt hat die Erzählerin noch nicht gefunden. Sie schwankt zwischen Abgrenzung und Grenzauflösung. Die Ausweglosigkeit, welche sie in „Niederungen" dabei empfindet, zeigt sich auch in ihrer Wahrnehmung der Lage des Dorfes innerhalb der Weite der Landschaft. Aus den Feldern auf das Panorama des Dorfes blickend erklärt sie, dass man dieses „als Häuserherde zwischen Hügeln weiden" (N 23) sehe: „Alles scheint nahe, und wenn man darauf zugeht, kommt man nicht mehr hin. Ich habe diese Entfernungen nie verstanden. Immer war ich hinter den Wegen, alles lief vor mir her. Ich hatte nur den Staub im Gesicht. Und nirgends war ein Ende." (N 23) Mit der bäuerlichen Analogie der Häuser als Herde zwischen Hügeln schöpft das Mädchen aus ihm bekannten Bildern. Gleichzeitig verschwimmen die Distanzen und anstatt sich zielgerichtet fortzubewegen, befindet es sich in einem fast kafkaesken Zustand des Verlorenseins in der nahezu endlosen Weite der Landschaft. Entsprechend erscheint es der Protagonistin auch weitgehend unmöglich, das Dorf zu verlassen. Und dennoch (oder

---

48 Müller: „Jedes Wort weiß etwas vom Teufelskreis", S. 19.
 Vgl. „Ich aß Blätter und Blüten, damit sie mit meiner Zunge verwandt sind. Ich wollte, daß wir uns ähnlen, denn sie wußten, wie man lebt, und ich nicht." (Augen 11); „Ich habe als Dorfkind in meiner Hilflosigkeit vor den Pflanzen der Ebene so viele Einsamkeiten und Pflanzennamen gelernt, um – wie ich damals noch glaubte – die Welt zu verstehen", Müller: „Gelber Mais und keine Zeit", S. 134.
49 Zur aktiven Aneignung von ‚Heimat' vgl Bausinger, „Heimat in einer offenen Gesellschaft", S. 88; Greverus: *Auf der Suche nach Heimat*, S. 17. Vgl. Kapitel 2.7.

gerade deswegen) ist an verschiedenen Stellen des Bandes ein gewisses Fernweh erkennbar, das die junge Erzählerin der fehlenden Verbundenheit mit der ‚Dorfheimat' unmittelbar entgegensetzt. In der titelgebenden Kurzgeschichte beschreibt sie ihre Reaktion auf die Züge, die sie im Tal vorbeifahren sieht, während sie dort mit ihrem Großvater Sand aushebt. Schon von weitem hört sie die „tiefe[n] rhythmische[n] Geräusche" der immer „schöner[]" werdenden Züge, woraufhin sie „vor Freude in die Höhe" springt und solange winkt, bis die Züge schon wieder in weite Ferne gerückt sind (N 84). Auch für die „Frauen in den Fenstern" begeistert sie sich und obwohl sie diese nicht genau erkennen kann, weiß sie, „dass diese Frauen nie aussteigen würden in unserem Bahnhof, der zu klein für sie war, weil er nun einmal so klein war. Sie waren einfach zu schön, um in diesem Bahnhof auszusteigen." (N 84) Die ‚schönen' Frauen in den ‚schönen' Zügen stehen in diametralem Gegensatz zu dem kleinen, ‚unschönen' Dorf – eine Einsicht, die dazu führt, dass die Begeisterung und Freude des Mädchens beim Anblick der Züge schnell wieder in Hoffnungslosigkeit umschlagen:

> Ich stand da neben dem rauschenden Zug und schaute in seine Räder, und mir war, als ob der Zug mir aus dem Hals herausfährt und es ihn nicht kümmert, dass er mir die Eingeweide zerreißt und ich sterben werde. Er fährt seine schönen Frauen in die Stadt, und ich werde hier sterben neben einem Haufen Pferdemist, auf dem die Fliegen brummen.
> Ich wartete auf meinen Tod. Er sollte ein Umfallen sein. Mit dem Kopf ins Gras und soviel. (N 84)

Die Trauer und Enttäuschung darüber, dass der Zug an ihr vorbeifährt und sie lediglich eine passive Beobachterin bleibt, empfindet die Erzählerin auch hier körperlich. Analog zu dem wegfahrenden Zug in der Landschaft verlässt dieser gefühlt durch ihren Mund ihren Körper, wobei er ihr ‚die Eingeweide zerreißt' und somit jegliche Lebensgrundlage zerstört. Auch der Zug stellt für sie keine Möglichkeit dar, das Dorf zu verlassen. Vielmehr erinnert er sie an ihre abgeschottete, ausweglose Lage ‚neben einem Haufen Pferdemist', aus welcher der Tod augenscheinlich die einzige Möglichkeit des Entkommens bietet. Den Tod scheint das Mädchen folglich fast sehnsüchtig zu erwarten: „Ich wollte auf den Rücken fallen", heißt es weiter, „um mir nicht das Gesicht zu zerkratzen. Ich wollte auf weichem Gras auskühlen und eine schöne Tote sein." (N 84) Die wiederholte Verwendung des Modalverbs ‚wollen' unterstreicht die Dringlichkeit des hier geäußerten Todeswunschs. Doch auch der Tod als Ausweg aus der ‚Dorfheimat' bleibt ihr verwehrt, denn „der Tod kam nicht" (N 84 f.), wie sie im Laufe des Tages auf dem Feld zwei Mal resigniert feststellt.

Die Haltung der jungen Protagonistin zum Tod ist allerdings ambivalent. Trotz des hier noch deutlichen Todeswunsches sowie des Gefühls der Ausweg- und Hoffnungslosigkeit heißt es nur kurz später aus Angst vor dem Einschlafen:

> Der Schlaf ist Tod.
> Und ich sage ihm, dass ich noch ein Kind bin. Ich habe schon öfter sterben wollen, doch damals ging es nicht. Und jetzt ist hoher Sommer, und Vogelschwärme zerreißen das Wasser. Und jetzt will ich nicht mehr sterben, jetzt hab ich mich an mich gewöhnt und kann mich nicht verlieren. (N 98 f.)

Die Erzählerin setzt sich hier aktiv mit dem Tod auseinander. Sie spricht ihn direkt an und leistet Widerstand, um sich selbst und ihr Leben zu retten. Offenbar hat sie Hoffnung, dass es doch noch einen anderen Weg aus ihrer Situation als den Tod geben könnte. Solch ein Ausweg besteht für sie eben nicht in dem unkritischen Einfügen in ihre topographische, kulturelle und soziale Umgebung, sondern in der kritischen Aushandlung ihres persönlichen Standpunktes sowie der individuellen Abwendung von ihrer Lebenwelt. Auf ihre Alterität und ihre Außenseiterposition weist die Protagonistin in der Titelerzählung zum Beispiel bei einem gemeinsamen Essen der Familie selbst ausdrücklich hin: „Wir sitzen alle rund um den Tisch. Jeder isst und denkt an etwas. Ich denke an etwas anderes, wenn ich esse. Ich sehe nicht mit ihren Augen und höre nicht mit ihren Ohren. Ich habe auch nicht ihre Hände." (N 45) Visuell, auditiv sowie taktil unterscheiden sich die Sinne des Kindes von denen seiner Familie. Besonders das Aufgreifen der unterschiedlichen Hände, die im Laufe der Erzählung immer wieder auf kulturelle Normen und Gewohnheiten hinweisen, verbildlicht hier die grundlegende Divergenz zwischen dem Kind und dessen Familie, welche sich sowohl optisch als auch sinnlich niederschlägt.

Doch nicht nur die Erzählerin der Kurzgeschichte „Niederungen" hebt sich von ihrer Umgebung ab. In „Die Grabrede" träumt die Erzählerin davon, dass die Gemeinde sie auf der Beerdigung ihres Vaters zum Tode verurteile und sie anschließend erschieße (vgl. N 11). In „Der deutsche Scheitel und der deutsche Schnurrbart" irrt der ‚Bekannte' der Erzählfigur durch das Dorf seiner Eltern, wobei ihm sowohl räumlich als auch menschlich ein Zugang zu der Umgebung versperrt bleibt (vgl. N 139 f.). In der motivisch an ein Märchen angelehnten Kurzgeschichte „Die Meinung" wird ein Frosch aus seinem Betrieb zunächst in eine Wetterwarte und anschließend auf eine weiße Wolke am Stadtrand versetzt, weil er seine eigene, „falsche Meinung" (N 157) öffentlich macht. Oder in „Der Mann mit der Zündholzschachtel" träumt die Erzählfigur davon, Feuer im Dorf zu legen und es niederzubrennen. Während sie bei den Löscharbeiten durch das Gras rennt, spürt sie den Blick der „gaffende[n] Menge", welcher sich anschließend wieder von ihr abwendet: „Alle schweigen. Und sie schweigen heute noch, aber sie schließen mich aus." (N 124) In den Erzählungen des Bandes *Niederungen* tauchen immer wieder Außenseiterfiguren auf, die sich durch ihr Auftreten und ihre Haltung von der dörflichen Gemeinschaft unterscheiden und von dieser entsprechend ausgegrenzt, stigmatisiert und diskriminiert werden. Zugleich führen diese repressiven Exklusionsmechanismen wiederum dazu, dass sich die Grenzgängerfiguren des Bandes den verordneten Zwängen und den Machtstrukturen der dörflichen Gemeinschaft entschlossen entziehen. Als Käthe der kindlichen Erzählerin in „Faule Birnen" zum Beispiel erklärt, dass Frauen heiraten müssen und Männer alle trinken, bringt diese ihre Abneigung gegen die kulturellen und gesellschaftlichen Normen der ‚Dorfheimat' entschieden zum Ausdruck, indem sie erwidert, „ich trinke nicht und heirate nicht. Käthe lacht: noch nicht, aber später, jetzt bist du noch zu klein. Und wenn ich nicht will, sage ich." (N 110)

Trotz ihres jungen Alters zerfließt auch die Protagonistin in der titelgebenden Kurzgeschichte „Niederungen" nicht in Selbstmitleid. Stattdessen entwickelt sie eine Haltung des Protests gegen festgeschriebene Konventionen und formuliert konkrete Vorsätze für die Zukunft, in welcher sie nicht mehr in der Umgebung des Dorfes und ihrer Familie leben, sondern ihre geographische, kulturelle und soziale Umwelt frei wählen und individuell gestalten möchte. Die Dissonanz zwischen dem Kind und seiner Umgebung sowie die fehlende familiäre Unterstützung werden ihm selbst schmerzlich bewusst, als sein Vater es von sich wegstößt, weil es ihm beim Frisieren ins Gesicht gepackt hat:

> Jedesmal fiel ich hin und begann zu weinen und wusste in diesem Augenblick, dass ich keine Eltern hatte, dass diese beiden niemand für mich waren, und fragte mich, weshalb ich da in diesem Haus, in dieser Küche mit ihnen saß, ihre Töpfe, ihre Gewohnheiten kannte, weshalb ich nicht von hier weglief, in ein anderes Dorf, zu Fremden und in jedem Haus nur einen einzigen Augenblick blieb und dann weiterzog, noch bevor die Leute schlecht wurden. (N 173)

Das ihr Bekannte bedeutet für die Erzählerin keine Sicherheit – das ihr Vertraute bedeutet für sie kein Vertrauen. In der kindlichen Dramatik erscheint ihr hier folglich das Leben einer Vagabundin attraktiver zu sein, das Verharren an nur einem Ort hingegen riskant. Auch wenn die junge Protagonistin in „Niederungen" nicht wegläuft und im Dorf bei ihrer Familie bleibt, macht es dennoch mehrfach den Eindruck, als warte sie nur darauf, ihre Zukunft endlich selbst gestalten zu können, frei von jeglichen Zwängen: „Und wen wird sie schlagen, wenn ich groß und stark geworden bin" – heißt es in Bezug auf den Zorn der Großmutter ihr gegenüber –, „wen wird es geben, der sich nicht wehren kann vor ihrer harten Hand." (N 98) Nach einem der gemeinsamen Essen der Familie, bei welchen sie weder sprechen noch nach Wasser bitten darf, erklärt sie resolut: „Wenn ich groß bin, werde ich Eisblumen kochen, ich werde beim Essen reden und nach jedem Bissen Wasser trinken." (N 47) Das beabsichtigte ‚heiße' Kochen der ‚kalten' Eisblumen legt motivisch die aktive Zerstörung der Natur, der Landschaft, der Kälte sowie der eigenen Angst nahe. Nicht zuletzt im Bild der Destruktion der durch Wasserdampf an den Fensterscheiben entstandenen Kristallisationen zeigt sich schließlich ihr entschiedener innerer Widerstand gegen die sie umgebende ‚Dorfheimat'. Auch wenn sie langfristig keine funktionierende Beziehung zu ihrer Umwelt herstellen kann, scheint sich hier zumindest der (rudimentäre) Ansatz eines ‚Beheimatungsprozesses' im Sinne der Suche nach einem „identitätsgewährende[n] Lebensraum"[50] abzuzeichnen.

Die Titelerzählung des Bandes endet mit einem auffälligen Bruch des Erzählduktus.[51] Die Handlung schwenkt über von den dörflichen Tümpeln zu den Fröschen, die „aus allen Lebenden und Toten dieses Dorfes" (N 103) quaken, und wechselt dabei zu einem erwachsenen Blick, der nach der Auswanderung zurück auf das Dorf gerichtet wird und dieses retrospektiv kommentiert: „Jeder hat bei der Einwanderung einen Frosch mitgebracht. Seitdem es sie gibt, loben sie sich, dass sie Deutsche sind, und reden über ihre Frösche nie und glauben, dass es das, wovon zu reden man sich weigert, auch nicht gibt." (N 103) In *Der Teufel sitzt im Spiegel* erklärt Müller:

> Der deutsche Frosch aus den Niederungen ist der Versuch, eine Formulierung zu finden, für ein Gefühl – das Gefühl, überwacht zu werden. Auf dem Land war der deutsche Frosch der Aufpasser, der Ethnozentrismus, die öffentliche Meinung. Der deutsche Frosch legitimierte diese Kontrolle des einzelnen mit einem Vorwand. Der Vorwand hieß: Bewahren der Identität. Im Sprachgebrauch der Minderheit hieß das ‚Deutschtum'. Doch wie immer hat auch dieses Auge des deutschen Frosches, da es ein Auge der Macht war, nichts behütet. [. . .] Der deutsche Frosch war der erste Diktator, den ich kannte.
>
> (Teufel 21)

Im Bild des ‚deutschen Frosches' bündeln sich der Ethnozentrismus, der Provinzialismus und die diktatorischen Zwänge der dörflichen Gemeinschaft. Über ihn verbinden sich motivisch die dörfliche Landschaft und die beschränkte (Frosch-)Perspektive der Dorfbewohner*innen, was wiederum – analog mit dem Titel des Prosabandes – die Engstirnigkeit, die Beschränktheit und die repressiven

---

50 Greverus: *Auf der Suche nach Heimat*, S. 18.
51 Vgl. hierzu Julia Müller: „Denn hier betrachtet ein nun beinah auktorial verfasstes Erzähler-Ich das Dorf aus größerer Distanz, beschreibt dessen Niedergang und Auflösung in fast soziologischen Kategorien, dringt dabei bis in die verlassenen Schlafzimmer und bis zu den einzelnen Grashalmen vor, um in phantastischer Wendung das Ende des Dorfes zu beschwören." Julia Müller: „Frühe Prosa", S. 15.

Machtstrukturen der ‚Dorfheimat' offenlegt.[52] Der für den Frosch kennzeichnende Prozess der Metamorphose bleibt bei dem ‚deutschen Frosch' jedoch aus: Statt Entwicklung und Anpassung an die sich verändernden Lebensbedingungen werden die althergebrachten, starren Identitätsstrukturen zwanghaft aufrechterhalten.

Anhand der abweichenden, erwachsenen Stimme am Ende der Titelerzählung offenbart sich nicht zuletzt die für die Erzählsituation zentrale chronotopologische Erinnerungsdimension. Raum und Zeit stehen in wechselseitigem Verhältnis. Entsprechend alterniert die Erzählung stetig zwischen Präsens und Präteritum, zwischen (Wieder-)Erleben und Erinnern. Der kindliche Kosmos zeichnet sich dabei durch eine Bruchstückhaftigkeit des Erinnerten aus, durch eine kaleidoskopische Präsentation der kindlichen Wahrnehmung, die sich an der retrospektiven Rekonstruktion der Kindheitsräume – der ländlichen Umgebung, der ethnozentrischen Kultur und der archaischen Gemeinschaft des banatschwäbischen Dorfes – ablesen lässt. Lineare, kohärente narrative Handlungsstrukturen werden dabei nicht aufgebaut; stattdessen sprengen assoziative Erinnerungsketten übliche rezeptionsästhetische Erwartungen, wobei sich die Welterfahrung des Kindes durch die narrative Struktur auf die Texterfahrung der Lesenden überträgt.[53] Zugleich wird durch die bruchstückhafte, diffuse narrative Konstruktion auch die ‚Überschaubarkeit' des dargestellten dörflichen Raumes aufgebrochen. Die Frage der Authentizität des Erinnerten ist dabei zweitrangig; zentraler erscheint die offenbar schmerzhafte affektive Ausprägung der im Gedächtnis verankerten Momente, die auf den ersten Blick oft banal und alltäglich erscheinen. Somit offenbart sich in der kindlich-erwachsenen Perspektive gewissermaßen ein dystopisches Modell verordneten Kinderglücks und der kindlichen Ich-Bildung, das frei von jeglichen Verlustgefühlen und rückwärtsgewandten Sehnsüchten ist. ‚Heimat' ist „etwas, das allen in die Kindheit scheint und worin noch niemand war",[54] konstatiert Ernst Bloch 1954 in *Das Prinzip Hoffnung* im Hinblick auf den nostalgischen und zugleich utopischen Charakter des Konzeptes. Solch einem Mythos glücklicher Kinderjahre und der sentimentalen, verklärten Vorstellung von erinnerter,

---

52 Friedmar Apel schreibt hierzu: „Die Bedrohung des Kindes erscheint in poetischen Wendungen und Sprichwörtern, die an das Volksmärchen erinnern. Im allgegenwärtigen ‚deutschen Frosch' aber steckt kein Prinz, er ist die Inkarnation aller Unterdrückung, so hat auch die Mutter aus dem sowjetischen Straflager einen mitgebracht." Friedmar Apel: „Im deutschen Frosch steckt kein Prinz", in: *Frankfurter Allgemeine Zeitung Online*, unter: www.faz.net/aktuell/feuilleton/buecher/rezensionen/belletristik/herta-mueller-niederungen-im-deutschen-frosch-steckt-kein-prinz-1971798.html (abgerufen am 01.07.2018).
53 Vgl. Julia Müller: „Frühe Prosa", S. 15.
54 Ernst Bloch: *Das Prinzip Hoffnung*, 3 Bde., Bd. 3, Frankfurt/Main 1969 [1954], S. 1628.

verlorener ‚Heimat' in der Kindheit steht das verstörende Angstmosaik aus kindlicher Wahrnehmung und erwachsener Erinnerung in *Niederungen* jedoch diametral entgegen. Stattdessen führt die Beziehung zu der erinnerten und wiedererlebten ‚Dorfheimat' für die Erzählfigur(en) in *Niederungen* zu einer existenziellen ‚Unheimlichkeit'.

Das Erlebnis der ‚Heimat' im Sinne der affektiven Beziehung zur topographischen Umgebung, den kulturellen Gepflogenheiten und dem menschlichen Zusammenleben ist trotz konstanter Vermeidung des Begriffs konstitutiv für den Erzählband *Niederungen*. Zugleich äußert sich dieses Erlebnis in erster Linie durch die Demaskierung der repressiven, diktatorischen Funktionsweisen des Konzeptes ‚Heimat'. Entsprechend drängt sich die Frage auf, ob *Niederungen* als ‚Anti-Heimatliteratur' verstanden werden kann.[55] Besonders die für ein engeres Verständnis von ‚Heimatliteratur' grundlegende motivische Nähe zu einem ländlichen Milieu, vormodernen Lebensformen und kleinräumigen Gemeinschaften knüpft unmittelbar an die Motivik klassischer ‚Heimatliteratur' an. Statt einer klischeehaften, harmonischen Landschaft präsentiert Müller in *Niederungen* jedoch eine beklemmende, ausweglose und monotone Provinz, deren Flora und Fauna von Tod, Verfall und Krankheit gezeichnet sind. Die deutsche Enklave im rumänischen Staat zeugt von einer xenophoben Isolation nach außen sowie einer starren Konservierung der Normen, Werte und Traditionen nach innen, wobei kollektiver Gehorsam und Kontrolle das kulturelle Überleben sichern sollen, während die dörfliche Gemeinschaft weniger ‚heimatliche' Geborgenheit und Zusammenhalt bietet als vielmehr von zwischenmenschlicher Distanz, Kommunikationsproblemen und häuslicher Gewalt geprägt ist. Die Kindheit in eben dieser Umgebung stellt sich als „Zeit der seelischen

---

55 Auf die Parallelen zwischen *Niederungen* und Franz Innerhofers *Schöne Tage* hat Paola Bozzi 2005 in *Der Fremde Blick. Zum Werk Herta Müllers* überzeugend hingewiesen, vgl. S. 57–62. Zu Parallelen zwischen Herta Müller und Franz Innerhofer vgl. auch Herta Haupt-Cucuiu: *Eine Poesie der Sinne. Herta Müllers ‚Diskurs des Alleinseins' und seine Wurzeln*, Paderborn 1996; Predoiu: *Faszination und Provokation bei Herta Müller. Eine thematische und motivische Auseinandersetzung*.

Eine pauschale Zuordnung Herta Müllers zum Genre der Anti-Heimatliteratur, wie sie zum Beispiel Garbiñe Iztueta vornimmt, leuchtet nicht zuletzt aufgrund der Hybridität des Werkes Müllers nicht ein. Während motivische und stilistische Parallelen in *Niederungen* durchaus zu finden sind, ist die Zuordnung bei Romanen wie *Atemschaukel*, *Reisende auf einem Bein* oder bei Müllers Collagen differenzierter zu betrachten und würde nicht zuletzt eine weite Auffassung des Genres zugrunde legen, vgl. Garbiñe Iztueta: „‚Phantomschmerz im Erinnern' bei Herta Müller. Heimat als konstruierter und dekonstruierter Raum", in: *Raum – Gefühl – Heimat. Literarische Repräsentationen nach 1945*, hg. v. ders., Carme Bescansa, Mario Saalbach, Jan Standke und Iraide Talavera, Marburg 2017, S. 205–221, hier: S. 205.

Unbehaustheit"[56] dar; ein ‚Happy End' im klassischen Sinne bleibt nicht zuletzt aufgrund des fehlenden Plots aus.

Damit greift Müller tradierte Motivik der ‚Heimatliteratur' auf, zeichnet jedoch kein stereotypes, sentimentales, eskapistisches Bild eines idyllischen, ländlichen Raumes, sondern liefert ein deromantisierendes Gegenbild, das die mythische Aufladung und die verklärenden Tendenzen der ‚Heimat' schonungslos aufdeckt. Sowohl der satirische, zum Teil aggressive Ton der Erzählungen als auch die Provokation traditioneller ‚Heimat'-Konzepte durch das Aufdecken regionaler, kultureller und sozialer Missstände können als Parallele zum Genre der Anti-Heimatliteratur verstanden werden. Dem Versuch einer aktiven Neukonzeption der ‚Heimat' erteilt Müller jedoch eine Absage. So teilt sie eben nicht die Idee einer Rehabilitierung oder Enttabuisierung des Begriffs, die Koppensteiner als konstitutiv für das Genre begreift,[57] sondern negiert ihn und die damit einhergehenden Vorstellungen einer ‚heilen Welt' kategorisch. Fasst man die Genre-Bezeichnung allerdings weiter, kann der Erzählband durchaus als Literatur ‚gegen' ‚Heimat' und ‚gegen' Heimatliteratur verstanden werden – als gegendiskursives *Writing Back*[58] respektive *Re-Writing* von Heimatliteratur in ihrer ‚klassischen' Form –, denn den tradierten, von der Heimatkunst und dem Heimatroman geprägten motivischen Codes setzt die Autorin ein Zerrbild derselben entgegen. In *Mein Vaterland war ein Apfelkern* kommentiert Müller 2014 die Reaktionen der Landsmannschaft der Banater Schwaben auf *Niederungen*:

> Für die Landsmannschaft war ‚Niederungen' ungeheuerlich – unflätig, ordinär, ein Skandal. Diese Leute kannten nur Heftromane und Heimatliteratur – ihre Heimat als der schönste Ort der Welt und das Deutschtum als Tugend, Fleiß, Sauberkeit, Brauchtum. Du liebst die Heimat und die Heimat liebt dich, dort sind deine Wurzeln, dort gehörst du hin, die Erde ist fruchtbar, die Sonne ist golden – so hatte es zu sein.[59]

In *Niederungen* bricht Müller mit dem Mythos glücklicher Kinderjahre und nostalgischer Erinnerungen an frühe Sozialisationsprozesse in einer vertrauten, harmonischen geglaubten Umgebung. Stattdessen unterläuft sie subversiv tradierte

---

56 Bozzi: *Der Fremde Blick. Zum Werk Herta Müllers*, S. 59.
57 Vgl. Kapitel 2.7.
58 Zum Begriff des *Writing Back* vgl. Marion Gymnich: „Writing Back", in: *Handbuch Postkolonialismus und Literatur*, hg. v. Dirk Göttsche, Axel Dunker und Gabriele Dürbeck, Stuttgart 2017, S. 235–238. Vgl. dazu Salman Rushdie: „The Empire Writes Back with a Vengeance", in: *The Times* (03.07.1982), S. 8.
59 Müller: *Mein Vaterland war ein Apfelkern*, S. 48.

‚Heimat'-Motivik, reduziert den Begriff auf seine repressiven Tendenzen und liefert ein verstörendes Gesamtbild eines antiidyllischen, diktatorischen Dorfes, das wegen der grundlegenden Differenz der individuellen Welterfahrung für die Erzählfiguren der *Niederungen* eben keinen ‚Satisfaktionsraum' (Greverus) darstellen kann, sondern bis zuletzt ‚unheimlich' bleibt.

6 „Zu Hause ist dort, wo du bist" – ‚Staatsheimat' in *Herztier*

Während in den Erzählungen des Bandes *Niederungen* die repressiven Strukturen der ‚Dorfheimat' offengelegt werden, schwenkt der Fokus in dem 1994 veröffentlichten Roman *Herztier* über vom Land auf die Stadt, von der banatschwäbischen Enklave auf die sozialistische Diktatur, von der Familie auf Freundschaft. In *Herztier* zeichnet Müller den Lebenslauf einer jungen Frau, die aus einem banatschwäbischen Dorf in eine rumänische Stadt kommt, um zu studieren und sich ein Leben aufzubauen, wobei sie immer stärker ins Netz der Verfolgung und Gewalt des totalitären Regimes gerät. Es eröffnet sich ein verstörendes Bild dessen, was Herta Müller in ihren essayistischen Texten als ‚Staatsheimat' bezeichnet.[1] Damit rückt die ‚Heimat' in *Herztier* einerseits auf eine andere (gesellschaftspolitische) Ebene, andererseits stellen die autoritären Machtstrukturen sowie die damit einhergehenden Einschränkungen der Individualität und Verletzungen der menschlichen Integrität wesentliche Parallelen zu der totalitären Funktionsweise der ‚Dorfheimat' in *Niederungen* dar. In *Der Teufel sitzt im Spiegel* erklärt Herta Müller 1991:

> Der deutsche Frosch war der erste Diktator, den ich kannte. Er schielte schon im Kindergarten und in der Schule aus dem Dorf hinaus. Hatte schon damals die Pupille dem zugewandt, was noch eine Weile abstrakt blieb, was später konkret werden sollte: der totalitäre Staat, die Allgegenwärtigkeit des Geheimdienstes, das ‚sozialistische Bewusstsein', das jeden für sich selbst zum Ungeheuer machte, weil es nirgends im Kopf da war.
>
> (Teufel 27)

Analog zur ‚Dorfheimat' zeigt sich die ‚Heimat' in *Herztier* sowohl auf topographischer und kultureller als auch auf sozialer Ebene als diktatorisches Konstrukt, das durch Konformitätszwang, Kontrolle und Unterdrückung Ängste schürt, wodurch ein individuelles Gefühl des Vertrauens, der Sicherheit und der Zugehörigkeit wiederum obstruiert wird. In *Herztier* entfernt sich Müller literarisch von tradierten ‚Heimat'-Vorstellungen entrückter, harmonischer ländlicher Räume – stattdessen konzentriert sie sich auf die Ausweitung des Motivs auf überregionale, nationale Diskurse, auf die mythische Beschwörung und die ideologische Instrumentalisierung der ‚Heimat' auf staatlicher Ebene sowie nicht zuletzt auf die begrenzenden, ‚unheimlichen' Auswirkungen dieser Machtstrukturen auf den einzelnen Menschen.

---

[1] Vgl. Kapitel 3.1.

6.1 „In einer Diktatur kann es keine Städte geben": Topographie des Staates

Während in den meisten Kurzgeschichten des Bandes *Niederungen* ein banatschwäbischer, dörflich geprägter Raum den zentralen Schauplatz darstellt, rückt in *Herztier* eine rumänische Stadt in den Vordergrund. Besonders seit den 1970er Jahren wird ‚Heimat' zunehmend nicht nur als ruraler Raum, sondern auch als urbane Möglichkeit begriffen; als moderne gesellschaftliche Alternative und aktiv gestaltete, individuelle Umwelt, die eben nicht mehr ausschließlich an ländliche Gebiete gebunden ist.[2] Solch eine Möglichkeit der urbanen ‚Heimat' lässt die Darstellung der namenlosen rumänischen Stadt in *Herztier* jedoch nicht zu. Dabei bildet die Stadt in dem Roman keineswegs das logische Antonym zum Dorf; die dichotomische Positionierung von Überschaubarkeit und Offenheit, Tradition und Modernisierung, Stillstand und Fortschritt, Begrenzung und Freiheit wird konsequent aufgebrochen. Müller dekonstruiert klassische Vorstellungen vom städtischen Raum und überträgt sowohl dörfliche Strukturen als auch ländliche Motivik auf die urbane Sphäre und versieht diese zugleich mit ähnlichen Funktionsmechanismen, die sie auch einem regionalen ‚Heimat'-Verständnis zugrunde legt. Die rumänische Stadt stellt sich in *Herztier* folglich als ideologischer, machtbesetzter, abgeschlossener ‚Container' dar, der sowohl topographisch als auch gesellschaftlich ein dörfliches Gefüge aufweist und sich schließlich ebenso wie das Dorf repressiv auf die Menschen auswirkt und dabei keinen Freiraum für Anonymität und Individualität lässt.[3]

Gleich zu Beginn des Romans wird die rumänische Stadt, in der ein Großteil der erzählten Zeit des Romans verortet ist, gewissermaßen als Schmelztiegel begrenzter Möglichkeiten und enttäuschter Hoffnungen präsentiert. Nach der einführenden Rahmenerzählung wird die Aufmerksamkeit zunächst auf die Geschichte Lolas gelenkt, die – wie die autodiegetische Erzählerin aus deren Tagebuch erfährt – aus einer armen, südlichen Gegend des Landes zum Studium in die Stadt kommt und hofft, dort etwas erreichen und der Armut entkommen zu können, um schließlich mit einer besseren Lebensperspektive wieder ‚heimzukehren': „Etwas werden in der Stadt, schreibt Lola, und nach vier Jahren

---

[2] Vgl. Kapitel 2.7.
[3] Monika Moyrer spricht entsprechend von der „Inselhaftigkeit der Diktatur" in *Herztier*, „mit ihrer Tendenz zur Abschottung, Überwachung und dem Zwang des Konformismus, die eine Öffnung des Blickes und die Selbstentfaltung der Individuen verhindert." Monika Moyrer: „Herztier", in: *Herta Müller-Handbuch*, hg. v. Norbert Otto-Eke, Stuttgart 2017, S. 41–49, hier: S. 41.

zurückkehren ins Dorf. Aber nicht unten auf dem staubigen Weg, sondern oben, durch die Äste der Maulbeerbäume."[4] Die Stadt verspricht für Lola einen gesellschaftlichen Aufstieg – vom ‚staubigen Weg' hinauf bis zu den ‚Ästen der Maulbeerbäume' des Dorfes. Sie sehnt sich nach einem Mann mit „saubere[n] Fingernägel[n]" (H 9) und „weißen Hemden" (H 13), den sie mit zurück in ihr Dorf nehmen kann, um sich dort von den Bauern und der schmutzigen landwirtschaftlichen Arbeit abzuwenden: „Nie wieder Schafe, schreibt Lola, nie wieder Melonen, nur Maulbeerbäume" (H 11). Während die Schafe und die Melonen hier als wiederkehrende Metaphern für Armut, Landwirtschaft und harte körperliche Arbeit etabliert werden, bündelt sich Lolas Hoffnung auf ein besseres, unbeschwertes Leben in dem wiederkehrenden Bild der dörflichen Maulbeerbäume.[5] Zwischen Lolas Hoffnungen und den tatsächlichen Möglichkeiten der Stadt, in die sie zieht, besteht jedoch eine essenzielle Inkongruenz: Statt tatsächlich zu den ‚Ästen der Maulbeerbäume' aufzusteigen und ihre Träume zu verwirklichen, erfährt Lola dort lediglich eine andere Ebene der materiellen und immateriellen Armut als im Dorf, was ihr die ersehnte ‚Heimkehr' verwehrt und sie letztlich sogar in den Tod führt.

Lolas enttäuschte Hoffnungen nehmen programmatisch den Lebensweg einer Vielzahl der Figuren des Romans vorweg, die ebenso wie Lola aus einem Dorf in die Stadt gekommen sind, um dort ihren Lebensstandard zu verbessern und ihre eigenen Träume (oder auch die Vorstellungen und Pläne des Staates) zu verwirklichen. „Lolas Männer" (H 36) – wie die Erzählerin die mutmaßlich wahllosen Sexualpartner Lolas nennt – sind auf Anwerben der Regierung hin aus den Dörfern in die Stadt umgesiedelt worden, wo sie statt in der Landwirtschaft nun in der Industrie arbeiten: „Nie wieder Schafe, hatten auch sie gesagt, nie wieder Melonen." (H 36 f.)[6] Die Erzählerin und Protagonistin berichtet zudem von den „alte[n] Leuten" (H 9), die in den Innenhöfen der Stadt auf zerrissenen Stühlen unter Maulbeerbäumen sitzen, welche sie wiederum in ihrer Jugend in einem Sack aus einer ländlichen Gegend heraus in die Stadt gebracht haben: „Ich sah die vielen mitgebrachten Maulbeerbäume in den Höfen der Stadt." (H 10) Die städtischen Maulbeerbäume lassen einerseits an die dörfliche Herkunft der alten Menschen und an die Wünsche denken, die sie mit sich in die Stadt

---

4 Herta Müller: *Herztier*, 5. Aufl., Frankfurt/Main 2009 [1994], S. 9. Im Folgenden wird der Text unter der Sigle (H) nachgewiesen.
5 Eine ausführliche Deutung dieser Motive liefert Ricarda Schmidt: „Metapher, Metonymie und Moral. Herta Müllers *Herztier*", in: *Herta Müller*, hg. v. Brigid Haines und Lyn Marven, Cardiff 1998, S. 57–74, hier: S. 67 f.
6 Vgl. „Wie Narren waren sie dem Ruß der Städte nachgestiegen und den dicken Rohren, die über die Felder bis an jeden Dorfrand krochen." (H 36 f.)

getragen haben, andererseits erinnern sie die Protagonistin auch an ihre Herkunft und ihre eigenen in die Stadt gebrachten Hoffnungen. Von eben diesen Erinnerungsträgern in den Höfen der Stadt berichtet die Erzählerin auch Edgar, Kurt und Georg, die ebenso wie Lola und sie selbst aus „kleineren Städten" (H 51) oder Dörfern zum Studium in die Stadt gezogen sind, um dort ein neues Leben zu beginnen. In diesem Gespräch und der Reaktion der drei jungen Männer konkretisiert sich, was im staatlichen Raum universal zu gelten scheint:

> Ich erzählte von Säcken mit den mitgebrachten Maulbeerbäumen, von den Höfen alter Leute und von Lolas Heft: aus der Gegend hinaus und hinein ins Gesicht. Edgar nickte und Georg sagte: Alle bleiben hier Dörfler. Wir sind mit dem Kopf von zu Hause weggegangen, aber mit den Füßen stehen wir in einem anderen Dorf. In einer Diktatur kann es keine Städte geben, weil alles klein ist, wenn es bewacht wird.
>   Man fährt von der einen Stadt in die andere, sagte Georg, und man wird von einem Dörfler zu einem anderen Dörfler. (H 51 f.)

Georgs Formulierung führt vor Augen, dass städtische Anonymität und Individualität in einer Diktatur keinen Platz haben. Die Grenzen zwischen Stadt und Dorf lösen sich auf und statt Freiheit, Autonomie und uneingeschränkten Möglichkeiten begegnet den Menschen auch in der Stadt eine traditionell mit Dörfern assoziierte Begrenzung und Beschränkung, Überschaubarkeit und Überwachung, Kontrolle und Kollektivität. Dass der Mensch in diesem dörflich orientierten, provinziellen System des Staates lediglich eine untergeordnete Rolle spielt, kristallisiert sich nicht zuletzt heraus, wenn Kurt ergänzt, dass man „sich völlig weglassen [könne] [...], man steigt in den Zug und es fährt nur ein Dorf in ein anderes Dorf." (H 52) Die Menschen werden im staatlichen Raum der Diktatur völlig entpersonalisiert und ebenso wie Dörfer zu transparenten, austauschbaren Gebilden degradiert.

Die parallele Konstellation und produktive Überlappung von repressivem Dorf und repressivem Staat zeichnet sich zudem im Aufbau des Romans ab. Die Erzählstruktur ist keineswegs linear: Eingerahmt von einem Treffen Edgars und der namenlosen Protagonistin nach ihrer Ausreise in die Bundesrepublik, werden die Erinnerungen dieser an das Leben während und nach dem Studium in der Stadt immer wieder durch fragmentarische, anachronistische Kindheitserinnerungen, durch Flashbacks aus dem banatschwäbischen Dorf unterbrochen, die sowohl motivisch als auch inhaltlich einigen Kurzgeschichten aus dem Band *Niederungen* ähneln. Bereits im Räumlichen ist die Verbindung der als unidyllisch erinnerten Kindheit im Banat und der gegenwärtigen Konfrontation der Studierenden mit dem totalitären Staat Rumänien folglich hergestellt.[7] Dabei evozieren zum einen die einengenden soziokulturellen Strukturen eine Parallele zwischen Dorf und Staat, zum anderen ist in *Herztier* auch das Dorf ein Raum, der in der Diktatur wesentlich unter der Kontrolle des totalitären Systems steht. Unterstützt wird dieser Eindruck zusätzlich durch die Verwendung von Ortsnamen: Werden die Namen der Städte in der Bundesrepublik konkret genannt, bleiben die Städte und Dörfer in Rumänien weitgehend namenlos.[8] Die autodiegetische Erzählerin lebt nach ihrer Ausreise in Berlin, ihre Mutter in Augsburg, Edgar in Köln und Georg in Frankfurt am Main – in Rumänien leben sie lediglich in „der Stadt" (H 9, 185), in „kleineren Städten" (H 51), in „Dörfern" (H 51), in „eine[r] Industriestadt" (H 97), „eine[r] dreckige[n] Industriestadt" (H 93) oder „am Rand eines Dorfes" (H 100). Die anonymisierten Städte und Dörfer in Rumänien werden austauschbar, denn jegliche Orte in der ‚Staatsheimat' sind machtbesetzt.[9]

Während in *Niederungen* in der dörflichen Enklave trotz totalitärer Kontrolle im Alltag vornehmlich die banatschwäbische Minderheit ‚herrscht', wird in *Herztier* die Stadt in erster Linie als Raum des Staates präsentiert, in dem das gesellschaftspolitische System die Menschen ubiquitär ‚beherrscht'. Dies manifestiert sich auch in der Beschaffenheit der einzelnen innerhalb der Stadt situierten Orte, in denen Raum und Macht eng verflochten sind. Exemplarisch für diese bis in den kleinsten städtischen Winkel hineinreichende staatliche Überwachung und Kontrolle ist das Zimmer im Studentenheim, das sich die Erzählerin mit Lola und vier weiteren Studentinnen teilt:

> Ein kleines Viereck als Zimmer, ein Fenster, sechs Mädchen, sechs Betten, unter jedem ein Koffer. Neben der Tür ein Schrank in die Wand gebaut, an der Decke über der Tür ein Lautsprecher. Die Arbeiterchöre sangen von der Decke zur Wand, von der Wand auf die Betten, bis die Nacht kam. Dann wurden sie still, wie die Straße vor dem Fenster und draußen der struppige Park, durch den niemand mehr ging. Das kleine Viereck gab es vierzigmal in jedem Heim.
>
> Jemand sagte, die Lautsprecher sehen und hören alles, was wir tun.   (H 11)[10]

---

7 Vgl. Friedmar Apel: *Deutscher Geist und deutsche Landschaft. Eine Topographie*, München 1998, S. 229.
8 Die einzige rumänische Stadt, die in *Herztier* namentlich erwähnt wird, ist „Scornicesti" (H 122).
9 Die Bestrebungen des Staates, seine Macht in jeden Winkel des Landes auszuweiten, werden zum Beispiel auch deutlich, wenn Lola aufgrund ihres wachsenden Interesses für die Ideologien des Staates und nach ihrem Eintritt in die Partei „immer öfter über Bewußtsein und Angleichung von Stadt und Dorf" spricht (H 27).
10 Vgl. „Es war Abend im kleinen Viereck, aber nicht spät. Der Lautsprecher sang seine Arbeiterlieder, auf der Straße draußen gingen noch Schuhe, es waren noch Stimmen im struppigen Park, das Laub war noch grau, nicht schwarz." (H 26)

Die elliptische Beschreibung der Ausstattung des in der gesamten Erzählung durchgängig ‚Viereck' genannten Zimmers im Studentenheim korrespondiert mit der dürftigen Wohnfläche – lediglich das nötigste Mobiliar findet einen Platz in dem asketischen, engen Quadrat, während die persönlichen Habseligkeiten von sechs jungen Frauen in einem gemeinsamen Wandschrank und je einem eigenen Koffer untergebracht werden. Dabei intensivieren sowohl die standardisierte Inneneinrichtung als auch die permanente Beschallung die klaustrophobische Beschaffenheit des ‚Vierecks'.[11] Besonders der Gesang der Arbeiterchöre, den man bis in die Nacht hinein durch die Lautsprecher in den Zimmern hört, illustriert das imperiale *Worlding* des totalitären Systems, das Einschreiben und Verfestigen der hegemonialen Weltsicht im (vermeintlich) privaten Raum.[12] Durch die bedrückende Manipulation und Indoktrination wird den Studentinnen jedweder privater Raum zum freien, unabhängigen Denken geraubt. Das Zimmer der Erzählerin ist weniger ein Wohnraum als vielmehr ein ideologischer Raum, den es zudem „vierzig Mal in jedem Heim" (H 11) gibt und der somit repräsentativ für die anderen Räume des Wohnheims sowie für die anderen Wohnheime des Landes steht. Dies bestätigt sich auch in der Beschreibung des Studentenheims für Jungen, in welchem Edgar, Kurt und Georg „auf der anderen Seite des struppigen Parks" (H 43) untergebracht sind: „In jedem Zimmer waren fünf Jungen, fünf Betten, fünf Koffer darunter. Ein Fenster, ein Lautsprecher über der Tür, ein Schrank in die Wand gebaut." (H 61) Die parallele Anordnung und Gestaltung der Studentenheime wird nicht nur räumlich, sondern auch sprachlich in der sich wiederholenden elliptischen Syntax zum Ausdruck gebracht, wodurch die Monotonie, der Kollektivismus, die fehlenden Freiräume und die alles durchdringende Ideologie der ‚Staatsheimat' zusätzlich forciert werden.

Doch nicht nur die privaten Räume der Studierenden werden vom totalitären Machtapparat durchdrungen; nahezu alle öffentlich zugänglichen Räume sind in *Herztier* ideologisch besetzt: Im Glaskasten neben der Eingangstür des Studentenheims werden regelmäßig aktuelle Zeitungsausschnitte und die aktuellen Reden des Diktators ausgehängt (vgl. H 20); im Kino laufen vornehmlich Filme, die in Fabrikhallen und somit im Arbeitermilieu spielen (vgl. H 78, 85); in der Fabrik, in der die Erzählerin nach ihrem Studium als Übersetzerin arbeitet, hängt – gut

---

11 Vgl. Johannsen: *Kisten, Krypten, Labyrinthe*, S. 169.
12 Zum Begriff des *Worlding* vgl. Spivak: „The Rani of Sirmur. An Essay in Reading the Archives". Mit Rückgriff auf Martin Heidegger beschreibt Spivak *Worlding* als Konstruktion von Welt(en) durch die imperiale Einschreibung von Macht in den kolonisierten Raum, als „worlding of a world on uninscribed earth", S. 253.

sichtbar an einem Giebel – die Losung „Proletariat aller Länder vereinigt euch."
(H 141) Auch die roten Tischtücher und roten Uniformen der Kellner in dem Sommergarten der Bodega (vgl. H 37) geben einen Hinweis auf den propagandistischen Mentizid durch den sozialistischen Staat, der bis in die kleinsten Ecken der Stadt vordringt. Die Bodega beschreibt die Erzählerin dabei als eine Art Sammelort des „Proletariat[s] der Blechschafe und Holzmelonen" (H 37) – der ehemaligen Bauern, die sich im sozialistischen Arbeiter- und Bauernstaat nun, statt um Schafe und Melonen in der dörflichen Landwirtschaft, als städtische Industriearbeiter um Blech und Holz kümmern.[13] Innerhalb der engen, starren Grenzen des Systems wissen diese offenbar nicht, was sie mit sich und ihrer Freizeit anfangen sollen, weshalb sie in der Bodega ihre Angst vor der Regierung mit Alkohol und Gewalt betäuben, während sie sich paradoxerweise zugleich an einem politisch kontrollierten Ort aufhalten, an dem „die Kellner alles melden" (H 39) und „niemand ein Gast" (H 37) sei, wie die Erzählerin gleich zwei Mal betont. Demzufolge spricht sie von der Bodega als einem „gelogen[en]" (H 37) Ort – einem Ort, an dem zum einen bewusst die Unwahrheit gesagt wird, der zum anderen aber auch selbst unwahr (im Sinne von staatlich-ideologisch konstruiert) ist. Dies führt beispielsweise dazu, dass die ‚Werktätigen' am Tag nach dem dortigen Besuch „fürchten, daß sie in der Bodega etwas geschrien hatten, was politisch war" (H 39):

> Sie waren in der Angst zu Hause. Die Fabrik, die Bodega, Läden und Wohnviertel, die Bahnhofshallen und Zugfahrten mit Weizen-, Sonnenblumen- und Maisfeldern paßten auf. Die Straßenbahnen, Krankenhäuser, Friedhöfe. Die Wände und Decken und der offene Himmel. Und wenn es dennoch wie so oft passierte, daß der Suff an verlogenen Orten fahrlässig wurde, war es eher ein Fehler der Wände und Decken oder des offenen Himmels als Absicht im Hirn eines Menschen. (H 39)

Die räumliche Omnipräsenz von Überwachung und Kontrolle an den „verlogenen Orten" (H 39) der ‚Staatsheimat' schürt die Angst, sich (politisch) zu artikulieren und beschneidet damit sowohl die räumliche Autonomie als auch die subjektive Freiheit der Meinungsäußerung. Durch die panoptische beziehungsweise panoptistische sozialistische Gesellschaftsstruktur im Sinne Foucaults[14] und deren alles durchdringende Kontrollmechanismen werden die Menschen zu Marionetten des Systems geformt, denn durch das Wissen um das ständige Überwachtwerden disziplinieren sie sich aus der Angst heraus zugleich eben auch selbst.

---

13 Eine detaillierte Deutung des ‚Proletariats der Blechschafe und Holzmelonen' liefert Schmidt: „Metapher, Metonymie und Moral. Herta Müllers *Herztier*", S. 67 f.
14 Michel Foucault: *Surveiller et punir. Naissance de la prison*, Paris 1975, Kapitel 11 „Le panoptisme", hier besonders: S. 199–201. Vgl. Kapitel 5.1.

Am Beispiel der Angst des ‚Proletariats der Blechschafe und Holzmelonen' zeigt sich darüber hinaus, dass in *Herztier* nicht nur der städtisch angelegte, sondern auch der natürliche Raum – wie „Weizen-, Sonnenblumen- und Maisfelder[]" oder der „offene Himmel" (H 39) – maßgeblich vom Staat eingenommen wird. In ihrer Rede zur Verleihung des Kleist-Preises mit dem programmatischen Titel „Von der gebrechlichen Einrichtung der Welt" spricht Herta Müller 1994 über die Funktionalisierung der Natur in Diktaturen, zum Beispiel durch Ceaușescu, für den im Spätsommer in den rumänischen Städten die ersten gelben Lindenblätter mit grüner Farbe bespritzt worden seien: „Was bleibt da noch Natur, wo das geschieht. Selbst die Landschaften werden zu Ländereien, die der Macht Schönheit bieten oder vortäuschen. Auch wenn hie und da vor den Füßen ein Stückchen liegt, das vom Staat noch nicht besetzt ist, traut man ihm nicht."[15] Dieses von Müller formulierte Misstrauen in die vom Staat besetzte landschaftliche Umgebung lässt sich auch auf die vom Staat besetzten ‚verlogenen Orte' in *Herztier* übertragen, wobei in dem Roman Schönheit in einem klassischen Sinne in der Darstellung der Natur eher die Ausnahme als die Regel ist.[16] Im Sommergarten der Bodega ist das „Grüne [...] verdorrt, die Erde aufgewühlt von eilig ausgedrückten Zigaretten. Am Zaun der Bodega hingen Geranientöpfe mit nackten Stielen. An den Spitzen wuchsen drei, vier junge Blätter nach." (H 37) Der „struppige Park" (H 11), der sich zwischen dem Studentenheim der Mädchen und dem der Jungen befindet, ist – wie Edgars Vater bemerkt – „verwahrlost, man geht dort nicht gerne." (H 63) Zwar ist die Natur im ‚struppigen Park' ebenso wie in der Bodega marode und heruntergekommen, zugleich ist sein undurchsichtiges Gestrüpp aber in der Lage, Personen, Dinge oder Geschehnisse zu verschleiern. Die Erzählerin geht zum Beispiel in den Park, um den Schlüssel ihres Koffers verschwinden zu lassen, indem sie ihn ins Gestrüpp fallen lässt (vgl. H 34). Lola hingegen lockt scheinbar wahllos Männer in den Park, um dort im Verborgenen mit ihnen zu schlafen, wobei das Geäst des Gestrüpps ihr zugleich die Beine zerkratzt (vgl. H 20).

---

15 Herta Müller: „Von der gebrechlichen Einrichtung der Welt." Rede zur Verleihung des Kleist-Preises 1994 an Herta Müller in Frankfurt an der Oder am 21. Oktober 1994, in: Dies.: *Hunger und Seide*, Reinbek/Hamburg 1997, S. 7–15, hier: S. 11.
16 In *Mein Vaterland war ein Apfelkern* spricht Müller von der „planmäßigen Hässlichkeit", die ihr nach der Wende aufgefallen sei und die „für ganz Osteuropa" zutreffe: „Sozialismus bedeutet die Austreibung der Schönheit. [...] Es ist die *Heimat-Vitrine* des Ostens, ich fühlte mich in allen diesen Ländern ein bisschen zu Hause. So eine Vitrine ist ein Lebensgefühl. Sie ist depressiv und überträgt ihre Depression tagtäglich auf alle, die an ihr vorbeigehen. [...] Diese *Heimat-Vitrine* und das dazugehörende *Heimatgefühl* haben die *Heimatideologen* der Landsmannschaft nie in ihr Bilderbuch aufgenommen", S. 74 (Hervorhebung HZ).

Insofern kann der ‚struppigen Park' als Spiegelbild des Elends, des moralischen Verfalls und der korrupten Verhältnisse gelesen werden, die für die Lebensumstände und zwischenmenschlichen Beziehungen des Romans symptomatisch sind,[17] zugleich bietet er innerhalb des machtbesetzten Raumes der ‚Staatsheimat' die (begrenzte) Möglichkeit für (vermeintlich) ‚heimliche' Vorgänge.

Immer wieder tauchen im Laufe der Erzählung Gärten und Parks auf, die allerdings in der Regel nicht als romantische Rückzugs- oder Zufluchtsorte fungieren, sondern vielmehr als Reflektoren der persönlichen Unfreiheit innerhalb des diktatorischen Systems. Mit Rückgriff auf Kleist deutet Friedmar Apel diese natürlichen Räume in *Herztier* als „unhintergehbar beschädigte[] Paradiese[]", welche er als maßgeblich für die Struktur des Romans versteht.[18] Den ‚struppigen Park' liest Apel im Hinblick auf dessen studentische Umgebung entsprechend als einen „Garten Eden, in dem alle Wünsche längst verdorrt sind" und im Garten der Familie der Erzählerin im retrospektiven Dorf bilde sich „das Gefängnis der Diktatur im kleinen ab"[19]: „Ein Vater hackt den Sommer im Garten. Ein Kind steht neben dem Beet und denkt sich: Der Vater weiß was vom Leben. Denn der Vater steckt sein schlechtes Gewissen in die dümmsten Pflanzen und hackt sie ab." (H 21) Der Vater der Erzählerin hackt in dem Garten der Familie nicht etwa lediglich Unkraut, sondern er jätet eine gesamte Jahreszeit und blühende, lebende Pflanzen. In dem schlechten Gewissen des Vaters und dem Wunsch des Kindes, dass „die dümmsten Pflanzen vor der Hacke fliehen und den Sommer überleben" (H 21) mögen, zeichnet sich bereits die Parallele zwischen den abgehackten Pflanzen im Garten und dem Morden des Vaters als SS-Soldat während des Krieges ab, die im folgenden Absatz explizit adressiert wird: „Der Vater mußte nie fliehen. Er war singend in die Welt marschiert. Er hatte in der Welt Friedhöfe gemacht und die Orte schnell wieder verlassen." (H 21) Nicht zuletzt ist auch der mehrfach erwähnte Fluss in *Herztier* kein stereotyper Raum der Sicherheit, des Lebens und der ständigen Erneuerung, sondern ein Grenzort, ein Ort der Vergänglichkeit sowie Schauplatz zahlreicher Fluchtschicksale, Morde und Selbstmorde.[20] Sowohl der dörfliche Familiengarten als auch die Bodega,

---

17 Vgl. Norbert Otto Eke: „‚Macht nichts, macht nichts, sagte ich mir, macht nichts': Herta Müller's Romanian Novels", in: *Herta Müller*, hg. v. Brigid Haines und Lyn Marven, Oxford 2013, S. 99–116, hier: S. 108.
18 Apel: *Deutscher Geist und deutsche Landschaft. Eine Topographie*, S. 228.
19 Apel: *Deutscher Geist und deutsche Landschaft. Eine Topographie*, S. 228.
20 Vgl. „Das fließende Wasser, die fahrenden Güterzüge, die stehenden Felder waren Todesstrecken." (H 69) „Bevor ich gehen durfte, sagte der Hauptmann Pjele: Ihr seid eine böse Saat. Dich stecken wir ins Wasser." (H 106) „Hier und da kehrte einer nicht um, weil er ins Wasser wollte. Der Grund dafür, sagten die Leute, sei nicht der Fluß, er sei für alle gleich. Der Grund, sagten die Leute, sei derjenige selber, der nicht umkehren wollte." (H 110) „Zwischen Winter

der ‚struppige Park' und der Fluss sind in der ‚Staatsheimat' schließlich keine paradiesischen Refugien voll blühender Natur, sondern vielmehr Räume der Gewalt, der Überwachung, des Verfalls und des Todes und somit Projektionsflächen der destruktiven Auswirkungen der Diktatur auf den Menschen.

Anknüpfend an Apels Lesart der Gärten und Parks als ‚beschädigte Paradiese' lässt sich in *Herztier* ein weiteres Motiv ausmachen, das sich als Dekonstruktion der romantischen Paradiesvorstellung lesen lässt: der angebissene Apfel, der als gängiges Bild der verbotenen Frucht den Verrat symbolisiert und die Vertreibung aus dem Paradies bedingt. Als die Protagonistin nach der Ausreise in die Bundesrepublik Besuch von Tereza erhält und in deren Koffer die Telefonnummer der Rumänischen Botschaft und ein Duplikat ihres Wohnungsschlüssels findet, kommt Tereza gerade vom Einkaufen zurück: „Dann öffnete sich meine Tür. Tereza stand mit einem angebissenen Apfel da und sagte: Du warst an meinem Koffer." (H 161) Nachdem die Erzählerin Tereza auffordert, den abendlichen Zug zu nehmen, lässt Tereza den angebissenen Apfel liegen, packt unmittelbar ihren Koffer und reist ab (vgl. H 161). Dieser Moment der Konfrontation offenbart Terezas Zusammenarbeit mit dem Hauptmann Pjele und ihre Hinwendung zu den repressiven Ideologien, die dieser verkörpert. Sie hat sinnbildlich einen Bissen von der ‚verbotenen Frucht' des totalitären Systems genommen, hat ihre Freundin verraten und wird nun von dieser der Wohnung verwiesen. Das Motiv des angebissenen Apfels wiederholt sich, als die „singende Großmutter" (H 242) kurz vor der Ausreise der Familie in die Bundesrepublik verstirbt: „Als die Mutter aus der Stadt kam, lag sie mit einem Stück Apfel im Mund tot auf dem Boden. [...] Der Bissen steckte zwischen den Lippen. Sie war nicht daran erstickt. Der Bissen hatte eine rote Schale." (H 242) Der narrative Fokus auf das rote (‚sozialistische') Apfelstück im Mund der Großmutter wird intensiviert, als die Polizei am folgenden Tag kommt und im Haus der Familie überraschenderweise keinen dazugehörigen Apfel finden kann. Dass die Großmutter den Apfel zwar angebissen hat, jedoch ausdrücklich nicht an diesem erstickt ist, kann als Märchen-Motiv wiederum auf die ‚vergiftete' Beziehung der Mutter und der Großmutter hinweisen. Durch ihren Tod verzögert die Großmutter die Ausreise ihrer Tochter und ihrer Enkelin. Die Mutter fühlt sich dadurch hintergangen und versteht den plötzlichen Tod der Großmutter einerseits als Resultat der Abneigung ihr gegenüber, andererseits als Ausdruck des großmütterlichen Willens, das Land nicht zu verlassen und die Familie dauerhaft an die Gegend zu binden. Von Trauer ist nach dem Tod der Großmutter keine Rede: „Ihr Grab muss

---

und Frühjahr hörte ich von fünf Flußleichen, die sich hinter der Stadt im Wassergestrüpp verfangen hatten." (H 114)

Zur Rolle des Fluss-Motivs in Herta Müllers Erzähltexten vgl. Johannsen: *Kisten, Krypten, Labyrinthe*, S. 176 f.

hier liegen. So hat sie es gewollt, daß ich hier alles stehen- und liegenlasse."
(H 243) Sowohl der zurückgelassene, angebissene Apfel Terezas als auch der rote Apfelbissen im Mund der Großmutter illustrieren motivisch den Verrat, die zerrütteten Beziehungen und das zwischenmenschliche Misstrauen innerhalb der ‚Staatsheimat', die wiederum den Zugang zu einem ‚paradiesischen' Zustand torpedieren.

Eine Ausnahme in der Reihe der zahlreichen ‚beschädigten' Gärten und Parks der Erzählung stellt das Sommerhaus dar, das Edgar, Kurt und Georg ihrer Freundin kurz nach dem Kennenlernen als „sicheren Platz in der Stadt" beschreiben: „ein Sommerhaus in einem wilden Garten." (H 43) Das Sommerhaus und dessen Garten bilden in *Herztier* folglich einen heterotopischen Raum im Sinne Foucaults, eine Gegenplatzierung beziehungsweise eine tatsächlich realisierte Utopie, in welcher die anderen, ideologischen Räume innerhalb der sozialistischen Kultur zugleich repräsentiert, bestritten und umgekehrt werden.[21] Denn analog zur wilden Beschaffenheit der Flora des Gartens instituiert dieser innerhalb der machtbesetzten Räume der Stadt – also gewissermaßen kompensatorisch – eine Oase der freien Entfaltung und des unabhängigen Denkens. Entsprechend verstecken die drei Studenten auch dort die Bücher „von weither" (H 43), die ins Land geschmuggelt wurden und die ihnen eine neue Perspektive auf ihre Umgebung ermöglichen (vgl. H 55). Auch das Tagebuch Lolas wollen sie zu den anderen Büchern „in einen Leinensack an die Unterseite des Brunnendeckels" (H 43) hängen, wobei sich der Brunnen in einem Zimmer des Sommerhauses innerhalb des wilden Gartens befindet. Das Versteck der Bücher wird so in gleich mehrfacher Hinsicht als sicher beschrieben; und dennoch vertraut die Erzählerin dem vermeintlichen Schutz des Sommerhauses nicht. Bei ihrem ersten Besuch in diesem zündet sie statt des Lichts nur ein Streichholz an, fühlt sich durch die Kontur der Pumpe an einen Mann erinnert und geht exakt auf der Spur im Gras zurück, die sie auf ihrem Hinweg zertreten hat (vgl. H 66). Das Gefühl der totalen Überwachung kann die junge Studentin nicht abschütteln, was auch ihre subjektive Wahrnehmung der Natur des wilden Gartens offenlegt:

> Malven aus lauter lila Fingerhüten, Königskerzen griffen in die Luft. Ackerwinden rochen süß in den Abend, oder war es meine Angst. Jeder Grashalm stach an den Waden. Dann piepste ein verirrtes Huhn im Weg und verließ ihn, als meine Schuhe kamen. Das Gras war dreimal höher als sein Rücken und schloß sich über ihm. Es klagte in dieser blühenden Wildnis und fand nicht hinaus und lief um sein Leben. Die Grillen zirpten, aber das Huhn war viel lauter. Es wird mich verraten in seiner Angst, dachte ich mir. Jede Pflanze sah mir nach. Meine Haut klopfte von der Stirn bis in den Bauch. (H 67)

---

[21] Vgl. Michel Foucault: „Des espaces autres", in: Ders.: *Dits et écrits*, hg. v. Daniel Defert, 4 Bde., Bd. 4: *1980–1988*, Paris 1994 [1984], S. 752–762.

Synästhetisch verbindet sich die Furcht der Erzählerin mit dem Geruch und der Haptik der Pflanzen, wobei das verschreckte Huhn sowohl Spiegel als auch Generator ihrer eigenen Ängste ist. Dabei stellen sich in dem verwilderten Garten selbst die Pflanzen in den Überwachungsdienst des Staates.[22] Aus Sorge entdeckt zu werden, empfindet die Erzählerin die gesamte Natur als bedrohlich, was sich physisch in ihrem ‚Hautklopfen', dem pulsierenden Schlagen der äußeren Schutzschicht ihres Körpers, äußert. Die Schönheit des wilden Gartens tritt hinter der alles durchdringenden Angst der Erzählerin zurück und wird zum Spiegelbild der psychischen Zerrüttung. In „Die Insel liegt innen – die Grenze liegt außen" schreibt Müller über ihr persönliches Verhältnis zur Landschaft in der Diktatur Rumäniens:

> Aus eigener Erfahrung weiß ich [. . .], daß die Landschaft sich aus dem Staat nicht heraushalten läßt. Sie wurde zur übergangslosen Schönheit, die kaputten Nerven waren ihr nicht gewachsen. Die Landschaft zeigte, wie egal es ihr ist, was mit den Menschen geschieht. Sie war ein Waffenstillstand, eine vom Treiben der Tage abgewandte Stille, eine grüngezahnte Ahnungslosigkeit, die sich selber genügt. Die Überrumpelung durch Schönheit ist in der Überdrehung der Nerven nicht auszuhalten. Landschaft wird zur flirrenden Inszenierung der Existenz, zum Panorama der Ängste, Verdopplung der geraubten Selbstverständlichkeit.
> (Insel 172 f.)

Auch hier dekonstruiert Müller die Dichotomien Dorf und Stadt, Landschaft und Staat. Räumliche Grenzen und Kategorisierungsversuche werden brüchig. In *Herztier* zeigt sich anhand der ersten Begegnung der Protagonistin mit dem wilden Garten des Sommerhauses paradigmatisch, wie auch sie aufgrund ihrer ‚kaputten Nerven' die Schönheit der Natur als ‚Inszenierung ihrer Existenz' und als ‚Verdopplung der ihr geraubten Selbstverständlichkeit' empfindet. Die innere Angst der Erzählerin prägt das äußere Bild der Natur, die wiederum zum ‚Panorama der Ängste' wird, an dem sich die Konsequenzen der repressiven Strukturen der ‚heimatlichen' Umgebung auf den einzelnen Menschen ablesen lassen.[23]

Fehlende Sicherheit und mangelnde Privatsphäre ziehen sich folglich leitmotivisch durch die Beschreibung der einzelnen Schauplätze des Romans; ein stabiler, ‚heimatlicher' Orientierungs- oder Ankerpunkt bleibt dabei inexistent.

---

[22] Vgl. Johannsen: *Kisten, Krypten, Labyrinthe*, S. 178.
[23] Auch nachdem Georg zu Edgars Eltern zieht, stellt sich die Landschaft als bedrohliches ‚Panorama der Ängste' dar, deren Erde bezeichnenderweise an seinen Schuhen festklebt und ihn weiter begleitet: „Durch die Felder zu irren hatte keinen Sinn. Die Erde war naß vom Tau und trocknete in der Kälte nicht mehr. Alles war niedergemacht, gerupft, gesichelt, gebunden. [. . .] Es ist wahr, sagte Georg, diese Gräser sind schön, aber mitten in ihnen, wohin man auch sieht, öffnen die Felder, so scheint es, das Maul. Der Himmel zog weg, die *Erde klebte an den Schuhen*. Die Blätter, Stengel und Wurzeln der Gräser waren rot wie Blut." (H 223 f.; Hervorhebung HZ).

Diese Abwesenheit von Zufluchtsorten führt bei der Protagonistin nach Lolas Tod dazu, dass sie ziellos durch die Stadt streift: „Ich hatte das Streunen gelernt, ich nahm die Straßen unter die Füße." (H 46) Den gesamten Tag über zieht sie verloren durch die Straßen und geht nur noch zum Schlafen zurück in das Studentenheim (vgl. H 49, 57). Dabei ist sie getrieben von ihrer Angst, die im „aufdringlich[en]" (H 56) künstlichen Licht der nächtlichen Straßenlaternen umso sichtbarer erscheint: „Doch es kam in diesem starren Licht aufs Gehen an, und ich ging immer schneller." (H 57) Auch die tägliche Motorik der Erzählerin ist wesentlich von ihrer Angst vor den Repressionen des totalitären Staates beeinflusst. Nachdem sie den Schlüssel des Sommerhauses auf dem Fensterbrett der Schneiderin deponiert hat, hebt sie bei ihrem nächtlichen Rückweg in das ‚Viereck' die besondere Stille der Stadt hervor, welche sie in Verbindung mit der Präsenz der ‚Wächter' in den Straßen dazu veranlasst, sich besonders leise und vorsichtig fortzubewegen, um sich für die staatlichen Blicke unsichtbar beziehungsweise ‚unfassbar' zu machen: „Ich machte mich beim Gehen so leicht wie ein Schatten, man hätte mich gar nicht anfassen können. Ich ging nicht zu langsam und nicht zu schnell." (H 82)

Ihre motorische Abhängigkeit, ihre psychische und physische Getriebenheit bringt die Erzählerin schließlich pointiert zum Ausdruck, als sie sich kurz vor dem Ende ihres Studiums ein letztes Mal mit Edgar, Kurt und Georg am Fluss aufhält: „Noch einmal schlendern, sagten sie, als wäre es ein unbekümmertes Gehen gewesen neben dem Fluß. Langsam und schnell gehen, schleichen oder hetzen konnten wir noch. Schlendern, das hatten wir verlernt." (H 85) Das ständige Streunen in unterschiedlichen Geschwindigkeiten bildet eine Art Gegenbewegung, ein Ausweichmanöver hinsichtlich der allgegenwärtigen Überwachung und Kontrolle an den einzelnen Orten der Stadt, wobei dies der Erzählerin offenbar zumindest vorübergehend eine flüchtige Unverbindlichkeit vermittelt. Damit bricht sie gewissermaßen die starre ideologische Kartierung des nationalstaatlichen Raumes, umkurvt das Zentrum zugunsten einer fluiden Neuplatzierung. Den machtbesetzten Räumen versucht sich die junge Studentin zu entziehen, hält sich an peripheren, transitorischen urbanen Orten wie Straßen auf, die schließlich sowohl ihrer gesellschaftlichen Position innerhalb der ‚Staatsheimat' als auch ihrer persönlichen Einstellung und Empfindung dieser gegenüber entsprechen.

6.2 „Man spürte sie lauern und Angst austeilen": Sozialistische Kultur Rumäniens

Innerhalb der machtbesetzten Räume der ‚Staatsheimat' wird die Erzählerin in *Herztier* mit verschiedenen Kulturen konfrontiert: Aufgewachsen in einem Dorf als Teil der banatschwäbischen Minderheit, kommt sie zum Studium in die Stadt, wo sie dem rumänischen Sozialismus begegnet. Durch die Freundschaft mit Edgar, Kurt und Georg lernt sie wiederum eine gesellschaftliche Teilgruppe innerhalb des sozialistischen Systems intensiver kennen: eine Gegenkultur der Opposition. Im Zentrum des Romans steht jedoch der vom rumänischen Staat geprägte und den Menschen verordnete Sozialismus, der alle kulturellen Räume in *Herztier* durchdringt. Damit greift Müller auf ein nationalistisches Verständnis von ‚Heimat' zurück. Die ‚Staatsheimat' steht hier repräsentativ für die Instrumentalisierung und Indienstnahme des Begriffs durch diktatorische Regime – für ‚Heimat' als nationale Identitätsstifterin, als Rechtfertigung für staatliche Zwänge, als Werkzeug für die Kontrolle und Konditionierung der Menschen. Zugleich wird in *Herztier* sowohl thematisch als auch motivisch die Dissonanz zwischen dem sozialistischen Anspruch der Nomenklatura und der alltäglichen Wirklichkeit der Menschen entlarvt.

Die Auswirkungen der sozialistischen Lebensform werden zu Beginn der Handlung beispielhaft anhand des Schicksals der Studentin Lola vorgeführt, mit welcher die Erzählerin ihr Zimmer im Studentenheim teilt. Gleich nach dem einführenden narrativen Rahmen heißt es, dass Lola „aus dem Süden des Landes" in die Stadt gekommen sei und man ihr „eine armgebliebene Gegend an[sehe]." (H 9) Ihr ‚Heimatort' beziehungsweise der Ort ihrer Sozialisation zeichnet sich aber nicht nur in Lolas Gesicht ab, auch ihr Verhalten demonstriert die materielle Armut: Sie hat die „wenigsten Kleider" der Mädchen aus dem Wohnheimzimmer und zieht daher die Kleider „aller Mädchen" an (H 11)[24]; sie hat die „wenigsten hauchdünnen Strumpfhosen" (H 17), deren Maschen sie daher mit Nagellack verklebt. Ihre Spiegeleier brät sie auf einem heißen Bügeleisen (vgl. H 23). Lolas unbändiger „Wunsch nach weißen Hemden" (H 17) entspricht dabei dem verzweifelten Versuch, den kargen Lebensumständen durch einen gebildeten, wohlhabenden künftigen Ehemann zu entkommen. Die wirtschaftlichen Nöte betreffen in *Herztier* aber nicht nur Lola, sondern scheinen durch die gesamte Erzählung hinweg charakteristisch für das Leben in der ‚Staatsheimat' zu sein. Entsprechend weist die Protagonistin in ihrer Beschreibung Lolas explizit darauf hin, dass deren Herkunft „vielleicht ärmer" sei, grundsätzlich aber „jede Gegend im Land [...] arm geblieben [sei], auch in jedem Gesicht." (H 9) Folglich sehnen sich auch die anderen Studentinnen im

---

[24] Vgl. „Jeden Tag sagte jemand in dem kleinen Viereck, die Kleider, verstehst du, gehören nicht dir. Doch Lola trug sie und ging in die Stadt. So wie die Tage damals kamen, zog Lola die Kleider an. Sie waren zerknittert und naß vom Schweiß, oder vom Regen und Schnee. Lola hängte sie dicht gedrängt zurück in den Schrank." (H 25)

‚kleinen Viereck' nach bestimmten Konsumgütern, deren Zugang ihnen allerdings weitgehend verwehrt bleibt:

> Unter jedem Bett stand ein Koffer mit verknäulten Baumwollstrümpfen. Sie hießen Patentstrümpfe im ganzen Land. Patentstrümpfe für Mädchen, die Strumpfhosen wollten, so glatt und dünn wie ein Hauch. Und Haarlack wollten die Mädchen, Wimperntusche und Nagellack.
> Unter den Kissen der Betten lagen sechs Schachteln mit Wimperntusche. Sechs Mädchen spuckten in die Schachteln und rührten den Ruß mit Zahnstochern um, bis der schwarze Teig daran klebte. Dann schlugen sie groß die Augen auf. Der Zahnstocher kratzte am Lid, die Wimpern wurden schwarz und dicht. Doch eine Stunde später brachen in die Wimpern graue Lücken ein. Die Spucke war trocken, und der Ruß fiel auf die Wangen.
> Die Mädchen wollten Ruß auf den Wangen, Wimpernruß im Gesicht, aber nie mehr Ruß von Fabriken. (H 12 f.)

Die Unzufriedenheit, die aus der Armut und den unbefriedigten materiellen Wünschen resultiert, äußert sich nicht nur in den Sehnsüchten der Studentinnen, sondern auch in der Tendenz der Arbeiter zum Stehlen, welche im Laufe des Geschehens immer wieder Erwähnung findet. Die Arbeiter aus der Waschpulver- und der Schlachtfabrik, die Lola in der Straßenbahn sieht, haben „kein Geld", sondern „[n]ur gestohlenes Waschpulver oder Kleinigkeiten geschlachteter Tiere" (H 19) in ihren Taschen. Oder in der Stadt mit „holzverarbeitende[r] Industrie" (H 97), in die Georg nach dem Studium zieht, werden nach dessen Aussage lediglich die Arbeiter ernst genommen, die in der Fabrik regelmäßig Holzabfälle stehlen (vgl. H 97).

Auch im äußeren Erscheinungsbild der Städte und Dörfer zeichnet sich die Armut der Menschen ab. So sind nicht nur im Schrank und in den Betten des ‚kleinen Vierecks', sondern in unterschiedlichsten öffentlichen Räumen der Stadt Flöhe zu finden: „Auch im Eßraum und im Duschraum, in der Kantine waren Flöhe. In der Straßenbahn, in den Läden und im Kino." (H 25) Als Edgar nach dem Studium vom Staat in eine „dreckige Industriestadt" (H 93) geschickt wird, um dort als Lehrer in einer „zerfallenen Schule" (H 94) zu arbeiten, begegnen der Erzählerin bei ihrem ersten dortigen Besuch „nackte Wohnblockviertel", „zerlumpte[] Kinder" und „magere[] Hunde" (H 93), während sich Edgar seine Wohnung mit dem Turnlehrer und einer Ratte namens Emil teilt (vgl. H 95).[25] Durch diese heruntergekommene Umgebung fühlt sie sich an Lola

---

25 Bezeichnenderweise frisst die Ratte Emil unter anderem Maulbeeren, was ein Hinweis darauf sein könnte, dass die stetige Armut dem von Lola geäußerten Wunsch zu den ‚Ästen der Maulbeerbäume' aufzusteigen entgegenwirkt. Vgl. „Der Turnlehrer hat sie seit Jahren im

zurückerinnert, denn im Anblick Edgars realisiert sie, dass sich die Menschen durch die Homogenität des staatlichen Raumes sowie die individuellen Auswirkungen der Mangelwirtschaft und der Versorgungsnot zunehmend optisch angleichen: „Ich sah Lolas Gegend in Edgars Gesicht." (H 95)[26]

Lolas Geschichte kann zum einen als Prototyp für die materiellen Nöte innerhalb der ‚Staatsheimat' verstanden werden – zum anderen werden auch die repressiven Durchsetzungsmethoden der staatlichen Ideologien in *Herztier* zunächst am Beispiel ihrer persönlichen Entwicklung demonstriert. Auf ihrem unkonventionellen Weg zu den ‚weißen Hemden' beginnt Lola, sich politisch zu engagieren: Sie wechselt die Zeitungsausschnitte und die Reden des Diktators im Glaskasten des Studentenheims (vgl. H 20), informiert sich über die „ideologische Parteiarbeit" (H 28) und tritt anschließend in die Partei ein (vgl. H 27). Die persönliche Nähe zur Partei und der Nomenklatura versteht Lola als Sprungbrett, denn durch die sexuelle Begegnung mit dem der Partei angehörigen Turnlehrer glaubt sie, ihrem Ziel greifbar nahezukommen: „Nun ist er der erste im weißen Hemd" (H 29), wie sie in ihr Tagebuch notiert. Genau in dem Moment, als Lola nach ihrer Ansicht also „fast etwas geworden war" (H 29), wird sie erhängt am Gürtel der Erzählerin im Schrank des ‚kleinen Vierecks' aufgefunden (vgl. H 30). Wie diese später aus Lolas Tagebuch erfährt, hat der Turnlehrer ihre Mitbewohnerin bei der Universität angezeigt, weil sie ihm ‚heimlich' zu seinem Haus gefolgt ist. Da sie von dem Turnlehrer schwanger ist und nicht will, dass ihr Kind in Armut aufwächst, entscheidet sich Lola gegen das Leben und für den Tod (vgl. H 31). Gerade das vermeintlich ‚weiße Hemd' des Turnlehrers wird Lola also letztlich zum tragischen Verhängnis.

Lolas Tod kratzt an der Fassade des angeblich funktionierenden Systems. Der Selbstmord als individuelle Entscheidung gegen das Leben und als verzweifelter Ausdruck des persönlichen Unglücks passt nicht in das äußere Bild eines kollektiv glücklichen und erfolgreichen sozialistischen Staates, weshalb Lola

---

Haus, sagte Edgar, er legt ihr Speck in die Wanne. Sie heißt Emil. Sie frißt auch Maulbeeren und junge Kletten." (H 95)

26 Vgl. zum wiederkehrenden Motiv der ‚Gegend im Gesicht', das die Verflechtung der Figuren mit der sie umgebenden Welt illustriert: „Nachlaufen und weglaufen müßte Lola mit ihrem Wunsch nach weißen Hemden. Der blieb noch im äußersten Glück so arm wie die Gegend in ihrem Gesicht." (H 17) „Ich sah Lola die armgebliebene Gegend im Gesicht an. [. . .] Aber ich konnte Lola lange oder flüchtig ansehen, ich sah immer nur die Gegend in ihrem Gesicht." (H 23) „Das Parteibuch ging durch die Hände der Mädchen. Und auf dem Foto sah ich die armgebliebene Gegend in Lolas Gesicht noch besser, weil das Papier so glänzte." (H 28) „Dort im Laden wurden die Gegenden in den Gesichtern der Leute am größten. Männer und Frauen hielten Taschen mit Gurken und Zwiebeln in den Händen. Aber ich sah sie Maulbeerbäume aus der Gegend hinaustragen, hinein ins Gesicht." (H 41)

zunächst öffentlich denunziert sowie anschließend posthum exmatrikuliert und aus der Partei ausgeschlossen wird. „Wir verabscheuen ihre Tat und verachten sie", heißt es im Aushang der Universität neben ihrem Foto aus dem Parteibuch, „[e]s ist eine Schande für das ganze Land." (H 30) Die Absurdität des menschenverachtenden Vorgehens der Universität und der Partei wird bei der öffentlichen Abstimmung über ihre Exmatrikulation und ihren Parteiausschluss in der Aula auf die Spitze getrieben: „Sie hat uns alle getäuscht, sie verdient es nicht, Studentin unseres Landes und Mitglied unserer Partei zu sein" (H 32), so die Argumentation der Person am Rednerpult. Das folgende Klatschen sowie die einvernehmlichen, zustimmenden Handzeichen des Publikums führen dabei exemplarisch vor Augen, wie die permanente, allumfassende Kontrolle des totalitären Staates Wirkung zeigt, wie die individuelle Freiheit eingedämmt und der bedingungslose Gehorsam des Kollektivs erzwungen wird. Denn die Gesten der Menschen bedeuten nicht etwa deren tatsächliche Zustimmung, vielmehr sind sie Zeichen der tiefen Verzweiflung, den Repressionen der ‚Staatsheimat' machtlos ausgeliefert zu sein, was eines der Mädchen im ‚kleinen Viereck' am Abend nach der Versammlung pointiert zum Ausdruck bringt: „Weil es allen zum Weinen war, klatschten sie zu lange. Niemand hat sich getraut, als erster aufzuhören." (H 32) In *Mein Vaterland war ein Apfelkern* erklärt Müller 2014, dass der Selbstmord Lolas und das anschließende Vorgehen der Universität auf realen Erfahrungen basiere, die sie in ihrer Studienzeit gemacht habe:

> Ein Suizid im Studentenheim bei sechs bis acht Mädchen in jedem Zimmer und einem Schrank für alle zusammen wurde als antisozialistische Tat aufgefasst, weil man ihn nicht vertuschen konnte. Die große Sitzung post mortem wurde organisiert, um diesen Suizid als Beleidigung der Universität und der Partei darzustellen. Es hieß, die Tote ‚verdient es nicht', Studentin ‚unserer' Universität und Mitglied ‚unserer' Partei zu sein. Das Unglück der Toten, ihre Ausweglosigkeit wurden als Verrat vorgeführt. Schon die Vereinnahmung durch das ständige ‚unser' war dreist. Aber das Abscheulichste an dieser Veranstaltung war diese totale Entgleisung der Menschlichkeit.[27]

In *Herztier* deutet Lolas Schicksal bereits an, was sich im Laufe der Erzählung als ein dichtes Netz an ‚Entgleisungen der Menschlichkeit' enthüllt: Überwachung

---

[27] Müller: *Mein Vaterland war ein Apfelkern*, S. 95 f. Vgl. „Bei der Post-mortem Sitzung damals war ich nicht dabei, nicht aus Mut, sondern aus Ekel. Ich hätte das nicht ausgehalten. Aber die Mädchen aus dem Heim erzählten von dem Applaus in frenetischen Takten. Vielleicht hat das Gruseln mitgeklatscht, aber das hat die Takte nicht durcheinandergewühlt." Ebd., S. 100.
Weitere autofiktionale Parallelen zu der Episode mit Lolas Selbstmord adressiert Müller in „Hunger und Seide. Männer und Frauen im Alltag", in: Dies.: *Hunger und Seide*, S. 65–87, hier: S. 79 f.

und Verfolgung, Verhöre und Durchsuchungen, Zwangsversetzungen und Entlassungen, Drohungen und Denunziation dienen der ‚Staatsheimat' als repressive Durchsetzungsmethoden der sozialistischen Ideologien, zur Vereinnahmung des Einzelnen durch ein nationales Wir-Gefühl sowie zur Aufrechterhaltung ihrer Macht, woran schließlich nicht nur Lola zerbricht, sondern zahlreiche Figuren des Romans zugrunde gehen.[28] Ebenso wie in *Niederungen* ist Kultur hier in einem Herder'schen Sinne als Kugelmodell gedacht, für das Homogenität nach Innen und Abgrenzung nach Außen konstitutiv ist.[29] In *Herztier* rücken nun die kulturellen und politischen Selbsterhaltungsstrategien des Sozialismus sowie, in einem weiteren Schritt, ein gewisser „clash of civilizations"[30] innerhalb der sozialistischen Sphäre in den Fokus, deren Kugelvorstellung durch die Existenz der sie unterhöhlenden dissidenten Gegenkultur unterlaufen wird. Entsprechend lässt sich im Roman anstatt eines Nebeneinanders oder einer Verflechtung von Kulturen in erster Linie ein Zusammenprallen, eine Konfrontation verschiedener Weltbilder innerhalb der vermeintlich homogenen Kultur des Sozialismus ausmachen.

Der die ‚sozialistische Kugel' verteidigende Staatsapparat setzt sich dabei hierarchisch aus unterschiedlichen Ebenen zusammen, die durch Befehl und Gehorsam strukturiert werden. An oberster Stelle steht der Diktator, der in *Herztier* jedoch lediglich am Rande erwähnt wird. Schon auf der ersten Seite des Romans wird formuliert, dass Edgar, Kurt, Georg und die Erzählerin ihn für einen „Fehler" (H 7) halten; im Laufe der Erzählung tritt er dann aber lediglich in Form von Gerüchten über seinen gesundheitlichen Zustand, von Gesprächen über seine Reisen (vgl. H 69) oder als von der Erzählerin imaginierte (Alb-)Traumfigur auf (vgl. H 70), wodurch er seine Macht scheinbar beiläufig, aus dem Hintergrund heraus ausübt, aber dennoch kontinuierlich präsent bleibt. Auf Figurenebene wesentlich präsenter sind die sogenannten „Wächter" (H 58) – die Polizisten und Geheimdienstler, die im Auftrag des Diktators „Friedhöfe machen" (H 58). Das erste Mal ausführlich beschrieben werden diese von der Protagonistin, während sie zu Studienzeiten durch die Straßen der Stadt streunt: „Junge Männer mit weißgelben Zähnen wachten vor großen Gebäuden, auf Plätzen, vor Läden, an Haltestellen, im struppigen Park, vor den Studentenheimen, in Bodegas, vor dem Bahnhof. Ihre Anzüge passten nicht, sie schlotterten oder spannten." (H 58) Bereits die fal-

---

[28] Nicht nur Lolas, Kurts und Georgs (vermeintliche) Selbstmorde, auch die zahlreichen Fluchttoten oder die psychisch Kranken, die durch die Straßen laufen, sind Beispiele dafür, wie Menschen in *Herztier* an dem repressiven sozialistischen System zerbrechen.
[29] Vgl. Kapitel 5.2.
[30] Samuel P. Huntington: *The Clash of Civilizations and the Remaking of World Order*, London 2002 [1996].

sche Größe der Uniformen weist darauf hin, dass die Wächter nicht vollkommen in ihre ‚uniformierte' Rolle hineinpassen. Auch sie sind ehemalige Bauern, die aus der Armut heraus in die Stadt gekommen sind, um Arbeit zu finden. Entsprechend fallen sie während ihres Dienstes zurück in dörfliche Verhaltensweisen; aus Gewohnheit suchen, pflücken und essen sie während der Arbeit ‚heimlich' Pflaumen: „Sie fraßen sich weg von der Dienstpflicht. Sie schlüpften ins Stehlen der Kinder unter Dorfbäumen." (H 59)[31] Als „vergrößerte Kinder" (H 60) beschreibt die Erzählerin die durch die Straßen laufenden ‚Wächter', die scheinbar aus der Not heraus in ihre Position gerutscht sind. Und dennoch beugen sich diese unreflektiert der Willkür des Staates, schreien Passant*innen an, zerren an ihnen, schlagen sie nieder, führen sie ab oder starren unschlüssig auf die Beine junger Frauen: „Gehenlassen oder Zupacken entschied sich erst im letzten Augenblick. Man sollte sehen, daß es bei solchen Beinen keine Gründe brauchte, nur die Laune." (H 60)[32] Die sadistischen Machtdemonstrationen der ‚Wächter' führen vor Augen, dass sie beugsame, skrupellose Handlanger des Regimes sind. Entsprechend weist die Protagonistin kurz zuvor darauf hin, dass „Pflaumenfresser" ein Schimpfwort für „Emporkömmlinge, Selbstverleugner, aus dem Nichts gekrochene Gewissenlose und über Leichen gehende Gestalten" (H 59) sei.

Eine besonders prominente Rolle unter den ‚Wächtern' nimmt der Hauptmann Pjele ein. Er ist der einzige Vertreter des Staates im gesamten Roman, der konsequent einen Namen erhält,[33] wobei in Anbetracht seiner Tätigkeit für den rumänischen Geheimdienst die Vermutung naheliegt, dass es sich dabei weniger um seinen tatsächlichen Namen als vielmehr um ein Pseudonym respektive einen ‚Dienstnamen' handelt. Phonetisch erinnert der Name Pjele an das rumänische Wort ‚piele', was sich mit ‚Haut' oder ‚Leder' übersetzen lässt. Dies könnte ein Hinweis auf die zahlreichen menschenverachtenden Verhöre des Hauptmanns sein, bei welchen er durch Drohungen, Gewalt und Denunziation die äußere körperliche Hülle der Erzählerin, Edgars, Kurts und Georgs figurativ durchbricht und ihnen so tief ‚unter die Haut' gelangt. Bezeichnenderweise trägt

---

31 Vgl. zur Metaphorik der Pflaumen in *Herztier* Schmidt: „Metapher, Metonymie und Moral. Herta Müllers *Herztier*", S. 69.
32 Zur Willkür der ‚Wächter' vgl. auch deren Umgang mit der vergewaltigten ‚Zwergin': „Alles, was die Zwergin aß, wurde ein Kind. Sie war dünn, und ihr Bauch war dick. Die Schichtarbeiter hatten sie aufgepumpt im Schutz einer Frühjahrsnacht, die so still gewesen sein mußte wie die Zwergin stumm. Die Wächter waren von Pflaumenbäumen in andere Straßen gelockt worden. Entweder hatten die Wächter die Zwergin aus den Augen verloren oder im Auftrag weggesehen. Vielleicht war die Zeit gekommen, daß die Zwergin bei der Geburt des Kindes sterben sollte." (H 204)
33 Der Name Ceaușescu wird im Laufe der Erzählung ein (einziges) Mal von Herrn Feyerabend genannt (vgl. H 144).

der Wolfshund des Hauptmanns denselben Namen wie sein ‚Herrchen' (vgl. H 78, 103). Shuangzhi Li weist in diesem Zusammenhang darauf hin, dass die spezifischen Tiereigenschaften des Hundes die beiden Pjeles auf metonymischer und metaphorischer Ebene miteinander verbinden, da „die domestizierte Gewalt und die Treue dem Besitzer gegenüber, [...] den Hund als ein vom Menschen gezähmtes und gezüchtigtes Nutztier auszeichnen."[34] Beide Pjeles werden als willenlose und willfährige Objekte gleichgesetzt und während der Hauptmann seinen Hund zur Ausübung von Gewalt gegen die Dissident*innen instrumentalisiert, wird der Hauptmann selbst wiederum vom Regime zur Ausübung von Gewalt instrumentalisiert. Diese Analogie und die Austauschbarkeit von Hauptmann und Hund bestätigt sich auch nach einem gemeinsamen Verhör Edgars und Georgs, die vom Gang aus hinter einer Tür eine Stimme hören, die „Pjele, Pjele" (H 197) ruft: „Es war nicht die Stimme des Hauptmanns, sagte Edgar. Vielleicht war es der Hund, der den Hauptmann zu sich rief." (H 197) Das hier anklingende Doppelgängermotiv legt einerseits die brutale, triebhafte und blutrünstige Parallele zwischen Hauptmann und Hund offen, andererseits zeugt es von der radikalen Funktionalisierung, der absoluten Kontrolle und der perfiden Macht, welche die ‚Staatsheimat' auf die Menschen des Landes ausübt, was wiederum zum vollständigen Angleichen der Individuen und dem Verlust der eigenen Identität führt.

Neben dem Diktator und den ‚Wächtern' sind auch die ‚Komplizen' wesentlich an der Konstruktion der „imagined community"[35] des Staates, an der Verbreitung der sozialistischen Ideologie sowie an der Sicherung der staatlichen Machtverhältnisse beteiligt. Dazu gehören bereits Kinder und Jugendliche, die ungewollt in die staatlich verordnete Weltanschauung hineinwachsen und diese unhinterfragt und unreflektiert übernehmen. Die Kinder aus Georgs Schule wollen „Polizisten und Offiziere werden [...] und als Wächter, zu allem bereit, irgendwo im Land stehen." (H 96) Die Kinder des Leiters der Pelzfabrik, denen die Erzählerin Deutschunterricht erteilt, interessieren sich besonders für die Übersetzung von Worten wie „Bestarbeiter", „Jäger" oder „Pionier" (H 198). Und die Kinder der Arbeiter aus dem Schlachthaus wollen später wie ihre Väter im Schlachthaus arbeiten, woraus Kurt wiederum schließt, dass diese Kinder bereits ‚Komplizen' seien (vgl. H 101). Besonders in Bezug auf die Arbeiter, die nach dem Studium gemeinsam mit ihm in dem Schlachthaus angestellt sind,

---

[34] Shuangzi Li: „Vom Herzen zum Tier und wieder zurück. Eine Untersuchung zur vielseitigen Tiergestaltung in Herta Müllers *Herztier*", in: *Herta Müller und das Glitzern im Satz. Eine Annäherung an Gegenwartsliteratur*, hg. v. Jens Christian Deeg und Martina Wernli, Würzburg 2016, S. 93–110, hier: S. 100.

[35] Benedict Anderson: *Imagined Communities. Reflections on the Origin and Spread of Nationalism*, London, New York 2016 [1983].

verwendet Kurt den Begriff der ‚Komplizen' wiederholt. Die schlechte Infrastruktur des Schlachthauses am Rande eines Dorfes ermögliche es dem Staat, die Arbeiter unter sich zu halten, wenn aber „Neue hinzukommen, werden sie schnell zu Komplizen. Sie brauchen nur einige Tage, bis sie wie die anderen schweigen und warmes Blut saufen." (H 100) Das stillschweigende, unkritische Einfügen in das Kollektiv des Schlachthauses wird durch den Begriff der ‚Komplizen' unmissverständlich mit einem kriminellen Beiklang versehen; das fehlende Hinterfragen der alltäglichen Abläufe des Staates scheint hier nicht weniger als ein aktiver Beitrag zu einer Straftat zu sein.

Der konkrete Ort des Schlachthauses und das Bild der bluttrinkenden Arbeiter implizieren zudem, dass sich diese hier an einer besonders ‚blutrünstigen' Straftat beteiligen. Zwar bewegen sie nur ein kleines Rad, jedoch ist auch dieses mitverantwortlich dafür, dass das ‚große Ganze' unbeschwert weiterläuft. Die parallele Konstellation der ‚blutsaufenden' Arbeiter des Schlachthauses und des menschenverachtenden Mordens des Staates wird nicht zuletzt offenkundig, als ein Kollege Kurt eine Eisenstange auf den Daumen fallen lässt; Kurt beginnt zu bluten, wovon dieser der Erzählerin im Nachhinein berichtet:

> Ich hatte Angst, die denken nicht mehr. Die sehen Blut und kommen, die kommen und saufen mich leer. Und danach ist es keiner gewesen. Die schweigen wie die Erde, auf der sie stehen. Darum habe ich das Blut schnell abgeleckt und geschluckt und geschluckt. Ich habe mich nicht getraut auszuspucken. Dann hat es mich gepackt, ich habe geschrien. Ich habe mir fast den Mund zerrissen beim Schreien. Daß sie alle vors Gericht gehören, habe ich geschrien, daß sie sich von den Menschen schon längst entfernt haben, daß es mir graust vor ihnen, weil sie Blutsäufer sind. (H 134)

Kurts Sorge kann als Hinweis auf seine Angst verstanden werden, dass das System ihm seine Unabhängigkeit und seine letzte Lebenskraft raubt. Der Blutdurst und das Schweigen der ‚Werktätigen' des Schlachthauses zeugen von der universalen Indoktrination und Kontrolle der Menschen durch den Staat, von dem fehlendem Mut zur Opposition und von der Unbelehrbarkeit des Kollektivs, was Kurt aufs Schärfste verurteilt: „Sie haben ihre durstigen Gesichter von mir abgewandt. Sie blieben stumm wie eine Herde in dieser ekelhaften Schuldigkeit." (H 134) Die Schuldfrage beschäftigt Kurt auch persönlich, denn dadurch, dass er sein eigenes Blut getrunken hat, um den Arbeitern zuvorzukommen, hat er das Gefühl, dass auch er nun ‚kriminell' geworden sei: „Ich habe Blut wie die im Schlachthaus gesoffen, sagte Kurt. Er sah hinaus auf die Straße: Jetzt bin ich ein Komplize." (H 136) Von außen betrachtet scheint die Entscheidung Kurts, sein Blut zu trinken, aber weniger Ausdruck seiner ‚Komplizenschaft' zu sein als vielmehr Symptom der wachsenden Verzweiflung, Hilflosigkeit und der Furcht vor den Fängen der ‚Staatsheimat', welche auf seinen späteren

Selbstmord verweisen. Am Beispiel Kurts zeigt sich paradigmatisch, wie nicht nur der Diktator und die ihm unmittelbar unterstellten ‚Wächter', sondern auch die zahlreichen alltäglichen ‚Komplizen' mit Gewalt, Willkür und Gehorsam die Angst der Menschen schüren und so maßgeblich zur Durchsetzung der staatlichen Ideologien und zur Aufrechterhaltung der „imagined community" der ‚Nation' beitragen, deren Zugehörigkeitssog Benedict Anderson wie folgt beschreibt: „regardless of the actual inequality and exploitation that may prevail in each, the nation is always conceived as a deep, horizontal comradeship. Ultimately, it is this fraternity that makes it possible [. . .] not so much to kill, as willingly to die for such limited imaginings."[36]

Während der Sozialismus in *Herztier* besonders durch materielle Armut und ein gewaltsames totalitäres System der repressiven Machtsicherung charakterisiert wird, stellt die banatschwäbische Enklave, in deren Umgebung Edgar, Kurt, Georg und die Erzählerin aufgewachsen sind, sowohl einen kulturellen Gegensatz als auch ein ideologisches Pendant zur ‚Staatsheimat' dar. Die Familien der Vier heben sich zwar durch deren Sprache, Werte, Traditionen und Gepflogenheiten von der rumänischen Kultur ab, jedoch verbindet sie die nationalsozialistische Vergangenheit auf tragische Weise mit der totalitären sozialistischen Diktatur. Denn ebenso wie der Diktator und die ‚Wächter' in der Erzählung „Friedhöfe machen" (H 58), haben die Väter der vier Freunde als heimgekehrte SS-Soldaten „Friedhöfe gemacht" (H 21). Nicht zuletzt die sich wiederholende parallele Formulierung ‚Friedhöfe machen' legt eine Analogie zwischen den morbiden Strukturen der zwei Diktaturen im Sinne einer *entangled history*[37] nahe. Zwar hat das Morden der Väter der Freunde ein Ende genommen, die banatschwäbische Kultur und das nationalsozialistische Gedankengut scheinen allerdings in den Familien ähnlich wie bereits in *Niederungen* unverändert ‚konserviert' zu werden. Anders als die Väter der Vier sind Edgars Onkel – die ebenfalls als SS-Soldaten bei den „Totenkopf-Verbänden Friedhöfe gemacht" (H 65) haben – nach dem Krieg nicht zurück in ihr Land gekommen, haben aber in Österreich und Brasilien dennoch „zwei schwäbische Häuser" gebaut: „So schwäbisch wie ihre Schädel, an zwei fremden Orten, wo alles anders war. Und als die Häuser fertig waren, machten sie ihren Frauen zwei schwäbische Kinder." (H 66) Die

---

36 Anderson: *Imagined Communities. Reflections on the Origin and Spread of Nationalism*, S. 7.
37 Gemeint ist in diesem Kontext die transnationale Verflechtung von Geschichte(n), nicht im Sinne einer Bedingtheit oder Gleichsetzung, sondern im Sinne einer Teilung von Erfahrungen unter Berücksichtigung der jeweiligen Differenzen. Vgl. dazu Sebastian Conrad und Shalini Randeria: „Einleitung. Geteilte Geschichten – Europa in einer postkolonialen Welt", in: *Jenseits des Eurozentrismus. Postkoloniale Perspektiven in den Geschichts- und Kulturwissenschaften*, hg. v. dens., Frankfurt/Main 2002, S. 9–49, hier besonders: S. 17 f.

Nachhaltigkeit der unbewältigten historischen Erfahrungen in der banatschwäbischen Enklave und Diaspora zeigt sich nicht zuletzt daran, dass der Vater der Erzählerin nach seiner Rückkehr aus dem Krieg noch „bis zu seinem Tod Lieder für den Führer" (H 143) singt.

Als die Protagonistin kurz vor dem Tod ihres Vaters mit diesem im Krankenhaus ist und der Arzt sie darauf hinweist, dass die Leber ihres Vaters „vom Saufen so groß wie die einer gestopften Gans" (H 171) sei, wird eine Überlappung zwischen der nationalsozialistischen und der sozialistischen Diktatur noch einmal deutlich markiert: „Ich sagte: Seine Leber ist so groß wie die Lieder für den Führer. Der Arzt legte den Zeigefinger auf den Mund. Er dachte an Lieder für den Diktator, ich aber meinte den Führer." (H 71) Hinsichtlich der unterschiedlichen historischen Bedingungen, Kontexte und Ausformungen ist die hier nahegelegte Analogie zwischen Hitler und Ceaușescu selbstverständlich nicht unproblematisch, offenbar steht diese jedoch repräsentativ für die menschenverachtende totalitäre Herrschaftsform, die sowohl für den Nationalsozialismus als auch für den rumänischen Sozialismus symptomatisch ist: Eine diktatorische Führerfigur, die Unterdrückung der Meinungs- und Redefreiheit, die militärische Beteiligung an der Umsetzung der staatlichen Ideologien, das Morden im Auftrag des Staates, die radikale Demagogie sowie Kollektivität und geforderter Gehorsam sind nur einige der Gemeinsamkeiten der beiden totalitären Systeme, die in *Herztier* anklingen. Als der Hauptmann Pjele während eines Verhörs zur Erzählerin sagt, die vier Freunde seien eine „böse Saat" (H 106), assoziiert sie diese Formulierung unmittelbar mit ihrem Vater, der beim Hacken der Pflanzen im Garten seine Kriegserfahrungen abträgt: „Böse Saat, dachte ich mir, das sah der Vater, wenn er die Milchdisteln unter die Hacke nahm." (H 107) Als der Enkel der Nachbarin sich mit „Tschau" von der Erzählerin und dem jüdischen Herrn Feyerabend verabschiedet, fühlt sich dieser zum einen an „die erste Silbe von Ceaușescu", zum anderen an die nationalsozialistische Rhetorik erinnert: „Sie hören es ja, die Kinder grüßen wie damals bei Hitler." (H 144) Menschenverachtung und Machtgier verknüpfen beispielhaft die Erfahrungen des Einzelnen in einem totalitären System.[38]

---

[38] Die Wirkungen und Auswirkungen des Nationalsozialismus auf den einzelnen Menschen werden darüber hinaus am Beispiel der retrospektiven Binnenerzählung über die Großmutter exemplifiziert. Wie die Erzählerin von ihrer Mutter erfährt, hat ihre Großmutter, als „die Hakenkreuzfahne auf dem Sportplatz des Dorfes wehte" (H 105), den damaligen Verlobten der jetzigen Frau des Friseurs beim Ortsgruppenführer denunziert: „Sie hatte gesagt: Annas Verlobter kommt nicht zum Fahnenappel, weil er gegen den Führer ist." (H 105) Der springende Punkt der Geschichte ist absurderweise nicht etwa der Verrat der Großmutter an einem Dissidenten, sondern vielmehr die Dankbarkeit des Friseurs, denn nachdem die Großmutter den Verlobten

In *Herztier* ist nicht zuletzt eine Kultur der Opposition erkennbar, die sich der Hegemonie der ‚Staatsheimat' direkt oder indirekt entgegenstellt. Da sind zunächst die Gerüchte über die Krankheiten des Diktators, die unter den Menschen kursieren und von einer leisen Hoffnung auf dessen Tod und damit auf ein baldiges Ende des Regimes zeugen: Zwar „glaubte niemand" (H 69) diesen Gerüchten, wie die Erzählerin betont, jedoch werden sie dennoch täglich von Ohr zu Ohr weitergegeben „als wäre der Schleichvirus des Todes drin, der den Diktator zuletzt doch erreicht" (H 69). Dieses „Geflüster", so die junge Dissidentin, mahne „zum Abwarten mit der Flucht": „Jedem schlich die Leiche des Diktators durch die Stirn. Alle wollten ihn überleben." (H 70) Die subalterne Stimme der Opposition ist hier also bezeichnenderweise ein leises, vorsichtiges Flüstern und wird lediglich von Dissident*innen, nicht aber aus der hegemonialen Position des Staates wahrgenommen.[39] Edgar hingegen vermutet, dass der Geheimdienst die Gerüchte über die Krankheiten des Diktators selbst streue, um die Menschen entweder bei ihren ‚heimlichen' Gesprächen darüber zu ertappen, oder um sie zur Flucht zu treiben und sie anschließend bei dieser zu fassen (vgl. H 58). Trotz (oder gerade wegen) der Gerüchte über die Krankheiten des Diktators existiert also auch eine umfangreiche Fluchtbewegung. Die Menschen, die es in der ‚Staatsheimat' nicht mehr aushalten und die Hoffnung auf das baldige Ende der sozialistischen Diktatur aufgegeben haben, wollen dorthin, wo „es Jeanshosen und Orangen, weiches Spielzeug für Kinder und tragbare Fernseher für Väter und hauchdünne Strumpfhosen und richtige Wimperntusche für Mütter" (H 55) gibt. Die Schilderung der Erzählerin vermittelt den Eindruck, dass ausnahmslos alle bis auf Ceaușescu und dessen Handlanger von der Sehnsucht nach materiellen Gütern und Fluchtgedanken besessen seien (vgl. H 55 f.), während diese zugleich versuchen, die Zahl der erfolgreichen Fluchten möglichst gering zu halten: „Man spürte den Diktator und seine Wächter über allen Geheimnissen der Fluchtpläne stehen, man spürte sie lauern und Angst austeilen." (H 56)

Viele der Fluchtgeschichten bewegen sich im Laufe der Handlung im Umfeld der Schneiderin, die „für ihr Kartenlesen bekannter [ist] als für das Kleider-

---

Annas denunzierte, musste dieser in den Krieg, aus welchem er nicht zurückkehrte, woraufhin der Friseur wiederum Anna heiraten konnte: „Aber es gibt keinen Grund, dankbar zu sein, sagte die Mutter. Die Großmutter wollte der Anna nichts Böses und dem Frisör nichts Gutes. Sie hat das gemeldet, weil ihr Sohn längst im Krieg war und Annas Verlobter nicht einrücken wollte." (H 106) Entgegen ihrer Absicht scheint der von der Mutter hervorgehobene Frust der Großmutter schließlich die Grausamkeit des Verlusts, des kollektiven Pflichtbewusstseins und deren traurige Tragweite weniger zu rechtfertigen als vielmehr zusätzlich zu unterstreichen.

39 Vgl. dazu Gayatri Chakravorty Spivak: „Can the Subaltern Speak?", in: *Marxism and the Interpretation of Culture*, hg. v. Cary Nelson, Urbana 1988, S. 271–313.

nähen." (H 109) So stirbt eine Kundin der Schneiderin mit ihrem Mann und dessen Cousin bei der Flucht in den Westen (vgl. H 173), aber auch der Mann der Schneiderin flieht ohne seine Frau durch die Donau (vgl. H 80), ihre Schwester flieht mit deren Ehemann (vgl. H 201) und zuletzt flieht auch die Schneiderin selbst nach Ungarn und lässt ihre Kinder in Rumänien zurück (vgl. H 218). Immer wieder wird in der Erzählung von Menschen berichtet, die auf verschiedenen Wegen die Flucht ergreifen.[40] Bei einigen davon erfährt man nicht, ob diese erfolgreich verläuft oder nicht – bei den meisten Figuren des Romans endet die Flucht jedoch tödlich:

> Jede Flucht war ein Angebot an den Tod. Deshalb hatte das Geflüster diesen Sog. Jede zweite Flucht scheiterte an Hunden und Kugeln der Wächter.
> Das fließende Wasser, die fahrenden Güterzüge, die stehenden Felder waren Todesstrecken. Im Maisfeld fanden Bauern beim Ernten zusammengedorrte oder aufgeplatzte, von Krähen leergepickte Leichen. Die Bauern brachen den Mais und ließen die Leichen liegen, weil es besser war, sie nicht zu sehen. Im Spätherbst ackerten die Traktoren. (H 69)

Während sich die Natur in *Niederungen* als ‚Panoptikum der Todesarten' darstellt, wird der rurale Raum hier gewissermaßen als tatsächliche Todeslandschaft, als Leichenacker respektive Friedhof der Fluchttoten präsentiert. Die grausame Alltäglichkeit der Todesopfer gipfelt schließlich in der Liste mit Fluchttoten, welche die vier Freunde mit der Hilfe Terezas und der Schneiderin zusammenstellen, um sie ins Ausland zu schicken: „Es waren zwei Seiten" (H 173), wie die Erzählerin lakonisch feststellt.

Während die Gerüchte über die Krankheiten des Diktators und die zahlreichen Fluchtversuche eher ein Zeichen des Andersdenkens und eines indirekten Widerstandes gegen das System sind, lehnen sich die Protagonistin und besonders Edgar, Kurt und Georg aktiv gegen die politischen Strukturen ihres Landes auf. Sie wollen sich weder anpassen noch das Land verlassen (vgl. H 69), stattdessen setzen sie sich kritisch mit ihrer Umgebung auseinander. Besonders die aus dem Westen geschmuggelten und im Sommerhaus versteckten Bücher sind für sie dabei eine Möglichkeit, sich gedanklich zu emanzipieren und sich von ihrer Umgebung zu distanzieren: „Wir suchten Unterschiede, weil wir Bücher lasen." (H 54) Die wachsende Ablehnung der sie umgebenden Verhältnisse rich-

---

40 Vgl. dazu der kahlgeschorene, nackte Mann, den Kurt im Gestrüpp in der Nähe des Schlachthauses sieht und dem er Kleidung bringt (vgl. H 114 f.), das Geflüster über den Geflüchteten Paul (vgl. H 141 f.) oder der Mann mit der Streichholzschachtel, den Edgar im Zug sieht (vgl. H 232 f.).

tet sich dabei nicht ausschließlich gegen die ‚Staatsheimat', sondern ebenso resolut gegen die ‚Dorfheimat':

> Die Bücher aus dem Sommerhaus waren ins Land geschmuggelt. Geschrieben waren sie in der Muttersprache, in der sich der Wind legte. Keine Staatssprache wie hier im Land. Aber auch keine Kinderbettsprache aus den Dörfern. In den Büchern stand die Muttersprache, aber die dörfliche Stille, die das Denken verbietet, stand in den Büchern nicht drin. Dort, wo die Bücher herkommen, denken alle, dachten wir uns. (H 55)

In der Trias von ‚Muttersprache', ‚Staatssprache' und ‚Kinderbettsprache' steht erstere repräsentativ für ein freies, unabhängiges Denken durch Literatur, welches für Edgar, Kurt, Georg und die Erzählerin der erste Schritt zum Widerstand sowohl gegen staatliche als auch gegen dörfliche Ideologien ist.

Die drei jungen Männer sind darüber hinaus auch selbst künstlerisch produktiv: Während Edgar und Georg regimekritische Gedichte verfassen, macht Kurt ‚heimlich' Fotos vom sozialistischen Alltag (vgl. H 57). Über die konkreten Inhalte der Fotos und Gedichte erfährt man im Roman wenig. Nur einige wenige Motive von Kurts Fotos werden erwähnt: darunter der Hauptmann Pjele beim Einkauf mit seiner Enkelin oder die Angestellten des Schlachthauses bei ihrer täglichen Arbeit.[41] Von den Themen der Gedichte Edgars und Georgs erfährt man lediglich, dass selbst Edgar sich nach deren Verschwinden aus seinem Zimmer nicht mehr an diese erinnern kann (vgl. H 173), dass acht der neun Gedichte, die Georg nach seinem Tod zurücklässt, „Neuntöter" heißen und das neunte „Wer kann mit dem Kopf einen Schritt tun". (H 236) Die Gedichttitel offenbaren die biographische Parallele der Figur Georg zu Rolf Bossert, auf welche auch Herta Müller selbst mehrfach hingewiesen hat.[42] Tanja van Hoorn weist in diesem Kontext darauf hin, dass die konkreten Inhalte der Dichtung Georgs und Edgars in *Herztier* zwar abwesend seien, dass durch diesen verdeckten intertextuellen Bezug allerdings Werke der Aktionsgruppe Banat implizit in den Roman integriert würden, die sich kritisch mit der Situation des Schriftstellers in der Diktatur auseinandersetzen.[43] Dadurch gelinge ein „Ideenschmuggel", so van Hoorn, der „das diktatorische Regime sichtbar und die ver-

---

[41] Vgl. Kurts Fotos vom Schlachthaus (vgl. H 168) und vom Hauptmann Pjele (vgl. H 251) oder Georgs Gedichte (vgl. H 250).

[42] Der Titel der acht Gedichte Georgs entspricht dem von Bossert 1984 in Klausenburg veröffentlichten Gedichtband *Neuntöter*, der ein Gedicht mit demselben Titel beinhaltet, während „Wer kann mit dem Kopf einen Schritt tun" eine Zeile aus Bosserts „gedicht, in den winter geschrieben" aus dem Band *siebensachen* zitiert. Vgl. Rolf Bossert: *Neuntöter*, Klausenburg 1984.
Vgl. dazu Müller: *Mein Vaterland war ein Apfelkern*, S. 118 f.

[43] Vgl. Tanja van Hoorn: „Tarnkappen, Geheimsprachen, Schmuggelware: Gedicht-V/Zerstörung in Herta Müllers Roman *Herztier*", in: *Herta Müller und das Glitzern im Satz. Eine Annähe-*

pönte Lyrik hörbar" mache, während beides auf textueller Ebene nicht ausgesprochen werde: „Wie man sie tatsächlich hätte hören wollen müssen, so muss man sie auch im Roman heraussuchen aus dem textuellen Untergrund."[44]

Damit wird die Welterfahrung der Figuren gewissermaßen mit der rezeptionsästhetischen Leseerfahrung synchronisiert und trotz textueller Abwesenheit und narrativem Schweigen über die Inhalte der Gedichte wird die aktive Opposition in Form von regimekritischer Lyrik subtil in den Roman integriert. Schließlich ist es eben diese Hinwendung zu ungebundener Sprache, freiem Denken und oppositioneller Kunst, welche die vier Freunde einerseits zu Dissident*innen gegenüber sozialistischen und banatschwäbischen Ideologien macht sowie sie andererseits in den gefährlichen Fokus der ‚Staatsheimat' rückt. Diese marginalisierte, exkludierte gesellschaftliche Positionierung der vier Freunde entlarvt in *Herztier* nicht zuletzt die grundlegende Differenz zwischen dem sinn- und identitätsstiftenden Anspruch der rumänischen ‚Staatsheimat' sowie dem von fehlenden Freiheiten und Repressionen gekennzeichneten Alltag der Menschen.

6.3 „denk an seriösere Dinge": Freundschaft und Liebe in der Diktatur

Der dem Roman programmatisch vorangestellte Ausschnitt aus Gellu Naums Gedicht „Lacrimă" beziehungsweise „Die Träne"[45] nimmt vorweg, was sich leitmotivisch durch den gesamten Roman zieht und sich als eines der zentralen Topoi in *Herztier* herausstellt – die Schwierigkeit stabiler Freundschaften und aufrichtiger Liebe im Angesicht einer „Welt voll Schrecken" (H 5):

> jeder hatte einen Freund in jedem Stückchen Wolke
> so ist das halt mit Freunden wo die Welt voll Schrecken ist
> auch meine Mutter sagte das ist ganz normal
> Freunde kommen nicht in Frage
> denk an seriösere Dinge   (H 5)

---

rung an Gegenwartsliteratur, hg. v. Jens Christian Deeg und Martina Wernli, Würzburg 2016, S. 151–164, hier: S. 163.
44 van Hoorn: „Tarnkappen, Geheimsprachen, Schmuggelware: Gedicht-V/Zerstörung in Herta Müllers Roman *Herztier*", S. 163 f.
45 Gellu Naum: „Die Träne", in: Ders.: *Pohesie. Sämtliche Gedichte*, aus dem Rumänischen von Oskar Pastior und Ernest Wichner, Basel 2006, S. 235.
  Zu Bezugspunkten zwischen Müller und dem rumänischen Surrealismus vgl. Petra Renneke: *Poesie und Wissen. Poetologie des Wissens der Moderne*, Heidelberg 2008, S. 198 f.

Das erste Mal innerhalb der Erzählung werden die fünf Verse des Gedichts zitiert, als die Protagonistin den Schlüssel des Sommerhauses auf der Suche nach einem sicheren Ort und ohne das Wissen von Edgar, Kurt und Georg auf dem Fensterbrett der Schneiderin ‚vergisst'. Da sie weiß, dass die drei Studenten der Schneiderin nicht vertrauen, stellt sie sich vor, wie diese reagieren würden, hätten sie von dem Aufbewahrungsort des Schlüssels gewusst: „Sie hätten wie so oft, wenn sie mißtrauisch waren, das Gedicht gesagt." (H 81) Kurz darauf gibt Kurt ‚das Gedicht' scheinbar zusammenhangslos am Fluss wider, woraufhin die Protagonistin erklärt, dass es aus „einem der Bücher aus dem Sommerhaus" (H 86) stamme und die Drei es „[i]mmer wieder" (H 86) aufsagten. Anders als im Motto des Romans beginnt das interpunktionslose Gedicht in der Erzählung jeweils mit einer Majuskel, was den Eindruck vermittelt, es handele sich um ein eigenständiges Gedicht – der intertextuelle Bezug zum rumänischen Surrealisten Gellu Naum wird innerhalb der Handlung nicht explizit formuliert.

Zum einen wird hier also ein Autor dem Roman vorangestellt, der sich kritisch zum sozialistischen Regime positioniert, zum anderen entwickeln sich eben diese fünf Verse Naums im Laufe der Erzählung zu einer Art repetitivem, beinahe hypnotischem Leitspruch für die vier dissidenten Studierenden, der ihnen Halt gibt, den sie der ‚Staatsheimat' entgegensetzen und an welchem sie ihr zwischenmenschliches Verhalten ausrichten.[46] In einer „Welt voll Schrecken", in der „jeder einen Freund in einem Stückchen Wolke" (H 5) hat und der Tod sich als allgegenwärtig und ‚normal' darstellt, scheint der Verzicht auf menschliche Nähe, Zuneigung und auf Vertrauen – nicht zuletzt aus Gründen des Selbstschutzes – unumgänglich. In *Herztier* wird demonstriert, wie tradierte

---

46 Vgl. „Auch ich konnte das Gedicht auswendig sagen. Aber nur in Gedanken, um mich dran zu halten, wenn ich mit den Mädchen im Viereck sein mußte." (H 87)
Der Erzählerin scheint es im Gegensatz zu den drei Studenten Schwierigkeiten zu bereiten, das Gedicht laut aufzusagen; zugleich fällt ihr auch die konkrete Umsetzung der Idee des Gedichtes und die Aufrechterhaltung der zwischenmenschlichen Distanz schwerer: „Das Gedicht versteckte seine lachende Kälte. Diese paßte zur Stimme von Edgar, Kurt und Georg. Sie war einfach herzusagen. Aber diese lachende Kälte täglich zu halten war schwer. Vielleicht mußte das Gedicht deshalb so oft gesagt werden." (H 87) Analog zum Hinweis der Mutter im Gedicht, „an seriösere Dinge" (H 5) zu denken, erhält auch die Protagonistin im Laufe des Geschehens immer wieder Ratschläge von ihren drei Freunden: „Verlaß dich nicht auf falsche Freundlichkeit, warnten mich Edgar, Kurt und Georg. Die Mädchen im Zimmer versuchen alles, sagten sie, genau wie die Jungen im Zimmer." (H 87) Auch weiteren Personen aus dem Umfeld der Erzählerin – wie der Schneiderin, Frau Margrit oder Tereza – misstrauen die Drei, was sie ihrer Freundin gegenüber regelmäßig kundtun und was sich diese, zumindest zum Teil, auch zu Herzen nimmt. Als Kurt ihr beispielsweise von seiner Vermutung berichtet, dass Tereza für den Geheimdienst tätig sei, stellt sie ernüchtert fest: „Ich haßte seine dreckigen Fingernägel, weil sie Tereza mißtrauten. Ich haßte sein verzogenes Kinn, weil es mich halb überzeugte." (H 183)

Vorstellungen von ‚Heimat' als sozialem Raum der Zugehörigkeit, des Vertrauens und des Zusammenhalts in einer Diktatur systematisch unterlaufen werden. Zwar werden in dem Roman unterschiedlich intensive (freundschaftliche sowie romantische) Beziehungen präsentiert, beinahe all diesen ist jedoch gemein, dass sie aus Gründen des Misstrauens, der Angst, des staatlichen Drucks oder des individuellen Schmerzes zerbrechen und so ein nachhaltiges Gefühl einer ‚heimatlichen' Gemeinschaft oder Geborgenheit torpedieren.[47]

Das Motto des Romans ist Ausdruck der Schwierigkeit, im Angesicht einer ‚Welt voll Schrecken' individuelle Vertrauensverhältnisse und zwischenmenschliche Nähe aufzubauen, zugleich weist es auf die perfiden Mechanismen der ‚Staatsheimat' hin, die Treue, Loyalität und Verlässlichkeit und somit intimste Vertrauensverhältnisse stetig unterminiert. Das erste Verhör Edgars, Kurts und Georgs beim Hauptmann Pjele erfolgt ausdrücklich wegen des von diesen rezitierten Gedichts, denn es „fordere zur Flucht auf." (H 89) Auch wenn die Drei behaupten, es handele sich bei dem Gedicht um ein „altes Volkslied" (H 89), betont Pjele, dass dessen Inhalt gegen die staatliche Ordnung gerichtet sei, womit er sie unverblümt zu Staatsfeinden erklärt: „Das bürgerlich-gutsherrliche Regime ist längst überwunden. Heute singt *unser Volk* andere Lieder." (H 89; Hervorhebung HZ) Das vereinnahmende ‚unser' des Hauptmanns zielt darauf ab, den Dreien die kollektive Identität des ‚Volkes' zu verordnen, führt jedoch umso stärker zu deren Distanzierung von dieser. Als Pjele die Erzählerin verhört, werden die Verse Gellu Naums wiederum zum Werkzeug psychischer Gewalt und denunziatorischer Machtspiele. Pjele dichtet den Text um, lässt ihn die Erzählerin notieren und anschließend singen, drohend den von ihr handgeschriebenen Zettel an Edgar, Kurt und Georg weiterzuleiten (H 106):

> Ich hatte drei Freunde in jedem Stückchen Wolke
> so ist das halt mit Huren wo die Welt voller Wolken ist
> auch meine Mutter sagte das ist ganz normal
> drei Freunde kommen nicht in Frage
> denk an seriösere Dinge   (H 104)

Der absurde Text aus der Feder Pjeles soll die junge Frau öffentlich diskreditieren, unter Druck setzen und gefügig machen. Die unterschiedlichen Verwendungskontexte der Verse Naums zeigen in *Herztier* zum einen den tragischen Kontrast zwischen freier, unabhängiger Lyrik und staatlicher, ideologischer Zensur auf, zum anderen führen sie vor Augen, wie schwer der Aufbau von Nähe und Vertrauen in einer Umgebung ist, in der das totalitäre System sowohl

---

[47] Monika Moyrer schreibt hierzu: „*Herztier* lotet die Grenzen zwischen Freundschaft, Vertrauen und Verrat unter den Bedingungen der Diktatur aus." Moyrer: „Herztier", S. 42.

einzelne Menschen als auch zwischenmenschliche Beziehungen infiltriert, manipuliert und bis in die intimsten Bindungen vordringt.

Die Beziehung der Erzählerin zu Edgar, Kurt und Georg wird zwar durch das diktatorische Regime immer wieder auf die Probe gestellt, zugleich speist sie sich besonders aus der gemeinsamen oppositionellen Überzeugung sowie aus der zunehmenden Angst, die sie als Dissident*innen und politisch Verfolgte in der ‚Staatsheimat' miteinander teilen. Schon der erste Kontakt zwischen den drei Freunden und der Erzählerin entsteht ausdrücklich durch den Tod Lolas, nach welchem die jungen Männer jemanden „suchten [. . .], der mit Lola im Zimmer war" (H 43), da sie Zweifel an der offiziellen Version des Selbstmords hegten. Also berichtet die Protagonistin den Dreien von Lolas Heft, woraufhin diese ihr geheimes Versteck im Sommerhaus preisgeben. Die vier Studierenden teilen Geheimnisse und ihr Wissen, wobei ihre systemkritische Haltung gegenüber der ‚Staatsheimat' unmittelbar eine Atmosphäre des Vertrauens und ein Gemeinschaftsgefühl generiert. Bereits kurz nach dem Kennenlernen weist die junge Frau darauf hin, dass Edgar, Kurt und Georg immer „Wir" (H 43) sagten. Bis zu diesem Zeitpunkt des Romans wird in dem näheren Umfeld der Erzählerin weniger das Personalpronomen ‚wir' als vielmehr das Indefinitpronomen ‚jemand' verwendet: „Jemand im Viereck fragte, wo ist meine Nagelschere" (H 18), heißt es zum Beispiel, oder „[j]emand flüsterte im kleinen Viereck und jemand schwieg." (H 28) Sie mutmaßt sogar, dass auch sie selbst in den ersten Jahren ihres Studiums bis zum Tod Lolas lediglich ein ‚Jemand' gewesen sei: „Vielleicht hieß ich in den ersten drei Jahren in diesem Viereck jemand. Weil alle außer Lola damals jemand heißen konnten." (H 19)

Im Gegensatz zu der zunächst noch unkonventionellen Natur Lolas hat sich die Protagonistin scheinbar als Teil der konformistischen, anonymen Masse ins Kollektiv der Studentinnen eingefügt. Dieser Eindruck bestätigt sich, wenn Lola an einem „Abend im kleinen Viereck" (H 26) auf dem Bett liegt und sich, offenbar psychisch verwirrt, eine leere Flasche zwischen die Beine steckt und ihren Kopf und Bauch hin und her bewegt: „Alle Mädchen standen um ihr Bett. *Jemand* zog sie am Haar. *Jemand* lachte laut. *Jemand* stopfte sich die Hand in den Mund und sah zu. *Jemand* fing an zu weinen. Ich weiß nicht mehr, welche von ihnen ich war." (H 26; Hervorhebung HZ) Durch Lolas Tod und die Freundschaft zu Edgar, Kurt und Georg entwickelt sich die junge Studentin von einem anonymen, indefiniten ‚Jemand' zu einem individuellen Teil des ‚Wirs' der kleinen Gruppe, das im Laufe des Geschehens im Angesicht der zunehmenden politischen Verfolgung immer größer beziehungsweise intensiver wird und sich dabei zugleich durch die strikte Abgrenzung von anderen ‚Wirs' auszeichnet. Kurz bevor die Erzählerin mit einem Glas voll Fäkalien aufbricht, um das Haus des Hauptmanns Pjele mit diesen zu beschmieren, appelliert Edgar entsprechend: „Du bist nicht nur du, [...] [d]u sollst nichts tun, was wir nicht abgesprochen haben. Wenn sie dich schnappen, haben wir alle das getan." (H 206) Doch trotz des heranwachsenden ‚Wirs' bleibt die Protagonistin auch immer noch ein ‚Ich'. Zwar kann sie das Haus des Hauptmanns nicht finden, mit Terezas Hilfe stellt sie das Glas jedoch entgegen Edgars mahnender Worte vor das Haustor des Fabrikdirektors (vgl. H 207 f.).

Parallel mit den politischen Repressionen der ‚Staatsheimat' wird das Gemeinschaftsgefühl zwischen den Vieren immer stärker. So sehr sie auch anderen Menschen aus ihrer Umgebung misstrauen, das Vertrauen untereinander bleibt über den gesamten Zeitraum der Handlung nahezu ungetrübt: „Ich dachte mir: Wir kennen uns so gut, daß wir uns brauchen", resümiert die Protagonistin, „[a]ber wie leicht könnten wir ganz andere Freunde haben, wenn Lola nicht im Schrank gestorben wäre." (H 284) Auch wenn ihre Freundschaft während des Studiums eher aus einem Zufall entstanden ist, geben sie sich Halt und den Mut, trotz immer schwieriger werdender Umstände den staatlichen Repressionen standzuhalten. Kurz vor Georgs Ausreise und seinem anschließenden Selbstmord stellt die Erzählerin im späteren Verlauf der Erzählung fest:

> Vieles sahen wir so eng beieinander wie damals, als Edgar, Kurt, Georg und ich noch Studenten waren. Doch das Unglück packte jeden anders, seitdem wir zerstreut worden waren im Land. Wir blieben aufeinander angewiesen. [...]
> Jeder von uns stellte sich vor, wie man Freunde durch Selbstmord übriglassen könnte. Und warf ihnen vor, ohne es jemals zu sagen, daß er an sie denken mußte und ihretwegen nicht soweit gegangen war. So wurde jeder selbstgerecht und hatte das Schweigen zur Hand, das die anderen schuldig machte, weil er und sie lebten, statt tot zu sein.
> Die Mühe, uns zu retten, war Geduld. Sie durfte uns nie ausgehen, oder mußte gleich wieder da sein, wenn sie gerissen war. (H 228 f.)

Die Freundschaft gibt den Vieren Halt und die Kraft, sich gegenseitig ‚zu retten'. In ihrer sozialen Außenseiterposition sind sie – wie es im Laufe der Erzählung mehrfach heißt – ‚aufeinander angewiesen', weshalb sie den Kontakt miteinander stetig pflegen. Zugleich schwingt die Nähe zwischen ihnen aber auch immer wieder in Wut um. Nachdem Georg beispielsweise die Ausreise beantragt hat, erzählt er seinen drei Freunden, dass er ihnen vorher nichts davon gesagt habe, weil er ihre Kommentare nicht hören wollte und sie in diesem Moment „gehaßt" habe: „Ich hätte euch und mich selber aus meinem Leben herauskotzen wollen, weil ich spürte, wie sehr wir aufeinander angewiesen sind." (H 217 f.)

Schon zu Beginn der Freundschaft weist die Protagonistin darauf hin, dass gerade die Nähe zwischen den Vieren auch eine Vertrautheit mit sich bringe, die angesichts der gesellschaftspolitischen Umstände nicht unproblematisch sei und daher Spannungen erzeuge: „Wir sahen, wessen Angst an welcher Stelle lag, weil wir uns schon lange kannten. Wir konnten uns oft nicht ertragen, weil wir aufeinander angewiesen waren. Wir mußten uns kränken." (H 83) Paradoxerweise beleidigen sich die vier Freunde gegenseitig, gerade weil sie sich brauchen. Sie suchen Streit und „Wut aus langen Wörtern, die uns trennten" (H 83), um den zwischenmenschlichen Abstand zu vergrößern:

> Wir hatten in der Angst einer in den anderen so tief hineingesehen, wie es nicht erlaubt ist. Wir brauchten in diesem langen Vertrauen die Umkehrung, die unerwartet kam. Der Haß durfte treten und vernichten. In großer Nähe zueinander die Liebe mähen, weil sie nachwuchs wie das tiefe Gras. Entschuldigungen nahmen die Kränkung so schnell zurück, wie man im Mund die Luft anhält. (H 84)

Die Zuneigung zwischen den vier Gefährten wächst natürlich und stetig wie Gras, wobei sie offenbar die Notwendigkeit empfinden, dieses immer wieder zu ‚mähen', damit das Gras nicht zu lang, die Liebe nicht zu groß wird. Sie verbindet vor allem der Widerstand gegen die ‚Staatsheimat', zugleich belastet die von der ‚Staatsheimat' geschürte Angst aber auch ihre freundschaftliche Bindung. Gerade die Intensität der geteilten Angst bildet also sowohl das Fundament als auch die Problematik ihrer Freundschaft. In dem Essay „Zwischen den Augen zwischen den Rippen" schreibt Herta Müller vier Jahre vor der Veröffentlichung von *Herztier* über zwischenmenschliche Bindungen in der Diktatur: „Die dünnen Fäden der Beziehungen zu anderen Menschen teilen sich in jene viele, die einem Angst machen, und jene wenigen, denen man seine Angst erzählt. Jene wenigen, denen man die Angst weitergibt, die sie selber im Schädel haben, nennt man Freunde."[48]

Zu jenen vielen Beziehungen zu anderen Menschen, ‚die einem Angst machen', zählen in *Herztier* auch die familiären Verbindungen der Erzählerin. Die Liebe der Eltern zu ihrer Tochter wird in den fragmentierten Kindheitserinnerungen gleich zu Beginn der Erzählung motivisch als ‚Sucht' etabliert: „Die Mutter liebt das Kind. Sie liebt es wie eine Sucht" (H 14). Auch in den Augen

---

[48] Herta Müller: „Zwischen den Rippen zwischen den Augen", in: Dies.: *Eine warme Kartoffel ist ein warmes Bett*, Hamburg 1992, S. 17–20, hier: S. 19.
In *Mein Vaterland war ein Apfelkern* fragt Angelika Klammer Herta Müller in Bezug auf *Herztier*, inwiefern sich Angst teilen lasse, woraufhin Müller erklärt: „Teilen ja, aber es macht die Angst nicht kleiner. Was ist geteilte Angst? Man kann sie höchstens verteilen, aber das tut sie ja von selbst, wenn man befreundet ist. Man weiß übereinander Bescheid, ist ständig zusammen. Und das schützt, allein kann man die Angst nicht mehr durchbrechen, sie lässt keine Lücke mehr zu, kann einen verschlingen. [. . .] Der Angst hilft es, wenn sie von jemandem angeschaut wird, dem man vertraut. Jemand, der sieht, in welchem Zustand der Angst man ist. Das hat nichts mit Reden über die Angst zu tun, ich glaube, über Angst soll man so wenig wie möglich reden. Man soll sie nicht ständig ansprechen mit ihrem Namen, sonst füttert man sie. Sie muss gelegentlich verschwinden, damit man mit ihr leben kann. Wenn das nicht mehr funktioniert, verliert man den Verstand. Daher sind Freunde so wichtig, weil einer den anderen durch selbstverständliche Nähe dazu bringt, die Angst auszublenden." Ebd., S. 113 f.

seines Vaters erkennt das Kind, dass dieser „es liebt wie eine Sucht." (H 22) Trotz vermeintlich objektiver Außenperspektive auf das Leben des Kindes im Dorf in den anfänglichen Rückblicken deutet das wiederholte Motiv der Liebe als Sucht hier bereits den destruktiven Charakter der familiären Bindung voraus, die sich eben weniger durch bedingungslose Zuneigung als vielmehr durch ein unbestimmtes, unfreiwilliges Verlangen und ein Abhängigkeitsverhältnis auszeichnet. Die Feststellung der ‚Liebessucht' der Mutter ist eingebettet in die Episode, in welcher diese ihr Kind zum Nägelschneiden mit einem Gürtel am Stuhl festbindet. In dieser beengenden Position stellt sich das ‚angebundene Kind' vor, wie die Mutter ihm „in ihrer angebundenen Liebe" (H 14) die Hände zerschneiden und im Anschluss heimlich aus ihrer Kitteltasche heraus die Finger des Kindes essen müsse (vgl. H 14 f.). Der Prozess des Anbindens führt hier einerseits vor Augen, wie die Mutter dem Kind auf gewaltsame Weise jeglichen individuellen Handlungsspielraum raubt und so das existenzielle Abhängigkeitsverhältnis zwischen sich und ihrem Kind nachhaltig aufrechterhält; andererseits verweist die kindliche Vorstellung des kannibalischen Einverleibens der abgeschnittenen Finger zugleich auf die profunde Angst des Kindes vor dem Verlust der eigenen Freiheit.[49]

Während die Liebe der Eltern ihrer Tochter gegenüber in den dörflichen Retrospektiven als Sucht charakterisiert wird, wiederholt sich in den Episoden in der Stadt das Motiv der mütterlichen Liebe als Schlinge. Die banatschwäbischen Mütter von Edgar, Kurt, Georg und die der namenlosen Erzählerin schicken regelmäßig Briefe in die Stadt, in denen sie nicht nur von den Neuigkeiten in der Familie und dem Dorf, sondern besonders von ihren Krankheiten berichten: „Die Krankheiten, dachten sich die Mütter, sind eine Schlinge für die Kinder. Sie bleiben in der Ferne angebunden. Sie wünschten sich ein Kind, das die Züge nach Hause sucht, durch Sonnenblumen oder Wald fährt und sein Gesicht zeigt." (H 54) Die Briefe der Mütter werden zu einem Werkzeug, das durch emotionalen Druck ihre Kinder an die Familien und das Dorf zu binden versucht, während sich diese hingegen sowohl räumlich als auch persönlich immer stärker von ihrer Kindheit und ihren Familien in der ‚Dorfheimat' entfernen: „Die Krankheiten der Mütter spürten, daß Losbinden für uns ein schönes Wort war." (H 54) Im Bild der Schlinge bündeln sich einerseits die Vorstellungen der mütterlichen Liebe als Fessel, welche die Kinder psychisch und physisch einschränkt und an sie bindet, sowie andererseits die Gegenbewegung der Kinder, die sich aus dieser herauslösen, um den Fängen und Zwängen der Familie und des Dorfes zu entkommen und sich individuell weiterzuentwickeln.

---

[49] Vgl. Eddy: „Testimony and Trauma in Herta Müller's *Herztier*", S. 69.

In einem totalitären System, in dem die Menschen diametral entgegengesetzte Weltanschauungen vertreten und sie unentwegt von staatlichen Institutionen kontrolliert und manipuliert werden, kommt der Liebe ein besonderer Stellenwert zu. Zwar existiert sie zwischen verschiedenen Figuren der Erzählung, wie aber bereits am Beispiel der Mutter der Protagonistin deutlich wird, äußert sich diese häufig auf eine destruktive, gewaltsame Weise. Georg wird von seiner „Geliebte[n] mit den gesprenkelten Augen" (H 215)[50] an den Dorfpolizisten verraten, woraufhin er von drei Männern verprügelt wird. Der Pfarrer im Dorf muss „[b]ei aller Liebe" (H 222) dem Bischof melden, dass die verwirrte Großmutter in der Kirche die Hostien aufgegessen hat. Terezas Geliebter ist ein Arzt, der sie trotz ihres Tumors nicht untersuchen oder gar behandeln will (vgl. H 220). Und auch Lola trägt vor ihrem Tod trotz ihrer ambitionierten Suche nach Zuneigung lediglich „abgeschürfte Haut, aber nie eine Liebe. Nur Stöße im Bauch auf dem Boden des Parks." (H 23) Der Gebrauch des Wortes Liebe mutet in *Herztier* häufig befremdlich an. So benutzt die Protagonistin den Begriff auch in Bezug auf eine krude Episode in der Bodega, in der ein dicker Mann die Kellnerin auf seinen Schoß zieht, während ein zahnloser Mann lachend sein Würstchen in Senf taucht und dieses der Kellnerin anschließend in den Mund steckt:

> Wie diese Männer gierten, wie sie zwischen den Schichten außerhalb des Hauses nach Liebe schnappten und sie schon verhöhnten. [. . .] Auch Georg mit seiner Hühnerqual gehörte zu denen, auch die Nachbarin mit den gesprenkelten Augen im Kreis der Komplizen, von der Kurt sagte, sie lache wie ein gestraucheltes Tier. Aber auch Kurt selber war nicht anders mit seinen Feldsträußen, die nach den langen warmen Reisen zu spät in Frau Margrits Hände kamen und die Köpfe hängen ließen. Auch die Frau des Pelzmanns mit ihrer Sumpfbibermütze. Auch die Schneiderin, die Geld für das Schicksal nahm und ihre Kinder mit Goldherzen behängte. Auch Edgar mit seinen Nüssen. Aber auch ich gehörte zu denen mit meinen ungarischen Bonbons für Frau Margrit. Und mit dem Mann, der mir nach seinem Tod nicht fehlte. Was zwischen uns gewesen war, kam mir so gewöhnlich vor wie ein Stück Brot, das man gegessen hat. (H 211)

Das ‚Schnappen nach Liebe' und das gleichzeitige ‚Verhöhnen dieser' scheint unter den Figuren des Romans ein eingespieltes Verhaltensmuster zu ein, was hier durch die schnörkellose Aneinanderreihung elliptischer Anaphern sprachlich intensiviert wird. Die Affäre der Protagonistin mit dem verheirateten Kollegen aus der Fabrik ist für den Verlauf der Handlung kaum von Bedeutung;

---

[50] Über die Beziehung zwischen Georg und seiner ‚Geliebten' heißt es zuvor: „Wenn Georg durch das Dorf geht, bellen alle Hunde, sagte Kurt, so *fremd* ist er dort. Nur in einem war Georg *nicht fremd* geblieben: Er hatte mit einer jungen Nachbarin *eine Liebe* angefangen." (H 203; Hervorhebung HZ)

entsprechend wird sie nicht nur als ‚so gewöhnlich wie ein Stück Brot' beschrieben, sondern findet in der Erzählung auch konsequent lediglich am Rande Erwähnung. Zwar ist in diesem Verhältnis ausdrücklich keine Liebe vorhanden (vgl. H 170 f.), jedoch weist die Erzählerin dennoch (oder gerade deshalb) darauf hin, dass diese ‚lieblose' Affäre ihr Kraft gebe: „Mist. Das war ich für ihn und er für mich. Mist ist ein Halt, wenn Verlorenheit schon Gewohnheit ist." (H 171) Im Angesicht der für die ‚Staatsheimat' symptomatischen ‚Welt voll Schrecken', der Desorientierung und der Unsicherheit entwickelt die Erzählerin offenbar eine vornehmlich pragmatische, egozentrische Auffassung von Liebe; statt sich unkontrollierbaren Emotionen hinzugeben, bemüht sie sich um Bewahrung der ‚Herrschaft' über ihre eigene, für Manipulationen anfällige Gefühlswelt.

Eine Sonderrolle innerhalb der Figurenkonstellation des Romans nimmt Tereza ein, die nach dem Studium gemeinsam mit der Protagonistin in der Maschinen-Fabrik arbeitet. Die beiden werden zunächst als Gegenpole etabliert, was einer Freundschaft zwischen ihnen jedoch nicht im Wege steht. Die Erzählerin beschreibt sie als unbekümmert und freimütig: „Tereza sprach arglos. Sie redete viel und dachte wenig nach." (H 117) Tereza flucht, lacht und redet so viel, dass ihr nicht einmal Zeit zum Nachdenken bleibt,[51] weshalb Kurt sie als „kindisch, aber nicht politisch" (H 183) empfindet. Besonders ihr selbst erklärtes nicht vorhandenes politisches Interesse scheint Tereza im Alltag der Diktatur eine Leichtigkeit zu verleihen, die der Protagonistin zum Zeitpunkt des Kennenlernens bereits deutlich fehlt: „Wo in mir die Leere war, ging Tereza bei sich nicht hin." (H 116)[52] Doch nicht nur das divergierende Lebensgefühl stellt einen wesentlichen Kontrast zwischen den beiden Frauen dar, darüber hinaus stammt die Erzählerin aus einem banatschwäbischen Dorf, Tereza hingegen ist ein rumänisches „Stadtkind" (H 116, 177) und somit zugleich eben auch ein ‚Staatskind'. Auch wenn sie selbst nicht in die Partei eintreten möchte, wie sie sagt, hat ihr Vater für diese „jedes Denkmal in der Stadt [. . .] gegossen" und ist „in der Fabrik eine Instanz" (H 116). Aufgrund der hohen Position ihres Vaters genießt Tereza zahlreiche gesellschaftliche und materielle Vorteile, die sich zum Beispiel in ihrem westlichen Kleidungsstil, in

---

51 Vgl. „Manche Fragen beantwortete Tereza nicht, weil sie zu viel redete. Sie nahm sich die Zeit zum Nachdenken mit dem vielen Reden weg." (H 123)
52 Vgl. „Sie wollte nicht in die Partei eintreten. Mein Bewußtsein ist nicht so entwickelt, hatte sie gesagt, und außerdem fluche ich zuviel." (H 116)
In „Wenn wir schweigen werden wir unangenehm, wenn wir reden werden wir lächerlich" schreibt Herta Müller über ihre Freundschaft zu dem autobiographischen Vorbild Terezas: „Ich war auf diese Freundin angewiesen, wo bei mir Scherben lagen, setzte sie mir das Intakte entgegen", S. 79. Zu dem (traumatischen) autobiographischen Hintergrund der Figur Tereza vgl. auch Eddy: „Testimony and Trauma in Herta Müller's *Herztier*", S. 65.

ihrer westlichen Schminke (vgl. H 118) oder aber in ihren Essgewohnheiten äußern, die laut Erzählerin „den Beigeschmack ihres Vaters" (H 118) haben. Sowohl innerlich als auch äußerlich unterscheiden sich die zwei Frauen maßgeblich voneinander, was auch der Schneiderin auffällt, wenn sie bemerkt: „Ihr beide seid sehr verschieden, [. . .] aber manchmal trifft sich das gut." (H 122) Trotz anfänglicher Skepsis der Erzählerin nähern sich die beiden nach ihrem ersten Gespräch bei der Schneiderin schnell an, wobei der Impuls in erster Linie von Tereza ausgeht: Seit der ersten Begegnung der beiden kommt diese „jeden Tag" in das Büro ihrer Kollegin (H 116), woraufhin die beiden „jeden Tag" zusammen essen (H 117). Und trotz ihrer stetigen Sorge, dass Terezas Vater sie kennen oder sogar Pjele selbst sein könnte (vgl. H 140, 153), lässt sich die Erzählerin auf eine Nähe zu dem ‚Staatskind' Tereza ein. Trotz Manipulation, Druck und Kontrolle bleibt die Hoffnung auf eine aufrichtige Freundschaft und auf sozialen Halt offenbar bestehen.

Tereza lässt sich in *Herztier* jedoch nicht in eine Schublade stecken; sie ist stets in der Grauzone zwischen Freundin und Feindin positioniert. Einerseits nimmt die Freundschaft zwischen der Erzählerin und Tereza im Laufe des Geschehens sukzessiv zu, andererseits scheint die gesamte Freundschaft der beiden von immer wiederkehrendem Misstrauen überschattet zu sein, welches sich bei Terezas späterem Besuch in der Bundesrepublik auf tragische Weise als berechtigt herausstellt. Obwohl die Protagonistin ihrer Kollegin zu Beginn der Beziehung ausdrücklich kein Vertrauen entgegenbringt, gibt sie ihr die Schachtel mit den geschmuggelten Büchern aus dem Sommerhaus zur Aufbewahrung in deren Büro: „Tereza nahm die Schachtel im Vertrauen an, und ich hatte keines zu ihr." (H 123)[53] Auch wenn sie zunächst bemüht ist, ihre Gedanken und Erlebnisse vor dem ‚Staatskind' Tereza geheim zu halten, gibt die Dissidentin ihr gegenüber immer mehr preis und vertraut ihr ihre Geheimnisse an. Besonders eindrücklich geschieht dies, wenn sie Tereza nahebringt, was ein Verhör ist, indem sie ihr die Kleidungsstücke und Habseligkeiten aufzählt, die sie vor dem Hauptmann ablegen musste, bis sie vollkommen nackt war, während Pjele diese wiederum penibel auf einem Blatt Papier aufgelistet und rubriziert hat (vgl. H 144 f.).[54] Bis ins kleinste Detail schildert die Erzählerin Tereza die Entwürdigungen und Entblößungen der Verhöre. Sie berichtet von dem Lied, den geschmuggelten Büchern und dem Sommerhaus, bis Tereza in fast alle ihre Geheimnisse eingeweiht ist: „Aber ich konnte nichts auslassen. Wenn

---

53 Vgl. „Und mir war, als müßte ich noch bleiben und Tereza sagen, daß ich kein Vertrauen zu ihr habe." (H 126)
54 Vgl. dazu Johannsen: *Kisten, Krypten, Labyrinthe*, S. 197 f.

man so lange schweigt, wie ich vor Tereza, erzählt man ganz." (H 145) Anders als Edgar, Kurt und Georg teilt Tereza die Angst ihrer Freundin nicht selbst, hört ihr jedoch zu und unterstützt sie. Sie bewahrt die geschmuggelten Bücher, die Fotos von Kurt und die Gedichte Georgs auf (vgl. H 239). Nachdem die Protagonistin entlassen worden ist, findet Tereza für sie eine Arbeit als Deutschlehrerin (vgl. H 188), sie beschafft Kurt ein ärztliches Attest, als dieser nach dem Tod Georgs nicht mehr zur Arbeit geht (vgl. H 237), und begleitet ihre Freundin sogar bei deren nächtlichem Vorhaben, das Haus des Hauptmanns mit Fäkalien zu beschmieren (vgl. H 207f.).

Im Angesicht des zunehmenden Vertrauens, der wachsenden Offenheit und der intensiveren Nähe zwischen der Erzählerin und Tereza wirkt deren Verrat ihrer Freundin an den rumänischen Geheimdienst umso tragischer. Die Protagonistin gibt aber weniger Tereza selbst die Schuld für ihr Verhalten als vielmehr der immer größer werdenden ‚Nuss' unter deren Arm, die den stetig wachsenden Tumor und ihren bevorstehenden Tod verbildlicht: „Die Nuß wuchs gegen uns. Gegen alle Liebe. Sie war bereit zum Verrat, gefühllos für die Schuld. Sie fraß unsere Freundschaft, bevor Tereza an ihr starb." (H 156) Analog zum zersetzenden Tumor wächst die Anfälligkeit der Freundschaft für die staatliche Manipulation auf anatomische, pathologische Weise. Auch bei ihrem Besuch in der Bundesrepublik befindet sich Tereza in einer Grauzone zwischen Freundin und Feindin: Einerseits ist sie getrieben von ihrer Liebe zur Erzählerin und berichtet dieser beiläufig am Küchentisch, dass Pjele sie geschickt habe und sie anders nicht hätte reisen können: „Ich wollte dich sehen" (H 158), wiederholt sie gleich zwei Mal. Andererseits findet die Besuchte nach einer Woche sowohl die Nummer der Rumänischen Botschaft als auch ein Duplikat ihres Wohnungsschlüssels in Terezas Koffer, obwohl diese nach ihrer Ankunft behauptet, sie habe Pjele nichts versprochen und sei nur aus Sehnsucht nach ihrer Freundin zu Besuch gekommen. Ob Tereza aus Naivität und blinder Liebe handelt oder ob sie vielleicht sogar schon seit Beginn der Freundschaft für die Securitate tätig ist, wie Edgar es vermutet (vgl. H 162), bleibt in *Herztier* analog zu den undurchsichtigen sozialen Bindungen unklar.[55]

---

[55] Für Edgars Vermutung, dass Tereza schon seit Beginn der Freundschaft mit der Erzählerin für den Geheimdienst tätig ist, spricht zum Beispiel auch der Aktionismus Terezas in Form der täglichen Besuche im Büro ihrer Kollegin, nachdem die beiden bei der Schneidern das erste Mal miteinander ins Gespräch gekommen sind (vgl. H 116). Dagegen spricht, dass Tereza die geschmuggelten Bücher, die Fotos Kurts und die Gedichte Georgs nicht nur bis zur Ausreise Kurts aufbewahrt, sondern sie ihm, trotz ihres Kontaktes zum Geheimdienst, vollständig zurückgibt. Zugleich besteht auch hier die Möglichkeit, dass Tereza die Unterlagen Pjele zuvor vorgelegt hat: „Nachdem sie aus Deutschland zurück war, wich sie mir aus. Sie ging berichten. Ich habe sie nur noch zweimal gesehen und alles, was bei ihr lag, zurückverlangt. Sie hat mir

Die Beziehung zwischen den beiden Frauen veranschaulicht, wie vielschichtig Freundschaften in einer ‚Welt voll Schrecken' sein können. Grenzen werden brüchig, Kategorisierungsversuche scheitern, denn Tereza ist in Bezug auf die Protagonistin gewissermaßen eine amikale Antagonistin, eine Freundin und Feindin zugleich. Die Liebe schließt unter dem Druck des Systems den Verrat nicht aus.

Gerade aufgrund ihrer Liebe zu Tereza trifft deren Verrat die Erzählerin besonders hart. In dem Moment, in dem sie erfährt, dass Pjele Tereza zu ihr geschickt hat, erklärt sie: „Das Singen vor dem Hauptmann Pjele war nichts dagegen, sagte ich. Das Ausziehen vor ihm hat mich nicht so nackt gemacht wie du." (H 158) Durch Tereza greift die ‚Staatsheimat' selbst in der Bundesrepublik noch nach ihr. Die von der Verratenen empfundene Entblößung und Schutzlosigkeit potenzieren sich zusätzlich, als sie den Schlüssel und die Telefonnummer in Terezas Koffer entdeckt, wobei die synästhetische Verbindung taktiler und auditiver Reize die Verletzung der körperlichen Integrität der Erzählerin hier sinnlich intensiviert: „Ich spürte Hände an mir, jedes Geräusch faßte mich an." (H 160) Zunächst will sich die Erzählerin von der Liebe zu ihrer Freundin befreien, „aus mir herausreißen, auf den Boden werfen und zertreten" (H 159) – als die Liebe erloschen ist, will sie wiederum, „daß die Liebe nachwächst, wie das gemähte Gras." (H 161) Aus Angst vor den Folgen einer fortgeführten Nähe zu Tereza bemüht sie sich zwar, ihr keinen Brief zu schreiben, nach deren Tod stellt sie jedoch fest, dass ihre Liebe zu dieser tatsächlich wiedergekehrt sei: „Die Liebe zu Tereza ist nachgewachsen. Ich habe sie dazu gezwungen und mich hüten müssen." (H 162) Ausgehend von ihrer widersprüchlichen Gefühlslage gegenüber ihrer verstorbenen Freundin reflektiert die Protagonistin schließlich über die universelle Erfahrung einer zerbrochenen Liebe:

> Weshalb und wann und wie geht angebundene Liebe ins Mordrevier. Ich hätte alle Flüche schreien wollen, die ich nicht beherrsche,
> > wer liebt und verlässt
> > den soll Gott strafen
> > Gott soll ihn strafen
> > mit dem Schritt des Käfers
> > dem Surren des Windes
> > dem Staub der Erde.
> Flüche schreien, aber in welches Ohr. (H 162)[56]

---

alles wiedergegeben. Aber mich würde nicht wundern, wenn Pjele eines Tages alles aus dem Schreibtisch nimmt." (H 250)

[56] Die Formulierung der ‚angebundenen Liebe' wird im Laufe der Erzählung ebenfalls mehrfach wieder aufgegriffen, wobei die Assoziation mit einer Fessel nahelegt, dass Liebe keine freie Wahl sei (vgl. H 14, 191).

In ihrer Sprachlosigkeit weicht die Erzählerin auf die deutsche Übersetzung der Verse des durch Maria Tănase berühmt gewordenen rumänischen Volksliedes aus: „Cine iubeşte şi lasă", „Wer liebt und verläßt".[57] Das Unverständnis und die Ohnmacht, der Schmerz und die Wut im Hinblick auf die verlorene Freundin finden ihren Ausdruck in dem bitteren Fluch des Liedes, in welchem Gott beschworen wird, den Verlassenden zu bestrafen. Der Verrat Terezas scheint aber nicht nur die Liebe der Protagonistin gegenüber ihrer Freundin ‚ins Mordrevier', sondern auch ihre allgemeine Auffassung von Liebe nachhaltig ‚unter die Erde' gebracht zu haben: „Heute horcht das Gras, wenn ich von Liebe rede. Mir ist, als wäre dieses Wort zu sich selber nicht ehrlich." (H 163)

Die Erzählerin ist von Liebe desillusioniert. Sie schließt von ihrer Erfahrung mit Tereza einerseits auf Liebe im Allgemeinen, andererseits auch auf sich selbst. Bevor sie die ‚Staatsheimat' verlässt und in die Bundesrepublik ausreist, verabschiedet sie sich zunächst von Tereza in der Annahme, diese aufgrund ihrer Krankheit vermutlich nie wiederzusehen. Anschließend verabschiedet sie sich von Kurt, der nun nach ihrer und Edgars Ausreise und dem Tod Georgs keine Freunde mehr in Rumänien hat. Mit offenbar schlechtem Gewissen schlägt sie ihm daher vor, sich ab jetzt an Tereza zu halten, was Kurt jedoch vehement ablehnt: „Eine Freundschaft ist doch keine Jacke, die ich von dir erben kann, meinte er. Hineinschlüpfen kann ich. Von außen könnte sie passen, aber von innen hält sie nicht warm." (H 241) In der Trauer des Abschieds und der Unfähigkeit, ihre Gefühle angemessen auszudrücken, weicht die Protagonistin erneut auf die, nun adaptierten, Verse des Liedes „Wer liebt und verläßt" aus:

> Was immer man sagte, es wurde endgültig. Mit den Worten im Mund soviel zertreten wie mit den Füßen im Gras, so war jeder Abschied.
> Wer liebt und verläßt, das waren wir selber. Wir hatten den Fluch eines Liedes auf die Spitze getrieben:
> > den soll Gott strafen
> > Gott soll ihn strafen
> > mit dem Schritt des Käfers
> > dem Surren des Windes
> > dem Staub der Erde. (H 241)

Trotz intensiver Freundschaft ‚liebt und verlässt' die Erzählerin Tereza und Kurt, so wie zuvor auch Edgar durch seine Ausreise und Georg durch seinen Selbstmord

---

[57] Vgl. dazu van Hoorn: „Tarnkappen, Geheimsprachen, Schmuggelware: Gedicht-V/Zerstörung in Herta Müllers Roman *Herztier*", S. 156 f.; Alex Drace-Francis: „Beyond the Land of Green Plums: Romanian Culture and Language in Herta Müller's Work", in: *Herta Müller*, hg. v. Brigid Haines und Lyn Marven, Oxford 2013, S. 33–49, hier: S. 45.
Maria Tănase ist, ebenso wie die Figur Tereza, an Krebs verstorben.

ihre Freunde ‚geliebt und verlassen' haben. In der ‚Welt voll Schrecken' geben sich die Freunde zwar vorübergehend Halt, am Ende der Erzählung überdauert jedoch lediglich die Freundschaft zwischen Edgar und der Protagonistin, während die beiden nun ‚einen Freund in jedem Stückchen Wolke' haben. Sowohl die Zeilen des Liedes „Wer liebt und verläßt" als auch die Verse aus Naums Gedicht „Die Träne" holen die Figuren auf traurige Weise ein. Sowohl familiäre als auch freundschaftliche Bindungen sind in *Herztier* letztlich nur bedingt in der Lage, Halt oder gar Sicherheit zu garantieren. Damit unterläuft Müller die Vorstellung eines ‚heimatlichen' Raumes des Vertrauens und der Geborgenheit. Soziale Dichotomien wie Freundschaft und Feindschaft, Liebe und Hass, Vertrauen und Misstrauen, Loyalität und Verrat werden in *Herztier* konsequent aufgebrochen. Im Hinblick auf die diktatorischen Machtverhältnisse gestalten sich die zwischenmenschlichen Beziehungen ausnahmslos als schwierig, denn auch wenn Freundschaft und Liebe in der Erzählung durchaus präsent sind, bleiben Misstrauen sowie die Angst vor Verrat und Verlust omnipräsent.

6.4 „Vielleicht war es das Herztier": ‚Heimatgefühl' in der ‚Staatsheimat'

Sowohl die geographische und kulturelle als auch die soziale Umgebung der namenlosen Erzählerin sind in *Herztier* von einer essenziellen Unsicherheit geprägt. Überwachung, Unterdrückung und Misstrauen durchdringen die narrative Lebenswelt des Romans, wodurch die ‚Staatsheimat' für sie weniger einen ‚Satisfaktionsraum' (Greverus) darstellt als vielmehr einen Dissatisfaktions- sowie Exklusionsraum, in welchem sie sich am Rande bewegt und stetig versucht, sich gegen die Zwänge des Machtapparates zu behaupten und ihren individuellen Platz zu finden.[58] Ähnlich wie bereits in *Niederungen* wird die Dissonanz zwischen der Protagonistin und ihrer Umgebung besonders anhand des Gefühls der Angst evident, welches die Gefühlswelt des Romans dominiert. Furcht, Wahn und Tod obstruieren ‚heimatliche' Gefühle der Identifikation, der Zugehörigkeit, des Vertrauens und der Sicherheit, und generieren motivisch und thematisch eine Ästhetik des ‚Unheimlichen'[59]. „Ein Buch der Angst", schreibt Rolf Michae-

---

[58] Graziella Predoiu deutet ‚Heimat' in Müllers Werk zum einen als „Herkunftsort ihrer Gestalten und der Autorin selber, Schauplatz der Handlung in beinahe allen Werken", zum anderen folgerichtig als „Raum der Entfremdung, der Ausgrenzung", Predoiu: *Faszination und Provokation bei Herta Müller. Eine thematische und motivische Auseinandersetzung*, S. 56.
[59] Vgl. Freud: „Das Unheimliche". Vgl. Kapitel 5.4.

lis kurz nach dem Erscheinen von *Herztier* in *Die Zeit*, „[e]in angstmachendes Buch, und doch ein Buch [. . .], das den Leser von jeder Angst befreit."⁶⁰

Ob der Roman die Lesenden tatsächlich von ‚jeder Angst befreit', sei dahingestellt, dass das Gefühl der Angst in *Herztier* aber einen (oder gar den) zentralen Topos darstellt, manifestiert sich bereits auf der ersten Seite in der Rahmenerzählung. Mit retrospektivem Blick aus der Bundesrepublik heißt es, dass Edgar und die Protagonistin nicht nur den Diktator, sondern auch sich selbst als Fehler empfinden, „[w]eil wir in diesem Land gehen, essen, schlafen und jemanden lieben mußten in Angst." (H 7) Dabei beschränkt sich die Angst der Erzählerin keineswegs auf die Episoden in der rumänischen Stadt. Eine parallele Formulierung findet sich im Kontext ihrer Kindheit im banatschwäbischen Dorf: Rückblickend hebt sie hervor, dass ihr familiärer Alltag bereits als Kind wesentlich von Angst bestimmt war und niemand sie je gefragt habe, „in welchem Haus, an welchem Ort, an welchem Tisch, in welchem Bett und Land ich lieber als zu Hause gehen, essen, schlafen oder jemanden lieben würde in Angst." (H 42)⁶¹ Sowohl im Dorf als auch im Staat musste die junge Frau folglich ‚gehen, essen, schlafen, oder jemanden lieben in Angst', wobei die identische Syntax nahelegt, dass ihr Alltag sowohl im banatschwäbischen Dorf als auch im sozialistischen Staat maßgeblich von außen bestimmt wurde und die diktatorischen Strukturen beider Systeme ihre individuellen Freiheiten beschnitten und ihre Angst genährt haben.⁶²

Im Gegensatz zu dem Kurzgeschichtenband *Niederungen* erhält das ‚Unheimliche' der ‚Heimat' in *Herztier* zusätzlich eine politische Dimension. So liegt der Fokus in dem Roman vornehmlich auf der Angst, die unmittelbar aus den Repressionen der sozialistischen Diktatur resultiert. Durch Überwachung, Kontrolle, Gewalt und Willkür schürt die ‚Staatsheimat' die Ängste der Menschen, um diese ‚klein' zu halten und ihre eigene Macht zu sichern. Als Tereza sich erkundigt, was der Hauptmann bei seinen Verhören von der Erzählerin erfahren wollte, antwortet diese kurz und bündig mit nur einer Silbe: „Angst, sagte ich." (H 147) In den Schilderungen der einzelnen Verhöre wird wiederum nachvollziehbar, wie die Angstmaschinerie des sozialistischen Staates, ausgeführt vom Hauptmann Pjele, funktioniert: Kurt muss bei einem Verhör ein Blatt mit den

---

60 Rolf Michaelis: „In der Angst zu Haus. Ein Überlebensbuch: Herta Müllers Roman ‚Herztier'", in: *Zeit Online* (07.10.1994), unter: http://www.zeit.de/1994/41/in-der-angst-zu-haus/komplettansicht (abgerufen am 01.07.2018).
61 Vgl. „Ein Kind hat Angst vor dem Sterben und ißt noch mehr grüne Pflaumen und weiß nicht warum." (H 90) Rückblickend bezeichnet sich die Erzählerin entsprechend als „Niemandskind" (H 192), das sich isoliert und seiner Umgebung nicht zugehörig fühlt.
62 Monika Moyrer spricht in diesem Kontext von einer „zweifachen Zwangslage" der Protagonistin. Moyrer: „Herztier", S. 41.

Versen Gellu Naums essen, Edgar eine Stunde regungslos in der Ecke des Raumes stehen und Georg mit verschränkten Armen auf dem Bauch liegen, während der Hauptmann zugleich allen dreien androht, dass sie künftig Schlimmeres zu erwarten hätten. Die junge Frau hingegen muss die von Pjele umgedichteten, sie diskreditierenden Verse Naums aufschreiben und sie anschließend singen, woraufhin sich ihre bereits bestehende Angst noch zu transformieren scheint: „Ich fiel aus der Angst in die sichere Angst." (H 105)[63] Die Einschüchterungsversuche des Hauptmanns und der ‚Wächter' sind in *Herztier* allerdings nur in wenigen Fällen explizit geschildert. Die Verhöre und Durchsuchungen, Beschattungen und Drohungen werden häufig nur am Rande erwähnt, was deren bedrohliche Alltäglichkeit umso stärker in den Vordergrund rückt.[64] Ein Beispiel für die ‚Normalität' der Repressionen in der ‚Staatsheimat' sind auch die codierten Briefe, die sich die vier Dissident*innen nach Abschluss ihres Studiums regelmäßig zukommen lassen:

> Beim Schreiben das Datum nicht vergessen, und immer ein Haar in den Brief legen, sagte Edgar. Wenn keines mehr drin ist, weiß man, daß der Brief geöffnet worden ist. [. . .] Ein Satz mit Nagelschere für Verhör, sagte Kurt, für Durchsuchungen einen Satz mit Schuhe, für Beschattungen einen mit erkältet. Hinter die Anrede immer ein Ausrufezeichen, bei Todesdrohungen nur ein Komma. (H 90)

Immer wieder berichtet die Protagonistin folglich von Briefen ihrer drei Freunde, in denen Sätze mit den Chiffren ‚Nagelschere', ‚Schuhe' oder ‚erkältet' stehen (vgl. H 97 f., 100 f., 107), die Details der entsprechenden Verhöre, Durchsuchungen und Beschattungen bleiben jedoch analog mit der Perspektive der Erzählerin und der staatlichen Zensur der Redefreiheit unausgesprochen.

Einerseits verbindet die Angst die vier Dissident*innen also miteinander, andererseits ist im Laufe des Geschehens immer wieder ersichtlich, dass sie nicht in der Lage sind, sich gegenseitig bei der Bewältigung ihrer Angst zu hel-

---

63 Im Kontext heißt es: „Ich sang, ohne meine Stimme zu hören. Ich fiel aus der Angst in die sichere Angst. Die konnte singen, wie das Wasser singt. Vielleicht war die Melodie aus dem Wahn meiner singenden Großmutter. Vielleicht kannte ich Lieder, die ihr Verstand vergessen hatte. Vielleicht musste mir das über die Lippen gehen, was in ihrem Kopf brach lag." (H 105)
Ob die Formulierung der ‚sicheren Angst' hier auf eine stärkere Angst oder auf eine geringere Angst der Erzählerin hindeutet, bleibt mehrdeutig. Der Bezug auf die Großmutter und deren Wahn könnte jedoch auf eine Abschwächung der Angst hinweisen, da der Protagonistin die Melodie der Großmutter (welche nicht von ihr selbst, sondern von der personifizierten Angst wie aus einem Automatismus heraus gesungen wird) eine gewisse Sicherheit zu verleihen scheint. Vgl. „Beim nächsten Verhör sagte der Hauptmann Pjele: Heute singen wir ohne Blatt. Ich sang, der sicheren Angst fiel die Melodie wieder ein. Ich vergaß sie nie wieder." (H 106)
64 Vgl. hierzu auch Müllers ‚Ästhetik des Auslassens', Kapitel 4.6.

fen. Angst macht in der ‚Staatsheimat' immer auch einsam. Nachdem Pjele der Erzählerin in einem Verhör gedroht hat, sie ‚ins Wasser zu stecken', schreibt sie unmittelbar zwei Briefe mit einem Komma hinter der Anrede, um Edgar und Georg über die Todesdrohung zu informieren (vgl. H 106 f.). Das Komma soll die Zensur umgehen und dennoch ‚sprechen', wobei sie in ihrer Angst das Komma „viel zu dick" (vgl. H 107) macht. Neben der bloßen Mitteilung der Todesdrohung durch die Chiffren bietet die Handschrift eine subtile Möglichkeit, sich (auch ungewollt) über die persönliche Gefühlslage zu verständigen. Dennoch resümiert die Protagonistin kurz vor Georgs Ausreise in die Bundesrepublik scheinbar resigniert im Hinblick auf die codierten Nachrichten: „Die Briefe mit den Haaren hatten zu nichts getaugt, als die Angst im eigenen Kopf in der Handschrift des anderen zu lesen. Mit den Kletten, Neuntötern, Blutsäufern und hydraulischen Maschinen mußte jeder selber fertig werden, die Augen aufreißen und zudrücken in einem." (H 228) Die gestische Konstellation von ‚Augen aufreißen' und ‚Augen zudrücken', die den Vieren offenbar gemein ist, weist nicht zuletzt auf die physische Ausprägung ihrer Ängste und die Äquivalenz von erhöhter Aufmerksamkeit und Fluchtreflex hin. Mit ihrer persönlichen Gefühlslage müssen die drei jungen Männer und die Erzählerin jedoch trotz räumlicher Nähe bereits zu Zeiten des Studiums jede*r selbst zurechtkommen:

> Weil wir Angst hatten, waren Edgar, Kurt, Georg und ich täglich zusammen. Wir saßen zusammen am Tisch, aber die Angst blieb so einzeln in jedem Kopf wie wir sie mitbrachten, wenn wir uns trafen. Wir lachten viel, um sie voreinander zu verstecken. Doch Angst schert aus. Wenn man sein Gesicht beherrscht, schlüpft sie in die Stimme. Wenn es gelingt, Gesicht und Stimme wie ein abgestorbenes Stück im Griff zu halten, verläßt sie sogar die Finger. Sie legt sich außerhalb der Haut hin. Sie liegt frei herum, man sieht sie auf den Gegenständen, die in der Nähe sind. (H 83)

Ungeachtet der Versuche, sich von der Angst abzulenken, scheint diese letztlich alles zu durchdringen. Die Passage erinnert an eine Formulierung Müllers in dem Aufsatz mit dem programmatischen Titel „Gegenstände, wo die Haut zu Ende ist", in dem sie schreibt: „Im ganz anderen Diskurs des Alleinseins verwischt sich die Grenze zwischen Gegenständen und der Haut. Gegenstände können den Zustand, das Befinden der Person wiedergeben." (Teufel 97) Auch in Müllers Erzähltexten ist die Grenze zwischen Körper und Gegenständen fließend. Die Angst der Figuren dringt durch die Schutzschicht ihres Körpers nach außen und lässt sich an den sie umgebenden Räumen und Objekten ablesen. Durch diesen ‚osmotischen Prozess'[65] und die Verbindung von entpersonalisiertem Subjekt und personalisiertem Objekt wird einerseits die Selbständigkeit

---

[65] Vgl. Johannsen: *Kisten, Krypten, Labyrinthe*, S. 195 f. Vgl. dazu Kapitel 5.4.

und die Unbeherrschbarkeit der psychischen Angst hervorgehoben, andererseits wird durch eben diese Übertragung der personifizierten Angst auf die physischen Gegenstände außerhalb der Figuren die Atmosphäre des ‚Unheimlichen' in der ‚Staatsheimat' zusätzlich forciert.

Die vom Regime geschürte Angst schwenkt bei verschiedenen Figuren zudem auch immer wieder in wahnhafte, psychotische Zustände um. Da wäre zum Beispiel der „weinende Mann" (H 227), der mit Edgar im Zug sitzt, zittert, sich mit Fäusten auf die Beine schlägt, mit sich selbst spricht, nervös durch den Zug streift und anschließend am Bahnsteig von drei Polizisten abgeführt wird. Bei ihren Streifzügen durch die Stadt hingegen lernt die Erzählerin während des Studiums die „Irrgewordenen in jedem Stadtteil" (H 46) kennen: der Mann mit der schwarzen Fliege, der täglich mit Blumen auf seine verstorbene Frau wartet; die taubstumme Zwergin, die Abfall isst und regelmäßig vergewaltigt wird; der Philosoph, der mit Gegenständen spricht und in den Bodegas Reste aus Gläsern trinkt; oder die alte Frau, die sich Hüte aus Zeitungspapier bastelt (vgl. H 46 f.). Sie alle bewegen sich am Rande der Gesellschaft, durch ihren Wahn versuchen sie sich zugleich jedoch auch den rigiden Zwängen des sozialistischen Systems zu entziehen: „Nur die Irrgewordenen hätten in der Großen Aula nicht mehr die Hand gehoben", erklärt die Protagonistin mit Blick auf die postmortale Abstimmung über Lolas Exmatrikulation und Parteiausschluss, „[s]ie hatten die Angst vertauscht mit dem Wahn." (H 49)[66] Der Wahn als Substitut für die Angst scheint hier einen psychischen Ausweg aus den repressiven Lebensumständen zu ermöglichen. Insofern handelt es sich hier weniger um eine krankhafte affektive Störung, die zu einer gefährlichen Fehlbeurteilung der Wirklichkeit führt, als vielmehr um eine Verformung der Realität, gerade um die Bedrohung, die Gefahr und den Schmerz, die diese verursacht, ertragen zu können. Von einer ‚Heimat' als „Ort tiefsten Vertrauens" und „Welt des intakten Bewusstseins"[67] im Sinne Hermann Bausingers kann im Zuge solch einer durchdringenden Angstatmosphäre keine Rede sein.

Der individuelle Verlust der Vernunft und der Rationalität durch den Wahn und der dadurch bedingte Rückzug in sich selbst können gewissermaßen auch als stille Opposition, als Suche nach Freiräumen und als psychische Emigration verstanden werden. Zwar nimmt der wahnhafte Zustand bei einigen Figuren gefährliche Formen an, die Wurzel des Leidensdrucks ist jedoch nicht der Wahn

---

[66] In *Mein Vaterland war ein Apfelkern* erklärt Müller hingegen: „Es gibt gar keinen Tausch zwischen Angst und Wahn. Im Wahn geht die Angst nicht weg, sie bleibt und der Wahn kommt hinzu", S. 103.
[67] Hermann Bausinger: „Heimat und Identität", in: *Heimat und Identität. Probleme regionaler Kultur*, hg. v. dems. und Konrad Köstlin, Neumünster 1980, S. 9–24, hier: S. 9.

selbst, sondern stets die lebensfeindliche Realität der ‚Staatsheimat'. Ihre evidente Empathie und die räumliche Nähe zu den ‚Irrgewordenen der Stadtteile' legt auch eine emotionale, mentale Verwandtschaft der Erzählerin zu diesen nahe. Denn auch sie streunt nach Lolas Tod täglich durch die Straßen, wobei ihre Streifzüge sukzessiv wahnhaftere, selbstzerstörerischere Züge annehmen. Sie beschreibt zum Beispiel, wie sie kurz vor Straßenbahnen oder Lastwagen die Fahrbahn überquert und dabei ganz bewusst ihr Leben riskiert:

> Ich wollte mit den Rädern etwas zu tun haben und sprang kurz vor ihnen über den Weg. Ich ließ es darauf ankommen, ob ich die andere Seite noch erreiche. Ich ließ die Räder für mich entscheiden. Der Staub schluckte mich eine Weile, meine Haare flogen zwischen Glück und Tod. Ich erreichte die andere Straßenseite, lachte und hatte gewonnen. Aber lachen hörte ich mich von draußen, von weitem. (H 41)

Die junge Frau entfremdet sich immer stärker von sich selbst und während sie im Studium noch von sich behauptet, nicht verrückt werden zu können und „noch bei Trost" (H 49) zu sein, streunt sie nach dem Studium zwischen den spitzen Steinen im Fluss und dem Fenster im fünften Stock eines Wohnblocks umher und kommt dabei einem Selbstmord immer näher: „Ich war [...] verrückt geworden. Mir pfiff der Tod." (H 111)

Wie sich bereits an der Entwicklung der Protagonistin abzeichnet, bildet Angst in *Herztier* die Vorstufe zum Wahn, der Wahn wiederum die Vorstufe zum Tod. Dies zeigt sich auch an der Entwicklung Georgs, der nach der Entlassung aus der Fabrik, dem Krankenhausaufenthalt aufgrund der Prügelattacke der drei Schläger und der anschließenden Beantragung der Ausreise zu trinken beginnt und zunächst ziellos umherstreunt – „irgendwohin", wie er sagt, „sonst wäre ich verrückt geworden" (H 223). Schließlich sitzt Georg nur noch paralysiert am Fenster seines Zimmers bei Edgars Eltern, schaut hinaus und wartet auf seinen Pass (vgl. H 224f., 230). Edgar zeigt sich besorgt, denn Georg sei „wie ein Gespenst" (H 224) und habe den „Schädel voller Sorgen" (H 225). Nachdem Georg die Benachrichtigung über die erfolgte Ausstellung seines Passes erhält, werden seine Sorgen jedoch keineswegs geringer; stattdessen bricht er in Tränen aus, zerschneidet sich die Haare und dabei zugleich auch seine Kopfhaut: „Er sah aus wie ein angefressenes Tier." (H 231) In dem Schneiden der Haare und dem Eindringen mit der Schere bis in die Kopfhaut sowie dem Vergleich mit einem korrodierenden Tier zeigen sich zum einen die zunehmende Entmenschlichung, die fortschreitende Selbstzerstörung und der endgültige Kontrollverlust; zum anderen weisen sie auf den bevorstehenden Selbstmord Georgs voraus. In „Der König verneigt sich und tötet" erklärt Müller in Bezug auf Georgs biographisches Vorbild Rolf Bossert, der sich wie Georg kurz vor seiner Ausreise in die Bundesrepublik das Haar ‚zerschnitten' hatte:

„Diese wilde Schere im Haar, man wußte es sieben Wochen später, war ein erstes Hand-an-sich-Legen. Denn sieben Wochen später war er seit sechs Wochen in Deutschland und stürzte sich aus dem Fenster des Übergangsheims."[68]

Neben Angst und Wahn legt sich auch der unmittelbar mit diesen verflochtene Tod motivisch wie ein Netz über die gesamte Erzählung, was die ‚Unheimlichkeit' der dargestellten Umgebung ästhetisch und atmosphärisch zusätzlich intensiviert. Da sind etwa die Wunden an Lolas Rücken, welche die Erzählerin an ein Pendel erinnern, welches sie in ihrem ‚Inneren' schlagen hört, kurz bevor sich ihre Mitbewohnerin erhängt (vgl. H 22f.); oder das Pendel an der Wanduhr im Dorf, welches sie als Kind schlagen hört, kurz bevor ihr Vater gewalttätig wird (vgl. H 73). Da ist die Armbanduhr des Vaters, die schlottert, kurz bevor er stirbt (vgl. H 71); oder die Uhren im Haus der Familie im Dorf, die allesamt stehen bleiben, nachdem der Vater gestorben ist (vgl. H 92, 242).[69] Und da sind der Sack, das Fenster, der Fluss, der Gürtel, die Nuss und der Strick, die als Leitmotive den Tod und die zahlreichen verschiedenen Todesarten in der ‚Staatsheimat' metonymisch versinnbildlichen. Lola stirbt durch ‚den Gürtel', Georg durch ‚das Fenster', Kurt durch ‚den Strick' und Tereza an ‚der Nuss', während die Protagonistin „im kalten Kreis zwischen Fenster und Fluß hin und her" (H 111) läuft. Dabei wird auch immer wieder evoziert, dass die Verantwortung für die frequenten Tode innerhalb der Erzählung nicht bei den Menschen selbst, sondern in erster Linie und aktiv bei der ‚Staatsheimat', bei dem Diktator und seinen ‚Wächtern' liegt: „Sie werden heute noch und morgen wieder Friedhöfe machen mit Hunden und Kugeln. Aber auch mit dem Gürtel, mit der Nuß, mit dem Fenster und mit dem Strick." (H 56) Für den Tod von Georg und Kurt macht die junge Frau besonders den Hauptmann Pjele verantwortlich. Sie vermutet, dass dieser den Tod der beiden nicht nur billigend in Kauf genommen, sondern möglicherweise sogar langfristig geplant habe, wie sie rückblickend reflektiert: „Vielleicht dachte der Hauptmann Pjele sich schon damals zwei Säcke aus: Zuerst den Sack für Georg und dann den Sack für Kurt." (H 113)

---

68 Herta Müller: „Der König verneigt sich und tötet", in: Dies.: *Der König verneigt sich und tötet*, Frankfurt/ Main 2009. 40–73, hier: S. 69.
69 Vgl. zum wiederkehrenden Motiv der Uhr: „Als Tereza die Karten vom Spiegeltisch nahm, wußte ich, weshalb die Uhr im Zimmer so laut tickte. Alle hier im Zimmer warteten." (H 109) „Nur wie die Mojics, die russischen Soldaten, in diese Stadt gekommen waren, wie sie von Haus zu Haus gingen und überall die Armbanduhren mitnahmen, erzählte sie [Frau Margrit]." (H 129) „Ich stand vor der großen Uhr am Bahnhof und sah, wie sich Leute mit Säcken und Körben beeilten, wie der Sekundenzeiger sprang [. . .]." (H 207)

Wie bereits am Beispiel Georgs deutlich wird, gilt auch das wiederkehrende Motiv der Haare in *Herztier* als Sinnbild für den schmalen Grat zwischen Leben und Tod, der für die gesamte Erzählung symptomatisch ist. Während Georg seine Haare kurz vor seiner Ausreise in die Bundesrepublik selbst (zer)schneidet, lässt sich die Mutter der Erzählerin vor ihrer Ausreise vom Friseur den (alten) Zopf abschneiden (vgl. H 241), Edgar hingegen lässt sich unmittelbar vor seiner Ausreise den Kopf vom Friseur kahlscheren (vgl. H 227). Auch der Vater der Erzählerin geht kurz vor seinem Tod zum Friseur, um sich die Haare kürzen zu lassen (vgl. H 72f.). Die „Briefhaare" (H 102) wiederum, die sich die vier Freunde in ihren codierten Briefen gegenseitig schicken, sind nicht nur Zeichen dafür, dass der Brief nicht geöffnet wurde, sondern zugleich auch Beweis dafür, dass der oder die Verfasser*in lebt.[70] In „Der König verneigt sich und tötet" antwortet Müller auf die ihr häufig gestellte Frage, warum der Friseur in ihren Werken oft vorkomme, pointiert: „Der Friseur mißt die Haare, und die Haare messen das Leben."[71] Anhand der Motive des Friseurs und der Haare lässt sich entsprechend auch in *Herztier* die Positionierung der Figuren auf ihrem Lebensweg bemessen; sie markieren einschneidende Dreh- und Wendepunkte und vermitteln zugleich Orientierung in einem Leben voller Angst und auf der Schneide zum Tod.

Nicht zuletzt kann das titelgebende Herztier als Ausdruck des die Erzählung dominierenden und in der ‚Staatsheimat' allgegenwärtigen Gefühls der fehlenden Sicherheit und der (Todes-)Angst verstanden werden. Das eponyme Herztier ist eine neologistische Anlehnung an das rumänische Wort ‚inimal': eine Verbindung der Worte ‚inima' (Herz) und ‚animal' (Tier), die aus dem Rumänischen ins Deutsche übertragen wurden.[72] Das Herztier vereint entsprechend sowohl sprachlich als auch bildlich die Eigenschaften des Herzens und des Tieres, des Gefühls und des Triebes. Diese divergierenden und zugleich komplementierenden Bedeutungen des Herztiers betont Müller selbst in dem Essay „Der König verneigt sich und tötet", in welchem sie die Genese ihrer Wortneuschöpfung erläutert:

> Ich wollte ein zweischneidiges Wort [. . .]. Sowohl Scheu als auch Willkür sollten drin sitzen. Und es mußte in den Körper hinein, ein besonderes Eingeweide, ein inneres Organ, das mit dem äußeren rundherum befrachtet werden kann. Ich wollte das Unberechenbare

---

[70] Eine detaillierte Analyse der Figur des Friseurs im Werk Herta Müllers liefert Martina Wernli: „Haarige Geschichten. Zur Figur des Friseurs bei Herta Müller", in: *Herta Müller und das Glitzern im Satz. Eine Annäherung an Gegenwartsliteratur*, hg. v. ders. und Jens Christian Deeg, Würzburg 2016, S. 193–216.
[71] Müller: „Der König verneigt sich und tötet", S. 40.
[72] Vgl. dazu Bozzi: *Der Fremde Blick. Zum Werk Herta Müllers*, S. 122.

ansprechen, das in jedem einzelnen Menschen sitzt, gleicherweise in mir und in den Mächtigen. Etwas, das sich selbst nicht kennt, sich ungleich ausstopfen läßt. Je nachdem, was der Lauf der Zufälle und Wünsche aus uns macht, wird es zahm oder wild.[73]

Seinen ersten ‚Auftritt' innerhalb der Erzählung hat das Herztier, als die Protagonistin nach Lolas Tod in das Esszimmer des Studentenwohnheims geht und sich dort vorstellt, wie im Kühlschrank Innereien liegen und vor dem Kühlschrank ein „durchsichtige[r] Mann" (H 70) steht: „Der Durchsichtige war krank und hatte, um länger zu leben, die Eingeweide gesunder Tiere gestohlen. Ich sah sein Herztier. [. . .] Es konnte nur sein eigenes sein, es war häßlicher als die Eingeweide aller Tiere dieser Welt." (H 70)[74] Das erste Herztier der Erzählung ist folglich jenes des Diktators – das ‚Unberechenbare', das, laut Müllers Ausführungen, ‚in jedem einzelnen Menschen' und, in diesem Fall, in dem ‚Mächtigen' per se ‚sitzt'. Während der Diebstahl der Eingeweide gesunder Tiere durch die hier imaginierte transparente Figur die rücksichtslose, willkürliche und triebhafte Ausbeutung noch unversehrter Lebewesen durch den kränkelnden Diktator indiziert, scheint die explizite Häßlichkeit seines Herztiers wiederum die Egomanie seines Handelns und die Unmenschlichkeit des von ihm repräsentierten Systems zu akzentuieren.

Da „jeder ein Herztier hat" (H 81), wie die Großmutter der Erzählerin feststellt, und dieses je nach Person und individuellem Lauf des Lebens entweder ‚zahm oder wild' wird, sind die Erscheinungsformen des Herztiers im Roman keineswegs univok. In Anbetracht der unterschiedlichen Erscheinungsformen des Herztier im Roman spricht Philipp Müller von diesem als einer „Rätselgestalt"[75], und Shuangzhi Li begreift die titelgebende Figur als „polymorphes, semiotisches Gebilde", das auf die unterschiedlichen Daseinsformen und Machtverhältnisse im Roman verweise.[76] Insofern äußert sich im dynamischen Begriff des Herztiers das unkontrollierbare Gefühl der einzelnen Figuren gegenüber ihrer Umgebung (unabhängig von deren sozialer Positionierung); gerade diese Unberechenbarkeit des Herztiers trägt wiederum wesentlich zur ‚unheimlichen' Wirkung der Geschehnisse der Erzählung bei. Als Edgar, Kurt, Georg und die

---

73 Müller: „Der König verneigt sich und tötet", S. 57 f.
74 Vgl. „Vor diesem Kühlschrank mit den Innereien sagte ich mir zum ersten Mal das Wort ‚Herztier' in den Kopf. Dieses Wort traf so auf mich, wie sich im Kühlschrank die Dinge trafen." Müller: *Mein Vaterland war ein Apfelkern*, S. 101.
75 Philipp Müller: „*Herztier*. Ein Titel/Bild inmitten von Bildern", in: *Der Druck der Erfahrung treibt die Sprache in die Dichtung: Bildlichkeit in Texten Herta Müllers*, hg. v. Ralph Köhnen, Frankfurt/Main u. a. 1997, S. 109–121, hier: S. 116.
76 Li: „Vom Herzen zum Tier und wieder zurück. Eine Untersuchung zur vielseitigen Tiergestaltung in Herta Müllers *Herztier*", S. 109.

Protagonistin nach den ersten Verhören und kurz vor Ende des Studiums gemeinsam am Fluss entlanglaufen, heißt es zum Beispiel: „Aus jedem Mund kroch der Atem in die kalte Luft. Vor unseren Gesichtern zog ein Rudel fliehender Tiere. Ich sagte zu Georg: Schau, dein Herztier zieht aus. [. . .] Unsere Herztiere flohen wie Mäuse. Sie warfen das Fell hinter sich ab und verschwanden im Nichts." (H 89)[77] Das ‚Herztier' illustriert hier zum einen den Wendepunkt, den das Leben der vier Dissident*innen mit dem Studienende erreicht hat, zum anderen signalisiert der Auszug respektive die Flucht der Herztiere durch den Lebenshauch der vier Freunde auch einen Wandel ihrer Gefühlswelt, eine Neuorientierung und eine (emotionale) Neupositionierung innerhalb ihrer Umgebung. Für die Erzählerin wird das Herztier im weiteren Verlauf der Erzählung zugleich auch zu einem wesentlichen Halt- und Ankerpunkt. Als sie von Selbstmordgedanken getrieben durch die Stadt läuft, macht sie eben dieses als möglichen Retter ihres Lebens aus: „Der Tod pfiff mir von weitem, ich mußte Anlauf nehmen zu ihm. Ich hatte mich fast in der Hand, nur ein winziges Teil machte nicht mit. Vielleicht war es das Herztier." (H 111) In „Der König verneigt sich und tötet" ergänzt Müller, der titelgebende Neologismus habe sich „auf dem Papier ergeben [. . .], weil ich für die Lebensgier in der Todesangst ein Wort suchen mußte, eins, das ich damals, als ich in Angst lebte, nicht hatte."[78] Gerade das unberechenbare Gefühl der Protagonistin, ihre unkontrollierbare ‚Lebensgier', ihr im Herztier verbildlichter Überlebensinstinkt hält sie trotz ihrer zunehmenden ‚Todesangst' am Leben.[79]

Die persönliche Entwicklung der Erzählerin und ihre Suche nach individuellen Freiräumen nimmt im Roman schließlich eine zentrale Rolle ein. Aufgewachsen im banatschwäbischen Dorf kommt sie zum Studium in die rumänische Stadt, wodurch sie in *Herztier* mit zwei unterschiedlichen Welten konfrontiert ist. Während des Studiums beginnt sie, sich immer stärker kritisch mit der ‚Dorfheimat' und der ‚Staatsheimat' auseinanderzusetzen, wird zur Dissidentin und entscheidet sich, Rumänien zu verlassen. Das Erlebnis der ‚Heimat' im Sinne der affektiven Beziehung zur topographischen Umgebung, den kulturellen bezie-

---

77 Eine ausführliche Deutung der Erscheinungsformen des Herztiers liefern Li: „Vom Herzen zum Tier und wieder zurück. Eine Untersuchung zur vielseitigen Tiergestaltung in Herta Müllers *Herztier*"; Moyrer: „Herztier"; Philipp Müller: „*Herztier*. Ein Titel/Bild inmitten von Bildern."
78 Müller: „Der König verneigt sich und tötet", S. 57.
79 Die Initialen von Edgar, Kurt und Georg, welche im gesamten Roman konstant in derselben Reihenfolge aufgelistet werden, legen ebenfalls eine Parallele zu dem titelgebenden Motiv des Herztiers nahe: So weist ‚EKG' auf die elektrische Aktivität des Herzens hin, was wiederum andeuten könnte, dass – analog zum Herztier – auch die Freundschaft mit den drei jungen Männern die Erzählerin trotz ‚Todesangst' am Leben hält.

hungsweise gesellschaftspolitischen Gepflogenheiten und dem menschlichen Zusammenleben ist folglich trotz konstanter Vermeidung des Begriffs konstitutiv für den Roman. Und genau dieses individuelle Verhältnis zu der sie umgebenden Lebenswelt handelt die Erzählerin im Verlauf der Erzählung kontinuierlich aus. Im narrativen Aufbau und der Entwicklung der Protagonistin lassen sich dabei gewisse formale und thematische Überschneidungen mit dem Genre des Bildungsromans erkennen. So dient die Rahmenerzählung der Etablierung der zentralen kompositorischen Erinnerungsstruktur: dem retrospektiven Blick nach der Auswanderung in die Bundesrepublik auf ein Leben im sozialistischen Rumänien, mit welchem sich die eingerahmte Erzählung tiefer befasst. „Wenn wir schweigen, werden wir unangenehm, sagte Edgar, wenn wir reden werden wir lächerlich" (H 7, 252), so der erste und zugleich letzte Satz des Romans, der das zentrale Dilemma der Andersdenkenden in der ‚Staatsheimat' auf den Punkt bringt. Die erzählte Zeit des Romans umfasst dabei mehrere Jahre und damit auch den Reifeprozess der Protagonistin: die Kindheit und Jugend im Dorf, die durch sprunghafte Retrospektiven in die Erzählung eingefügt sind; das vierjährige Studium in der Stadt, in dessen Verlauf die junge Frau beginnt, sich kritisch mit ihrem Umfeld zu befassen; die Zeit nach dem Studium, in denen die Repressionen des Staates immer stärker, die Angst immer größer wird; sowie zuletzt die Ausreise in die Bundesrepublik, aus welcher die Erzählerin auf ihr Leben zurückblickt. Die Handlung entfaltet sich dabei weitestgehend chronologisch, um die sukzessive Entwicklung der Figuren und den Abwärtstrend in der Machtausübung des Regimes aufzuzeigen; die einzelnen erinnerten Sequenzen folgen jedoch keiner strikten Ordnung: Gedankensprünge und Assoziationsketten bilden immer wieder Brüche, die das Durcheinander des Alltags und die Anarchie des Gefühls der Protagonistin in der ‚Staatsheimat' illustrieren. Weder die ‚story' noch die ‚history' kann sie als Erzählerin ihrer erinnerten Geschichte beeinflussen.

Auch die (Weiter-)Bildung im Sinne einer unabhängigen, freien Entfaltung der inneren Überzeugungen und einer progressiven Suche nach Identifikationsräumen spielt in *Herztier* eine wesentliche Rolle für die Entwicklung der Protagonistin. Lolas Tod und das anschließende ‚Studium' ihres Tagebuchs stellen in diesem Prozess einen essenziellen Initiationsmoment dar. Die Gedanken und Erlebnisse Lolas beeinflussen und verändern die Erzählerin nachhaltig. Sie trägt zwei Jahre lang keinen Gürtel mehr, streunt umher und kann nicht mehr schlafen: „Ich lag aufgedeckt und sah die weißen Leinentücher auf den Betten. Wie müßte man leben, dachte ich mir, um zu dem, was man gerade denkt, zu passen." (H 71) Lolas Tagebuch wird zum Mahnmal der repressiven Machtstrukturen der ‚Staatsheimat'. Durch ihren Tod wird bei der jungen Studentin ein innerer Konflikt angestoßen; sie will sich an Lolas Tagebuch erinnern und darüber sprechen, was wiederum ihren Übergang in die Freundschaft mit Edgar, Kurt und Georg einleitet. Durch die drei Studenten eröffnet sich ihr der Zugang zu westlicher Literatur, durch welche sie Neues erfährt und ein freies, eigenständiges Denken entwickelt – unabhängig von staatlichen und gesellschaftlichen Normen. Parallel zu ihrer persönlichen Entwicklung und zu ihrer politischen Überzeugung nehmen jedoch auch die Repressionen des Staates und damit zugleich die Angst und die Selbstmordgedanken der Protagonistin zu. Dennoch weigert sie sich aufzugeben und der ‚Staatsheimat' den Triumph über ihr Leben zu überlassen: „So dumm war ich und vertrieb mit dem Lachen das Weinen. So stur, daß ich mir dachte: Der Fluß ist nicht mein Sack. Dich stecken wir ins Wasser gelingt dem Hauptmann Pjele nicht." (H 112)

Auf die verschiedenen Entwicklungsstufen, welche die Erzählerin durchläuft, macht sie selbst mehrfach aufmerksam: „Ich wußte damals noch nicht, daß die Wächter diesen Haß für die tägliche Genauigkeit einer blutigen Arbeit brauchten" (H 58), erklärt sie im Rückblick auf ihr Studium. „Ich dachte damals noch, man könne in einer Welt ohne Wächter anders gehen als in diesem Land. Wo man anders denken und schreiben kann, dachte ich mir, kann man auch anders gehen" (H 128), resümiert sie im Kontext ihrer Freundschaft mit Tereza. In diesen retrospektiven Kommentaren deutet sich bereits an, dass in *Herztier*, anders als im klassischen Bildungsroman, keine Versöhnung der Protagonistin mit den sie umgebenden Welten zu finden ist – weder mit der ‚Staats-' noch mit der ‚Dorfheimat'. Auch in der Bundesrepublik erscheint sie ernüchtert von ihren Hoffnungen auf ein besseres Leben, gezeichnet von den Repressionen und der Angst, die ihre Entwicklung geprägt haben. Gerade in der Entwicklung, der Weiterbildung und der aktiven Suche der Erzählerin nach einem Raum der Orientierung, der Freiheit und Individualität innerhalb der begrenzenden Strukturen der ‚Staatsheimat' zeigt sich jedoch auch eine Art (erzwungene) Suchbewegung im Sinne Dieter Baackes[80] und ein gewisses progressives ‚Heimweh nach Zukunft'[81], eine Hoffnung auf ein Leben in Frieden und Sicherheit in Anbetracht der Restriktionen der gegenwärtigen Lebenswelt.

Die finale Ausreise in die Bundesrepublik und die Flucht in das Exil können schließlich auch als Moment der Klarheit gelesen werden. Schon nach ihrer Entlassung aus der Fabrik verbalisiert die Erzählerin gegenüber der Schneiderin, dass für sie das Dorf „nicht mehr zu Hause" (H 200) bedeute, und sie nicht mehr dorthin zurückkehren möchte. Und als ihre Mutter ihr in der Bundesrepu-

---

[80] Vgl. Baacke: „Heimat als Suchbewegung. Problemlösungen städtischer Jugendkulturen". Vgl. Kapitel 2.8.
[81] Vgl. Kapitel 3.4.

blik in einem Brief von ihrer Sehnsucht und dem Foto des ehemaligen Hauses der Familie im Dorf berichtet, das sie sich abends regelmäßig anschaue, erklärt sie: „Das ist nicht unser Haus, dort wohnen jetzt andere, schrieb ich der Mutter. Zu Hause ist dort, wo du bist." (H 245) Zwar wird der Begriff ‚Heimat' hier umgangen, dennoch zeigt sich in der Formulierung der Protagonistin die Idee einer mobilen ‚Beheimatung' in der eigenen Person. Beate Mitzscherlich beschreibt ‚Heimat' aus psychologischer Perspektive als „in der subjektiven Innenwelt konstruierter Bezug zum äußeren Raum"[82] und macht drei wesentliche Dimensionen aus, die solch ein ‚Heimatgefühl' begründen: den *Sense of Community*, den *Sense of Control* und den *Sense of Coherence*, die wiederum besonders unter den Bedingungen von Modernisierung, Mobilität und Migration in einem „permanenten Prozess des Sich-Verbindens mit Orten, Menschen, kulturellen und geistigen Bezugssystemen" zu einer „lebenslangen Aufgabe" würden.[83] Anknüpfend an die Kategorien Mitzscherlichs ließe sich auch in *Herztier* ein durch die repressive Lebensumgebung bedingter, lebenslanger Prozess des ‚Beheimatens' nachzeichnen: eine stetige Aushandlung sozialer Zugehörigkeit und Einbindung (*Sense of Community*), Handlungsfähigkeit und Verhaltenssicherheit (*Sense of Control*) sowie subjektiver Sinngebung und Kohärenz (*Sense of Coherence*).

Der beschwerliche, fragmentarische ‚Beheimatungsprozess' der Protagonistin in *Herztier* läuft jedoch nicht zuletzt tradierten ‚heimatlichen' Vorstellungen einer homogenen, harmonischen Ich-Umwelt-Beziehung zuwider, die sich auch mit Joanna Pfaff-Czarneckas Bild des mobilen Ankers fassen ließe: „Mit der Metapher eines Ankers lässt sich die Zugehörigkeit anders als bei der Wurzel weniger als Nostalgie (‚be-longing') und vielmehr als Möglichkeit (‚be-coming') denken."[84] Der Umbruch der Lebenswelt der Protagonistin in *Herztier* und die Situation der Neuorientierung in der Bundesrepublik führen also keineswegs zu einer verklärten Hinwendung zu einer verloren geglaubten, zurückgelassenen Umgebungen (*be-longing*), sondern zu einer Suche nach Sicherheit und zu einer entschiedenen Besinnung auf sich selbst (*be-coming*). Trotz Desillusionierung, Trauer und fortgeführter Angst scheint in dem retrospektiv formulierten Individualismus der Protagonistin schließlich ein subtiles Moment der Versöh-

---

82 Beate Mitzscherlich: „Heimat als subjektive Konstruktion. Beheimatung als aktiver Prozess", in: *Heimat global. Modelle, Praxen und Medien der Heimatkonstruktion*, hg. v. Edoardo Costadura, Klaus Ries und Christiane Wiesenfeldt, Bielefeldt 2019, S. 183–195, hier: S. 184.
83 Mitzscherlich, „Heimat als subjektive Konstruktion. Beheimatung als aktiver Prozess", S. 188.
84 Joanna Pfaff-Czarnecka: *Zugehörigkeit in der mobilen Welt. Politiken der Verortung*, Göttingen 2012, S. 104.

nung erkennbar. Denn dem nationalen Wir-Gefühl des rumänischen Staates wird ein individuelles Ich-Gefühl, dem ‚Heimweh' der Mutter nach der banatschwäbischen ‚Heimat' eine sehnsuchtsfreie ‚Heimwehlosigkeit' entgegengesetzt. Sowohl eine ‚Heimkehr' in das banatschwäbische Dorf als auch in den rumänischen Staat ist für die Erzählerin folglich ausgeschlossen. In *Herztier* bricht Müller mit tradierten Mythen der vermeintlich natürlichen Bindung des Menschen an die regionale oder die nationale Herkunft. Am Beispiel des Lebensweges der namenlosen Erzählerin erinnert sie an den Missbrauch der ‚Heimat' durch autoritäre, diktatorische Systeme und demaskiert zugleich deren repressive, ideologische Tendenzen, die in dem Roman in ein alles durchdringendes Gefühl der Unsicherheit, der Angst und der ‚Unheimlichkeit' münden. Weder die ‚Dorf-' noch die ‚Staatsheimat' kann für die Erzählerin in *Herztier* folglich einen ‚Satisfaktionsraum' (Greverus) darstellen.

7 „Ausländerin im Ausland" – ‚Heimwehlosigkeit' in *Reisende auf einem Bein*

Während in *Niederungen* und *Herztier* mit der ‚Dorfheimat' und der ‚Staatsheimat' die diktatorischen Strukturen und Mechanismen von zwei unterschiedlichen autoritären Systemen sowie deren erodierenden Auswirkungen auf den einzelnen Menschen in den Blick genommen werden, rückt in *Reisende auf einem Bein* die ‚Kopfheimat' und die ‚Heimwehlosigkeit' im Exil in den Fokus.[1] Der im Herbst 1989 veröffentlichte Roman erzählt von einer Frau, die in den 1980er Jahren ihr Herkunftsland im Osten verlässt, um vor den Repressionen der sozialistischen Diktatur in den Westen zu fliehen. Die konkrete Übersiedlungsthematik des Romans hat nicht zuletzt in Anbetracht der politischen Umbrüche des Jahres 1989 und deren unmittelbarer Nachwirkungen zusätzlich an Brisanz gewonnen.[2] In „Und noch erschrickt unser Herz" schreibt Herta Müller drei Jahre nach der Wiedervereinigung:

> *Ausländer*, dieses Wort ist unverblümt. Es ist so neutral und gleichzeitig so tendenziös wie der Tonfall jeder Stimme, die es ausspricht. Von einem Mund zum anderen kann es von einer in die andere Bedeutung springen. Von einer *Absicht* in die andere. Doch selbst in seiner Neutralität steht es über all jenen, die so genannt werden. Ein *Sammelwort* für einzelne, die von anderswoher in dieses Land gekommen sind. Jeder von ihnen hat in der tausendfachen gleichen Bedrohung oder Armut seines Staates eine *eigene* Geschichte.[3]

Solch eine ‚eigene Geschichte' einer ‚Ausländerin' in der Bundesrepublik der 1980er Jahre liefert Müller in *Reisende auf einem Bein* und gestaltet damit einen Übergang zwischen zwei Welten: zwischen Ost und West, zwischen sozialistischer Diktatur und kapitalistischer Demokratie, zwischen Abreise und Ankunft, zwischen Nähe und Ferne. Zugleich werden solch dichotomische Vorstellungen sowie die kontrastive Modellierung von ‚Heimat' und ‚Fremde' in dem Roman konsequent unterminiert. Denn keine ihrer topographischen, kulturellen oder sozialen Umgebungen sind in der Lage, der Protagonistin Stabilität, Sicherheit oder Zugehörigkeit zu vermitteln. Die ‚Reise' als Gegenpol zur ‚Heimat' wird zu einer existenziellen Welterfahrung. Am Beispiel der psychischen Auswirkungen

---

1 Vgl. Kapitel 3.3.
2 Vgl. zu den Reaktionen auf die Veröffentlichung von *Reisende auf einem Bein* Eke: „Herta Müllers Werke im Spiegel der Kritik (1820–1990)", S. 123 f.
3 Herta Müller: „Und noch erschrickt unser Herz." Vortrag vom 17. April 1993 auf dem Gesprächsforum ‚Berlin – tolerant und weltoffen', in: Dies.: *Hunger und Seide*, Reinbek/Hamburg 1997, S. 19–38, hier: S. 19 (Hervorhebung im Original).

der Übersiedlung auf die Protagonistin führt *Reisende auf einem Bein* deren individuelles ‚bitteres Glück'[4] und damit nicht zuletzt auch die konstitutive Subjektivität des Konstruktes ‚Heimat' vor Augen.

7.1 „Erdrutschgefahr": Topographie des Transits

„Zwischen den kleinen Dörfern unter den Radarschirmen, die sich in den Himmel drehten, standen Soldaten. Hier war die Grenze des anderen Landes gewesen."[5] Mit dieser lakonischen Feststellung und dem programmatischen lokalen Adverb ‚zwischen' beginnt das erste von neunzehn nummerierten, titellosen Kapiteln der Erzählung *Reisende auf einem Bein*. Entsprechend der für den Roman zentralen Erfahrung der Auswanderung der Hauptfigur eröffnet das erste Kapitel mit einer Grenzsituation in einem liminalen Niemandsland, wobei die Radarschirme und die Soldaten hier bereits implizit auf die Überwachungs- und Kontrollmechanismen des totalitären Staates und somit die Gründe von Irenes bevorstehender Ausreise hindeuten. Versetzt in das Plusquamperfekt und damit in eine temporal abgeschlossene Sequenz, wird den Lesenden zunächst die Herkunft der Protagonistin nahegebracht, eine dörflich geprägte Region am Meer in einem anonymisierten ‚anderen Land'. Sowohl topographisch als auch metaphorisch befindet sie sich an diesem Ort an einem Scheideweg: zwischen zwei Ländern, zwischen Nähe und Ferne. Sie hat die Ausreise beantragt und wartet auf die Ausstellung ihres Passes, um das ‚andere Land' zu verlassen, was sich wiederum gleich zu Beginn der Erzählung in der detaillierten Beschreibung der Natur spiegelt:

> Die steile Küste, die halb in den Himmel reichte, das Gestrüpp, der Strandflieder waren für Irene das Ende des anderen Landes geworden. [. . .]
> In diesem losgelösten Sommer spürte Irene zum ersten Mal das Wegfließen des Wassers weit draußen näher als den Sand unter den Füßen.
> An den Treppen der Steilküste, wo Erde bröckelte, sah Irene wie in all den anderen Sommern die Warntafeln stehen: ‚Erdrutschgefahr.'
> Die Warnung hatte in diesem losgelösten Sommer zum ersten Mal wenig mit der Steilküste und viel mit Irene zu tun. (R 7)

Die ‚steile Küste', ‚der ‚losgelöste Sommer', das ‚Wegfließen des Wassers' und die ‚Erdrutschgefahr' versinnbildlichen nicht nur Irenes bevorstehende Ausreise,

---

4 Vgl. Kapitel 3.3.
5 Herta Müller: *Reisende auf einem Bein*, Frankfurt/Main 2010 [1989], S. 7. Im Folgenden wird der Text unter der Sigle (R) nachgewiesen.

sondern unterstreichen zugleich auch ihre Aufbruchstimmung: Sie befindet sich in einem Prozess des ‚Loslösens' von ihrer Umgebung und analog zu der sie umgebenden Natur rutscht ihr während des Wartens figurativ der Boden unter den Füßen weg.[6]

Diese Position des Übergangs, des ‚Dazwischens' ist für die gesamte topographische Struktur des Romans symptomatisch. Zum einen ist der Schauplatz dialektisch angelegt, zum anderen bewegt sich die Protagonistin in beiden antithetischen Achsen in peripheren Räumen und verweilt damit in einer Phase des Transits. Gerade im Kontext von Migrationserfahrungen wird ‚Heimat' oft als Orientierungs- und Ankerpunkt verstanden: als Umgebung, die man verlässt und von der man sich entfernt, oder eben als die Umgebung, in der man neu ankommt und die man hinzugewinnt. In *Reisende auf einem Bein* bietet jedoch keiner der dargestellten ‚Lebensräume' der Erzählerin die Möglichkeit der Verortung, der Rast oder der Ankunft. Stattdessen markiert die chronotopologische Ordnung des Romans die Einsamkeit und die Fremdheitserfahrung der Protagonistin, die sich sowohl physisch als auch psychisch bis zum Ende der Erzählung konstant in einem Schwellenraum befindet.

Programmatisch vorweggenommen ist die transitorische Positionierung der Protagonistin im Titel des Romans, der bereits vor der Lektüre die Stimmung setzt. Zum einen weist das substantivierte Adjektiv *Reisende* auf die Eigenschaft der Reisenden, also die prozessuale Fortbewegung zwischen Herkunft und Ziel, und damit den Aufenthalt an einem Übergangsort hin. Zum anderen verbildlicht das präpositionale Attribut *auf einem Bein* die eingeschränkte Bewegungsfreiheit, die beschwerliche Fortbewegung und nicht zuletzt die Zerrissenheit, die wiederum mit dem Vorgang des Reisens einhergehen können. Eine ergänzende Bedeutungsdimension wird im Laufe der Erzählung aufgezeigt, als die Protagonistin nach ihrer Übersiedlung in Frankfurt aus dem Fenster ihres Hotelzimmers auf die Passant*innen blickt: „Reisende, dachte Irene, Reisende mit dem erregten Blick auf die schlafenden

---

6 Aufgrund des expliziten, eindeutigen narrativen Hinweises auf den Zusammenhang zwischen Irenes psychischer Verfassung und der Beschreibung der Küste bemerkt Bernhard Doppler, dass der „Naturschilderung [. . .] die Unmittelbarkeit genommen" sei und wirft die (berechtigte) Frage auf, ob es sich hier um eine „Bevormundung des Lesers" handele, vgl. Bernhard Doppler: „Die Heimat ist das Exil. Eine Entwicklungsgestalt ohne Entwicklung. Zu ‚Reisende auf einem Bein'", in: *Die erfundene Wahrnehmung. Annäherung an Herta Müller*, hg. v. Norbert Otto Eke, Paderborn 1991, S. 95–106, hier: S. 101f.

Vgl. dazu auch folgende Passage: „In dem anderen Land hatte Irene von einer Baustelle ein Schild gestohlen. Auf dem Schild fiel ein Mann mit dem Kopf nach unten. Auf dem Schild stand: Gefahr ins Leere zu stürzen. / Irene hatte das Schild in dem anderen Land in ihr Zimmer gehängt. Über das Bett. Sie hatte die Warnung auf ihr Leben bezogen. Und auf das Leben aller, die sie kannte." (R 90)

Städte. Auf Wünsche, die nicht mehr gültig sind. Hinter den Bewohnern her. Reisende auf einem Bein und auf dem anderen Verlorene. Reisende kommen zu spät." (R 98) Das zweite, im Titel noch abwesende Bein wird hier mit dem Gefühl des ‚Verlorenseins' verknüpft, mit einer Desorientierung und einem Versäumnis, was Irene auch anhand der Passant*innen beobachtet. Denn die Reisenden mischen sich zwar mit den ‚Bewohnern', scheinen sich durch ihren ‚erregten Blick' und ihre Position ‚hinter den Bewohnern' aber zugleich von diesen abzuheben. Sie fallen auf, laufen scheinbar lokal und temporal hinter den Bewohner*innen her und kommen nicht nur zeitlich verzögert, sondern ‚zu spät' an.[7]

Die Reise ist hier im Sinne James Cliffords „a complex and pervasive spectrum of human experiences" sowie „a figure for routes through a heterogenous modernity" – nicht *roots*, sondern *routes* stehen im Zentrum des Romans.[8] Entsprechend lässt sich der Titel der Erzählung nicht nur auf ‚die Reisende' Irene beziehen, die von Ost nach West übersiedelt und sich sowohl vor als auch nach ihrer Abreise in einem ephemeren Zwischenraum befindet; die Mehrdeutigkeit des geschlechtslosen Plurals ‚Reisende' kann darüber hinaus auch auf zahlreiche andere Figuren innerhalb der Erzählung bezogen werden: Franz ist auf einer Reise, als Irene ihn kennenlernt und als sie in den Westen übersiedelt (vgl. R 10 f., 37). Thomas erzählt der Protagonistin von seinen Reisen mit zwei Diplomaten, deren „verbotene[] Leidenschaften" er bediente (R 108). Stefan verkündet der Protagonistin kurz nach dem Kennenlernen auf dem Weihnachtsmarkt, dass er verreisen müsse und kommt erst kurz vor Ende der Erzählung von einer Reise aus Ramallah zurück (vgl. R 37, 158). Und auch die Menschen in Irenes Umgebung bewegen sich zu einem Großteil zwischen Herkunft und Ziel,[9] wie sie nicht zuletzt

---

[7] Als metaphorische Erweiterung des Titels und des Bildes der Reise auf nur ‚einem Bein' zieht sich zudem das Motiv der (einzelnen) Schuhe motivisch durch den Roman. Nach ihrer Ankunft im Asylantenheim beobachtet Irene beispielsweise die Menschen im Supermarkt beim Wühlen nach Kleidung, wobei diese zunächst „den einen, passenden Schuh" finden und ihn über ihre Köpfe halten, während sie mit der „anderen Hand weiter wühlten, im Haufen der auseinandergerissenen Paare." (R 31) Eine Nähe zwischen den beiden Schuhen scheinen die Zugewanderten jedoch trotz aller Bemühungen nicht herstellen zu können, weder im Geschäft noch im Privaten: „Und diese Entfernung blieb, von einem Schuh zum andern. Sie wuchs hinter den Rücken, schloß auch die Schultern ein. / Auch in den Augen stand diese Entfernung. Auch später, wenn die Asylanten nicht mehr in der Flottenstraße gingen." (R 31)
[8] James Clifford: *Travel and Translation in the Late Twentieth Century*, Cambride/Mass. 1997, S. 3. In Bezug auf tradierte Vorstellungen von Reise und Behausung schreibt Clifford: „Dwelling was understood to be the local ground of collective life, travel a supplement; roots always precede routes." Ebd., S. 3.
[9] Irene beobachtet im Laufe der Erzählung immer wieder ‚Reisende' an Übergangs- und Durchgangsorten – wie sie in der U-Bahn „ins Leere" blicken (R 88), am Bahnhof auf ihre Züge warten (vgl. R 95 f.), am Flughafen langsam gehen, verwirrt umherschauen, verhalten

am Ende der Erzählung bemerkt, sich wünschend durch ein Fenster eines Zuges Menschen zuzuschauen, „die nicht mehr wußten, ob sie nun in diesen Städten Reisende in dünnen Schuhen waren. Oder Bewohner mit Handgepäck." (R 176)[10] Die für das Reisen scheinbar symptomatische Flüchtigkeit und Verlorenheit gipfelt schließlich in der Unsicherheit der Menschen über ihren eigenen Zustand. Weder ‚Reisende mit dünnen Schuhen' noch ‚Bewohner mit Handgepäck' befinden sich an ihrem Ursprungs- oder Zielort, wodurch die Dichotomien Reisen und Bewohnen, Abreise und Ankunft aufgebrochen werden.[11] Der zeitlich begrenzte Prozess des Reisens und damit die Flüchtigkeit beständiger Referenzpunkte wird in *Reisende auf einem Bein* zu einer kollektiven, existenziellen Erfahrung, was für eine mobilisierte, globalisierte Welt laut Arjun Appadurai intrinsisch ist: „What is new is that this is a world in which both points of departure and points of arrival are in cultural flux, and thus the search for steady points of reference [. . .] can be very difficult."[12]

Obwohl das ‚andere Land' lediglich in den ersten zwei der neunzehn Kapitel als Schauplatz der Handlung fungiert, ist der Kontrast zwischen diesem und dem Land, in welches die Protagonistin ausreist und in welchem sie fortan lebt, zentral für die Erzählung, denn die Erfahrungen, die Irene dort gemacht hat und ihre Erinnerungen an ihre dortige Umgebung sind für ihre künftigen Erlebnisse und Empfindungen in der Bundesrepublik maßgebend. Der Handlungsort von siebzehn der neunzehn Kapitel ist folglich die Bundesrepublik Deutschland. Zwar vermeidet es

---

miteinander sprechen und nach ihren Koffern greifen, „als müsse etwas Unvorhergesehenes geschehn" (R 89). Selbst die „Bewohner" der Kleinstadt, über die aufgrund der Vergewaltigung von acht Frauen im Fernsehen berichtet wird, sind „Pendler" (R 97).
10 Im Gespräch mit Walter Vogel erklärt Herta Müller im Frühling 1989 vor der Veröffentlichung von *Reisende auf einem Bein* über die Genese des Endes und des Titels der Erzählung: „Ich habe das Buch noch nicht fertig geschrieben, aber ich weiß jetzt, wo es aufhört, was mit der Person geschieht – nämlich nichts. [. . .] Irene wünscht sich zuletzt, mit einem Zug weit wegzureisen, zusammen mit Leuten im Abteil, die nichts von sich preisgeben, die essen, schlafen und aussteigen, an den großen Bahnhöfen immer ein bisschen unsicher zwischen den Wartenden stehen und dann in die Städte verschwinden. Und wenn sie verschwunden sind, weiß Irene nicht, wer sie gewesen sind, sondern kann höchstens im nachhinein Vermutungen darüber anstellen, was sie jetzt wohl in dieser Stadt machen. [. . .] ‚Bewohner mit Handgepäck' wäre ein möglicher Titel." Herta Müller: „Bewohner mit Handgepäck. Aus dem Banat ausgewandert – Die Schriftstellerin Herta Müller im Gespräch", in: *Die Presse* 7 (1989), zitiert nach Bernhard Doppler: „Die Heimat ist das Exil. Eine Entwicklungsgestalt ohne Entwicklung. Zu ‚Reisende auf einem Bein'", S. 95.
11 Vgl. Karin Binder: „Herta Müller: ‚Reisende auf einem Bein' (1989)", in: *Handbuch der deutschsprachigen Exilliteratur. Von Heinrich Heine bis Herta Müller*, hg. v. Bettina Bannasch und Gerhild Rochus, Berlin 2013, S. 464–471, hier: S. 467.
12 Arjun Appadurai: *Modernity at Large*, Minneapolis 1996, S. 4.

Müller im gesamten Roman konsequent, Irenes Herkunftsland, die Bundesrepublik und die DDR explizit zu benennen,[13] jedoch ist die anonyme „Stadt, in der sie [Irene] jetzt lebte" (R 131), eindeutig als West-Berlin zu erkennen.[14] Im Gegensatz zu West-Berlin sind die Hinweise auf den konkreten Ort des ‚anderen Landes' rar. Im Laufe des Geschehens erfährt man lediglich, dass Irenes Herkunftsland am Meer liegt und dass sie aus „dem Osten" (R 123) stammt.[15] Die Szenerie bleibt schemenhaft, wodurch weniger die konkreten Orte als vielmehr die subjektive Perspektive auf diese und somit die Erfahrungswelt der Protagonistin in den Vordergrund rückt. Durch die sich persistent durch die Erzählung ziehende Markierung des Herkunftslandes der Protagonistin als ‚anders' wird zugleich nachdrücklich die Differenz zwischen diesem Land und ihrer neuen Umgebung in West-Berlin betont. In der binären Kartierung der narrativen Welt durch die zwei großen Schauplätze der Handlung ist die politische Dimension des Kalten Krieges und des Eisernen Vorhangs also bereits mit angelegt. In einem Gespräch mit der Berliner Wochenzeitung *Zitty* erklärt Müller im Juni 1989:

> Ich wollte mit der Person Irene von mir selber weggehen und verallgemeinern. Aus diesem Grund habe ich beispielsweise vermieden, Rumänien im Buch zu nennen. Ihre Situation trifft auf viele zu, die etwa aus Ländern aus dem Osten hierherkommen. Ich hätte am liebsten auch die politischen Gründe des Weggehens von Irene ausgespart, aber das konnte ich nicht, ich habe gesehen, daß ich ohne diese politische Dimension nicht auskomme.[16]

Durch die Anonymisierung des ‚anderen Landes' wird die persönliche Erfahrung Irenes vor dem Hintergrund des Kalten Krieges zu einer Projektionsfläche für die Erfahrungen von Ausgewanderten nicht nur aus einem konkreten Land, sondern aus einer gesamten Region: dem sozialistischen Osteuropa.

Der topographische Raum ist in *Reisende auf einem Bein* einerseits kontrastiv in Ost und West, in Meer und Stadt unterteilt, andererseits sind sowohl das ‚andere Land' als auch ‚die Stadt, in der Irene jetzt lebt' in zahlreiche einzelne Orte segmentiert, die sich kaleidoskopisch aneinanderreihen. Statt eines klassi-

---

[13] Andere Städte (wie Frankfurt oder Marburg) und westdeutsche Institutionen (wie der Bundesnachrichtendienst oder der Senat für Inneres, bei dem die Übersiedlerin die deutsche Staatsbürgerschaft beantragt) werden hingegen genannt (vgl. R 27, 129 f.).
[14] Die „Gedächtniskirche" (R 36) wird genannt, die Haltestelle „Willhelmsruh" (R 32), der „Nollendorfplatz" (R 155), die „Krumme[] Lanke" (R 155) und nicht zuletzt die „Mauer" (R 70), der „andere[] Teil der Stadt" (R 32) sowie „jenseits der Mauer" der „andere Staat" (R 130).
[15] Vgl. „Schau dich an, sagte Stefan, du hast noch immer dieses Lächeln aus dem Osten." (R 123)
[16] Herta Müller und Richard Wagner: „Die Weigerung sich verfügbar zu machen. Herta Müller und Richard Wagner im Gespräch", in: *Zitty* 26 (1989), S. 68–69, hier: S. 68.

schen Plots im Sinne kausaler Zusammenhänge in der narrativen Entwicklung, springt die Erzählung kompositorisch zwischen meist isolierten Episoden in ständig und oft schnell changierenden Räumen. Diese collagenhafte, kontinuierliche Bewegung erzeugt wiederum eine gewisse Unruhe in der Textstruktur und ist damit auch parallel zur psychischen Verfassung der Protagonistin angelegt. Dabei scheint nicht nur die Vielzahl der Schauplätze und die Geschwindigkeit der Ortswechsel Irenes Erfahrungswelt zu spiegeln, zugleich sind die Räume, die sie durchkreuzt, auch meist öffentliche, transitorische Räume – *non-lieux* respektive Nicht-Orte im Sinne Marc Augés; Orte ohne „Identität, Relation und Geschichte", in denen ein längerer Aufenthalt nicht vorgesehen ist, und die wiederum „Einsamkeit und Ähnlichkeit" generieren[17]: Bahnhöfe und Flughäfen, Hotelzimmer und Kneipen, Übergangs- und Asylantenheim, Bahnen und Züge stehen in diametralen Kontrast zu tradierten Vorstellungen einer ‚heimatlichen' Umgebung und unterstreichen Irenes Halt- und Orientierungslosigkeit. Im Hinblick auf die Dominanz von *non-lieux* wird in der Erzählung kein Unterschied zwischen dem ‚anderen Land' und der ‚Stadt, in der Irene jetzt lebt' gemacht. Bereits in den ersten zwei Kapiteln streunt die Protagonistin durch die Landschaft, läuft am Meer entlang, durch das Dorf, an Kneipen vorbei, ist in Franz' Hotel, in der Post oder beim Fotografen. Ihrer Bewegung ist dabei eine Diskrepanz zwischen dem Anspruch des erholsamen Umhergehens und der Realität des nervösen, richtungslosen Zeitvertreibs inhärent, auf welche Irene im Kontext ihrer abendlichen Streifzüge an der Küste selbst hinweist: „Es sollten Spaziergänge sein. [. . .] Die Abende waren keine Spaziergänge gewesen. Irene ging auf den Zeigern der Uhr." (R 9 f.)

Auch als das Warten auf die Ausreise und ihren Pass nach der Übersiedlung in die Bundesrepublik abgeschlossen ist, setzen sich die unruhigen, ziellosen Wanderungen durch ihre Umgebung nahtlos fort. Dabei erscheint ihr West-Berlin zunächst nicht als bewohnter, lebendiger Raum, sondern vielmehr als ein künstliches Terrain, als eine ‚Bühne', auf welcher sie sich bewegt, ohne einen aktiven Part zu übernehmen. Der narrative Blick schwenkt von der Ankunfts-

---

[17] Vgl. „So wie ein Ort durch Identität, Relation und Geschichte gekennzeichnet ist, so definiert ein Raum, der keine Identität besitzt und sich weder als relational noch als historisch bezeichnen läßt, einen Nicht-Ort." Marc Augé: *Orte und Nicht-Orte. Vorüberlegungen zu einer Ethnologie der Einsamkeit*, Frankfurt/ Main 1994, S. 92. „Der Raum des Nicht-Ortes schafft keine besondere Identität und keine besondere Relation, sondern Einsamkeit und Ähnlichkeit." Ebd., S. 121. Vgl. „Si un lieu peut se défenir comme identitaire, relationnel et historique, un espace qui ne peut se défenir ni comme identitaire, ni comme relationnel, ni comme historique définira un non-lieu." *Non-lieux. Introduction à une anthropologie de la surmodernité*, Paris 1992, S. 100. „L'espace du non-lieu ne crée ni identité singulière, ni relation, mais solitude et similitude." Ebd., S. 130.

halle des Flughafens am Ende des dritten Kapitels zu einem Büro des Bundesnachrichtendienstes zu Beginn des vierten Kapitels über, das sich topographisch und gesellschaftlich entrückt „hoch über den Bäumen am Ende der Stadt" (R 27) im Übergangsheim befindet: „Der Vorhang bewegte sich. / Der Vorhang bewegte sich, obwohl das Fenster geschlossen war und niemand eintrat, durch die Tür." (R 27) Gleich einem Theaterstück setzt unmittelbar mit dem sich bewegenden Vorhang auch Irenes Aufenthalt in der Bundesrepublik ein, der jedoch räumlich in der urbanen Peripherie verortet ist:

> Im Übergangsheim waren alle Plätze belegt. Irene wohnte im Asylantenheim. Es lag in der Flottenstraße. Die Flottenstraße war eine Sackgasse.
> Der Bahndamm lag auf der einen Straßenseite. Die Kaserne auf der anderen Seite.
> Die Flottenstraße hatte die Härte der großen Häfen, der Eisenstangen, die sich in der Spiegelung des Wassers verdoppelten. [. . .]
> In der Flottenstraße hatten die Menschen kein Geräusch in den Schritten. Und die Gesichter hatten in der Flottenstraße die Farbe alter Photos. Die dunklen Stellen an den Backenknochen, die dennoch oder gerade, weil sie so dunkel waren, blaß aussahen.
> Die Kleider waren in der Flottenstraße Almosen. (R 30)[18]

In einer Sackgasse, eingepfercht zwischen Kaserne und Bahndamm, eröffnet sich der Übergesiedelten ein tristes Bild eines verlassenen und heruntergekommenen industriellen Gewerbegebietes voller Armut. Auch die topographische Beschaffenheit der einzelnen Orte ist eng mit der psychischen Verfassung der Protagonistin verknüpft, zum Beispiel wenn sie kurz nach der Ankunft in der Bundesrepublik ihre Umwelt erkundet: „Die Luft war kühl. Irene schaute mit kleinen Augen in die Neonschrift der Stadt, in den flimmernden Kanal der Straßenkreuzungen, in die verlorenen, kurzen Straßen." (R 29) Verlorenheit, Desorientierung und Kälte dominieren ihre Wahrnehmung der Umgebung. Die Beschreibungen des Ortes fallen dabei häufig sehr knapp aus und erinnern in ihrer parataktischen, zum Teil elliptischen Formulierung nicht selten an Regieanweisungen, was die empfundene Kargheit und Künstlichkeit des städtischen Raumes zusätzlich forciert – so etwa wenn die Ausstattung von Irenes Zimmer im Asylantenheim aufgelistet wird: „Ein Bett, ein Tisch, ein Stuhl. Ein Wasserkessel und ein Eisenschrank." (R 30)

Die Motivik eines Theaterstückes, die sich durch die Textstruktur des gesamten vierten Kapitels zieht, gipfelt in der Szene an der S-Bahn-Haltestelle nahe des Asylantenheims, von welcher Irene die Berliner Mauer sehen kann: „Auf dem Bahnsteig oben, der Wind. Darunter die Mauer. / Das Licht war grell.

---

18 Die Flottenstraße liegt im ehemalig West-Berliner Stadtteil Reinickendorf, angrenzend an die Berliner Mauer und den ehemaligen Ost-Berliner Stadtteil Wilhelmsruh.

Und der Sog war kalt." (R 31) Aus dieser Position beobachtet Irene die Grenzsoldaten und eine Wolke, die „dünn und zerbrochen" aus dem „anderen Teil der Stadt", aus dem „anderen Staat" (R 32) über die Mauer zieht:

> Irene sah noch einmal auf die Kaserne runter. Noch einmal auf den Bahndamm und das stillgelegte Gleis hinauf. Noch einmal auf die Mauer runter.
> Es war ein Bühnenbild für das Verbrechen. [. . .]
> Der Mann in Uniform war die erste Person des Stücks.
> Und Irene, sie zögerte sich mitzuzählen, war die zweite Person.
> Das Stück hieß wie die Haltestelle: Wilhelmsruh. [. . .]
> Zwei Grenzsoldaten standen hinter der Mauer. Auf dem kahlen Streifen, wo die Erde nichts taugte. Nicht einmal fürs Gras.
> Die Grenzsoldaten sprachen miteinander. Sie sahen der Wolke nach.
> Sie waren, da sie sich umdrehten und schauten, ob noch andere Wolken kamen, Personen des Stücks. (R 31 f.)[19]

Das ‚Stück', dessen Bühnenbild aus Irenes Perspektive offenbar bereits auf eine verbrecherische Handlung hinweist, besteht auf der Figurenebene vornehmlich aus Grenzsoldaten; auf der Handlungsebene ist die ‚dünne und zerbrochene' Wolke das zentrale Requisit, welches Irenes Erfahrung der Ausreise von Ost nach West abstrahiert und so paradigmatisch für die (Grenz-)Erfahrungen ‚anderer Wolken' steht. Trotz ihres anfänglichen Zögerns sieht sich Irene schließlich auch selbst als Teil der Szenerie; anstatt aber im Anschluss konsequenterweise als ‚Figur des Stückes' in Aktion zu treten und an der Handlung mitzuwirken, schwenkt ihr Blick auf die Menschen, die auf die Bahn warten. Die Protagonistin beobachtet ein sich küssendes Paar, ein Kind mit Chips und dessen Mutter, unterbrochen durch multisensorische Eindrücke der Umgebung: „Um die Schuhe Asphalt. Um das Haar kalte Luft, die nicht still stand. Sie riß. [. . .] Die Rolltreppe summte. Der Fahrkartenautomat klickte. Es fielen Münzen." (R 33 f.)

Die Beobachtende lässt das geschäftige Treiben auf dem Bahnsteig passiv auf sich wirken, bis am Ende des Kapitels eine Bahn wegfährt und der Bahnsteig leer bleibt: „Es war eine Stille wie zwischen Hand und Messer gleich nach der Tat." (R 35) Der Name der Haltestelle, ‚Wilhelmsruh', den Irene zugleich als Titel des ‚Stückes' ausmacht, mutet paradox an, denn atmosphärisch generiert die Szene am Bahnsteig keine ‚Ruhe', sondern eine bedrohliche Stille. Unterstützt durch die dramaturgischen Parallelen zu einem Bühnenstück wird die narrative Realität hier gewissermaßen (auf anti-Brecht'sche Weise) zu einer

---

[19] Die Haltestelle Wilhelmsruh war nach dem Mauerbau nur noch für West-Berliner zugänglich. Der Ausgang in Richtung Osten wurde zugemauert und zu einem Teil der Grenzanlage gemacht.

‚theatralischen Epik' verfremdet und besonders die ersten Eindrücke, die Irene nach ihrer Einreise in der Bundesrepublik sammelt, muten unwirklich und künstlich an. Dadurch rückt wiederum die interne Fokalisierung beziehungsweise ihre persönliche Wahrnehmung kathartisch in den Vordergrund, denn ihre Umgebung ist weniger Lebensraum als vielmehr Kulisse eines tristen und bedrückenden ‚Schauspiels', an dem sie selbst schließlich lediglich als Beobachterin beteiligt ist. Entsprechend konzentriert sich die Protagonistin bei ihren ziellosen Streifzügen durch die Stadt nicht auf sich selbst, sondern auf die Menschen und Dinge, die sie umgeben: auf die Waren in den Schaufenstern und Geschäften, die Kund*innen und Angestellten im Supermarkt, die Menschen auf den Decken und Bänken im Park oder die Passant*innen in den Straßen, bis sie bei einem Besuch in Marburg schließlich auch selbst realisiert, „daß ihr Leben zu Beobachtungen geronnen war. Die Beobachtungen machten sie handlungsunfähig." (R 147)

Im Hinblick auf diesen passiven, betrachtenden Blick und ihre ziellosen Streifzüge durch die Stadt knüpft Reisende auf einem Bein motivisch an den Großstadtroman, die Figur der Irene wiederum an das Motiv des Flaneurs an, wobei diese gewissermaßen aus einer weiblichen, postmodernen Perspektive umgeschrieben werden. Tradierte Vorstellungen von gemächlichem, dandyhaftem Fortbewegen im städtischen Raum und der intellektuellen Reflexion der großstädtischen Eindrücke werden im Kontext der konkreten Migrationserfahrung Irenes als weltfremd und überholt entlarvt. Hannes Krauss hat bereits 1993 darauf hingewiesen, dass die „notorische Fußgängerin" Irene sich zwar in die literarische Tradition der Flaneure stelle, durch ihr „gehetztes Herumgetrieben-Werden" durch die Metropole zugleich aber auch deren Ende demonstriere.[20] Entsprechend promeniert, lustwandelt oder schlendert Irene nicht, stattdessen presst sie „die Arme eng an die Rippen. Hielt sich beim Gehen am äußersten Rand der Fußsohlen fest." (R 29) Die bereits im Titel

---

20 Hannes Krauss: „Fremde Blicke. Zur Prosa von Herta Müller und Richard Wagner" in: Neue Generation – Neues Erzählen. Deutsche Prosa-Literatur der achtziger Jahre, hg. v. Walter Delabar, Werner Jung und Ingrid Pergrande, Opladen 1993, S. 69–76, hier: S. 72.
Zu dem Motiv des Flaneurs in Reisende auf einem Bein vgl. Bozzi: Der Fremde Blick. Zum Werk Herta Müllers, S. 92 f.; Madlen Kazmierczak: Fremde Frauen. Zur Figur der Migrantin aus (post)sozialistischen Ländern in der deutschsprachigen Gegenwartsliteratur, Berlin 2016, S. 145 f.; Margret Littler: „Beyond Alienation. The City in the Novels of Herta Müller and Libuse Monikova", in: Herta Müller, hg. v. Brigid Haines und Lyn Marven, Cardiff 1998, S. 36–56; Rita Morrien: „‚Gehen am äußersten Rand der Fußsohlen'. Zur Adaption des Flanerietopos in Herta Müllers Reisende auf einem Bein und Angela Krauß' Milliarden neuer Sterne", in: Die Lust zu gehen. Weibliche Flanerie in Literatur und Film, hg. v. Georgiana Banita, Judith Ellenbürger und Jörn Glasenapp, Paderborn 2017, S. 59–75.

vorausgedeutete beschwerliche Fortbewegung der Protagonistin auf nur ‚einem Bein' zeigt sich auch in ihren Streifzügen durch die Stadt, zum Beispiel wenn sie „ein Steinchen im Schuh" hat (R 118), wenn sie geht, „als wäre sie ein Steinhaufen, der sich aufrichtete und zusammenschmiß" (R 150), oder es heißt: „In ihren Knien hing ein Gewicht." (R 98) Die motivisch markierte körperliche Einschränkung der Protagonistin, ihre mühsame, ermüdende und zugleich getriebene Bewegung sowie ihre passiven, teilnahmslosen Großstadteindrücke stellen insofern eine negative Kontrastfolie des tradierten (männlichen) Flaneur-Motivs dar und rücken ihre Ziel- und Haltlosigkeit sowie ihre existenzielle Fremdheits- und Differenzerfahrung in den Fokus.

Der urbane Raum stellt sich aus der Perspektive Irenes zugleich eben nicht als kultureller, künstlerischer oder konfessioneller Schmelztiegel, als pulsierende Metropole mit unbegrenzten Möglichkeiten dar, sondern als Prototyp einer trostlosen postmodernen Großstadt: Rauschende Autos, lärmende Fahrbahnen, heulende Polizeisirenen, auf den Straßen „müdes Licht" (R 52), künstliches Licht am Bahndamm, flirrendes Licht im Supermarkt, Bettler, Prostituierte und hohe quadratische Hochhäuser zeichnen ein beklemmendes Bild von Anonymität, Armut und Tristesse.[21] ‚Heimatliche' Räume der Rast, der Ruhe oder der Einkehr sind in *Reisende auf einem Bein* inexistent. Selbst die ‚eigene' Wohnung Irenes im ‚Übergangsheim' ist nur eine temporäre Lösung und für Irene folglich ebenso ein anonymer, transitorischer *non-lieu* (Augé). Analog zu den flüchtigen Eindrücken der Großstadt zieht konsequenterweise auch die Wohnung Irenes und schließlich auch ihr eigenes Leben an ihr vorbei:

> Irene trug den Koffer durchs Stiegenhaus hoch.
>
> Dann ging ein Flur durch sie hindurch. Dann eine Küche. Dann ein Bad. Dann ein Zimmer. Alles leere Wände. Daß ein Herd in der Küche stand, merkte Irene erst später. Und, daß auf dem Herd ein Einweckglas mit Salz stand, erst, als der Hauswart gegangen war.
>
> Der Koffer stand lange geschlossen im Flur, als wäre Irene nur halb am Leben.
>
> (R 41)

Geistig abwesend nimmt Irene ihren neuen ‚Lebensraum' bei ihrem dortigen Einzug kaum wahr; die Räume der ihr zugewiesenen Wohnung prasseln auf sie ein und durch sie hindurch, ohne dass sie in Aktion tritt, geschweige denn

---

[21] Vgl. „Irene schaute mit kleinen Augen in die Neonschrift der Stadt, in den flimmernden Kanal der Straßenkreuzungen, in die verlorenen, kurzen Straßen." (R 29) „Draußen auf der Fahrbahn waren die einzelnen Geräusche nicht voneinander zu unterscheiden. Die Fahrbahn wurde selbst zum Lärm." (R 39) „Über die Brücke fuhr ein Polizeiauto. Die Sirene drohte. Und weiter unten, zwischen kahlen Bäumen, hörte sich das Heulen wie ein Glücksgefühl an: irgendwo in der Stadt floß Blut." (R 40)

ihren (einzigen) Koffer auspackt. Ein ‚Heim' macht sie aus ihrer Wohnung nicht. Selbst als die Zugezogene beginnt, sich einzurichten, spiegelt ihre Möbelwahl ihren subjektiv empfundenen temporären Besuchsstatus wider, denn im Geschäft weist sie explizit darauf hin, dass sie nach einem schmalen Bett suche und sie „eigentlich ein Gästebett" (R 43) möchte. Als der Student Franz bei einem Besuch in ihrer Wohnung in den Innenhof blickend bemerkt, dass ihm „unterm Fenster die Straße" (R 61) fehle, artikuliert Irene ausdrücklich das Unbehagen, das sie in Anbetracht ihrer unmittelbaren Umgebung empfindet:

> Irenes Antwort steckte in der Kehle, bis ihre Augen unten im Innenhof das Gras erreichten. Das Gras war gegen sie, und der Holunder war gegen sie. Auch der Salzrand an den Wänden. [. . .] Irene suchte mit den Blicken die Wäscheleine ab. Sie war leer und bewegte sich.
> Ich weiß, sagte Irene, es ist keine Ruhe in diesem Hof, es ist bloß Stille. (R 61f.)

Die offensive, lebensfeindliche Konstitution des Innenhofes steht symptomatisch für die topographische und psychische Deplatzierung, die Orientierungs- und Rastlosigkeit der Protagonistin. Sowohl die öffentlichen Räume der Stadt als auch ihr privater Wohnraum richten sich gegen ihre Person und laufen somit tradierten Vorstellungen ‚heimatlicher' ‚Verwurzelung' und Verbundenheit entgegen.

Exemplarisch für die Grenz- beziehungsweise Übergangssituation, in der Irene sich befindet, ist räumlich nicht zuletzt der wiederkehrende Blick aus dem Fenster, der sich leitmotivisch durch den gesamten Roman zieht und somit gewissermaßen das (bewegungslose) Pendant zum (dekonstruierten) Flaneur-Motiv bildet. Bereits im ersten Kapitel im ‚anderen Land' wird das Fenster als ein Ort etabliert, der sich an der Schwelle zwischen Innen und Außen, zwischen Nähe und Ferne, zwischen Bekanntem und Unbekanntem, zwischen Ankunft und Aufbruch befindet: „Hohe Wohnblocks standen am Wasser. Hotels für Ausländer mit Blick aufs Meer. Fenster mit Blick in die Ferne. Da durfte Irene nicht hin." (R 12) Als sie nachts den betrunkenen Franz in sein Hotelzimmer bringt, befindet sich die dort ‚Einheimische' plötzlich selbst in solch einem heterotopischen[22] ‚Hotel für Ausländer', wo sie durch das Fenster in die ihr (noch) verbotene Ferne und eine ‚schwarze', ihr unbekannte Zukunft blickt:

> Irene ging zum Fenster. Schaute hinaus. [. . .]
> Irene sah den Vorhang zu Boden hängen. Starrte hinaus, auf die Fläche, die schwarz zwischen Himmel und Wasser lag. [. . .]

---

[22] Vgl. Michel Foucault: „Des espaces autres", in: Ders.: *Dits et écrits*, hg. v. Daniel Defert, 4 Bde., Bd. 4: *1980–1988*, Paris 1994 [1984], S. 752–762; vgl. Kapitel 6.1.

> Sehnsucht überkam Irene. Und es war keine. Es war ein Zustand der leblosen Dinge. Der Steine, des Wassers. Der Güterzüge und Türen, der Fahrstühle, die sich bewegten.
> Auf der schwarzen Fläche draußen lagen die schneidigen Bahnen der Nacht.
> Irene spürte am Wind im Gesicht, daß das Zimmer hoch oben lag. Die Sterne stachen in ihre Stirn. Das Wasser tobte weit unten.
> Nein, sagte Irene zum Fenster hinaus. (R 13)

Irene weiß nicht, was vor ihr liegt, und obwohl sie auf ihre Ausreise wartet, scheint die ‚Sehnsucht', die sie in Anbetracht dieser überkommt, kein schmerzliches Verlangen nach etwas Entbehrtem, kein Heimweh oder Fernweh zu sein, sondern ein starrer, gleichgültiger, wehmutsloser Zustand. Ihr lakonisches, aus dem Fenster hinaus gerichtetes ‚Nein' ist keineswegs eindeutig und ermöglicht unterschiedliche Lesarten: als Zweifel oder Erstaunen, als Resignation oder Abschied, als Weigerung oder Ablehnung. Und auch der Adressat ihrer ‚Verneinung' bleibt unklar. Gerade die Ambiguität ihrer Aussage macht wiederum die Vielschichtigkeit ihrer Situation sowie die omnipräsente Destruktivität ihrer Umgebungen kenntlich, die sich nicht zuletzt auch in den Sternen zeigt, die ihr bei ihrem Fensterblick offensiv in die Stirn stechen und so ihre Gedanken angreifen. Ihre Ausreise resultiert schließlich eben nicht aus der Sehnsucht nach einem anderen fernen Ort, sondern in erster Linie aus dem Wunsch, den Ort, an dem sie sich befindet, zu verlassen und den repressiven Lebensumständen zu entkommen – unabhängig von der ungewissen Zukunft, die sie nun erwartet.

Auch nach ihrer Ausreise aus dem ‚anderen Land' positioniert sich Irene wiederholt an Fenstern, wobei ihre Blicke dort zunehmend obsessive Züge annehmen. So beobachtet sie bereits kurz nach dem Einzug in ihre Wohnung im Übergangsheim aus dem Fenster heraus eine Frau ohne Bluse und ihren nächtlichen Männerbesuch (vgl. R 43). Banale Geschehnisse in diesem beleuchteten „Viereck" ziehen sie „jede Nacht" (R 43) fast rituell in ihren Bann, wobei die doppelte Filterung ihres Blickes durch zwei Fenster ihre physische und psychische Entrücktheit, ihr Passivität und ihre Indolenz zusätzlich forcieren.[23] Tagsüber hingegen inspiziert sie aus dem Fenster heraus die Geschehnisse im Innenhof. Als im neunten Kapitel dort ein Gerüst aufgebaut wird, wählt die Übersiedlerin einen der fünf Arbeiter aus, den sie von nun an fast manisch bei

---

[23] Vgl. zum nächtlichen Blick aus dem Fenster: „Ein Viereck leuchtete. Von der Länge her hätte das Viereck eine Tür sein können. Doch, da es so hoch oben leuchtete, wußte Irene, daß es ein Fenster war. Hinter dem Viereck lag ein Zimmer. Hinter den Mann im Turnhemd trat jede Nacht ein zweiter Mann. Der zog einen Mantel an. Kurz danach, jede Nacht, trat eine Frau ins Zimmer. Die zog eine Bluse aus." (R 43) „Im Innenhof leuchtete das Viereck. Die Frau ohne Bluse redete und bewegte die Hände vor dem Gesicht." (R 113) „Irene dachte an das beleuchtete Viereck." (R 120)

seiner Arbeit observiert (vgl. R 75), und so, absurderweise, von der Überwachten im ‚anderen Land' zur ‚Überwacherin' in der neuen Stadt avanciert. Über zehn Kapitel scheint sich diese konzentrierte ‚Beschattung' zu ziehen. Offensichtlich wird diese auch von außen wahrgenommen, denn im neunzehnten und letzten Kapitel des Romans spricht der Gerüstbauer sie schließlich direkt an und berichtet ihr, dass die anderen Arbeiter täglich wetten, ob sie morgens wieder am Fenster auftauche: „Und du stehst jeden Tag am Fenster. Wie gerufen, stehst du am Fenster, wenn sie gewettet haben. / Ihr beobachtet mich, sagte Irene. / Und du uns." (R 173)[24]

Schließlich endet auch das letzte Kapitel in *Reisende auf einem Bein* (unter anderem) mit Irenes „Wunsch, weit weg zu fahren. Aus dem Abteil durchs Fenster zu sehn, in den Sog der Landschaft hinein, die sich in grünen Schlieren wegdrehte und verschwand." (R 176) Wie ein Filter legt sich das Fenster zwischen Irene und ihre Außenwelt und ist eben nicht etwa romantisches Sehnsuchtsmotiv, sondern Chiffre für ihre starre, gleichgültige und zugleich rastlose Verfassung. Denn der hier geäußerte ‚Wunsch' nach der Ferne – ihr wehmutsloses ‚Weitwegweh' – resultiert gerade nicht aus dem schmerzlichen Verlangen nach einem konkreten anderen Ort, sondern aus der Haltlosigkeit und der fehlenden Verbindung mit ihrer derzeitigen Umgebung. Das finale Bedürfnis der Aufrechterhaltung dieses Zustandes weist nicht zuletzt eben auch auf die Statik ihrer Entwicklung sowie ihre fortgeführte Positionierung innerhalb eines Schwellenraums hin, die sowohl teleologische Vorstellungen einer ‚Reise' als auch ‚heimatliche' Vorstellungen topologischer Orientierungs- und Ankerpunkte torpedieren.

7.2 „Wenn ich versuche, Deutschland zu begreifen": Transkulturalität und Alterität

Die bereits im Schauplatz angelegte Dialektik zwischen Ost und West ist in *Reisende auf einem Bein* auch auf der Ebene der präsentierten Kulturräume wiederzufinden. Analog zu der Migrationserfahrung der Protagonistin ist die Erzählung zwischen verschiedenen Lebensstilen und Weltbildern angesiedelt, die sich wiederum in der

---

[24] Das Motiv des Blick aus dem Fenster findet sich an zahlreichen Stellen des Romans: Aus dem Innenhof blickt Irene zum Beispiel „hinauf zu den Fenstern" (R 52, 40), sieht in der Wohnung des Buchhändlers Thomas „durch das Fenster ein anderes Fenster" (R 72) oder schaut auf dem Weg nach Frankfurt aus dem Flugzeugfenster, denn „[s]ie wollte Wolken sehn und ihre Angst" (R 90). Aus dem Fenster des Hotelzimmers in Frankfurt betrachtet die Protagonistin Passant*innen und ein Graffiti an einer Hauswand (vgl. R 97) und aus dem Zugfenster auf dem Weg nach Marburg sieht sie die Landschaft und die Dörfer vorbeiziehen (vgl. R 145).

konkreten Erfahrungswelt Irenes begegnen. In „Und noch erschrickt unser Herz" erklärt Müller 1993 über ihre persönliche Auseinandersetzung mit der westdeutschen Kultur:

> Wenn ich versuche, Deutschland zu begreifen, stoße ich notgedrungen auf mich selber. Darin unterscheide ich mich nicht von den Menschen, die immer schon in Deutschland gelebt haben. Wodurch ich mich unterscheide, das ist der Zwang, auf mich hier und auf mich in einem zurückgelassenen Land *gleichzeitig* zu stoßen.[25]

Auch Irene scheint in *Reisende auf einem Bein* bei ihrem Versuch ‚Deutschland zu begreifen' scheinbar zwanghaft auf sich ‚hier' und auf sich ‚in dem zurückgelassenen Land' gleichzeitig zu stoßen. In der Erfahrungswelt Irenes existiert also keineswegs eine streng binäre Trennung der beiden geographischen wie kulturellen Räume, die im narrativen Schauplatz angelegt ist, sondern eine produktive, aber, aufgrund ihrer Erfahrungen im ‚Osten', zugleich eben auch problematische Überlappung. Sie erinnert das ‚andere Land' und vergleicht die beiden einander ‚fremden' Kulturen und Welten anhand ihrer persönlichen Erfahrungen, wobei sie ein ausgeprägtes transkulturelles Bewusstsein beweist: Sie nimmt die Kultur ihrer neuen Umgebung wahr und reflektiert diese, zugleich wird ihr dabei immer wieder die Kultur ihres Herkunftslandes und ihre eigene Alterität vor Augen geführt.

Insofern konterkariert Müller Vorstellungen eines uneingeschränkten Neubeginns der ‚Reisenden' durch die Übersiedlung in den Westen, denn trotz der fehlenden Freiheit in der verlassenen Umgebung im Osten stellt der Westen für sie kein „Gelobte[s] Land"[26], die westliche Demokratie für sie keine verklärte ‚neue Heimat' dar. Vielmehr weisen Analogien zwischen den beiden Kulturräumen darauf hin, dass repressive Strukturen (auf unterschiedliche Weise) durchaus in beiden Welten zu finden sind. In der Figur Irene treffen der ‚Osten' und der ‚Westen' kulturell aufeinander, werden verglichen und analysiert; zugleich wird die Dichotomie von ‚Eigen-' und ‚Fremdkultur' aufgebrochen, denn die Übersiedlerin Irene teilt keine der beiden sie umgebenden kollektiven Identitäten. Weder dem verlassenen Herkunftsland im Osten noch der neuen Umgebung

---

25 Vgl. „Aber die beiden Länder sind einander so fremd, daß nichts in ihnen und nichts in mir (von damals und jetzt) sich ungestraft begegnen kann." Müller: „Und noch erschrickt unser Herz", S. 30 (Hervorhebung im Original).

26 Vgl. „Genauso wenig wie für die Autorin bedeutet für Irene die Umsiedlung nach Deutschland die Rückgewinnung einer verklärten Heimat: Es geht ihr darum, einer Diktatur zu entkommen. Ihr Ankommen im Westen ist keine Ankunft im Gelobten Land." Moray McGowan: „Reisende auf einem Bein", in: *Herta Müller-Handbuch*, hg. v. Norbert Otto-Eke, Stuttgart 2017, S. 25–30, hier: S. 25.

im Westen fühlt sie sich kulturell zugehörig. Stattdessen bewegt Irene sich in einem kulturellen Schwellenraum, in dem Differenz produktiv und dynamisch verhandelt wird und zugleich homogenisierende kulturelle Tendenzen aufgebrochen werden.[27] Statt kultureller Identität überwiegt Individualität. „Das Subjekt", schreiben Elisabeth Bronfen und Benjamin Marius in *Hybride Kulturen* im Hinblick auf die produktive Alterisierung des Individuums, „ist Knoten- und Kreuzungspunkt der Sprachen, Ordnungen, Diskurse, Systeme wie auch der Wahrnehmungen, Begehren, Emotionen, Bewußtseinsprozesse, die es durchziehen."[28] Als ‚hybrides Subjekt' entzieht sich Irene jeglicher starrer kultureller Zuschreibung, wodurch in *Reisende auf einem Bein* nicht zuletzt singuläre kulturelle ‚Heimat'-Konzeptionen unterminiert werden.

Zunächst zeichnet der Text jedoch zwei polarisierte kulturelle ‚Container' nach. Der grundlegende Kontrast zwischen Kapitalismus und Sozialismus, zwischen Demokratie und Diktatur wird in *Reisende auf einem Bein* beispielsweise anhand der Briefe dargelegt, die Irene von ihrer Freundin Dana aus dem ‚anderen Land' erhält. Als die Protagonistin den ersten Brief in ihrem Briefkasten findet, liegt dieser zwischen weiteren Briefen und einem Werbeprospekt:

> Irene bückte sich. Sie griff nach den Briefen. Auf dem Prospekt stand: das Parfum, das Gefühle provoziert. Jeder Tropfen eine Verführung.
> Irene roch an den Briefen. Einen Briefumschlag erkannte Irene. Er kam aus dem anderen Land.
> Irene erkannte die Briefe aus dem anderen Land, ohne die Briefmarke, ohne den Poststempel anzusehen. Am rauhen, grauweißen Papier erkannte Irene die Briefe.
> Der Brief war von Dana.
> Danas Briefe waren immer viele Wochen unterwegs. Waren immer schon einmal geöffnet worden, wenn Irene sie öffnete. Die Inhalte der Briefe waren alt. Und vorsichtig waren Inhalte, geprüft, auf das, was man schreiben durfte. Und auf das, was man nicht schreiben durfte.
> Der Brief, der Gefühle provoziert, dachte Irene. Jeder Tropfen eine Verführung.
>
> (R 82 f.)

Der Prospekt und der Brief stehen hier repräsentativ für zwei konkurrierende und kontrastierende Weltbilder. Von dem ‚Geruch' des Kapitalismus blendet die Perspektive der Protagonistin nahtlos über zu dem ‚Geruch' des Sozialismus; anhand des umgedichteten Slogans stehen sich der glänzende Werbeprospekt und der bereits geöffnete, zensierte grauweiße Brief aus dem ‚anderen

---

27 Vgl. dazu Bhabha: *The Location of Culture*, S. 4.
28 Elisabeth Bronfen und Benjamin Marius: „Hybride Kulturen. Einleitung zur anglo-amerikanischen Multikulturalismusdebatte", in: *Hybride Kulturen. Beiträge zur anglo-amerikanischen Multikulturalismusdebatte*, hg. v. dens. und Therese Steffen, Tübingen 1997, S. 1–29, hier: S. 4.

Land' unmittelbar gegenüber. Die multisensorischen Eindrücke unterstreichen dabei die tiefgreifende Differenz der beiden Pole, denn sowohl an der Optik und der Haptik als auch am Geruch der Postsendungen erkennt Irene unmittelbar deren Herkunft, wobei schließlich beide auf unterschiedliche Weise eine Form der ‚Verführung', einen Reiz und zugleich eine Manipulation symbolisieren. In ihrem ersten Brief teilt Dana ihrer Freundin mit, dass sie eine „Sehnsucht, fast eine körperliche Sehnsucht" (R 83), nach ihr habe; aus einem zweiten Brief Danas erfährt die Protagonistin wiederum, dass sich der Trommler erhängt hat (vgl. R 167). Beinahe beiläufig manifestiert sich, dass Irene aus einem Land ausgereist ist, in dem Briefe geöffnet und zensiert werden, in dem Menschen auseinandergerissen und in den Tod getrieben werden und in dem ein Diktator herrscht, „von dem [...] man nichts Gutes" (R 40) hört, wie es der Hauswart des Übergangsheims formelhaft artikuliert. Zwar ist Irene mit der kulturellen Umgebung ihres Herkunftslandes vertraut, eine Identifikation im Sinne eines ‚heimatlichen' Zugehörigkeitsgefühls kann sich im Hinblick auf die repressiven Lebensumstände, die sie wiederum zum Verlassen dieses Landes getrieben haben, nicht einstellen.

Anknüpfend an das Werbeprospekt rückt der aus dem sozialistischen Osten übergesiedelten Irene bei ihren Streifzügen durch West-Berlin besonders die in der Großstadt allgegenwärtige Welt der Waren ins Blickfeld. Sie streift etwa über den Weihnachtsmarkt (vgl. R 36), durch einen Second-Hand- und einen Schuh-Laden (vgl. R 56 f.), „[z]wischen Schaufenstern" (R 80) umher, durch ein Geschäft mit Unterwäsche und Parfums (vgl. R 81) oder durch einen Supermarkt (vgl. R 114 f.). Zum einen betrachtet sie das vielfältige Angebot, zum anderen ziehen auch die Konsument*innen und deren Umgang mit den unterschiedlichen Produkten die Aufmerksamkeit der Protagonistin auf sich: „Die Frau las die Beschreibung auf der Rückseite der Verpackung. Legte die Seife in den Einkaufswagen. Der war voll mit Flaschen, und Schachteln, und Dosen. Eine Verpackung schien der anderen die Farbe zu entziehn." (R 114) Die zahlreichen narrativ nachgezeichneten Geschäfte und Schaufenster der Metropole sowie das bunte, üppige Warenangebot werden gewissermaßen zu einer kapitalistischen westlichen Glitzerwelt stilisiert, die ihre besondere Wirkung auf Irene durch ihre Sozialisation im kommunistischen Osten entfaltet. In *Mein Vaterland war ein Apfelkern* adressiert Müller 2014 rückblickend ihre persönliche Wahrnehmung der Bundesrepublik im direkten Vergleich zu ihrer vorherigen Umgebung in Rumänien:

> Unser ganzes Leben wurde zensiert. Zensur ist nicht nur, wenn ein Satz zensiert wird in einem Buch, Zensur war alles. All das wurde mir in Deutschland vor Augen geführt. Ich habe mir im Westen immer gedacht, dass sich der Respekt für den einzelnen Menschen auch in den kleinsten Dingen zeigt. Wundpflaster, Hühneraugenpflaster, Tampons, Wattestäbchen – alles so banale Dinge. Aber sie sind eben nicht banal und sie sind nicht nur

eine Ware. Kommt man wie ich aus einer verelendeten Gesellschaft, haben sie auch einen ganz anderen Wert.
[. . .] Da ist so viel auf mich niedergeprasselt, die Welt war grell, meine Augen taten weh, es war hell und die Farben waren unruhig. Aber ich kam aus der grauen Stille der Diktatur und der Armut. Die Werbung schaute mich an jeder Ecke an, sie war frech und lebendig.[29]

Ähnlich wie bei Müller selbst scheint die bunte Vielfalt an Waren und Werbung in *Reisende auf einem Bein* auch auf Irene ‚niederzuprasseln'. Eindrücke, die in diametralem Kontrast zu ihrer kulturellen Umgebung in dem ‚zurückgelassenen Land' stehen, locken ihre Blicke auf sich und faszinieren sie. Die ‚Zensur des Lebens' im Osten führt schließlich unmittelbar zu einem Kulturschock im Westen.

Von einer verklärten ‚Honeymoon'-Phase kann nach ihrer Übersiedlung in den neuen Kulturraum in *Reisende auf einem Bein* jedoch keine Rede sein. Ihre neue kulturelle Umgebung und die Ausläufer des Kapitalismus sind für die Übersiedlerin nicht bloß das positiv besetzte ‚Neue' und ‚Andere', mehrfach wird in ihren Beobachtungen zugleich die manipulative Kraft der trügerischen Glitzerwelt kritisch impliziert und deren Oberflächlichkeit in den Vordergrund gerückt.[30] Exemplarisch offenbart sich die Schattenseite des Konsums anhand von Irenes Gedanken beim Anblick der westdeutschen Mode: „Am Anfang der Jahreszeiten war die Mode grell. Und aufdringlich. Irene wünschte sich mehrere Körper, um die Kleider zu kaufen. Und Geld, um die Kleider zu kaufen." (R 80) Auch wenn (oder gerade weil) die Mode ihre eigenen finanziellen Mittel übersteigt, beobachtet sie mit „Erregung" (R 80) das vielfältige Angebot in den Schaufenstern und an den Frauen in den Straßen. Wenn sie jedoch die gleiche Haarspange an nur einem Tag bei drei unterschiedlichen Frauen an unterschiedlichen Orten entdeckt, bemerkt die Protagonistin zugleich die Uniformität, die aus dem kapitalistischen Überangebot resultiert, was dazu führt, dass sie sich freut, „daß sie kein Geld hatte. Und daß ihr Haar für diese Spangen zu kurz war. Und ihr Kopf wurde langsam schwer. Und zwischen Nase und Mund

---

29 Müller: *Mein Vaterland war ein Apfelkern*, S. 177.
Vgl. „Ich dachte mir, so sieht also das Leben aus, wenn man denken und reden darf, was man will. Und das war überwältigend und fast nicht mehr auszuhalten. Das hat mich gefreut und es hat auch weh getan. Ich habe mich nicht getraut, glücklich zu sein, ich war nur verstört." Ebd., S. 177 f.
30 So scheint zum Beispiel die Verkaufsstrategie der Tankstelle erfolglos, wenn diese zwar „Tag und Nacht" geöffnet hat, sich dort aber „kein Auto am Mittag, kein Mensch" befindet (R 116). Das Angebot des Weihnachtsmarkts scheint zudem zwar groß, jedoch monoton zu sein: „Die Buden waren voll mit den gleichen Sachen." (R 36)

zuckte die Haut wie ein großes Insekt. Dann wußte Irene: Die Mode verkürzt das Leben." (R 80 f.) Die Mode scheint vom Wesentlichen im Leben abzulenken; sie wird zur Massenware, zu einem kollektiven Gut, das zugleich die Individualität eindämmt und begrenzt – eine Erkenntnis, die Irene wiederum die Vergeblichkeit des Konsums und ihre eigene Alterität vor Augen führt. Zudem liegen in der Erzählung Besitz und Besitzlosigkeit, Wohlstand und Armut stets nah beieinander. Den bunten Schaufenstern der Geschäfte stehen Irenes fehlende finanzielle Mittel gegenüber, die „ihre Hände in den Läden trocken" (R 80) machen; die Kleider in der Flottenstraße sind „Almosen" (R 30); der „alte Mann" (R 156), der in Irenes Wohnung ein Bad nimmt, hat keine Mütze mehr, obwohl er diese zum Betteln benötigt; der „Junge[] mit der Schirmmütze" (R 77) verkauft seinen eigenen Körper auf der Straße; oder der Flohmarkt kommt der Protagonistin vor wie „einer der vielen, von der Stadt vergessenen Orte, wo sich Armut tarnte als Geschäft." (R 68) Die Freiheiten der westlichen Gesellschaft bringen eben nicht nur Wohlstand und unbegrenzte Möglichkeiten mit sich, die kapitalistische Profitorientierung führt zugleich auch zu Konformität, Einförmigkeit und Bedürftigkeit.

Gezeichnet von ihren Erfahrungen im ‚Osten' fühlt sich Irene in *Reisende auf einem Bein* im öffentlichen Raum West-Berlins zudem mehrfach an die repressiven Strukturen ihres Herkunftslandes erinnert, wodurch die strikte Opposition von Diktatur und Demokratie, von Unterdrückung und Freiheit im Wahrnehmungshorizont der Protagonistin aufgebrochen wird.[31] Keiner der beiden Pole kann für sie ein ‚heimatliches' Gefühl des Vertrauens oder der Identifikation generieren. Insofern ist der Text zwar einerseits einer taxonomischen Denkweise verpflichtet und modelliert eine binäre Kartierung der Welt, zugleich zeigt er jedoch die widersprüchlichen Überlagerungen derselben auf. Der Aufenthalt Irenes in der Bundesrepublik setzt mit einem Gespräch beim Bundesnachrichtendienst ein, bei welchem sie zu ihren Beziehungen mit dem Geheimdienst des ‚anderen Landes' befragt wird.[32] Gleich zu Beginn der Befragung bemerkt Irene, dass „Büros [. . .] überall gleich" (R 27) seien und sowohl die herablassende Art als auch die Verdächtigungen des Beamten ihr

---

[31] Vgl. Antje Harnisch: „‚Ausländerin im Ausland': Herta Müllers ‚Reisende auf einem Bein'", in: *Monatshefte für deutschen Unterricht, deutsche Sprache und Literatur* 89 (1997), S. 507–520, hier: S. 510.

[32] Vgl. „Hatten Sie vor ihrer Übersiedlung jemals mit dem dortigen Geheimdienst zu tun. / Nicht ich mit ihm, er mit mir. Das ist ein Unterschied, sagte Irene. [. . .] Lassen sie das Differenzieren vorläufig meine Sorge sein. Dafür werde ich bezahlt." (R 27 f.)
Zu dem autobiographischen Hintergrund dieser Szene schreibt Herta Müller 2014: „Aber dass mich in Nürnberg, in diesem Übergangsheim auch der BND als Agentin verdächtigte, das war für mich ein Schock. Diesen Dialog zwischen mir und dem BND-Vernehmer werde ich nie mehr vergessen. [. . .] / Hatten Sie mit dem dortigen Geheimdienst zu tun? / Er mit mir, das ist

gegenüber lassen sie im Laufe des Gespräches immer stärker an den Geheimdienst des ‚anderen Landes' zurückdenken: So trägt der Beamte „einen dunklen Anzug, wie Irene sie kannte aus dem anderen Land", und auch „die Haltung des Kopfes, das Gesicht halb im Profil, ein wenig nach unten gewandt, kannte Irene." (R 27 f.) Die Parallelen zwischen dem demokratischen und dem diktatorischen Staat manifestieren sich nicht zuletzt in der Befragungstechnik und -praxis des Beamten des Bundesnachrichtendienstes, denn obwohl dieser ein grundverschiedenes Wertesystem vertritt als die Beamten des Geheimdienstes des ‚anderen Landes', erinnert die Farbe seiner Uniform die Übersiedlerin an die dort erlittene Unterdrückung:

> Was wußte er, der mit den Blicken zielte, von leise am Randstein parkenden Autos, vom Echo der Brücken in der Stadt, vom Fingern der Blätter im Park. Von streunenden Hunden, die vor Hunger klapprig waren und auf Stelzen gingen, sich neben Mülltonnen paarten und jaulten mitten am Tag. Sie hatten die Farbe seines Anzugs. Auch sie waren Schatten. (R 28)

Statt ihr in Anbetracht ihrer Herkunft und der von ihr erfahrenen politischen Repression Einfühlungsvermögen oder Verständnis entgegenzubringen, stellt der Beamte Irene zunächst einmal unter Generalverdacht: „Wollten Sie die Regierung stürzen." (R 29) Er scheint so stark auf sein Raster zu beharren, dass er nicht einmal wahrnimmt, dass die Befragte auf seine Aufforderung hin, Personen des Geheimdienstes des ‚anderen Landes' genauer zu beschreiben, tatsächlich den Beamten selbst beschreibt, wodurch die parallele offensive Befragungspraxis der beiden Länder wiederum ad absurdum geführt wird: „Der Beamte bewegte den Kopf. Sein Gesicht half Irene. Sie schaute es an. Sagte, was sie sah. / [...] Fliehende Stirn, fleischige Hände, Kleidung wie Sie, sagte Irene. / Er kreuzte: zweckmäßig an." (R 28)

Die Bundesrepublik stellt sich für Irene weder vor noch nach ihrer Abreise aus dem ‚anderen Land' als ‚heimatlicher' Sehnsuchtsort dar, denn die Wahrnehmung ihrer neuen Umgebung ist bis zuletzt maßgeblich von ihren Erfahrungen in und Erinnerungen an ihr diktatorisches Herkunftsland geprägt. Durch die Einschreibung der Erinnerungsperspektive in ihre umittelbare topographische und kulturelle Umgebung stellt sich die Bundesrepublik Irene gewissermaßen als Gemengelage diverser kultureller Chiffren dar, die sich narrativ durchkreuzen und die immer wieder neu positioniert respektive rekontextualisiert werden. Vor der Folie der erlebten Diktatur hat die Protagonistin entsprechend auch die problematischen Machtstrukturen der Bundesrepublik im Blick.

---

ein Unterschied. / Lassen Sie die Unterscheidung mal meine Sache sein, dafür werde ich schließlich bezahlt." Müller: *Mein Vaterland war ein Apfelkern*, S. 191.

Exemplarisch dafür ist ihre Reaktion auf das anonymisierte Foto des „jungen Mannes" mit „dunkle[r] Stirn, glänzende[n] Augen" und „weißen Nagelwurzeln" (R 51), das sie aus einer Zeitung ausgeschnitten hat:

> Der Mann war Politiker. Er hatte seine Macht verloren. Kurz darauf war er gefunden worden in einem Luxushotel am Ufer eines Sees.
> Der Politiker war jung und tot. Mord oder Selbstmord, man wußte es nicht.
> An diesen Tagen waren die Politiker am Fernsehschirm fremder denn je. Sie suchten einander und waren verstört. Wie Libellen am Rand eines Kahns saßen sie am Rand der Tische.
> Die Tische schaukelten. Die Politiker zeigten Bestürztheit. Doch ihre Stirn war dunkel von der Macht. Ihre Augen glänzten von der Verzweiflung. Und weißer, immer weißer wurden ihre Nagelwurzeln von der Heuchelei. (R 51)

Die Anspielung auf die ‚Barschel-Affäre' aus dem Jahr 1987 steht hier offenbar stellvertretend für die zwielichtigen Machenschaften der bundesdeutschen Politik: Überwachung, Verleumdung, Denunziation und Manipulation existieren nicht nur in dem ‚anderen Land', sondern scheinen auch in der westdeutschen Demokratie gängige Praxis zu sein. Denn die ‚dunkle Stirn', die ‚glänzenden Augen' sowie die ‚weißen Nagelwurzeln' sind keine Eigenheiten des toten Politikers, motivisch werden diese hier zugleich auf weitere Politiker übertragen, was die Verbreitung politischer Machtgier und Heuchelei innerhalb der politischen Sphäre zusätzlich unterstreicht.

Besonders im Hinblick auf die eigenen Erfahrungen mit der Diktatur führt die ‚Barschel-Affäre' Irene die Fragilität der Demokratie vor Augen. Nachdem das Foto des namentlich nicht genannten Uwe Barschel einige Stunden auf dem Fußboden ihrer Wohnung gelegen hat, dreht sie dieses zunächst mit dem Bild nach unten um, verlässt das Haus, kommt kurz darauf wieder zurück, steckt das Foto in ihre Manteltasche, um es anschließend in ihrer Tasche zu zerknüllen:

> Dann fing Irene das Gefühl ein, es könnte plötzlich alles anders werden in der Stadt. Die alten Frauen mit den weißen Dauerwellen, polierten Gehstöcken und Gesundschuhen könnten plötzlich wieder jung sein und in den Bund Deutscher Mädchen marschieren. Es würden lange, fensterlose Wagen vor die Ladentüren fahren. Männer in Uniformen würden die Waren aus den Regalen beschlagnahmen. Und in den Zeitungen würden Gesetze erscheinen wie in dem anderen Land. (R 52f.)

Wie hier deutlich wird schwenkt Irenes Bewusstseinsstrom zur faschistischen Vergangenheit der Bundesrepublik, zu den kollektiven Organisationen, den Pogromen gegen Juden und andere Minderheiten sowie zu den totalitären und menschenverachtenden Gesetzen der Nationalsozialisten, von denen sie wiederum eine Parallele zu den Gesetzen des ‚anderen Landes' zieht. Moray McGowan liest diese Passage einerseits als Echo der Skepsis westdeutscher Linker gegenüber der Gründlichkeit und Effektivität der Denazifizierung sowie der Demokratisierung seit Ende des Zweiten Weltkrieges, andererseits weist er aber auch darauf hin, dass diese Skepsis ebenso der Perspektive des kommunistischen Ostens auf die Bundesrepublik entspreche: „But this is also the conventional cold-war Communist narrative: West Germany as the unreconstructed successor state to German fascism. Irene's upbringing in Communism remains influential on her perception of the West."[33]

In Anbetracht ihres Minderheitenstatus im Osten sowie der kürzlich von ihr beantragten Ausreise aus dem ‚anderen Land' scheint jedoch weniger der Einfluss der kommunistischen, sozialistischen Weltanschauung Irenes Angst vor einer Wiederkehr der faschistischen Vergangenheit Deutschlands zu nähren als vielmehr ihre unmittelbaren persönlichen Erfahrungen mit dem diktatorischen, repressiven System des ‚anderen Landes'. Entsprechend blitzt die Unsicherheit und die Angst der Protagonistin vor einer autoritären, totalitären Regierungsform im Laufe der Erzählung mehrfach (fast beiläufig) auf. Irene kann sich zum Beispiel nicht über die „schönen Häuser[]" freuen, die sie in ihrer Umgebung sieht, denn „in den schönen Häusern ist jemand gefoltert worden." (R 172) Nicht zuletzt die Berliner Mauer erinnert sie immer wieder an den schmalen Grat zwischen Demokratie und Diktatur, zwischen Freiheit und Unterdrückung sowie die Brüchigkeit der Selbstbestimmung: „Regierungen, dachte Irene, die viel zu lange hielten, so lange, wie der einzelne nicht warten konnte. / Die Grenzer waren am sonnigen Nachmittag mit Fahrrädern unterwegs, zwischen Wachtürmen und Draht. / Irene sagte das Wort Mauersegler." (R 130) Als emphatisches Symbol für Freiheit in Zeiten des Kalten Krieges scheint lediglich der Mauersegler die Grenze zwischen Ost und West ungestraft überwinden zu können.[34]

Neben dem fehlenden Vertrauen in das politische Klima der Bundesrepublik begegnen Irene im westdeutschen Alltag zudem immer wieder Skepsis und

---

33 Moray McGowan: „‚Stadt und Schädel', ‚Reisende', and ‚Verlorene': City, Self, and Survival in Herta Müller's ‚Reisende auf einem Bein'", in: *Herta Müller*, hg. v. Brigid Haines und Lyn Marven, Oxford 2013, S. 65–83, hier: S. 70.
34 McGowan weist in diesem Zusammenhang auf den äußerlichen Vergleich zwischen Rosa Luxemburg und der ‚Frau des Diktators' hin, den Irene in Anbetracht des Landwehrkanals aufstellt, an welchem sie eben nicht nur Thomas zum ersten Mal begegnet ist, sondern in welchen auch Rosa Luxemburg 1919 nach ihrer Ermordung von Soldaten eines Freikorps geworfen wurde: „For the heroine of the libertarian left has also been appropriated by the ideological historiography, indeed hagiography, of the authoritarian Communist states. Rosa Luxemburg is an icon overlaid with multiple and conflicting meanings, and it is no longer possible for Irene to remember her without also remembering, and being involuntarily drawn into, her appropriation", ebd., S. 69. Vgl. „Irene wollte es nicht wahrhaben: Die Frau des Diktators aus

Vorurteile, welche ein Ankommen und eine Akkulturation in der neuen Umgebung obstruieren. Wie bereits das Gespräch mit dem Bundesnachrichtendienst veranschaulicht, erlebt die Übergesiedelte besonders im bürokratischen Kontext weniger eine ‚Willkommenskultur' als vielmehr ein deutliches Unverständnis gegenüber ihrer Herkunft und eine fehlende Empathie bezüglich ihrer derzeitigen Situation. Während der Beamte des Bundesnachrichtendienstes sie unter Verdacht stellt, eine Agentin des Geheimdienstes des ‚anderen Landes' zu sein, wirft ihr der Sachbearbeiter, der ihr Kleidergeld aushändigt, vor, dass sie zu hohe Erwartungen an das Land habe, in welchem sie sich jetzt befinde: „Sie sind so empfindlich, sagte der Sachbearbeiter, so empfindlich. Man könnte meinen, daß *unser Land* alles aufwiegen soll, was *Ihr Land* verbrochen hat." (R 55; Hervorhebung HZ) Die starre Gegenüberstellung von ‚unser Land' und ‚Ihr Land' zeugt zum einen von dem xenophoben Schubladendenken des Beamten, zum anderen führt seine Aussage zur Exklusion der Übergesiedelten aus seinem monokulturellen Weltbild sowie zur Stigmatisierung Irenes als ‚Fremde'. Darüber hinaus legt der Sachbearbeiter nachdrücklich dar, dass er es nicht als seine Aufgabe verstehe, der kürzlich zugewanderten Protagonistin Verständnis entgegenzubringen und somit eine Grundlage für einen interkulturellen Dialog beziehungsweise für Integration zu schaffen: „Jeder hat seine eigene Rechnung, sagte der Sachbearbeiter." (R 55)

Irenes ernüchternden Erfahrungen mit der bundesdeutschen Bürokratie kulminieren in einem (Alb-)Traum, in dem ein Sachbearbeiter und eine Sekretärin sie mit ausländerfeindlichen Allgemeinplätzen überhäufen. Schon bei ihrem Eintritt in das Büro wird die misstrauische, ablehnende Haltung der Beamt*innen ihr gegenüber suggeriert, denn die Sekretärin öffnet ihr lediglich „einen Spaltbreit die Tür" und behält dabei die „Türklinke in der Hand", sodass sich die Protagonistin „mit der Schulter voraus" in das Büro zwängen muss (R 102). Von dort beobachtet der Sachbearbeiter einen Fernlaster, in welchem er einen polnischen Fahrer vermutet, dessen Herkunft ihn wiederum zu dem Schluss führt, der Kraftfahrer habe „[k]eine Aufenthaltsgenehmigung, keine Arbeitsgenehmigung. Nichts." (R 103) Irene versucht mehrfach darauf hinzuweisen, dass der Sachbearbeiter den Fahrer möglicherweise verwechseln könnte, woraufhin auch die Sekretärin in die xenophobe Tirade des Sachbearbeiters einstimmt: „Mit einem anderen Polen, lachte

---

dem anderen Land ähnelte Rosa Luxemburg. / Es war eine Verwünschung des Gesichts von Rosa Luxemburg. Die Frau des Diktators hatte dieses Gesicht längst ins Alter getragen. Sie war Diktatorin." (R 169)

die Sekretärin. / Das kann sein, von *denen* gibt's genug." (R 103; Hervorhebung HZ)[35] Die Sekretärin empört sich im Anschluss über den Grund der politischen Verfolgung, den Menschen zur Anerkennung als ‚Flüchtling' anführen, weil das für sie scheinbar automatisch bedeutet, dass diese Menschen ‚die Regierung stürzen' wollten: „Ich bitte Sie, Sie haben doch dieses Gesicht gesehn. Politisch verfolgt. Ja, wissen Sie, wenn jemand die Regierung stürzen will. Wo kämen wir da hin, was meinen Sie, wo kämen wir da hin." (R 103) Die pauschale, unreflektierte und aggressive Beurteilung von Menschen aus dem Osten als ‚Umstürzler' impliziert hier eine Angst vor der Bedrohung ihrer eigenen, westlichen Lebenswelt, die wiederum zu unverblümter Ungleichbehandlung, Diskriminierung und Exklusion führt. Im Zuge dieses *Otherings*[36] wird eine ‚Leitkultur' imaginiert und dem positiven Selbstbild ein negatives Fremdbild entgegengesetzt, wodurch zugleich eben zwei homogene kollektive Identitäten konstruiert werden.

Die strikte Einteilung in kulturell entgegengesetzte Pole wird in *Reisende auf einem Bein* nicht zuletzt am Beispiel der deutschen Sprache aufgebrochen. Als deutsche Muttersprachlerin verbindet diese Irene auf kultureller Ebene mit ihrer neuen Umgebung in der Bundesrepublik, zugleich zeugt sie aber auch von einer maßgeblichen kulturellen Differenz, die aus ihrer konkreten Verwendung resultiert. Im Hinblick auf ihren kulturellen Hintergrund und ihre Vertrautheit mit der deutschen Sprache in der Bundesrepublik stößt die Protagonistin im Laufe der Erzählung mehrfach auf Irritation und Unverständnis. Die Tatsache, dass Irene als Teil einer deutschsprachigen Minderheit innerhalb eines enklavischen, ‚anderssprachigen' osteuropäischen Staates aufgewachsen ist, scheint für viele Figuren der Erzählung schwer nachvollziehbar zu sein, was wiederum die Menschen *be*fremdet und Irene dadurch zugleich *ent*fremdet. Bereits im ersten Kapitel im ‚anderen Land' wundert sich der betrunkene Franz darüber, dass seine neuen Bekanntschaft mit ihm Deutsch spricht (vgl. R 13); in der Bundesrepublik hingegen äußert Thomas gleich mehrfach sein Erstaunen darüber, dass Irene die deutsche Sprache immer wieder mit der ‚anderen Sprache' vergleiche, obwohl diese nicht ihre Muttersprache sei (vgl. R 110). So schöpft die Protagonistin eben nicht nur aus dem Wortschatz der deutschen Sprache, sondern eben auch aus dem Wortschatz der Sprache des ‚anderen Landes', welche sie im Laufe der Erzählung immer wieder produktiv aufeinander bezieht. Als der Beamte des Bundesnachrichtendienstes sie befragt, fällt ihr eine Redewendung aus dem ‚anderen Land' ein, die ihr in dem Moment geeignet erscheint, die Situation zu erfassen: „Der Herr vom Dienst

---

35 Vgl. zu den Vorurteilen gegenüber Zugewanderten aus Osteuropa Stefans Vorschlag, den Fußboden in Irenen Zimmer von zwei Polen erneuern zu lassen: „Es dauert zwei, drei Tage, sagte Stefan. Schwarzarbeit, das kennst du doch." (R 46)
36 Vgl. dazu Spivak: „The Rani of Sirmur. An Essay in Reading the Archives"; vgl. Kapitel 3.2.

irrt quer über Felder. [. . .] Sie meinte, auf etwas beharren, ohne zu verstehen."
(R 29) Thomas gegenüber erklärt sie später, es gebe in dem ‚anderen Land'
„zwei verschiedene Wörter für Blätter. Ein Wort für Laub und ein Wort für Papier. Dort muß man sich entscheiden, was man meint." (R 110) Parallel zu Müllers polyglotter Auffassung von Sprache scheint auch Irene ihre neue Umgebung sowohl mit den Augen ihrer Muttersprache als auch mit denen der Sprache des ‚anderen Landes" zu sehen, wobei sich die beiden Blicke gegenseitig ergänzen und dabei ihre Weltsicht prägen.[37]

Obwohl Deutsch die Erstsprache der Protagonistin ist und sie damit gegenüber Migrantinnen und Migranten mit ‚anderen' Erstsprachen einen gewissen Vorteil hat, sich in ihrer neuen Umgebung zurechtzufinden, scheinen ihr in der Bundesrepublik einige sprachliche Ausdrücke noch unbekannt zu sein, was wiederum Distanz, Unsicherheit und Verunsicherung aufbaut und ihre Alterität spürbar macht. Besonders Interjektionen und umgangssprachliche Floskeln irritieren Irene im alltäglichen Sprachgebrauch: „Manchmal sagte Stefan: Das darf wohl nicht wahr sein. Oder: Ich krieg mich nicht mehr ein: Oder: Das isn Ei, was. Zwischen den Sätzen anderer sagte Stefan: Alles klar. Prima. Spitze. Super. Klasse. Und zwischen den eigenen Sätzen sagte er: Vielleicht." (R 122) In „Bei uns in Deutschland" kommentiert Herta Müller im Jahr 2000 die Besonderheit ihrer Vertrautheit mit der deutschen Sprache vor dem Hintergrund ihrer Übersiedlung in die Bundesrepublik:

> Deutsch ist meine Muttersprache. Ich verstand von Anfang an in Deutschland jedes Wort. Alles durch und durch bekannte Wörter, und doch war die Aussage vieler Sätze zwiespältig. Ich konnte die Situation nicht einschätzen, die Absicht, in der sie gesprochen wurden. Ich ging den flapsigen Bemerkungen wie ‚Ist ja lustig' nach, ich verstand sie als Nachsätze. Ich begriff nicht, daß sie sich als beiläufiges Seufzen verstanden, nichts Inhaltliches meinten, sondern bloß: ‚Ach so' oder ‚Tja'. Ich nahm sie als volle Sätze, dachte ‚lustig' bleibt das Gegenteil von ‚traurig'. In jedem gesagten Wort, glaubte ich, muß eine Aussage sein, sonst wäre es nicht gesagt worden. Ich kannte das Reden und das Schweigen, das Zwischenspiel von gesprochenem Schweigen ohne Inhalt kannte ich nicht.[38]

Analog zu Müllers persönlicher Erfahrung scheint auch Irene sprachliche Ausdrücke und Situationen zum Teil nicht klar deuten und einschätzen zu können; durch ihre Erlebnisse im ‚anderen Land' bezieht sie Formulierungen auf konkrete Ereignisse und vermutet hinter jedem einzelnen Wort eine dezidierte Aussage. Insofern ist der

---

37 Vgl. Kapitel 4.6.
38 Müller: „Bei uns in Deutschland", S. 113.

Gebrauch der deutschen Sprache eben auch immer an den konkreten Verwendungskontext und die jeweilige kulturelle, gesellschaftliche, politische und individuelle Umgebung gekoppelt. Als Stefan ihr die Vorteile eines Anrufbeantworters erklärt und darauf hinweist, dass sie mit diesem nicht mehr ans Telefon gehen müsse, wenn Menschen anrufen, mit denen sie „ums Verrecken" (R 123) nicht reden wolle, nimmt sie seine Bemerkung wörtlich und erwidert: „Ich werde mich wehren. Nicht so. Mit Verrecken hat das nichts zu tun." (R 124) Stefan scheint ihre Aussage unangenehm zu sein und er weiß nicht, wie er mit der Situation umgehen soll: „Stefans Blick hielt diesen Sätzen nicht stand. Er lachte aus Verlegenheit." (R 124) Irenes Kenntnis der deutschen Sprache ermöglicht und erleichtert also einerseits die Kommunikation mit ihren Mitmenschen, andererseits erschwert ihr sezierender Blick auf eben diese Sprache, der sich unmittelbar aus ihren Erfahrungen mit den repressiven Strukturen des ‚anderen Landes' ergibt, einen interkulturellen und interpersonellen Dialog. Gerade die kulturelle Mehrfachcodierung derselben Sprache zeigt also wiederum die hybride Ausgangslage der Protagonistin auf.

Die komplexe Positionierung von Sprache zwischen Äquivalenz und Differenz, zwischen Vertrautheit und Fremdheit wird nicht zuletzt anhand von Irenes Traum von einem Gespräch mit dem Sachbearbeiter des Übergangslagers in der U-Bahn vorgeführt, in welchem die Protagonistin plötzlich ihre Muttersprache vergisst und ihrem Gesprächspartner lediglich „in der Sprache des anderen Landes" (R 104) antwortet. Der Sachbearbeiter sieht damit sein Vorurteil bestätigt, dass die Protagonistin nur vorgebe, sich sprachlich in ihrer neuen Umgebung zu integrieren: „So hab ich mirs gedacht. Deutsch sprechen Sie nur, wenn Sie zu mir ins Büro kommen." (R 104) Die Konfrontation mit den Klischees und den Zuschreibungen der Gesellschaft führen in Irenes Traum zu einer vollständigen Hinwendung zur Sprache des ‚anderen Landes' und dem Verlust der deutschen Muttersprache. Entgegen ihrem tatsächlichen kulturellen Hintergrund bedient sie damit in ihrem Traum das Vorurteil des Sachbearbeiters, gibt ihre eigene Sprache auf und adaptiert damit gewissermaßen die Vorstellungen ihrer gesellschaftlichen Isolation, was einem Prozess der Integration entgegenläuft. Entsprechend ist der einzige Satz, den die Zugewanderte in ihrem Traum noch auf Deutsch beherrscht, die als Aussage markierte Frage von Thomas: „Weshalb vergleichst du immer, es ist doch nicht deine Muttersprache." (R 104) Genau dieser Prozess des (Kultur-)Vergleichs ist jedoch grundlegend für Irenes Identität. Als Teil einer deutschen Minderheit im Osten und neu Zugewanderte im Westen entzieht sie sich einer vereinfachten, imaginierten (binären) Einteilung in kulturelle Identitäten. Keinem der präsentierten ‚Heimat'-Räume fühlt sie sich zugehörig, stattdessen bewegt sie sich in einem Schwellenraum und verhandelt konstant ihre kulturelle Prägung, was wiederum zu einer Aufhebung von Grenzen sowie einer produktiven Konstituierung kultureller Differenz führt.

7.3 „Es hätte eine Liebe sein können": Dysfunktionale Beziehungen und Einsamkeit

Weder auf topographischer noch auf kultureller Ebene kann die Protagonistin in *Reisende auf einem Bein* konkret respektive konstant verortet werden, zugleich ist auch das soziale Gefüge ihrer Umgebung nicht in der Lage, ihr ein nachhaltiges Gefühl der Zugehörigkeit, der Orientierung oder der Sicherheit zu vermitteln. Kurz vor dem Erscheinen von *Reisende auf einem Bein* erläutert Herta Müller im Januar 1989 in einem Interview mit Walter Vogel ihre Pläne zu der Figurenkonstellation der zu diesem Zeitpunkt noch unvollendeten Erzählung:

> „Irene" hat einen Ehemann, der vor ihr ausgereist ist. Und als sie hier ankam, sagte er ihr, daß sie für ihn eine Fremde sei. Dann hat sie eine Beziehung zu einem Schwulen und einem anderen Mann, der in einer anderen Stadt lebt, der Student ist. Über diese drei Beziehungen werden die Gespräche getragen und die Thematik wird dadurch auch zusammengehalten. Dazwischen immer wieder zeitweilig die Einsamkeit, weil die Beziehungen eigentlich alle nicht funktionieren.[39]

Auch wenn Müller die Figur des Ehemanns aus ihren vorläufigen Plänen offenbar durch Franz ersetzt hat, entspricht ihre Charakterisierung der zentralen Figuren hier bereits deutlich der endgültigen Fassung. Während *Niederungen* in einer familiären und *Herztier* in einer freundschaftlichen Sphäre angesiedelt ist, widmet sich *Reisende auf einem Bein* in erster Linie dem Verhältnis zwischen Mann und Frau. Dabei setzt sich die Erzählung kontrastiv aus Episoden der Einsamkeit und alternierenden Gesprächen zwischen Irene und den drei Männern zusammen. Wie Müller selbst hervorgehoben hat, kommen diesen Beziehungen nicht zuletzt für die Handlungskonstruktion eine zentrale Bedeutung zu: Zum einen liefern sie der Erzählung ein Gerüst, zum anderen werfen sie Licht auf die Thematik der Erzählung und die persönliche Situation der Protagonistin, für die sie wiederum kein Gerüst darstellen. Analog zu ihrer topographischen und ihrer kulturellen Position befindet sich die Protagonistin

---

[39] Müller: „Bewohner mit Handgepäck. Aus dem Banat ausgewandert – Die Schriftstellerin Herta Müller im Gespräch", zitiert nach Bernhard Doppler: „Die Heimat ist das Exil. Eine Entwicklungsgestalt ohne Entwicklung. Zu ‚Reisende auf einem Bein'", S. 95.

folglich auch sozial in einem Schwellenraum. Sie oszilliert zwischen Einsamkeit und Beziehungen, die jedoch – in Müllers Worten – „eigentlich alle nicht funktionieren."[40] Ihre sozialen Bindungen bleiben durchweg transitorisch, wodurch ‚heimatliche' Gefühle der menschlichen Nähe, der Stabilität und der Geborgenheit wiederum torpediert werden.

In den Episoden der Einsamkeit rücken in *Reisende auf einem Bein* in erster Linie namenlose Typen in den Fokus. Bereits in dem ‚anderen Land' läuft Irene die Küste entlang und sieht „Soldaten" (R 7), einen „Mann" (R 8, 21), „Mütter", „Kinder", „Musiker", einen „Trommler" (R 11), spricht mit einer „Telefonistin" (R 16) oder einem „Photograph[en]" (R 17). Die Menschen, die sie umgeben, werden nicht individualisiert, sondern lediglich konturiert, wodurch die Aufmerksamkeit stärker auf Irene selbst, auf ihre persönliche Wahrnehmung der Umgebung und auf ihr Alleinsein gelenkt wird. Die einzige Person, die in den ersten beiden Kapiteln im ‚anderen Land' neben Irene einen Namen erhält, ist der betrunkene „Ausländer" (R 11) Franz, wobei die gemeinsamen Momente mit diesem wiederum ihre Einsamkeit szenisch beziehungsweise periodisch unterbrechen. Die Zurückgezogenheit scheint die ‚flanierende' Protagonistin zugleich ganz bewusst zu suchen. Sie scheut menschlichen Kontakt, ist einsilbig und reduziert ihre sozialen Interaktionen auf ein Minimum: „Irene ging nicht ans Ende der Bucht. Wollte keine Menschen sehn. Wo Kähne standen, wo Rauch aufstieg, jetzt kein Gesicht." (R 9) Die einzige Person, die Irene im ‚anderen Land' regelmäßig aufsucht ist der Exhibitionist an der Küste, mit dem sie sich jeden Abend pünktlich um dieselbe Uhrzeit trifft, damit sich dieser vor ihr entblößen kann:

> Irene suchte diesen Mann am Tag. Und am Abend, wenn er schon weg war. Suchte ihn in der Nähe der Kneipen. Und sah ihn nie. Oder so oft, daß sie ihn nicht erkannte, weil er auf den Straßen und in den Kneipen ein anderer war.
>   Es hätte eine Liebe sein können. Doch Irene hatte an den Tagen, als das geschah, zwischen den Abenden, nichts als das Wort Gewohnheit gefunden. Hatte ein Gefühl wie ein Versäumnis. Als wäre sie damals, in der Blöße zwischen Himmel und Sand, nicht zur Besinnung gekommen. Wie konnte Liebe pünktlich sein.[41]   (R 10)

---

40 Vgl. Müller: „Bewohner mit Handgepäck. Aus dem Banat ausgewandert – Die Schriftstellerin Herta Müller im Gespräch", zitiert nach Bernhard Doppler: „Die Heimat ist das Exil. Eine Entwicklungsgestalt ohne Entwicklung. Zu ‚Reisende auf einem Bein'", S. 95.
41 Auch in West-Berlin begegnet Irene einem Exhibitionisten, der ihr aber im Gegensatz zu dem Exhibitionisten in dem ‚anderen Land' bedrohlich erscheint: „Der Mann flüsterte als Irene vorbeiging. Seine Stimme war weich. Seine Augen glänzten. Sein Blick war kalt. Der Mann verschwand in der Toilette. Irene hörte ihn reden hinter der Tür. / Sie drückte die Finger fest um den Wohnungsschlüssel in der Manteltasche: Eine Pfütze schimmerte. Kräuselte sich. Irene sah das Glied des Mannes in der Pfütze stehen. Und wie sich das Wasser vor- und zu-

Das allabendliche Treffen mit dem Exhibitionisten gibt Irenes Alltag eine Struktur, an der sie sich festhält, während sie auf ihren Pass und damit auf die Ausreise wartet. Dies scheint zwar eine absurde, in Anbetracht ihrer Übergangssituation zugleich aber eine konsequente Wahl zu sein, denn während zwischenmenschliche Kontakte in der Regel auf einem beidseitigen Verhältnis beruhen, fordert der Exhibitionist nichts von ihr ein, außer ihren passiven Blick. So wird Irene an der Küste gewissermaßen zur unbeteiligten Voyeurin, die sich bei ihrer Suche nach dem Exhibitionisten paradoxerweise zugleich auf eine Suche nach einer unverbindlichen Bindung, nach einem (menschlichen) Halt macht, bevor beziehungsweise bis sie schließlich das ‚andere Land' verlässt. Die bizarre Konstellation von Liebe und sexueller Entblößung weist umso mehr auf die Ausnahmesituation und die ‚Besinnungslosigkeit' (vgl. R 10) Irenes hin, die sie rückblickend selbst erkennt und die wiederum dazu führt, dass Liebe vor ihrer Abreise aus dem ‚anderen Land' schließlich ein Konjunktiv bleibt.

Die ‚voyeuristische' soziale Positionierung Irenes wird auch in der Bundesrepublik fortgesetzt. Analog zu ihrem Herkunftsland unterstreichen konturierte, namenlose Typen in den Momenten der Einsamkeit die Isolation und die fehlende soziale Einbindung der Protagonistin. Personen ziehen flüchtig an ihr vorbei und setzen sich zu einem polymorphen Mosaik anonymisierter Großstadteindrücke zusammen. Dabei unterscheidet Irene die Menschen oberflächlich in „Mann" (R 35), „Vater" (R 88), „alte[r] Mann" (R 155 f.), „Frau" (R 34), „alte[] Frau" (R 34), „dürre Frau" (R 82), „kleine alte Frau" (R 81), „Mutter" (R 34), „Kind" (R 34), „Junge" (R 77), „Sohn" (R 88) oder „Paar" (R 32). Weitere Informationen erhält sie durch ihre Beobachtungen oder durch Gesprächsfetzen, die sie ‚en passant' aufschnappt. Jedoch scheint es auch nicht Irenes Anliegen zu sein, mehr über die Menschen zu erfahren oder in einen engeren Kontakt mit ihnen zu treten. Dem Beamten, dem Sachbearbeiter oder den Verkäuferinnen antwortet sie stets einsilbig und nur an wenigen Stellen der Erzählung kommt sie mit Passant*innen ins Gespräch, wobei sich diese ‚Gespräche' im Wesentlichen auf Floskeln oder Ausweichmechanismen beschränken. Ihre Konzentration auf Äußeres und ihre entschiedene Introversion werden scheinbar programmatisch adressiert, als sie sich den Arbeiter in ihrem Innenhof aussucht, um diesem aus ihrem Fenster heraus bei seiner Arbeit zuzuschauen: „Irene wollte nicht mehr über ihn wissen als das, was sie sah." (R 75)

Dennoch lassen sich im Laufe der Erzählung bei der Protagonistin auch in West-Berlin mehrfach subtil die Suche nach einer (unverbindlichen) Bindung

---

rückschob. / Das Knacken eines dürren Zweigs unter dem Schuh hatte die Unberechenbarkeit eines Überfalls." (R 63)

und der Wunsch erkennen, sich ihrer sozialen Umgebung anzunähern. Durch die Stadt streunend variiert ihre Bewegung zwischen Ausweichen und bewusster Kontaktsuche: Als ein Mann sie im Park fragt, ob sie „den Elektriker" gesehen habe, schüttelt sie lediglich kommentarlos den Kopf und will „sich schneller, als sie denken konnte, von der Bank entfernen." (R 117) Sie läuft fluchtartig in eine Seitenstraße, hetzt von Straßenecke zu Straßenecke, wobei sie lediglich von ihrer Erwartung der nächsten Kreuzung getrieben scheint (vgl. R 118). Gleichzeitig berührt sie plötzlich „im Vorbeigehen absichtlich die Hand" einer Frau (R 118) und nimmt sich vor, jemanden anzusprechen. Zwar kann sie sich zunächst nicht dazu überwinden, fragt dann aber schließlich wahllos einen Mann, ob er „nicht den Elektriker gesehn" habe (R 118). Dieser unbeholfene, vorsichtige Wunsch nach Kommunikation und menschlicher Nähe zeigt sich auch, wenn Irene allein in eine Kneipe geht und dort eine Gemeinsamkeit zwischen sich und den weiteren Gästen ausmacht:

> Die Gesichter hatten das Schauen und Trinken mit Irene gemeinsam.
> Manchmal wünschte sich Irene mit diesen Blicken etwas zu teilen. Nur wußte sie nicht, ob sie das wollte. Und, was da zu teilen war. Die Gemeinsamkeit war unverbindlich. Die Beteiligung halb und langsam. Es hatte wenig Sinn, sie zu ertragen. Und es hatte wenig Sinn, sie zu fliehen. Vielleicht war Hinnehmen das Wort für das, was Irene tat.
> (R 64)

Die *Einsam*keit in der Kneipe ist zugleich eine *Gemeinsam*keit mit den anderen Gästen, die Irene ihrer eigenen *Einsam*keit wiederum entgegenzusetzen versucht. Hierin zeigt sich schließlich der rudimentäre Ansatz einer kommunikativen Strategie, „die Einbindung und Zugehörigkeit (wieder) herstell[t]"[42] und die wiederum als eine Dimension eines aktiven ‚Beheimatungsprozesses' im Sinne Beate Mitzscherlichs gelesen werden kann. Die Protagonistin changiert jedoch auf sozialer Ebene zwischen Entgrenzung und Abgrenzung, zwischen dem Wunsch, sich ihrer Umgebung zu nähern, und der Indifferenz gegenüber sozialen Kontakten, wodurch sie schließlich keinen *Sense of Community*[43] erfährt, sondern in eine Art Starre verfällt. Ihre wenigen Versuche, die Distanz zwischen sich und den Menschen in ihrer Umgebung zu verringern, sind nicht zielführend und bleiben stets oberflächlich, wie es auch die heterodiegetische Erzählinstanz, angelehnt an eine Märchen-Schlussformel, explizit artikuliert: „Wenn sich Irene zu Handlungen zwang, waren es keine. Sie blieben in den Anfängen stecken. Es waren

---

42 Mitzscherlich: „Heimat als subjektive Konstruktion. Beheimatung als aktiver Prozess", S. 189.
43 Vgl. Mitzscherlich, „Heimat als subjektive Konstruktion. Beheimatung als aktiver Prozess", S. 187.

Anfänge, die zusammenbrachen. Nicht einmal die einzelnen Gesten blieben ganz. / So lebte Irene nicht in den Dingen, sondern in ihren Folgen." (R 147)

Den Episoden der Einsamkeit stehen die alternierenden Momente mit den drei Männern – Franz, Stefan und Thomas – diametral gegenüber. Eine zentrale Verbindung zwischen Irenes Ausreise- und ihrem Einreiseort stellt dabei das Substitut des ursprünglich von Müller geplanten Ehemanns, der deutsche Student Franz, her, den Irene in dem ‚anderen Land' zufällig betrunken vor einer Kneipe ‚findet' (vgl. R 10) und der gewissermaßen allegorisch für ihre Hoffnung auf menschlichen Halt in der neuen Umgebung in der Bundesrepublik steht. Schon die erste Begegnung mit diesem scheint kein reiner Zufall zu sein, denn Irene sieht Franz zum ersten Mal, als sie eigentlich auf der Suche nach dem Exhibitionisten, auf der Suche nach einer Struktur im Alltag des Wartens auf die Ausreise ist: „Irene suchte diesen Mann und fand Franz." (R 10) Der deutsche Student wird gewissermaßen als Schablone für den Exhibitionisten eingeführt. Bereits das initiale Zusammentreffen der beiden lässt vermuten, dass sich die Beziehung zwischen ihnen weniger aus romantischen Gefühlen füreinander nährt als vielmehr aus Irenes bewusster oder unbewusster Suche nach einer Bezugsperson, während sie rastlos auf eine Zukunft im Westen wartet: „Unruhe, die Irene selber war. Ungeduld und Warten auf den Paß." (R 16) Parallel zu ihrer psychischen Verfassung fällt die narrative Darstellung der Momente mit ihrem neuen Bekannten kurz und sprunghaft aus und als dieser nach den wenigen gemeinsamen Sequenzen an der Kneipe, im Hotelzimmer und am Bahnhof wieder nach Marburg zurückreist, wendet sie sich konsequenterweise wieder dem Exhibitionisten zu: „Irene war rasch gegangen. Sie wollte pünktlich sein. Zwei Abende hatte sie gefehlt." (R 16)

Als junger Mann westdeutscher Herkunft repräsentiert Franz die ungewisse Zukunft, die Irene nach ihrer bevorstehenden Ausreise erwartet. Obwohl ihr der Trommler aus der Kneipe explizit davon abrät, Kontakt zu dem Betrunkenen aufzubauen, geht Irene zielsicher auf Franz zu, bringt ihn unter körperlicher Anstrengung von der Kneipe aus in sein Hotel (vgl. R 11f.) und baut damit bewusst eine „Nähe zu einem Ausländer. Eine Nähe, die verboten war" (R 11) auf. Auch in der gezielten Kontaktaufnahme zu Franz lässt sich also eine gewisse Strategie der Herstellung eines *Sense of Community*[44] erkennen, der Konstruktion sozialer Einbindung und Partizipation in der ihr noch unbekannten künftigen Umgebung. Denn durch den deutschen Studenten erhält die Protagonistin

---

[44] Vgl. Mitzscherlich, „Heimat als subjektive Konstruktion. Beheimatung als aktiver Prozess", S. 187.

bereits im Osten einen ersten Eindruck, einen Vorgeschmack auf ihr neues Leben im Westen, an welchem sie sich fortan festzuhalten beginnt:

> Irene hatte ein Stück Papier mit seiner Anschrift in der Tasche. Und im Kopf die Zeichnung aus Sand. Und das Pappelblatt, das Franz dorthin gelegt hatte, wo Marburg lag. Und den Stein, den Franz dorthin gelegt hatte, wo Frankfurt lag.
> Irene weigerte sich, an Abschied zu denken. [. . .]
> Aus den Augen verlieren, hatte Franz gesagt.
> Und Irene: Aus dem Sinn.
> Unsinn, hatte Franz gesagt. (R 15)

Durch die Weigerung, sich von Franz zu verabschieden, stellt Irene eine emotionale Verbindung mit der Bundesrepublik her. Nach seiner Abreise aus dem ‚anderen Land' schreibt sie dem Studenten unmittelbar eine Karte (vgl. R 16) und versucht (vergeblich) ihn anzurufen, um ihn über ihre nun tatsächlich terminierte Ausreise zu informieren (vgl. R 20) und so den Abstand zwischen ihnen zu verringern, die einstige Nähe aufrechtzuerhalten. Dadurch verlieren sich die beiden zwar aus den Augen, jedoch nicht aus dem Sinn. Mit Franz hat Irene jemanden, der sie nach ihrer Ausreise erwartet – ein „Wunschbild vom Westen"[45], wie René Kegelmann formuliert – und eine Bezugsperson, von der sie sich Halt verspricht.

Nach ihrer Ankunft in der Bundesrepublik wird hingegen rasch klar, dass die Hoffnungen, die Irene an Franz geknüpft hat, von diesem nicht erfüllt werden; ihr ‚Wunschbild' beginnt zu bröckeln. Dies zeigt sich bereits nach ihrer Landung am Flughafen, von welchem sie der zu diesem Zeitpunkt verreiste Franz nicht abholen kann und daher Stefan, einen ehemaligen Freund seiner Schwester, schickt (vgl. R 25). Die zahlreichen Versuche, Franz telefonisch zu erreichen, erweisen sich als vergeblich, was wiederum dazu führt, dass sich aus Irenes Perspektive das Gesicht von Franz verändert: „Ich bin zu früh angekommen. Oder zu spät. Du hast mich vermittelt, an Stefan. Wenn ich an dich denke, verändert sich dein Gesicht. Ich will dich sehen." (R 33) Trotz geographischer Nähe entfernen sich Irene und Franz menschlich immer stärker voneinander. Nur wenige Male treffen sich die beiden persönlich; ansonsten führen sie ihre Beziehung über Telefonate und Postkarten, die in erster Linie Irene immer wieder an den Studenten verschickt. Die tatsächlichen Begegnungen der beiden

---

45 René Kegelmann: „Emigriert. Zu Aspekten von Fremdheit, Sprache, Identität und Erinnerung in Herta Müllers ‚Reisende auf einem Bein' und Terézia Moras ‚Alles'", in: *Wahrnehmung der deutsch(sprachig)en Literatur aus Ostmittel- und Südosteuropa – ein Paradigmenwechsel? Neue Lesarten und Fallbeispiele*, hg. v. Peter Motzan und Stefan Sienerth, München 2009, S. 251–263, hier: S. 154.

bleiben meist flüchtig: „Zwischen Ankommen, Auspacken, Einpacken, Wegfahren war fast keine Zeit." (R 135)[46]

In Anbetracht der fehlenden physischen und psychischen Nähe wandelt sich im Laufe der Erzählung sukzessiv das gesamte Bild, das sich die Protagonistin in dem ‚anderen Land' von dem deutschen Studenten gemacht hat. Als er sie nach ihren ersten erfolglosen Kontaktversuchen zurückruft, erkennt Irene ihn zunächst nicht und bemerkt, dass er eine „andere Stimme" hat als in dem ‚anderen Land': „Sie ist anders, auch wenn du sie nicht verstellst." (R 42) Bei einem Treffen in Frankfurt stellt sie hingegen fest, dass „jede Stadt [. . .] ihn anders" (R 94) mache: „Von ihrer letzten Reise nach Marburg hatte Irene ein anderes Bild von Franz mitgebracht." (R 135) Die äußerliche und die charakterliche Konstitution des (oft verreisten) Studenten scheinen transitorisch und für Irene nicht fassbar, was eben auch dazu führt, dass sich keine dauerhafte, tiefe Beziehung zu diesem aufbauen lässt. Zugleich wird ihr Bild von Franz hier analog mit dem ‚anderen Land' mit dem Adjektiv ‚anders' markiert, was zum einen auf die fehlende Nähe und die Fremdheit zwischen dem Studenten und Irene hinweist, zum anderen zugleich die enttäuschten Hoffnungen Irenes offenlegt. Denn weder ihre ursprünglichen Vorstellungen von dem deutschen Studenten noch ihre Hoffnungen auf eine Bezugsperson im Westen bewahrheiten sich nach ihrer Ausreise: „Ich war allein abgereist und wollte zu zweit ankommen. Alles war umgekehrt. Ich war zu zweit abgereist. Angekommen bin ich allein. Ständig schreib ich dir Karten. Die Karten vollgeschrieben. Und ich leer." (R 134)

Entgegen ihrer Bemühungen die Nähe aufrechtzuerhalten und ‚zu zweit anzukommen', fühlt sich die Protagonistin im Westen ‚allein' und ‚leer'. Das Medium ihrer Kontaktversuche an den ständig verreisten jungen Studenten sind sowohl aus dem ‚anderen Land' als auch aus der Bundesrepublik bezeichnenderweise keine privaten Briefe, sondern öffentlich lesbare Karten, die sich konsequent in das in dem Roman fortgesetzte Motivbündel der Reise einfügen und so den transitorischen, provisorischen Zustand auch auf Ebene der zwischenmenschlichen Beziehungen pflegen. Zugleich sind Irenes menschliche Bindungen maßgeblich von ihrer Erfahrung und ihren Erinnerungen an das ‚andere Land' bestimmt. Die Beziehung zu dem jungen Studenten, den sie noch vor ihrer Ausreise in dem ‚anderen Land' kennengelernt hat, versetzt sie in eine Abhängigkeit, die eben auch mit ihrer eigenen Vergangenheit einhergeht. So erinnert sie der ‚andere Franz' in der Bundesrepublik immer stärker an den ‚losgelösten Sommer', an das ‚andere Land' und an die überhöhten Wünsche

---

46 „Der Student und die Frau vom Meer" – so beschreibt Stefan die Beziehung zwischen Franz und Irene pointiert – „das ist wie seltene Nähe und häufige Ferne." (R 159)

und Hoffnungen, die sie an den deutschen Studenten und ihr Leben im Westen geknüpft hatte:

> Für einen Augenblick ließ Irene Franz verschwinden.
> Doch dann mußte sie wieder mit dem Rand eines Gedankens an Franz denken, nur seinen Namen streifen, und die Unmündigkeit war wieder da.
> Die Schuld dafür schob Irene dem anderen Land zu. Dem Meer, dem Bahndamm und der Zeichnung aus Sand mit dem Steinchen wie Marburg. Die Überschwenglichkeit der Wünsche und die Kargheit der äußeren Dinge hatten sich überlagert. Was sich nie begegnen durfte, es war einunddasselbe gewesen in dem anderen Land.
> Auch Irene und Franz. Und dieser losgelöste Sommer.
> Irene fühlte sich über Jahre hin genarrt. Herausgefordert und betrogen. (R 150)

Franz wird zum Inbegriff der Begegnung zweier Welten. Im ‚anderen Land' bildet er eine Projektionsfläche für die Wünsche an die Zukunft im Westen; dort wiederum bildet er eine Projektionsfläche für die Erinnerungen an die ‚Kargheit der äußeren Dinge' und die ‚Überschwänglichkeit der Wünsche' im Osten.[47]

Entsprechend attestiert auch Franz der Protagonistin eine „Sehnsucht der Kinder [...], Wünsche, die nicht wissen, was sie meinen" (R 151), und glaubt, ihren ziellosen Sehnsüchten und exzessiven Hoffnungen gar nicht erst gerecht werden zu können: „Du wolltest Sehnsucht" – erklärt er in Bezug auf den ‚losgelösten Sommer' in dem ‚anderen Land' – „denn du hattest deine. Jetzt bist du hier. Und ich bin da, in diesem Zimmer. Und deine Sehnsucht ist die gleiche, als ob du nicht hier wärst und ich nicht da." (R 151) Auch Irene realisiert schließlich, dass der Student ihr nicht das geben kann, was sie sich wünscht, und eine Beziehung zwischen den beiden keine Zukunft hat. Sie meidet die von Franz „besetzten Orte" (R 152) in der Stadt, und die letzte Karte, die sie in der Erzählung schreibt, adressiert sie nicht an den Studenten, wie zunächst beabsichtigt, sondern an Thomas (vgl. R 172). Irenes finale Entscheidung, sich von Franz abzuwenden, kann insofern auch als vorsichtiger Emanzipationsprozess verstanden werden: als Unabhängigkeit von der Person Franz und den Erinnerungen an das ‚andere Land' sowie als Bereitschaft, ihre ehemals überhöhten Wünsche, Hoffnungen und Sehnsüchte zu revidieren und den aktuellen Gegebenheiten anzupassen.

---

[47] Nicht zuletzt die Tatsache, dass Irene immer wieder über ‚Postkarten' mit Franz kommuniziert legt nahe, dass Franz für sie eine Projektionsfläche für das andere Land darstellt und unterstreicht zugleich eben auch die stetige räumliche und emotionale Distanz zwischen den beiden, vgl. z. B. „Franz, ich zögere, wenn ich dir schreibe. Es gibt eine Sehnsucht, die schlaff macht. Meine Hand schläft fast, jetzt, wo ich dir schreibe." (R 49) „Irene schrieb eine Karte: Franz, wenn ich mich auf dich beziehe, ist alles schon erfunden. Ich könnte mein Leben darauf einstellen, daß es ganz erfunden ist. Doch all die Geschichten, wie hält man sie wach." (R 135)

Neben der gescheiterten Beziehung zu Franz können auch die Verhältnisse mit Stefan und Thomas der Protagonistin kein ‚heimatliches' Gefühl der sozialen Beständigkeit, der Zugehörigkeit und der Geborgenheit vermitteln.[48] Schon bei dem ersten Treffen mit Stefan am Flughafen zeigt sich, dass auch diese Beziehung durch Irenes Erinnerung an das ‚andere Land' gefiltert ist, die ihre Wahrnehmung der sie umgebenden Menschen maßgeblich zu beeinflussen scheint: „Irene sah Stefan in die Augen, er wandte den Kopf. Diese Blicke auf der Flucht kannte Irene aus dem anderen Land. Diese Scheu." (R 25) Der politisch interessierte, oft verreiste Soziologe Stefan bekundet zwar mehrfach sein Interesse, jedoch erscheint dieses in Anbetracht seiner polygamen, häufig wechselnden Beziehungen und seines oft ausschweifenden, belanglosen Geredes wenig glaubwürdig. Stefan zeigt seine Zuneigung zu Irene körperlich (vgl. R 123, 126 f.), ist eifersüchtig auf ihre Beziehung zu Thomas (vgl. R 159, 175), gibt ihr zu verstehen, dass sie etwas Besonderes sei (vgl. R 125 f.) und behauptet sogar, sie sei die einzige Frau, die er nie betrogen habe (vgl. R 127). Zugleich spricht er ihr gegenüber aber auch immer wieder von anderen Frauen (vgl. R 86 f., 159), was zum einen die emotionale Distanz zwischen den beiden nährt, Irene zum anderen aber paradoxerweise auch das Gefühl vermittelt, sie sei Teil einer Gruppe und daher eben nicht allein: „Es ist seltsam, sagte Irene, wenn du von Frauen erzählst, bin ich viele Frauen zugleich. Ich kenne sie nicht. Solange du erzählst, werde ich wie sie. Es ist verbrauchte Liebe, nachgestellt mit mir. Ich werde nicht einsam, das warnt mich vor dir." (R 126) Stefans Polygamie scheint Irene das flüchtige Gefühl der Zugehörigkeit zu vermitteln, was zugleich aber auch ihre Skepsis ihm gegenüber intensiviert und die Oberflächlichkeit ihrer Beziehung forciert. Bei Stefan ist Irene ‚eine von vielen' und trotz physischer Nähe bleibt die emotionale Distanz zwischen den beiden bis zum Ende der Erzählung bestehen.

Im Gegensatz zu ihrer Beziehung zu Franz und Stefan lässt sich zwischen Irene und Thomas tatsächlich eine tiefe(re) emotionale Verbindung und ein gegenseitiges Verständnis erkennen, das aber ebenso wenig wie ihre anderen zwischenmenschlichen Kontakte von Dauer ist. Dabei stellt die Figur Thomas durch ihre gesellschaftliche Randposition und ihre Orientierungslosigkeit einerseits eine Parallele zu der Figur Irene dar, andererseits verbindet sie über die selbst hervorgehobene emotionale Machtgier wiederum deren soziale Beziehungsstruktur mit den repressiven gesellschaftspolitischen Strukturen in Ost

---

[48] Madlen Kazmierczak liest Irene im Hinblick auf die drei zentralen Beziehungs-Konstellationen des Romans als Spiegel der Männerfiguren, „denn keiner der Männer setzt sich ernsthaft mit ihr auseinander. Stattdessen versuchen sie, ihre Bedürfnisse an Irene zu stillen und ihre Sehnsüchte auf sie zu projizieren", Kazmierczak: *Fremde Frauen*, S. 122.

und West. Bereits bei ihrer ersten, von Stefan initiierten Begegnung am Ufer des Landwehrkanals wird die Analogie zwischen Irene und Thomas – dessen Name sich aus dem Aramäischen ableitet und bezeichnenderweise ‚Zwilling' bedeutet – etabliert. Er ist still, gleichgültig und redet kaum, da seine letzte Beziehung gerade ein Ende genommen hat (vgl. R 68 f.). Als bisexueller Buchhändler, der ein Kind aus einer gescheiterten Ehe mit einer Frau hat und seit der Scheidung drei Jahre zuvor arbeitslos ist (vgl. R 72), ist er in der gesellschaftlichen Peripherie verortet und nimmt am wirtschaftlichen und kulturellen Leben der ihn umgebenden Welt nicht teil: „Ich habe so lange gegen mich gelebt, sagte Thomas, daß nichts aus mir geworden ist." (R 73) Zwar unterscheiden sich die Ursachen wesentlich, in der „Position der Marginalität und der Entfremdung von der sie umgebenden Realität"[49] liegt jedoch eine wesentliche Gemeinsamkeit zwischen Irene und Thomas. Zudem teilen sie die mit ihrer gesellschaftlichen Randposition einhergehende Angst, den repressiven Mechanismen der sie umgrenzenden Systeme machtlos ausgesetzt zu sein:

> Ich kenn die Könige des Ostens, sagte Irene. Ich habe Angst. Und du hast Angst, du kennst sie nicht.
> Manchmal, sagte Thomas, wenn du redest und mit den Händen zeigst, was du erzählst, kenn ich sie auch.
> Vielleicht sind es dann die Könige des Westens, wenn ich von den Königen des Ostens hier erzähl. (R 140)

Im Bild des Königs durchkreuzen sich die Erfahrungen in Ost und West: Die antithetischen Pole sind durch die hegemoniale Einschränkung des Individuums sowie die Ängste vor Unterdrückung, Ausgrenzung und Gewalt schließlich in der Erfahrungswelt von Irene und Thomas verflochten.[50]

Die Nähe zwischen der Protagonistin und dem arbeitslosen Buchhändler resultiert ursprünglich allerdings nicht aus deren Gemeinsamkeit, sondern aus seinem grünen Seidenhemd, welches Irene wiederum an die Nesseln des ‚anderen Landes' erinnert: „Wegen diesem Hemd, das die Farbe der Nesseln hatte, und weil Irene die Nesseln suchte im Gras, war zwischen Thomas und Irene eine Nähe entstanden." (R 69) Thomas wird durch die Farbe seines Hemdes zum Erinnerungsträger und ähnlich wie bereits bei Franz scheint die Beziehung auf Irenes Suche nach einer Verbindung zu dem entfernten, in diesem Fall dem

---

[49] Harnisch: „‚Ausländerin im Ausland': Herta Müllers ‚Reisende auf einem Bein'", S. 514. Vgl. McGowan: „‚Stadt und Schädel', ‚Reisende', and ‚Verlorene': City, Self, and Survival in Herta Müller's ‚Reisende auf einem Bein'", S. 69.
[50] Vgl. zum wiederkehrenden Motiv des Königs Müller: „Der König verneigt sich und tötet", S. 40 f.

zurückgelassenen ‚anderen Land' zu fußen. Entsprechend legt auch seine Selbstcharakterisierung eine allegorische Verbindung des Buchhändlers zu dem ‚anderen Land' nahe, denn analog zu den gesellschaftspolitischen Strukturen in Irenes Herkunftsland beschreibt er sein soziales Verhalten als diktatorisch und repressiv.[51] Ausgehend von seiner selbsterklärten Identifikation mit Uwe Barschel, dessen Fotos auf seinem Schreibtisch liegen, stellt sich Thomas als gefährlicher ‚Machthaber' dar, der den Menschen in seiner Umgebung „nur Unglück" (R 74) bringe, was die destruktiven Auswirkungen der Beziehung zwischen ihm und der Protagonistin wiederum vorwegnimmt: „Meine Beziehungen sind alle gleich, sagte er. Am Anfang bin ich abhängig. Später ist es umgekehrt. Ich hab immer die Macht." (R 73) Spätestens als sich die platonische Beziehung zwischen den beiden zu einer körperlichen entwickelt, spürt auch Irene die Gefahren einer Nähe zu dem autoritären Thomas, den Kontrollverlust und die Abhängigkeit, die ihre Erfahrungen im ‚anderen Land' spiegeln und sich sowohl physisch als auch psychisch auswirken: „Irene zog langsam ihre Kleider an, wollte sich erinnern, wie sie nackt geworden war. Sie roch nach Schweiß und halb verduftetem Parfum. Und sie wollte, es gäbe sie nicht." (R 110)

Die psychische Verfassung der Figuren erweist sich in *Reisende auf einem Bein* als wesentlicher Faktor für die omnipräsente Dysfunktionalität der Beziehungen. Der dem Roman von Norbert Otto Eke entsprechend attestierte Zustand der „Beziehungslosigkeit der Menschen"[52] äußert sich nicht nur in Irenes Beziehungen zu den drei zentralen Männerfiguren, sondern auch in den zahlreichen skizzierten Menschen, welche die Protagonistin in der Großstadt umgeben. Bereits kurz nach ihrer Übersiedlung beobachtet sie an der Bahnhaltestelle unweit des Asylantenheimes ein junges Paar, dessen bizarrer Kuss keinerlei Zuneigung erkennen lässt: „Das Paar küßte sich, ohne sich mit den Händen zu berühren. Die Lippen gespitzt, drängten zueinander. / Die Küsse waren kurz, die Augen blieben offen. Die Lippen trocken. / In den Küssen war keine Leidenschaft." (R 32) Auch die folgende Szene zwischen einem Kind und einer alten Frau auf dem Bahnsteig bestätigt den Eindruck eines distanzierten Umgangs der Menschen miteinander, denn als die alte Frau gerade ansetzt, das Kind anzulächeln, dreht sich dieses fluchtartig in eine andere Richtung, woraufhin Irene eine plötzlich umschlagende Gefühlsregung im Gesicht der Frau registriert: „Die Verwunderung war so deutlich wie eine Frage. Sie kroch der alten Frau übers Gesicht. Als sie den Mund erreichte, wurden die Wangen hart. Die Augen klein. Da war es Haß." (R 34). Im

---

51 Vgl. zu der intratextuellen Verbindung zwischen Thomas und Irenes Herkunftsland Kazmierczak: *Fremde Frauen*, S. 120.
52 Eke: „‚Überall, wo man den Tod gesehen hat'. Zeitlichkeit und Tod in der Prosa Herta Müllers. Anmerkungen zu einem Motivzusammenhang", S. 90.

Laufe der Erzählung beobachtet Irene immer wieder die fehlende emotionale Wärme der Menschen, etwa wenn ein Vater und ein Sohn in der Bahn über Banalitäten wie die Müdigkeit des Vaters und das geschälte Ei des Sohnes sprechen (vgl. R 88 f.), oder als sich ein Paar in der Umkleidekabine eines Geschäfts über die Farbe eines Rockes streitet: „Du willst seit gestern Abend mit mir streiten. / Streiten. Ich könnte dich umbringen, sagte der Mann." (R 135)

Auf die emotionale und soziale Kälte im Westen wird bereits vorausgewiesen, als Irene vor ihrer Ausreise davon träumt, ihren Koffer zu packen. Während sie hoffnungsvoll Sommerblusen in diesen räumt, kommt der Diktator ins Zimmer und weist sie bei einem Blick in ihren Koffer darauf hin, dass es „dort kälter" (R 19) sei. Die Kälte zieht sich folglich motivisch durch den gesamten Roman:[53] Die Übersiedlerin kommt im Winter in der Bundesrepublik an, jedoch friert sie nicht aufgrund der äußeren Wetterbedingungen, sondern aufgrund ihrer inneren Empfindungen: „Die Kälte kam von innen. Der Mantelkragen trieb sie in den Hals. Irenes Haar fror. Die Kopfhaut schmerzte." (R 52) Auch als sie im Herbst mit Franz zwischen von herabgefallenem Laub bedeckten Autos umherspaziert, friert die Zugezogene, „weil der Gehsteig so weich war. Sie ließ sich nicht anmerken, daß sie fror. Sie wollte keine Umarmung erzwingen." (R 91) Bei diesem Treffen mit Franz in Frankfurt erblickt Irene aus dem Hotelzimmer zudem ein Graffiti, welches die sie umgebende Gefühlskälte programmatisch auf den Punkt bringt: „KALTES LAND KALTE HERZEN RUF DOCH MAL AN JENS." (R 97) Als sie zum Telefon greift und eine Nummer wählt, um Jens anzurufen, antwortet ein Kind, welches jedoch unmittelbar wieder auflegt (vgl. R 98). Auch die Passant*innen, die unter der zerronnenen Schrift des Graffitis umherlaufen, „spürten, ohne die Köpfe zu heben, den Hauch dieser Schrift. [...] Sie froren ein bißchen, ohne zu wissen weshalb." (R 97 f.) In *Reisende auf einem Bein* wird die Bundesrepublik als ein Ort präsentiert, in dem zwischenmenschliche Kälte und Distanz sowohl physisch als auch psychisch spürbar sind; die Protagonistin wird weder mit ihrer geographischen noch mit ihrer sozialen Umgebung warm. Zwar lässt sich mit Franz, Stefan und Thomas[54] durchaus ein gewisses Geflecht an Beziehungen ausmachen, das sich periodisch über die gesamte Textstruktur erstreckt und so die ‚Handlung' trägt, ‚heimatliche' Sicherheit,

---

53 Vgl. dazu Kazmierczak: *Fremde Frauen*, S. 107.
54 Wenn auch nur am Rande, wird im Roman des Weiteren die Figur Dana eingeführt, deren Stimme zwar nur mittelbar in Form ihrer Briefe aus dem ‚anderen Land' erklingt, die jedoch einen Hinweis auf Irenes soziale Beziehungen aus dem ‚anderen Land' liefert. Dana teilt Irene schriftlich ihre „Sehnsucht" (R 83) mit und berichtet ihr vom Selbstmord des Trommlers, der Irene wiederum an ihre Freunde in dem ‚anderen Land' zurückdenken lässt: „Es gab mehrere Freunde, die so alt wie Irene waren und tot." (R 168)

Stabilität oder Geborgenheit vermag dieses Netz Irene aber nicht zu bieten: „Für mich heißt reisen immer noch frieren" (R 164), wie sie in ihrem Traum im Fischrestaurant Thomas und Franz gegenüber bemerkt.

7.4 „Und die Frau vom Meer ist fremd": ‚Heimatgefühl' im Exil

Sowohl topographisch und kulturell als auch sozial befindet sich Irene in *Reisende auf einem Bein* zwischen zwei Welten: zwischen Ost und West, zwischen sozialistischer Diktatur und kapitalistischer Demokratie, zwischen dysfunktionalen Beziehungen und Einsamkeit. Und auf keiner dieser Ebenen ist ihre Umgebung in der Lage, ihr ein invariantes Gefühl der Stabilität oder der Zugehörigkeit zu vermitteln. Zwar will sie das ‚andere Land' aufgrund der dort erlittenen Repressionen verlassen, jedoch ist die Bundesrepublik für sie keine verklärte ‚Kopfheimat' im Westen, die sie zur Kompensation ihrer fehlenden Freiheiten herbeisehnt. Nach der Übersiedlung beklagt die Protagonistin wiederum weder den Verlust ihrer zurückgelassenen Lebenswelt noch konstruiert sie sich rückblickend eine verklärte ‚Kopfheimat' im Osten. Zugleich bietet ihr aber auch West-Berlin keine Möglichkeit des ‚heimatlichen' Niederlassens, denn zum einen sind ihre Erfahrungen und die Erinnerungen an ihr Herkunftsland für ihre Wahrnehmung der Bundesrepublik maßgebend, zum anderen begegnen ihr dort Vorurteile und Xenophobie. Schließlich stellt keine der präsentierten Lebenswelten für Irene einen ‚Satisfaktionsraum' (Greverus) dar, stattdessen bleibt sie rastlos und hält sich in der gesamten Erzählung in einem ephemeren Zwischenraum auf, in dem ihr ein Moment des Ankommens verwehrt bleibt, was zugleich jedoch ‚heimatliche' Emotionen der Identifikation, des Vertrauens und der Sicherheit obstruiert.

Während die Dissonanz zwischen den Figuren und ihrer Umgebung in *Niederungen* und *Herztier* vor allem anhand des Gefühls der Angst evident wird, dominiert in *Reisende auf einem* Bein der transitorische und zugleich existenzielle Zustand der Reise die Gefühlswelt des Romans: Vergänglichkeit, Handlungsunfähigkeit und Fremdheit hängen unmittelbar mit der Positionierung Irenes in einem intermediären Schwellenraum zusammen. Auch auf emotionaler Ebene befindet sich Irene schließlich ‚Dazwischen', was sich sowohl im Osten als auch im Westen in Form von einer profunden Gleichgültig- und Teilnahmslosigkeit äußert, die im gesamten Roman konstant aufrechterhalten wird. Schon als sie im ‚anderen Land' auf die Ausstellung ihres Passes wartet, teilt sie dem Fotografen, der ihr Passbild macht, mit, dass es ihr egal wäre, wenn man auf dem Foto ihre Traurigkeit sehe: „Ich hätte nichts dagegen. Es ist mir gleich." (R 17) Als sie im Westen nach dem Aufenthalt im Asylantenheim im Übergangsheim ‚ankommt', packt sie ihren einzigen Koffer nicht nur lange nicht aus, sie lässt ihn sogar ungeöffnet im Flur stehen „als wäre Irene nur halb am Leben." (R 41) Entsprechend fühlt sie sich weder in der Lage, ihren Koffer auszupacken noch zu sprechen oder klar zu denken, woraufhin sich ihre Gedanken verselbständigen und durch ihren Kopf hindurchziehen: „Da kamen Gedanken in Irenes Kopf und gingen. Und keiner hatte was mit ihr zu tun. [...] Und kein Gedanke drängte Irene zum Bleiben. Und keiner zum Gehen." (R 40) Die Zugezogene wirkt apathisch, abwesend, wie gelähmt. Sie nimmt ihre Situation zwar an, aber ohne sich aktiv mit dieser auseinanderzusetzen. Auf die Frage des Jungen mit der Schirmmütze nach ihrer Herkunft erklärt sie entsprechend lakonisch, es „spielt keine Rolle" (R 77), woraufhin sie sich unmittelbar einer weiteren Konversation entzieht und kommentarlos weggeht. Als sie die schriftliche Benachrichtigung über den Erhalt der deutschen Staatsbürgerschaft liest, „freute [sie] sich nicht. Sie las weiter, als gehe es in der Mitteilung nicht um sie." (R 167) Über den gesamten Zeitraum der Erzählung befindet sich die Protagonistin in einem passiven Zustand des (ziellosen) Wartens, jedoch scheint ihr selbst dabei nicht klar zu sein worauf.

Die Distanz zwischen Irene und ihrer Umgebung ist offenbar auch von außen wahrnehmbar. Dies zeigt sich beispielhaft, wenn Franz ihr per Eilbrief eine „Passage über die Stadt Irene" (R 100) aus Italo Calvinos *Die unsichtbaren Städte* sendet, die er vor Jahren angestrichen habe, ohne sie mit jemandem verbunden zu haben:

> Sähe man die Stadt von innen, so wäre sie eine andere. Irene ist der Name für eine Stadt aus der Ferne, und nähert man sich ihr, so wird sie eine andere. Eins ist die Stadt für den, der vorbeikommt und nicht in sie hineingeht, ein anderes für den, der von ihr ergriffen wird und nicht aus ihr hinausgeht; eins ist die Stadt, in die man zum erstenmal kommt, ein anderes ist die, die man verläßt, um nicht zurückzukehren; jeder gebührt ein anderer Name; vielleicht hab ich von Irene schon unter verschiedenen Namen gesprochen; vielleicht habe ich überhaupt nur von Irene gesprochen. (R 100)

Franz ist erschrocken darüber, wie gut der Text zu Irene passt (vgl. R 101), denn ebenso wie Calvinos Stadt namens Irene scheint die Protagonistin aus *Reisende auf einem Bein* schwer zugänglich und schwer fassbar zu sein: ‚Irene' liegt in der Ferne und je nach Entfernung und Perspektive, nimmt man sie ‚anders' wahr. Sie ist in stetigem Fluss, wodurch sie sich einer eindeutigen Zuschreibung von außen verschließt; zugleich scheint sie als Pars pro Toto exemplarisch für alle anderen Städte zu stehen. In der allegorischen Darstellung Irenes als ‚Stadt aus der Ferne' manifestieren sich die Distanz, die Unnahbarkeit und die essenzielle Fremdheit der Protagonistin, die auch an anderen Stellen der Erzählung suggeriert werden. Wenn Stefan sie beispielsweise am Flughafen das erste Mal sieht, bemerkt er: „Du bist Irene. Die Beschreibung trifft nicht zu." (R 25) Die Protagonistin selbst bestätigt die ephemere, ‚unbeschreibliche' Beschaffenheit ihrer Person, wenn sie beim

Bundesnachrichtendienst im Hinblick auf den Fragebogen des Beamten feststellt: „Keine Rubrik hätte mich beschreiben können" (R 29).[55] Auch die Erzählperspektive verstärkt in *Reisende auf einem Bein* die distanzierte Haltung (zu) der Protagonistin, denn durch die mittelbare, heterodiegetische Erzählinstanz erhalten die Lesenden zwar einen Einblick in die Gedanken- und Gefühlswelt der Protagonistin, ergänzende Reflexionen fehlen jedoch weitgehend, wodurch Irene auf rezeptionsästhetischer Ebene ebenso unnahbar bleibt wie für die Figuren des Romans. Nicht zuletzt können die Collagen, die sie aus ausgeschnittenen Fotos und Packpapier bastelt, als intratextueller Kommentar auf die ungreifbare Konstitution der Protagonistin gelesen werden. Denn durch die Verbindung von scheinbar Gegensätzlichem erschafft sie in diesen etwas Neues und eine eigene Wirklichkeit: „Die Verbindungen, die sich einstellten, waren Gegensätze. Sie machten aus allen Photos ein einziges fremdes Gebilde. So fremd war das Gebilde, daß es auf alles zutraf. Sich ständig bewegte." (R 50)[56] Der performative Prozess der Collagenerstellung verweist hier schließlich auf die kulturelle Hybridität der Protagonistin, denn als ‚hybrid' verstanden werden kann laut Elisabeth Bronfen und Benjamin Marius „alles, was sich einer Vermischung von Traditionslinien oder von Signifikantenketten verdankt, was unterschiedliche Diskurse und Technologien verknüpft, was durch Techniken der *collage*, des *samplings*, des Bastelns zustandegekommen ist."[57] Irene entzieht sich jeglicher starren Konturierung, was zum einen die Rigidität gesellschaftlicher Denkweisen vorführt und zum anderen ihren apodiktischen Individualismus untermauert.

Während in *Niederungen* und *Herztier* die Angst auf emotionaler Ebene einen (beziehungsweise den) zentralen Topos darstellt und die narrativen Le-

---

55 Als Thomas einem Bettler Geld in seine Schirmmütze wirft und mit ihr anschließend über ein mögliches Leben „ohne Entwurf" (R 137) diskutiert, evoziert die Vorstellung bei Irene „milde[n] Ekel. Und Angst. Schon der Gedanke, sie könnte eines Tages wie diese Menschen den Horizont bewohnen, der Stadt gehören, machte Irene unnahbar." (R 137) Die Unnahbarkeit und die Distanz der Übersiedlerin zu ihrer Umgebung erweisen sich als eine Art Schutzmechanismus, der einerseits aus ihrer Angst resultiert, andererseits in ein Gefühl der Fremdheit mündet.
56 Karl Schulte liest Irenes Collagen zudem als metatextuelles Prinzip, als Selbstkommentar des Textes auf die eigene narrative Struktur. Vgl. Karl Schulte: „‚Reisende auf einem Bein'. Ein Mobile", in: *Der Druck der Erfahrung treibt die Sprache in die Dichtung. Bildlichkeit in den Texten Herta Müllers*, hg. v. Ralph Köhnen, Frankfurt/Main 1997, S. 53–62.
Vgl. dazu Ralph Köhnen: „Die Zeichen des Traumas. Texte und Bildcollagen Herta Müllers in rhizomaler und virologischer Lektüre", in: *Herta Müller und das Glitzern im Satz. Eine Annäherung an Gegenwartsliteratur*, hg. v. Jens Christian Deeg und Martina Wernli, Würzburg 2016, S. 131–150.
57 Elisabeth Bronfen und Benjamin Marius: „Hybride Kulturen. Einleitung zur anglo-amerikanischen Multikulturalismusdebatte", S. 14.

benswelten dominiert, blitzen in *Reisende auf einem Bein* die aus ihren Erfahrungen im ‚anderen Land' resultierenden Ängste der Protagonistin fast schon beiläufig auf. Anknüpfend an ihre introvertierte und distanzierte charakterliche Konstitution muss auch ihren Gefühlen unter der textuellen Oberfläche und hinter ihrem Wahrnehmungshorizont nachgespürt werden. Bereits am Flughafen versucht Irene sich zu erinnern, „wann das war, daß sie zum ersten Mal etwas nicht ausgehalten hatte" (R 24), ohne jedoch diesbezüglich ins Detail zu gehen. Nach ihrer Übersiedlung hat sie abends im Bett des Übergangsheims hingegen „Angst, sich auszuziehen", Schwierigkeiten, „die Augen geschlossen zu halten" und fühlt sich unter der Decke „wie begraben" (R 44). Stefan hat sie von ihren Erfahrungen im ‚anderen Land' offensichtlich detaillierter erzählt, denn als dieser von seiner Reise aus dem Westjordanland zurückkehrt, teilt er Irene mit, dass er dort oft an sie gedacht habe, „an deinen Satz, daß die Luft Augen hat, wenn alles überwacht wird." (R 158) Von Irene selbst hört man diesen Satz jedoch nicht. Durch die subtile, fragmentarische Streuung ihrer Ängste über die Erzählstruktur und die oft unbestimmten, unausgeführten Hintergründe wirkt die mentale Verfassung der Protagonistin umso ‚unheimlicher'.

Trotz wenig konkreter Details sind die im ‚anderen Land' erlittenen Repressionen wesentlich für Irenes Blick auf die sie umgebende Lebenswelt. In dem Essay „Der Fremde Blick oder Das Leben ist ein Furz in der Laterne" erklärt Herta Müller, dass ihr und ihren Texten nach ihrer Übersiedlung in die Bundesrepublik ein ‚Fremder Blick' bescheinigt worden sei. Zwar werde dieser häufig als Resultat ihrer Einwanderung missverstanden, jedoch betont Müller nachdrücklich, dass der ‚Fremde Blick' eben nicht in der für sie neuen Umgebung, sondern in der ihr bekannten Umgebung Rumäniens entstanden sei, in der ihr Alltag von Bedrohung, Verfolgung und Gewalt gekennzeichnet war:

> In diesem Alltag ist der Fremde Blick entstanden. Allmählich, still, gnadenlos in den vertrauten Straßen, Wänden und Gegenständen. Die wichtigen Schatten streifen herum und besetzen. Und man folgt ihnen mit einem Sensorium, das immerzu flackert und einen von innen verbrennt. So ungefähr sieht das dumme Wort Verfolgung aus. Und dies ist der Grund, weshalb ich es beim FREMDEN BLICK, wie man ihn mir in Deutschland bescheinigt, nicht belassen kann. Der Fremde Blick ist alt, fertig mitgebracht aus dem Bekannten. Er hat mit dem Einwandern nach Deutschland nichts zu tun. Fremd ist für mich nicht das Gegenteil von bekannt, sondern das Gegenteil von vertraut. Unbekanntes muß nicht fremd sein, aber Bekanntes kann fremd werden.[58]

---

[58] Herta Müller: „Der Fremde Blick oder Das Leben ist ein Furz in der Laterne", in: Dies.: *Der König verneigt sich und tötet*, Frankfurt/Main 2009. 130–150, hier: S. 135f.
  Der programmatische Titel des Essays greift auf ein rumäniendeutsches Sprichwort zurück, welches sich auf den unsteten, flüchtigen, unruhigen Charakter einer Sache bezieht.

Der ‚Fremde Blick' Müllers ist folglich kein literarisches Verfahren, sondern eine biographische Gegebenheit.[59] Und dennoch (oder gerade deshalb) lässt sich der ‚Fremde Blick' auch in der Perspektive der Übersiedlerin in *Reisende auf einem Bein* wiederfinden – beispielsweise wenn diese rastlos durch die Straßen der Großstadt streift und die „Ampeln wie Augen" (R 113) wahrnimmt oder sie einen rauchenden Mann hinter sich spürt, der „mit ihr im Gleichschritt ging" und „die Arme im selben Rhythmus bewegte wie sie" (R 67), sodass sie den Schritt wechselt, die Arme nicht mehr bewegt und versucht, den Mann abzuhängen: „Das Um-sich-Schauen in kurzen Takten, der abgerichtete, zutiefst unruhige Blick."[60] Auch bei Irene scheint der ‚Fremde Blick' eben nicht in ihrer Migrationserfahrung begründet zu sein, sondern aus den in dem ‚anderen Land' entwickelten Ängsten zu resultieren. Denn eine unbekannte Umgebung muss nicht notwendigerweise fremd sein; ihre bekannte Umgebung in ihrem Herkunftsland hingegen ist ihr fremd geworden. Sie hat ihren ‚Fremden Blick' ‚fertig mitgebracht aus dem Bekannten', in welchem den vertrauten Dingen in ihrer Umgebung die Selbstverständlichkeit genommen wurde.[61] Als politisch Verfolgte hat sie das ‚andere Land' letztlich nicht freiwillig verlassen, sondern aufgrund der Repressionen des „Diktators, der sie vertrieben hatte aus dem anderen Land" (R 25), womit sie aus völkerrechtlicher Perspektive eben keine Migrantin, sondern ein ‚Flüchtling' ist. In Müllers Entwurf des ‚Fremden Blicks' zeigt sich wiederum eine wesentliche Parallele zu Freuds Auffassung des ‚Unheimlichen', denn beide resultieren aus einer Entfremdung von dem einst Vertrauten und führen geradewegs zu einem Gefühl des Schreckhaften beziehungsweise der Angst.[62] Auch der ‚Fremde Blick' führt folglich in *Reisende auf einem Bein* zu einer verstörenden Irritation sowohl im Hinblick auf die bekannte als auch die unbekannte Umgebung und zu einer ontologischen Empfindung des ‚Unheimlichen' im Sinne des sich ‚Nicht-Zuhause-Fühlens'.

---

[59] Vgl. „Wer glaubt, er habe sich den Fremden Blick erarbeitet durch stilistische Übung und Sprachverständnis, weiß nicht, wieviel Glück er hatte, daß er dem Fremden Blick entgehen konnte. [. . .] Der Fremde Blick hat mit Literatur nichts zu tun. Er ist dort, wo nichts geschrieben werden und kein Wort geredet werden muß [. . .]. Die einzige Kunst, mit der er zu tun hat, ist mit ihm zu leben." Müller: „Der Fremde Blick oder Das Leben ist ein Furz in der Laterne", S. 150.
[60] Müller: „Der Fremde Blick oder Das Leben ist ein Furz in der Laterne", S. 141.
[61] Vgl. „Er kommt aus den vertrauten Dingen, deren Selbstverständlichkeit einem genommen wird." Müller: „Der Fremde Blick oder Das Leben ist ein Furz in der Laterne", S. 147.
Vgl. dazu Sanna Schulte: „Blicken und Schreiben (Der ›Fremde Blick‹)", in: *Herta Müller-Handbuch*, hg. v. Norbert Otto Eke, Stuttgart 2017, S. 185–189.
[62] Vgl. Freud: „Das Unheimliche"; vgl. Kapitel 5.4.

Die für die ‚Heimat' konstitutiven Komponenten wie Topographie, Kultur und Gemeinschaft sind für die Protagonistin sowohl im Osten als auch im Westen über den gesamten Zeitraum der Erzählung ‚unheimlich'. Dies resultiert zum einen aus dem in ihrem Herkunftsland entwickelten und in die Bundesrepublik importierten ‚Fremden Blick', zum anderen äußert sich im Westen auch mehrfach der ‚Blick einer Fremden'. Denn neben den Fremdheitserfahrungen, die aus dem Verlust des Vertrauten in dem ‚anderen Land' hervorgehen, zeigen sich im Roman auch solche, die unmittelbar auf die Übersiedlung der Protagonistin in eine ihr noch unbekannte Umgebung zurückzuführen sind. Ihr sind die Lage des Stadtteils und die Namen der Straßen, die ihr der Sachbearbeiter im Übergangsheim zur Beschreibung ihrer neuen Unterkunft nennt, völlig unbekannt (vgl. R 27), in Frankfurt hingegen vergisst sie sowohl den Namen des Hotels als auch des Flusses und der Brücke, die sie aus ihrem Hotelzimmer sehen kann (vgl. R 97). Der Verlust ihrer bekannten, gewohnten Umgebung führt zu einer notwendigen Neuorientierung, die Irene offenbar Schwierigkeiten bereitet, was sich nicht zuletzt auf tragikomische Weise abzeichnet, als sie in einer Nacht aus ihrem Bett im Übergangsheim fällt, da ihr Bett in dem ‚anderen Land' nicht wie jetzt mit der kurzen, sondern mit der langen Seite zur Wand stand (vgl. R 127).

Neben der topographischen Beschaffenheit ihrer neuen Umgebung befremden Irene zudem die Probleme und das Unglück der Menschen im Westen, die sie in Anbetracht ihrer eigenen Erfahrungen im sozialistischen Osten nicht nachvollziehen kann. Thomas gegenüber erklärt sie:

> In dem anderen Land, sagte Irene, hab ich verstanden, was die Menschen so kaputtmacht. Die Gründe lagen auf der Hand. Es hat sehr weh getan, täglich die Gründe zu sehn. [. . .]
> Und hier, sagte Irene. Ich weiß, es gibt Gründe. Ich kann sie nicht sehn. Es tut weh, täglich die Gründe nicht zu sehn. (R 138f.)

Die Protagonistin kann sich sowohl auf kultureller und sozialer als auch auf persönlicher Ebene offenbar nicht in die Perspektive der Menschen in der Bundesrepublik hineinversetzen, sie kann ihre Beweggründe nicht entschlüsseln, was ihr wiederum den individuellen Zugang zu ihrer Umwelt erschwert und auch einen wesentlichen Beitrag zu der allgemeinen Oberflächlichkeit ihrer Beziehungen leistet.[63] Paradoxerweise potenziert sich ihre topographische Fremdheit zudem durch die Nähe zu Menschen, denen die konkrete Umgebung

---

[63] „Wenn keiner da ist, den man liebt" – bemerkt sie im vorletzten Kapitel des Romans in ihrem Traum – „und die Städte so verworren, hab ich Lust, mein Leben mit einem Verbrechen zu beginnen." (R 164)

wiederum vertraut ist. So werden ihr die Städte „immer fremder, je öfter Irene sie besuchte. Es waren die Städte, in denen Menschen lebten, die ihr nahestanden." (R 146) Die Vertrautheit der ihr nahestehenden Menschen mit den ihr nicht bekannten Städten verstärkt also offenbar ihre eigene Unbeholfenheit und Unsicherheit: „Sie gab sich Mühe, ihre Fremdheit nicht zu zeigen. / Doch die Menschen, die ihr nahestanden, ließen keine Gelegenheit aus, ihr zu zeigen, wie nahe ihnen diese Städte standen. / Sie wußten sehr genau, was sie an jedem Ort tun sollten." (R 147)

Durch die narrative Verbindung von Irenes ‚Fremden Blick' und dem ‚Blick einer Fremden' wird schließlich auch die dialektische Positionierung von Fremde als Gegenbegriff zu ‚Heimat' dekonstruiert. Denn sowohl Bekanntes als auch Unbekanntes, sowohl Nahes als auch Fernes, sowohl Vertrautes als auch Unvertrautes macht Irene im gesamten Verlauf der Erzählung konstant zu einer ‚Fremden' im Sinne Georg Simmels:

> Wenn das Wandern als die Gelöstheit von jedem gegebenen Raumpunkt der begriffliche Gegensatz zu der Fixiertheit an einem solchen ist, so stellt die soziologische Form des ‚Fremden' doch gewissermaßen die Einheit beider Bestimmungen dar – freilich auch hier offenbarend, dass das Verhältnis zum Raum nur einerseits die Bedingung, andrerseits das Symbol der Verhältnisse zu Menschen ist.
>
> Es ist hier also der Fremde nicht in dem bisher vielfach berührten Sinn gemeint, als der Wandernde, der heute kommt und morgen geht, sondern als der, der heute kommt und morgen bleibt – sozusagen der potentiell Wandernde, der, obgleich er nicht weitergezogen ist, die Gelöstheit des Kommens und Gehens nicht ganz überwunden hat.[64]

Gerade die transitorische Positionierung Irenes, ihre ‚unüberwundene Gelöstheit des Kommens und Gehens', macht folglich ihre existenzielle Fremdheit aus. Diese Beweglichkeit, die laut Simmel konstitutiv für ‚den Fremden' ist, führt wiederum dazu, dass dieser „gelegentlich mit jedem einzelnen Element in Berührung [kommt], [...] aber mit keinem einzelnen durch die verwandtschaftlichen, lokalen, beruflichen Fixiertheiten organisch verbunden" ist.[65] Eine ‚Heimat' im Sinne einer räumlichen ‚Fixiertheit' – als unmittelbarem Gegensatz zur räumlich gelösten ‚Fremdheit' – stellt für Irene eben keine der sie umgebenden Lebenswelten dar, weder auf topographischer oder kultureller noch auf sozialer Ebene. Die Vorstellung einer grundsätzlichen, allumfassenden Fremdheit unterläuft Herta Müller jedoch und plädiert damit zugleich für einen differenzierten Gebrauch des

---

[64] Georg Simmel: „Exkurs über den Fremden", in: Ders.: *Soziologie. Untersuchungen über die Formen der Vergesellschaftung*, 4. Aufl., Berlin 1958 [1908], S. 509–512, hier: S. 509.
[65] Simmel: „Exkurs über den Fremden", S. 510.

Begriffs; in „Das Land am Nebentisch" schreibt sie im Oktober 1990: „An den Orten, an denen ich bin, kann ich nicht fremd im allgemeinen sein. Auch nicht fremd in allen Dingen zugleich. Ich bin, so wie andere auch, fremd in einzelnen Dingen."[66] Wenn Stefan die Beziehungskonstellation Irenes skizziert und phrasenhaft formuliert, „die Frau vom Meer ist fremd" (R 159), so trifft auch dies eben nur in Teilen beziehungsweise in ‚einzelnen Dingen' zu.

Zu den ‚einzelnen Dingen', in denen Irene in *Reisende auf einem Bein* fremd ist, gehört nicht zuletzt auch sie selbst. Die Inkongruenz zwischen ihr und ihrer äußeren Umgebung führt im Verlauf der Erzählung zu einer sukzessiven Selbstentfremdung. Die ursprüngliche Ab- respektive Aufspaltung der Protagonistin vollzieht sich dabei bereits in dem ‚anderen Land', als der Fotograf das Foto für den Pass macht, den sie für ihre Ausreise benötigt. Bei der Anfertigung des Passbildes hat sie sichtlich Probleme, entspannt auszusehen. Sie schließt die Augen, presst die Lippen zusammen und weigert sich, zu lächeln. Den Fotografen weist sie explizit darauf hin, dass sie weder an etwas Schönes denken könne noch wolle: „Wenn Sie wüßten, wie es hinter meinen Augen aussieht." (R 17) Als Irene ihr Passbild im Nachhinein anschaut, erkennt sie sich darauf selbst nicht mehr:

> Eine bekannte Person, doch nicht wie sie selbst. Und da, worauf es ankam, worauf es Irene ankam, an den Augen, am Mund, und da, an der Rinne zwischen Nase und Mund, war eine fremde Person gewesen. Eine fremde Person hatte sich eingeschlichen in Irenes Gesicht.
>
> Das Fremde an Irenes Gesicht war die andere Irene gewesen. (R 19)

Die Abspaltung der ‚anderen Irene' als verbildlichte Selbstentfremdung steht in direktem Zusammenhang mit der seelischen Zerrüttung durch Verfolgung und Unterdrückung sowie mit der Ausstellung des Passes und der Übersiedlung von Ost nach West. Gerade die analoge Markierung der abgespaltenen Irene als ‚anders' legt dabei eine (ursächliche) Verbindung dieser zu den Erfahrungen in dem ‚anderen Land' nahe, zugleich kennzeichnet das Adjektiv auch in der Bundesrepublik die innerliche Divergenz und die fortwährende (jedoch punktuelle) Fremdheit der Übergesiedelten.

Das daraus folgende Motiv der Duplizität zieht sich durch den gesamten Roman. Besonders Fotos und Spiegel bilden Irenes divergierende Konstitution ab, denn wenn sie mit ihrem eigenen Bild konfrontiert ist, wirkt sie wie ein anderer Mensch auf sich: So macht sie nach ihrer Übersiedlung in einem Passbildautomaten ein weiteres Foto, auf welchem sie ebenfalls „eine fremde Person",

---

66 Müller: „Das Land am Nebentisch", S. 11; vgl. Dies.: *Der Teufel sitzt im Spiegel*, S. 123.

„die andere Irene" (R 54) erblickt, beim Schminken geht ihr der Gedanke durch den Kopf, dass „immer eine Andere hinter diesem Gesicht" (R 122) sei und gegenüber Stefan erklärt sie: „Ich seh nur in den Spiegel und rechne nicht mit meinem Gesicht." (R 125) Ähnliches passiert auch nachdem sie nachts aus dem Bett gefallen ist, denn während sie barfuß bereits vor dem Spiegel steht, ist ihr Gesicht in diesem „noch nicht angekommen" (R 128). Sowohl die fehlende Fußbekleidung als auch die verzögerte Ankunft ihres Gesichts legen hier die Parallele zwischen Irenes Erfahrung des Übergangs und ihrer Selbstentfremdung offen. Denn die Übergesiedelte kommt lediglich physisch (mit den Füßen), nicht aber psychisch (mit dem Gesicht) in ihrer neuen Umgebung an.[67] Die Abspaltung der Protagonistin in eine Irene und eine ‚andere Irene' äußert sich aber nicht nur optisch, auch haptisch entfernt sie sich immer stärker von ihrer eigenen Person. Beim Anblick der Berliner Mauer berührt sie ihr Gesicht und hat das Gefühl, „eine fremde Hand auf der Haut" zu spüren (R 130), oder als sie ohne Schuhe und Strümpfe in einem Park sitzt und Franz eine Karte schreibt, notiert sie: „Ich seh meine Zehen von weitem. Ich möchte nicht, daß es meine sind." (R 117) Sowohl das Doppelgängermotiv als auch die damit einhergehende Entfernung Irenes von ihrer eigenen Person suggerieren nicht zuletzt auch einen Identitätsverlust – oder vielmehr: eine Identitätskonfusion –, welche(r) aus dem transitorischen Zustand der Übersiedlerin resultiert. Als Reaktion auf die belastenden, traumatischen Erlebnisse in ihrem Herkunftsland entwickelt sie gewissermaßen eine dissoziative Störung, die sich in der Abspaltung von Erinnerungen beziehungsweise Persönlichkeitsanteilen äußert, wobei die ‚andere Irene' diese zurückgelassenen Identitätsmerkmale wiederum markiert.

Ein letztes Mal innerhalb der Erzählung taucht die ‚andere Irene' in Irenes Traum auf, in welchem sie mit Franz, Stefan, Thomas und dem Arbeiter aus ihrem Innenhof in einem Fischrestaurant sitzt, welches durch das Angebot der Meerestiere und den Levkojengeruch unmissverständlich mit kulturellen Requisiten des ‚anderen Landes' ausgestattet ist. Die ‚andere Irene' sitzt dort an einem Tisch, isst Thunfischsalat und erzählt, dass sie als Kind immer gehört habe, dass „die Liebe rot ist, die Treue blau und die Eifersucht gelb" und sie damals „die Welt verstanden" habe (R 163). Die systematische Klarheit, die Struktur und die Vertrautheit, die diese zunächst banal erscheinende Aussage der ‚anderen Irene' impliziert, erinnern an eine Formulierung Irenes, welche kurz zuvor im selben Kapitel im Gespräch mit Stefan über ihre Kindheit gefallen

---

[67] Vgl. „Vielleicht ist Heimat kein Ort für die Füße und keiner für den Kopf." Müller: „Ist aber jemand abhandengekommen, ragt aber ein Hündchen aus dem Schaum. Die ungewohnte Gewöhnlichkeit bei Oskar Pastior", S. 146.

ist: „Ich war ein Kind. Nicht schön und nicht gut. Ich wurde geliebt. Ich mußte nur spielen und wachsen. Ändern mußte ich mich nicht." (R 161) In diesen (Rand-)Bemerkungen der beiden Irenes zeigt sich eine sehnsuchtsvolle Hinwendung zu vergangenen Kindheitstagen, die zwar wörtlich nicht benannt wird, emotional jedoch eine subtile Form des ‚Heimwehs' erkennen lässt. Dabei handelt es sich nicht um eine mythische, verklärte Erinnerung idealisierter Kindheitstage oder -orte, sondern um ein retrospektives, wehmütiges Herbeisehnen eines verlorenen, kindlichen Zustandes der Konfliktfreiheit, der klaren Strukturen, das gewissermaßen als Reaktion beziehungsweise Korrektiv für die ‚unheimliche' Gegenwart fungiert.

Solch ein vorsichtiges Gefühl des ‚Heimwehs', der Wehmut in Anbetracht des Verlusts von Stabilität, Sorglosigkeit und Selbstverständlichkeit, klingt zudem auch im Motto des Romans programmatisch an: „ABER ICH WAR NICHT MEHR JUNG" (R 5), so das Zitat aus Cesare Paveses *Der Teufel auf den Hügeln*. Dies sei ein Satz, den Irene „jahrelang mit sich herumgetragen und verwandelt hatte" (R 24), wie es im dritten Kapitel am Flughafen heißt. In einem späteren Gespräch mit Franz erklärt die Zugezogene in einem anderen Kontext, sie wisse, dass man ganze Bücher vergesse und nur „einzelne, waghalsige Sätze" (R 99) übrig blieben: „Sie gehören einem [. . .]. Man verändert diese Sätze, man macht sie so, wie man selber ist" (R 99). Der intratextuelle Bezug auf das Motto des Romans wirft folglich Licht auf die Identität und das Selbstverständnis der Protagonistin. Denn bezeichnenderweise hat sie sich den ersten Satz des Romans *Der Teufel auf den Hügeln* zu eigen gemacht, indem sie ihn von „Wir waren noch sehr jung"[68] zu „Aber ich war nicht mehr jung" (R 24) angepasst hat. Die damit artikulierte Negation der Jugend wird für Irene in *Reisende auf einem Bein* zu einer Art melancholischem Lebensmotto, welches sich in einem wiederkehrenden ontologischen Gefühl der Vergänglichkeit äußert. Stefan gegenüber erklärt die etwa Mitte-Dreißigjährige, dass sie bereits seit zwanzig Jahren das Gefühl habe, dass sie „sehr alt" (R 64) sei und als sie sich schminkt, sieht sie folglich „die zerknitterten Falten am Rand beider Augen" (R 122). Bei einem Treffen mit Franz hingegen „fühlte sie sich von außen alt und von innen unmündig" (R 150). Entsprechend scheint sich auch eine Vanitas-Motivik in die Erzählung einzuschleichen, beispielsweise wenn die Übersiedlerin Thomas gegenüber äußert, dass sie „gern welke Äpfel" esse (R 109), oder als sie beglaubigte Übersetzungen ihrer Urkunden zum „Senat für Inneres" (R 130) bringt, wo sich Efeu um die Tür rankt, während ihre Geburtsurkunde in den Händen

---

68 Cesare Pavese: *Der Teufel auf den Hügeln*, aus dem Italienischen von Charlotte Birnbaum, München 2004 [1948], S. 3.

der „Vorzimmerdame [...] immer weiter nach hinten" rückt (R 129).[69] Die von Irene empfundene Endlichkeit korrespondiert zugleich mit ihrer Erfahrung des Übergangs sowie ihrer Fremdheit ‚in einzelnen Dingen'. Denn offenbar hat sie das Gefühl, sie habe ihr Leben schon gelebt; der subjektiv gefühlte Verlust der Jugend und die damit einhergehenden fehlenden gegenwärtigen Möglichkeiten und Freiheiten führen zu ihrer Passivität, ihrer Handlungsunfähigkeit und dem Verharren respektive Gefangensein in einem transitorischen Zustand.

Einerseits weigert sich Irene von ihrer Herkunft als ‚Heimat', von ihrer Sehnsucht nach Konfliktfreiheit und Sorglosigkeit als ‚Heimweh' zu sprechen. Andererseits sind in *Reisende auf einem Bein* mehrfach Spuren solch eines wehmütigen Gefühls hinsichtlich des Verlusts von Vertrautheit, Beständigkeit und Halt erkennbar. Dieser Konflikt erinnert zugleich an Herta Müllers persönliche sprachkritische Haltung und ihre eigene Erfahrung nach ihrer Übersiedlung in die Bundesrepublik; in „Und noch erschrickt unser Herz" erklärt sie im Frühling 1993:

> In Deutschland angekommen, gab es für mich zum ersten Mal eine Art Endgültigkeit. Die räumliche Entfernung zwischen den beiden Ländern, dachte ich, kann es nicht sein. Sie kann sich doch nicht so flach über den Schädel legen. *Heimweh* war mir verhaßt, ich weigerte mich, den Schmerz so zu benennen. Ich konnte das Wort immer von mir fernhalten. Den Zustand nicht. Zurückdenken, es kam mir oft wehleidig vor. Wußte ich doch, daß ich auf *eigenen* Wunsch gegangen war. Aber was heißt das schon, wenn der Grund für den eigenen Wunsch *fremde* Bedrohung war. In die Enge getrieben von der Securitate, hab ich *zuletzt* selber das Weite gesucht. Nichts war beendet, nur zu Ende, weil abgebrochen.[70]

Solch einen Versuch, den emotionalen, ‚wehleidigen' Begriff ‚Heimweh' von sich fernzuhalten, unternimmt auch Irene in *Reisende auf einem Bein*. Nachdem die Protagonistin „eine Weile hier" ist (R 55) – wie es der Sachbearbeiter, der ihr Kleidergeld aushändigt, formuliert –, erkundigt sich dieser nach ihrer emotionalen Verfassung:

---

69 Das Motiv der Vergänglichkeit zieht sich durch die gesamte Erzählung, vgl. „Immer öfter fühl ich mich wie danach. Ich sitz hier mit Leuten zusammen. Als wären sie längst weggegangen. Auch du [Stefan]." (R 127) „Weshalb kannst du mit Kindern überhaupt nicht umgehen, fragte Stefan. / Ohne nachzudenken, sagte Irene: Sie sind mir *unheimlich*, weil sie noch wachsen. [...] Irene wußte, daß ihre Angst vor Kindern größer geworden war. Größer, seitdem sie hier lebte." (R 161 f.; Hervorhebung HZ) „Franz, ich liege im Park in der Sonne. Eine Witwe führt eine Schildkröte an einer Leine, die ein weißer Faden ist, spazieren. Das Gesicht der Witwe ist müde, wenn sie im Schatten geht Und wenn sie in der Sonne geht, ist es alt: Es ist viel Ruhe in ihrem Gesicht. Ich habe die Witwe mit der Schildkröte schon mal gesehen." (R 116)
70 Müller: „Und noch erschrickt unser Herz", S 33 f. (Hervorhebung im Original).

Haben Sie Heimweh.
Irene sah, wie sich seine Augen bewegten, als hätten sie unter den Lidern keinen Platz.
Nein.
Denken Sie nie zurück.
Sehr oft.
Und dann.
Sie haben Heimweh gesagt. (R 55)

Ihre wiederkehrenden (zum Teil schmerzhaften) Erinnerungen und Gedanken an die in dem ‚anderen Land' zurückgelassene Umgebung versteht Irene eben nicht als ‚Heimweh', was sie durch ihr ebenso einsilbiges wie eindeutiges ‚Nein' nachdrücklich betont. Auch ein Gespräch mit einem Mann in einer Kneipe demonstriert Irenes Ablehnung des Begriffs ‚Heimat' und der damit verbundenen Assoziationen. Dabei blendet die Erzählung nahtlos über von Irenes Konversation mit Franz über ihr Gefühl „sehr alt" (R 64) zu sein zu der Szene in der Kneipe, in welcher der ihr unbekannte Mann sie fragt, ob sie auch „von gestern" (R 64) sei. Auch wenn er offenbar damit meint, dass er seit gestern unterwegs und in der Nacht nicht „zu Hause" war (R 65), setzt die Formulierung den Ton für seine ‚gestrige' Einstellung: „Ich bin heimatlos. Italiener. Ich bin in der Schweiz geboren. Die zweite Generation Ausländer. / Ich bin nicht heimatlos. Nur im Ausland. / Ausländerin im Ausland. / Er lachte. Nur." (R 65)

Die ‚Heimatlosigkeit' des Mannes scheint aus dessen Perspektive über Generationen weitergetragen zu werden, denn er versteht nicht nur sich selbst als ‚Ausländer der zweiten Generation', seine Kinder „werden die dritte Generation" sein, gleichwohl seine Frau offenbar eine „Deutsche" ist (R 65). ‚Heimat' scheint er dabei zum einen unmittelbar an ein (einziges) Land zu knüpfen, mit dem er und seine Nachkommen gewissermaßen auf natürliche Weise und unverrückbar verbunden sind, zum anderen impliziert dieses nationale, retrotopische[71] Verständnis von ‚Heimat' eine räumliche Deplatzierung und eine fehlende Verbundenheit mit seiner aktuellen, unmittelbaren Umgebung. Dieser regressiven, ‚gestrigen' ‚Heimat'-Auffassung setzt Irene ihr progressives Selbstverständnis als ‚Ausländerin im Ausland' entgegen. Einen emotionalen, nostalgischen Verlust von ‚Heimat' im Sinne einer negativen Erfahrung der ‚Entwurzelung' scheint sie damit abzulehnen. Stattdessen sind in ihrer Aussage verschiedene Blickwinkel verflochten: So ist sie aus der Perspektive der Einheimischen eine ‚Ausländerin' – aus ihrer eigenen Perspektive einer Zugewanderten befindet sie sich hingegen im

---

71 Vgl. Bauman: *Retrotopia*. Vgl. Kapitel 2.8.

‚Ausland'. Damit werden zum einen die „Dichotomien Bekanntes und Fremdes, Eigenes und Anderes, In- und Ausländer"[72] aufgebrochen, zum anderen wird in Irenes paradoxer, aber prägnanter Formulierung die Subjektivität der Kategorien ‚Ausland' und ‚Heimat' ausgelotet. Nach einem wortkargen, missverständlichen versifizierten Dialog über die Familie des Mannes äußert dieser zudem, seine Frau „versteht nicht. / Daß sie heimatlos sind. / Kann sein. / Daß sie von gestern sind." (R 65) Nicht zuletzt in dieser parallelen Konstellation von ‚heimatlos' und ‚von gestern' zeigt sich Irenes Kritik an der rückwärtsgewandten, unveränderlichen Konstitution solch einer Auffassung von ‚Heimat(losigkeit)'. Ihre Weigerung, sich als ‚heimatlos' zu bezeichnen, kann also keineswegs mit einer Weigerung gleichgesetzt werden, auf ‚Heimat' zu verzichten[73], sondern ist Ausdruck ihrer strikten Negation starrer Kategorisierungsversuche und emotionaler Begrifflichkeiten.

Trotz ihrer resoluten Ablehnung der Begriffe ‚Heimweh' und ‚Heimatlosigkeit' scheint sich Irene diesen nicht vollkommen entziehen zu können. Für sie ist es offenbar ein ‚bitteres Glück' in der Bundesrepublik zu sein und sie befindet sich gewissermaßen in einem ambivalenten Prozess des Aushandelns von ‚Heimweh' und ‚Heimwehlosigkeit', von Sehnsucht nach der zurückgelassenen Umgebung und der Vergegenwärtigung der Unmöglichkeit eines Lebens in dieser.[74] Als sie Thomas am Landwehrkanal kennenlernt, erblickt sie in der ärmlichen Gegend um den dortigen Flohmarkt Gräser, die sie bisher mit dem ‚anderen Land' verbunden hatte, was sie wiederum zu der Vermutung veranlasst, ihre Gedanken und Erinnerungen könnten doch etwas mit dem Begriff ‚Heimweh' zu tun haben:

> Irene erschrak, wenn sie die Gräser des anderen Landes hier in der Stadt sah. Hatte den Verdacht, sie habe diese Gräser mitgebracht im Kopf. Um sich zu vergewissern, daß die Gräser nicht Einbildung waren, berührte Irene sie.
>
> Auch einen zweiten Verdacht hatte Irene. Daß sie das Heimweh klein und versponnen hielt im Kopf, um es nicht zu erkennen. Daß sie ihre Wehmut, wenn sie aufkam, unterwanderte. Und auf ihre Sinne Gebäude aus Gedanken stellte, um sie zu erdrücken.
>
> (R 68)

Die Gräser des ‚anderen Landes' machen der Zugezogenen einerseits bewusst, dass sie Vergangenes noch immer in ihrem ‚Kopf' trägt, andererseits weisen sie auch auf die für Irene überraschende Kontiguität zwischen der zurückgelassenen und ihrer neuen Umgebung hin. Die Erinnerungsspuren zeichnen sich schließlich auch in der Materialität des topographischen Raumes ab und verflechten

---

72 Kazmierczak: *Fremde Frauen*, S. 130.
73 Vgl. Iztueta: „Transitträume und Heimatlosigkeit als Grunderlebnis bei Herta Müller", S. 72.
74 Vgl. Kapitel 3.3.

somit die bipolare Raumkonstellation des Romans auf affektiver Ebene. Im Anschluss sucht sie sogar ganz bewusst nach diesen Verbindungspunkten, nach „Nesseln im Gras" (R 69). Als sie diese in der Farbe des Hemdes von Thomas erkennt, stellt schließlich das der Protagonistin aus dem ‚anderen Land' Bekannte die Grundlage ihrer Beziehung her: „Wegen diesem Hemd, das die Farben der Nesseln hatte, und weil Irene die Nesseln suchte im Gras, war zwischen Thomas und Irene eine Nähe gewesen." (R 69) Im Bild der Nesseln wird sowohl die räumliche als auch die emotionale Distanz zwischen den beiden Aufenthaltsorten der Übersiedlerin gebrochen, zugleich zeigt sich die konstante Präsenz der verlassenen Umgebung in ihrer Gedankenwelt – ein ‚Phantomschmerz im Erinnern'[75], nicht in einem verklärten Sinne, sondern als individuell konstruierte vergangene Lebenswelt in der Erinnerung, die sich aus deren Abwesenheit ergibt und sich als selektiver Prozess an einzelnen Erinnerungsträgern, wie den Nesseln, festmachen lässt.

Die Zerrissenheit Irenes zwischen der Ablehnung der Begrifflichkeiten einerseits und dem vorhandenen Gefühl der Wehmut andererseits sowie die daraus resultierende stetige Verhandlung von ‚Heimweh' und ‚Heimwehlosigkeit' wird auch ein weiteres Mal in der Erzählung adressiert, und zwar nachdem Irene einen Brief von Dana aus dem ‚anderen Land' erhalten hat:

> Irene dachte oft an das andere Land. Doch sie drückten nicht in der Kehle, diese Gedanken. Sie waren nicht verworren. Überschaubar waren sie. Fast geordnet. Irene nahm sie hervor, in die Stirn. Schob sie zurück in den Hinterkopf. Wie Mappen.
> Was mußte sich bewegen im Kopf, daß es Heimweh hieß. Nachdenken blieb trocken. Es kamen nie Tränen.
> Manchmal hatte Irene den Verdacht, beides zu sein: zerknittert und glattgebügelt.
> Sie verwaltete ihr Heimweh eingeteilt in Landschaft und Staat, in Behörden und Freunde. Es war die Buchhaltung eines halben Lebens: stille Mappen in fremden Regalen.
> (R 83f.)

In diesem Versuch der taxonomischen, bürokratischen Verwaltung ihres ‚Heimwehs' zeigt sich nicht nur die Ablehnung der emotionalen Begrifflichkeit, die dazu vorgenommene Einteilung des vorhandenen ‚Heimwehs' in ‚Landschaft und Staat', in ‚Behörden und Freunde' entspricht zudem einer multidimensionalen Auffassung der ‚Heimat', auf die sich das ‚Weh' wiederum bezieht. Regionale und staatliche, private und öffentliche Sphären werden in Irenes ‚Heimatregal' strikt voneinander getrennt. Dabei scheint sie sich zugleich über die konkreten semantischen Gehalte des Begriffs ‚Heimweh' nicht im Klaren zu sein; das individuelle

---

75 Vgl. Kapitel 3.4.

Spannungsverhältnis zwischen ‚Heimweh' und ‚Heimwehlosigkeit', zwischen ‚zerknittert' und ‚glattgebügelt' resultiert also nicht zuletzt aus einer sprachkritischen Grundhaltung: Ihr subjektives Gefühl der Wehmut entzieht sich konventioneller Benennungsmöglichkeiten.

Offenbar hat die Protagonistin in *Reisende auf einem Bein* analog zu ihrer Fremdheit auch ein differenziertes, punktuelles ‚Heimweh' ‚in einzelnen Dingen' – einen ungewollten, irrationalen ‚Phantomschmerz im Erinnern', der sich aus dem Wegfall der gewohnten Bindungen ergibt. Denn auch wenn (oder gerade weil) sie ihre zurückgelassene Umgebung als lebensfeindlich erlebt hat, kann sie Erinnerungen und Gedanken an diese nicht abschütteln. Und während der Brief Danas eine gewisse Wehmut weckt, bleiben die Repressionen des ‚anderen Staates' im Wahrnehmungshorizont Irenes über den gesamten Verlauf der Erzählung spürbar. Ihr persönliches mögliches ‚Heimweh' ist schließlich keine aus der Position der Fremde heraus begründete verklärte Sehnsucht nach dem ‚anderen Land', sondern dokumentiert ein Gefühl der Wehmut, dort einzelne Dinge oder Menschen zurückgelassen zu haben. Zwar ist Irene der Verfolgung des ‚anderen Landes' entkommen, ihr Bewusstsein der Vergänglichkeit und des Verlusts ist jedoch letztlich ihre eigene Version eines möglicherweise unterdrückten ‚Heimwehs' und ihr eigenes ‚bitteres Glück'. Irenes ambivalente Reflexion über ‚Heimweh' demonstriert nicht zuletzt die Subjektivität des Begriffs, denn Irene hat weder eine ‚Heimat' verlassen noch eine dazugewonnen. Das individuelle Schicksal der Protagonistin präsentiert die Migrations- respektive Fluchterfahrung als ephemeren und zugleich hybriden Zustand des Übergangs – als binären Kulturschock, bei welchem keine der präsentierten Lebenswelten einen ‚Satisfaktionsraum' (Greverus) darstellt. Anhand der Geschichte der ‚Ausländerin im Ausland' Irene wird in *Reisende auf einem Bein* die konstitutive Multidimensionalität und Relationalität des Konstruktes ‚Heimat' vor Augen geführt und damit ein undifferenzierter, pauschaler Gebrauch der Begriffe ‚Heimat' und ‚Heimweh' produktiv durchkreuzt.

8 „Ich mag das Wort ‚Heimat' nicht" – Schlussbetrachtung und Ausblick

Herta Müller „mag das Wort ‚Heimat' nicht" (Augen 29), und dennoch (oder gerade deswegen) stellt es sowohl begrifflich als auch motivisch einen zentralen Topos in ihrem Werk dar. Basierend auf ihren persönlichen Erfahrungen und Erinnerungen setzt sich die Autorin in ihren Texten diskursiv mit der historischen Semantik und den konzeptionellen Konnotationen des Begriffs auseinander, hebt einzelne Versatzstücke hervor, um sie zugleich sprachlich und ästhetisch zu durchkreuzen. Ihre eigene ‚Begriffsgeschichte' zeigt, dass sich Müller trotz aktueller Tendenzen der Hybridisierung und Pluralisierung gegen eine Rehabilitierung des Wortes stellt (vgl. Kapitel 3). Denn nicht zuletzt aufgrund ihrer Erfahrungen mit der ‚Dorf-' und der ‚Staatsheimat' und ihrer marginalisierten gesellschaftlichen Position in der banatschwäbischen Enklave und der rumänischen Diktatur, konzentriert sie die ‚Heimat' auf ihre verklärenden und ideologischen, exkludierenden und repressiven, nostalgischen und utopischen Tendenzen und erinnert damit an den radikalen Missbrauch des Wortes durch diktatorische Systeme. Müller räumt durchaus ein, dass gerade im Kontext von Flucht, Vertreibung und Exil und dem damit einhergehenden Verlust der vorherigen Lebenswelt ein ‚Phantomschmerz im Erinnern', ein Aushandeln von ‚Heimweh' und ‚Heimwehlosigkeit' oder auch ein ‚Heimweh nach Zukunft' entstehen könne. Auch Gesprochenes könne, unter der Voraussetzung, dass man mit dessen konkreten Inhalten übereinstimmt, eine ‚Heimat' sein. Den Begriff selbst, in seiner konventionellen Form, lehnt sie jedoch nicht zuletzt aufgrund seiner mythischen Konstitution und ihrer sprach- und ideologiekritischen Haltung konsequent ab.

Den Begrenzungen der Diktaturen, die thematisch ihr Werk ‚beherrschen', setzt Müller folglich ihre ‚Poetologie der Entgrenzung' subversiv entgegen (vgl. Kapitel 4). Während das Konzept der rekonstruierten, traumatischen Erinnerung narrative Chronologien und lineare Handlungsstränge aufbricht, prägt die ‚erfundene Wahrnehmung' die eigenwillige Bildlichkeit ihrer Texte. Und während sie sich selbst literarisch in einem Schwellenraum zwischen Autobiographischem und Fiktivem positioniert, scheint die Sprache zugleich ungeeignet, Gelebtes, Gedachtes oder Gefühltes angemessen zu repräsentieren. Nicht zuletzt durch ihre polyglotte Schreibweise, die ‚vagabundierenden Eigenschaften' der beschriebenen Dinge und die Kombination sprachlicher Verknappung und metaphorischer Verdichtung überschreitet Müller sprachliche, semantische und ästhetische Grenzen und kreiert dabei einen *Third Space* beziehungsweise ‚Dritten Raum', in dem Differenz produktiv verhandelt wird, wodurch sie zugleich eben auch homogenisierenden, kollektiven Identitätskonstruktionen eine Absage erteilt.

In *Niederungen*, *Herztier* und *Reisende auf einem Bein* zeigen sich drei unterschiedliche, zugleich aber thematisch und motivisch verwobene ‚Heimat'-Konfigurationen, welche die repressiven und exkludierenden Tendenzen des Konzeptes auf topographischer, kultureller, sozialer und affektiver Ebene offenlegen. In der antiidyllischen, diktatorischen Darstellung der ‚Dorfheimat' in *Niederungen* bricht Müller mit tradierter ‚Heimat'-Motivik und konfrontiert die überkommenen Bilder einer pittoresken, harmonischen ‚heilen Welt' mit einer deromantisierten, archaischen Provinz: Beklemmung, Monotonie und Verfall, eine isolierte, reaktionäre und xenophobe Enklave sowie familiäre Kälte und Gewalt decken die verklärenden Mechanismen der ‚Heimat' schonungslos auf (vgl. Kapitel 5). In *Herztier* rückt die ‚Heimat' wiederum auf eine nationale, staatliche Ebene, wobei Müller Vorstellungen einer kollektiven identitätsstiftenden Funktion derselben als Trugschluss entlarvt: Machtbesetzte, reglementierte und kontrollierte Orte, eine hierarchische, supressive und segmentierte Gesellschaftsstruktur sowie interpersonelles Misstrauen und soziale Instabilität führen die verbrecherischen Machenschaften der ‚Staatsheimat' sowie deren tragische Auswirkungen auf den einzelnen Menschen vor Augen (vgl. Kapitel 6).

Auch in einem transnationalen Kontext unterläuft Müller Ideen der ‚Heimat' als konstantem, vertrautem Orientierungs- oder Ankerpunkt: Zwischen Ost und West, zwischen sozialistischer Diktatur und kapitalistischer Demokratie, zwischen dysfunktionalen Beziehungen und Einsamkeit befindet sich die Protagonistin in *Reisende auf einem Bein* in einem transitorischen Zwischenraum, wobei ihre ubiquitäre Fremdheit ‚in einzelnen Dingen' zugleich die dichotomische Positionierung von ‚Fremde' und ‚Heimat' dekonstruiert (vgl. Kapitel 7). Diesen drei Beispielen ist zum einen die motivische Nähe der ‚Heimat' zu autoritären Machtstrukturen und den damit einhergehenden Einschränkungen der Individualität und der Verletzung der menschlichen Integrität gemein; zum anderen torpedieren alle diese drei Entwürfe ‚heimatliche' Gefühle der Vertrautheit, der Zugehörigkeit oder der Geborgenheit. Stattdessen wird die totalitäre, ideologische Funktionsweise des Begriffs in den Vordergrund gerückt und zugleich dessen sinn- und identitätsstiftendes Potential radikal entmythisiert. Sowohl in *Niederungen* und *Herztier* als auch in *Reisende auf einem Bein* scheint ‚Heimat' schließlich „kein Ort für die Füße, und keiner für den Kopf"[1] zu sein. Sowohl in ihren essayistischen als auch in ihren erzählerischen Texten reflektiert Müller kritisch die ‚herrschenden' Konzeptionen

---

1 Müller: „Ist aber jemand abhandengekommen, ragt aber ein Hündchen aus dem Schaum. Die ungewohnte Gewöhnlichkeit bei Oskar Pastior", S. 146.

von ‚Heimat', konzentriert sie durch ihre neologistischen Wendungen begrifflich auf einzelne Bedeutungskomponenten und zerlegt sie motivisch sowie strukturell durch ihre Narrative des ‚Unheimlichen'.

In der Analyse der ausgewählten Werke ist die Untersuchung des Topos ‚Heimat' in Müllers Werk jedoch noch lange nicht erschöpft. Während *Der Mensch ist ein großer Fasan auf der Welt* (1986), *Der Fuchs war damals schon der Jäger* (1992) oder *Heute wär ich mir lieber nicht begegnet* (1997) an Darstellungen der ‚Dorfheimat', der ‚Staatsheimat' und der ‚Kopfheimat' respektive der ‚Heimwehlosigkeit' in *Niederungen*, *Herztier* und *Reisende auf einem Bein* anknüpfen, lohnt nicht zuletzt ein genauerer Blick auf die komplexe Umcodierung der ‚Heimat' in dem Roman *Atemschaukel* (2009), dessen Protagonist Leopold Auberg sowohl im Lager als auch in seinem Herkunftsort emotional zwischen ‚heimatlos' und ‚heimatsatt' changiert und dessen ‚Heimweh' aus dem Lager sich nach seiner ‚Heimkehr' in den Herkunftsort wiederum in ein ‚Heimweh' nach dem Lager transformiert, wodurch die dialektische Positionierung von ‚Heimat' und ‚Lager' schließlich aufgebrochen wird. Auch hier stellt Müller tradierte Vorstellungen von ‚Heimat' infrage, um zugleich die Konstruiertheit des Konzeptes und die Subjektivität der damit verbundenen Identitäts- und Zugehörigkeits-Diskurse zu demaskieren. Im Hinblick auf die Lösung des Begriffs von seinem konventionellen Gebrauch erscheint auch eine eingehende Untersuchung der Präsentationsformen der ‚Heimat' in Müllers Collagen gewinnbringend, denn gerade durch die Praxis der (materiellen) Wortfindung, der neologistischen Rekonzeptualisierung und Rekontextualisierung sowie der Wort-Bild-Konstellation werden tradierte Semantiken stetig irritiert, erprobt und herausgefordert.[2]

Aber selbstverständlich bietet nicht nur Müllers Werk Anknüpfungspunkte für die Untersuchung begrifflicher und motivischer Dimensionen der ‚Heimat'. Friederike Eigler und Jens Kugele deuten ‚Heimat' als „concept that is central to a critical understanding of German history and culture"[3], was sowohl aus begrifflicher als auch aus künstlerischer Perspektive zutrifft. Anknüpfend an Herta Müllers ‚Poetologie der Entgrenzung' und die damit einhergehenden grenzüberschreitenden Tendenzen ihres Werkes erscheint insofern gerade auch ein vergleichender Blickwinkel in einem weltliterarischen Kontext vielverspre-

---

[2] Vgl. z. B. Herta Müller: „Heimwehgift", in: *Herta Müller. Heinrich-Böll-Preis 2015*, hg. v. Gabriele Ewenz, Köln 2015, S. 22–31; Dies.: *Im Heimweh ist ein blauer Saal*, München 2019.
Die Collagen entziehen sich darüber hinaus auch selbst der Begrenzung durch literarische beziehungsweise mediale Gattungskonventionen.
[3] Vgl. Friederike Eigler und Jens Kugele: „Introduction. Heimat at the Intersection of Memory and Space", in: *Heimat at the Intersection of Memory and Space*, hg. v. dens., Berlin u. a. 2012, S. 1–14, hier: S. 2.

chend, denn durch ihre unkonventionelle, hybride Schreibweise sprengt die Autorin die Idee einer kohärenten Nationalliteratur.[4] Als multidimensional gedachtes Motiv-Konglomerat kann ‚Heimat' schließlich gerade globale Identitäts-Diskurse durch innovative und individuelle Ansätze bereichern und zugleich als metaphorischer kollektiver, aber auch persönlicher literarischer Erinnerungsraum gelesen werden. Durch ihre radikal individuelle Perspektive und das stetige Hinterfragen von Selbstverständlichkeiten macht Herta Müller in ihren Texten nicht zuletzt die konkreten Auswirkungen der abstrakten Geschichte auf den einzelnen Menschen nachvollziehbar und leistet damit eben auch einen produktiven Beitrag zu einem (trans)nationalen ‚Heimat'-Diskurs. Bei ihrer Tischrede im Stockholmer Stadthaus erklärt die Autorin 2009 entsprechend: „Literatur kann das alles nicht ändern. Aber sie kann – und sei es im Nachhinein – durch Sprache eine Wahrheit erfinden, die zeigt, was in und um uns herum passiert, wenn die Werte entgleisen."[5]

---

[4] Zu transnationalen Ansätzen in der Analyse literarischer Heimatkonfigurationen vgl. etwa Friederike Eigler: *Heimat. Space. Narrative. Toward a Transnational Approach to Flight and Expulsion*, Rochester/NY 2014.
[5] Müller: „Tischrede", S. 23.

Literaturverzeichnis

Siglen

Siglen werden für ausgewählte Primärtexte Herta Müllers verwendet.

Augen	„In jeder Sprache sitzen andere Augen." Vorlesung im Rahmen der Tübinger Poetikdozentur 2001, in: Dies.: *Der König verneigt sich und tötet*, Frankfurt/Main 2009, S. 7–39.
Betrug	„Heimat oder Der Betrug der Dinge", in: *Kein Land in Sicht. Heimat – weiblich?*, hg. v. Gisela Ecker, München 1997, S. 213–219.
Falle	*In der Falle*, Göttingen 1996.
H	*Herztier*, 5. Aufl., Frankfurt/Main 2009 [1994].
Insel	„Die Insel liegt innen – die Grenze liegt außen." Vortrag für das Badenweiler Kolloquium ‚Inselglück' 2001, in: Dies.: *Der König verneigt sich und tötet*, Frankfurt/Main 2009, S. 160–175.
N	*Niederungen*, München 2010 [1982/84].
R	*Reisende auf einem Bein*, Frankfurt/Main 2010 [1989].
Schnee	„Immer derselbe Schnee und immer derselbe Onkel." Dankrede zur Verleihung des Berliner Literaturpreises in Berlin am 4. Mai 2005, in: Dies.: *Immer derselbe Schnee und immer derselbe Onkel*, München 2011, S. 96–109.
Teufel	*Der Teufel sitzt im Spiegel. Wie Wahrnehmung sich erfindet*, Berlin 1991.

Primärliteratur

Herta Müller

Prosa, Collagen

Atemschaukel, München 2009.
Der Fuchs war damals schon der Jäger, Reinbek/Hamburg 1992.
Der Mensch ist ein großer Fasan auf der Welt, 2. Aufl., Frankfurt/Main 2009 [1986].
„Heimwehgift", in: *Herta Müller. Heinrich-Böll-Preis 2015*, hg. v. Gabriele Ewenz, Köln 2015, S. 22–31.
Heute wär ich mir lieber nicht begegnet, München 2009 [1997].
Im Heimweh ist ein blauer Saal, München 2019.

Essays, Reden, Vorträge

„Bei uns in Deutschland. Vortrag für die Frankfurter Römerberggespräche 2000", in: Dies.: *Der König verneigt sich und tötet*, Frankfurt/Main 2009, S. 176–185.
„Cristina und ihre Attrappe oder Was (nicht) in den Securitate-Akten steht." Erweiterte Fassung aus DIE ZEIT vom 23. Juli 2009, in: Dies.: *Immer derselbe Schnee und immer derselbe Onkel*, München 2011, S. 42–75.
„Das Land am Nebentisch. Oktober 1990", in: Dies.: *Eine warme Kartoffel ist ein warmes Bett*, Hamburg 1992, S. 9–12.

„Denk nicht dorthin, wo du nicht sollst." Dankrede zur Verleihung des Hoffmann-von-Fallersleben-Preises für zeitkritische Literatur in Wolfsburg am 27. März 2010, in: Dies.: *Immer derselbe Schnee und immer derselbe Onkel*, München 2011, S. 25–41.

„Der Blick der kleinen Bahnstationen. Das Millimeterpapier der Erinnerung bei Jürgen Fuchs." Laudatio auf Jürgen Fuchs zur Verleihung des Hans-Sahl-Preises am 30. September 1999 im Literaturhaus Berlin, in: Dies.: *Immer derselbe Schnee und immer derselbe Onkel*, München 2011, S. 200–214.

„Der Fremde Blick oder Das Leben ist ein Furz in der Laterne", in: Dies.: *Der König verneigt sich und tötet*, Frankfurt/Main 2009, 130–150.

„Der König verneigt sich und tötet", in: Dies.: *Der König verneigt sich und tötet*, Frankfurt/Main 2009, 40–73.

„Die Anwendung der dünnen Straßen." Klagenfurter Rede zur Literatur am 23. Juni 2004, in: Dies.: *Immer derselbe Schnee und immer derselbe Onkel*, München 2011, S. 110–124.

„Die Augenringe der Geiseln." November 1990, in: Dies.: *Eine warme Kartoffel ist ein warmes Bett*, Hamburg 1992, S. 13–16.

„Diesseitige Wut, jenseitige Zärtlichkeiten. Herta Müller über Liao Yiwu, Rede anlässlich der Vorstellung seines Buches ‚Für ein Lied und hundert Lieder' in Berlin", in: *Frankfurter Allgemeine Zeitung Online* (27.08.2011), unter: http://www.faz.net/aktull/feuilleton/herta-mueller-ueber-liao-yiwu-diesseitige-wut-jenseitige-zaertlichkeiten-11126134-p4.html?printPagedArticle=true#pageIndex_4 (abgerufen am 01.07.2018).

„Einmal anfassen – zweimal loslassen." Vorlesung für die Tübinger Poetikdozentur 2000 zum Thema ‚Zukunft! Zukunft?', in: Dies.: *Der König verneigt sich und tötet*, Frankfurt/Main 2009, S. 106–129.

„Gelber Mais und keine Zeit." Zürcher Poetikvorlesung am 29. November 2007, in: Dies.: *Immer derselbe Schnee und immer derselbe Onkel*, München 2011, S. 125–145.

„Georges-Arthur Goldschmidt: Ein Wiederkommen. Die Umgebung als Heimwehschutz", in: *Frankfurter Allgemeine Zeitung Online* (01.06.2012), unter: http://www.faz.net/aktuell/feuilleton/buecher/rezensionen/belletristik/georges-arthur-goldschmidt-ein-wiederkommen-die-umgebung-als-heimwehschutz-11770806.html?printPagedArticle=true#pageIndex_2 (abgerufen am 01.07.2018).

Heimat ist das was gesprochen wird, hg. v. Ralph Schock, Saarbrücken 2009.

„Heimweh nach Zukunft." Dankrede zur Verleihung des Heinrich-Böll-Preises 2015, in: *Herta Müller. Heinrich-Böll-Preis 2015*, hg. v. Gabriele Ewenz, Köln 2015, S. 13–21.

„Hunger und Seide. Männer und Frauen im Alltag", in: Dies.: *Hunger und Seide*, S. 65–87.

„Ist aber jemand abhandengekommen, ragt aber ein Hündchen aus dem Schaum. Die ungewohnte Gewöhnlichkeit bei Oskar Pastior." Rede zum siebzigsten Geburtstag von Oskar Pastior am 20. Oktober 1997 im Literaturhaus Berlin, in: Dies.: *Immer derselbe Schnee und immer derselbe Onkel*, München 2011, S. 146–164.

„Jedes Wort weiß etwas vom Teufelskreis." Rede zur Verleihung des Nobelpreises für Literatur in der Schwedischen Akademie in Stockholm am 8. Dezember 2009, in: Dies.: *Immer derselbe Schnee und immer derselbe Onkel*, München 2011, S. 7–21.

„Man will sehen, was nach einem greift. Zu Canettis ‚Masse' und Canettis ‚Macht'." Vortrag im Literaturhaus Graz am 23. Juni 2005, in: Dies.: *Immer derselbe Schnee und immer derselbe Onkel*, München 2011, S. 172–184.

„So ein großer Körper und so ein kleiner Motor." Dankrede zur Verleihung des Walter-Hasenclever-Literaturpreises in Berlin am 20. Juni 2006, in: Dies.: *Immer derselbe Schnee und immer derselbe Onkel*, München 2011, S. 84–95.

„Tischrede." Nach der Verleihung des Nobelpreises am 10. Dezember 2009 im Stadthaus von Stockholm, in: Dies.: *Immer derselbe Schnee und immer derselbe Onkel*, München 2011, S. 22–24.

„Und noch erschrickt unser Herz." Vortrag vom 17. April 1993 auf dem Gesprächsforum ‚Berlin – tolerant und weltoffen', in: Dies.: *Hunger und Seide*, Reinbek/Hamburg 1997, S. 19–38.

„Von der gebrechlichen Einrichtung der Welt." Rede zur Verleihung des Kleist-Preises 1994 an Herta Müller in Frankfurt an der Oder am 21. Oktober 1994, in: Dies.: *Hunger und Seide*, Reinbek/Hamburg 1997, S. 7–15.

„Wenn wir schweigen, werden wir unangenehm – wenn wir reden, werden wir lächerlich." Vorlesung im Rahmen der Tübinger Poetikdozentur 2001, in: Dies.: *Der König verneigt sich und tötet*, Frankfurt/Main 2009, S. 74–105.

„Wenn wir schweigen, werden wir unangenehm – wenn wir reden, werden wir lächerlich. Kann Literatur Zeugnis ablegen?", in: *TEXT+KRITIK* 155 (2012), S. 6–17.

„Zehn Finger werden keine Utopie." Vortrag vom 10. Juni 1994 im Rahmen der Veranstaltungsreihe ‚Glanz und Elend der Utopie' in Glauchau, in: Dies.: *Hunger und Seide*, Reinbek/Hamburg 1997, S. 50–61.

„Zwischen den Rippen zwischen den Augen", in: Dies.: *Eine warme Kartoffel ist ein warmes Bett*, Hamburg 1992, S. 17–20.

Gespräche, Interviews

„Colloqui amb la Premi Nobel de Literatura Herta Müller. Kolloquium an der Universität Barcelona am 27. Juni 2012. Universitat de Barcelona", unter: www.ub.edu/ubtv/video/colloqui-amb-la-premi-nobel-de-literatura-herta-muller (abgerufen am 01.07.2018).

„Die Weigerung sich verfügbar zu machen. Herta Müller und Richard Wagner im Gespräch", in: *Zitty* 26 (1989), S. 68–69.

„‚Die Schule der Angst': Gespräch mit Herta Müller, den 14. April 1998, hg. v. Beverley Driver Eddy, in: *The German Quarterly* 72 (1999), S. 329–339.

Mein Vaterland war ein Apfelkern. Ein Gespräch mit Angelika Klammer, München 2014.

„Mir erscheint jede Umgebung lebensfeindlich. Ein Gespräch mit der rumäniendeutschen Schriftstellerin Herta Müller", in: *Süddeutsche Zeitung* 266 (16.11.1984), S. 13.

Andere Autor*innen und historisch-politische Quellen

Améry, Jean: „Wieviel Heimat braucht der Mensch?", in: Ders.: *Jenseits von Schuld und Sühne. Bewältigungsversuche eines Überwältigten*, Szczesny 1966, S. 71–100.

Bartels, Adolf: *Die deutsche Dichtung der Gegenwart. Die Alten und die Jungen*, 4. Aufl., Leipzig 1901 [1897].

Bartels, Adolf: *Heimatkunst. Ein Wort zur Verständigung*, München, Leipzig 1904.

Böll, Heinrich: „Heimat und keine", in: Ders.: *Werke. Essayistische Schriften und Reden*, 3 Bde., Bd. 2: *1964–1972*, hg. v. Bernd Balzer, Köln 1979, S. 113–116.

Bossert, Rolf: *Neuntöter*, Klausenburg 1984.

Eichendorff, Joseph von: „Heimweh", in: Ders.: *Gedichte*, hg. v. Luitgard Albrecht-Natorp, Krefeld 1948, S. 23.

Frisch, Max: „Die Schweiz als Heimat? Rede zur Verleihung des Großen Schillerpreises 1974", in: Ders.: *Gesammelte Werke in zeitlicher Folge*, hg. v. Hans Mayer, 6 Bde., Bd. 6: *1968–1975: Tagebuch 1966–1971. Wilhelm Tell für die Schule. Kleine Prosaschriften. Dienstbüchlein*, Montauk, Frankfurt/Main 1976, S. 509–518.

Frisch, Max: „Heimat – Ein Fragebogen", in: *Heimat. Analysen, Themen, Perspektiven*, hg. v. Will Cremer und Ansgar Klein, Bonn 1990 [1971], S. 243–245.

Ganghofer, Ludwig: *Lebenslauf eines Optimisten. Buch der Jugend*, 19. Aufl., Stuttgart 1918 [1910].

„Geh über die Dörfer!", in: *Der Spiegel* 40 (1984), S. 252–261 [o.V.].

„Gesetz über die Angelegenheiten der Vertriebenen und Flüchtlinge. Bundesvertriebenengesetz – BVFG", in: *Bundesministerium der Justiz und für Verbraucherschutz. Gesetze im Internet*, §§ 1–3, unter: http://www.gesetze-im-internet.de/bvfg/ (abgerufen am 01.07.2018).

Goebbels, Joseph: „3.10.'44 – Köln, Werkhalle eines Industriebetriebs – Kundgebung des Gaues Köln-Aachen der NSDAP", in: Ders.: *Goebbels-Reden*, hg. v. Helmut Heiber, Bd. 2: *1939–1945*, Düsseldorf 1972, S. 405–428.

Grimm, Jacob: „Über die Heimatliebe. 1830. (De desiderio patriae)", in: *Goettinger Universitaetsreden aus zwei Jahrhunderten. 1737–1934*, hg. v. Wilhelm Ebel, Göttingen 1978, S. 220–227.

„Heimat", in: *Deutsches Wörterbuch*, hg. v. Jacob und Wilhelm Grimm, Bd. 10 (1854), Sp. 864–866, unter: http://woerterbuchnetz.de/DWB/?sigle=DWB&mode=Vernetzung&lem id= GH05424#XGH05424 (abgerufen am 01.07.2018).

„Heimat", in: *Duden Online*, unter: http://www.duden.de/rechtschreibung/Heimat (abgerufen am 01.07.2018).

„Heimatkunde", in: *Der Neue Brockhaus. Allbuch in vier Bänden und einem Atlas*, Bd. 2 (1937), S. 378.

„Heimatrecht", in: *Handwörterbuch Staatswissenschaften*, hg. v. J. Conrad, L. Elster, W. Lexis und Edg. Leoning, 3. Aufl., Bd. 5 (1910), S. 246–248.

„Heimat & Integration", in: *BMI Online*, unter: https://www.bmi.bund.de/DE/themen/ heimat-integration/heimat-integration-node.html (abgerufen am 21.08.2018 und am 19.05.2020).

Herder, Johann Gottfried: *Auch eine Philosophie der Geschichte zur Bildung der Menschheit*, hg. v. Hans-Dietrich Irmscher, Stuttgart 1990 [1774].

Herder, Johann Gottfried: *Ideen zur Philosophie der Geschichte der Menschheit*, hg. v. Michael Holzinger, Berlin 2013 [1784–1791].

Hitler, Adolf: *Mein Kampf. Eine kritische Edition*, 2 Bde., hg. v. Christian Hartmann, Othmar Plöckinger, Roman Töppel und Thomas Vordermayer, Bd. 2: *Die nationalsozialistische Bewegung*, München, Berlin 2016.

Hofer, Johannes: *Dissertatio Medica De Nostalgia, Oder Heimwehe*, Auszug: Namensgebungen des Heimwehs im § 2, in: *Vom Heimweh*, hg. v. Fritz Ernst, Zürich 1949 [1688], S. 61–62.

Hofer, Johannes: „Dissertatio Medica", deutsche Zusammenfassung von 1779 durch D. Lorenz Crell, in: *Vom Heimweh*, hg. v. Fritz Ernst, Zürich 1949 [1688], S. 63–72.

Langbehn, Julius: *Rembrandt als Erzieher*, 23. Aufl., Leipzig 1890.

Lenz, Siegfried: *Heimatmuseum*, Hamburg 1978.

Naum, Gellu: „Die Träne", in: Ders.: *Pohesie. Sämtliche Gedichte*, aus dem Rumänischen von Oskar Pastior und Ernest Wichner, Basel 2006, S. 235.

Pavese, Cesare: *Der Teufel auf den Hügeln*, aus dem Italienischen von Charlotte Birnbaum, München 2004 [1948].

Pieck, Wilhelm: „Zur Oder-Neiße-Grenze. Aus einer Rede in seiner Geburtsstadt Guben am 5. Oktober 1950", in: Ders.: *Reden und Aufsätze*, 3 Bde., Bd. 2: *Auswahl aus den Jahren 1908–1950*, Berlin 1952, S. 552–555.
Proust, Marcel: „Interview à M. Elie-Joseph Bois. Le Temps 12.11.1913", in: Ders.: *Textes retrouvés*, hg. v. Philip Kolb, Urbana 1986, S. 217.
„Revidirtes Gesetz über das Gemeinde- Bürger- und Beisitzrecht vom 4. December 1833", in: *Verfassungen*, unter: https://www.verfassungen.de/bw/wuerttemberg/gemeindebuerger recht1833-i.htm (abgerufen am 19.05.2020).
Rushdie, Salman: „The Empire Writes Back with a Vengeance", in: *The Times* (03.07.1982), S. 8.
Schiller, Friedrich von: „Versuch über den Zusammenhang der tierischen Natur des Menschen mit seiner geistigen", in: Ders.: *Schillers Sämtliche Werke*, hg. v. Eduard von der Hellen, 16 Bde., Bd. 11: *Philosophische Schriften. Erster Teil*, Stuttgart, Berlin 1905 [1780], S. 41–79.
Spengler, Oswald: *Der Untergang des Abendlandes. Umrisse einer Morphologie der Weltgeschichte*, 2 Bde., Bd. 2: *Welthistorische Perspektiven*, 3. revidierte Aufl., München 1976 [1922].
Spranger, Eduard: *Der Bildungswert der Heimatkunde*, 3. Aufl., Stuttgart 1952 [1943].
Stein, Karl Freiherr vom: „Über die unterste Klasse der bürgerlichen Gesellschaft", in: *Die Eigentumslosen. Der deutsche Pauperismus und die Emanzipationskrise in Darstellung und Deutungen der zeitgenössischen Literatur*, hg. v. Carl Jantke und Dietrich Hilger, Freiburg, München 1965 [1831], S. 133.
„Stellungnahme des SED-Politbüros vom 11. Oktober 1989 zur Massenflucht", *Deutschland Archiv* 12 (1989), S. 1435 f., in: *Bundeszentrale für politische Bildung Online*, unter: http://www.bpb.de/geschichte/deutsche-einheit/deutsche-teilung-deutsche-einheit/43716/zu sammenbruch-des-sed-regimes?p=all (abgerufen am 01.07.2018).
„The Nobel Prize in Literature 2009 – Press Release", in: *Nobelprize Organization* (08.07.2012), unter: http://www.nobelprize.org/nobel_prizes/literature/laureates/2009/ press_ty.html (abgerufen am 01.07.2018).

Sekundärliteratur

Anderson, Benedict: *Imagined Communities. Reflections on the Origin and Spread of Nationalism*, London, New York 2016 [1983].
Apel, Friedmar: *Deutscher Geist und deutsche Landschaft. Eine Topographie*, München 1998.
Apel, Friedmar: „Im deutschen Frosch steckt kein Prinz", in: *Frankfurter Allgemeine Zeitung Online*, unter: www.faz.net/aktuell/feuilleton/buecher/rezensionen/belletristik/herta-mueller-niederungen-im-deutschen-frosch-steckt-kein-prinz-1971798.html (abgerufen am 01.07.2018).
Apel, Friedmar: „Schreiben, Trennen. Zur Poetik des eigensinnigen Blicks bei Herta Müller", in: *Die erfundene Wahrnehmung. Annäherung an Herta Müller*, hg. v. Norbert Otto Eke, Paderborn 1991, S. 2–31.
Appadurai, Arjun: *Modernity at Large*, Minneapolis 1996.
Applegate, Celia: *A Nation of Provincials. The German Idea of Heimat*, Berkeley 1990.
Arendt, Hannah: *Besuch in Deutschland*, Berlin 1993 [1950].
Augé, Marc: *Non-lieux. Introduction à une anthropologie de la surmodernité*, Paris 1992.

Augé, Marc: *Orte und Nicht-Orte. Vorüberlegungen zu einer Ethnologie der Einsamkeit*, Frankfurt/Main 1994.

Ayata, Bilgin: „Geht es um Grundwerte? Oder Rassismus? Der Siegeszug des Heimatbegriffs gefährdet die europäische Demokratie", in: *Der Tagesspiegel* (25.10.2019), unter: https://www.tagesspiegel.de/kultur/geht-es-um-grundwerte-oder-rassismus-der-siegeszug-des-heimatbegriffs-gefaehrdet-die-europaeische-demokratie/25152490.html (abgerufen am 19.05.2020).

Baacke, Dieter: „Heimat als Suchbewegung. Problemlösungen städtischer Jugendkulturen", in: *Heimat. Analysen, Themen, Perspektiven*, hg. v. Will Cremer und Ansgar Klein, Bonn 1990, S. 479–496.

Bachtin, Michail: *Chronotopos*, übers. v. Michael Dewey, 3. Aufl., Frankfurt/Main 2014 [1975].

Barthes, Roland: „La mort de l'auteur", in: Ders.: *Essais critiques*, 4 Bde., Bd 4: *Le bruissement de la langue*, Paris 1984, S. 61–67.

Barthes, Roland: *Mythen des Alltags*, aus dem Französischen v. Horst Brühmann, vollst. Ausgabe, Berlin 2010.

Barthes, Roland: *Mythologies*, Paris 1957.

Bastian, Andrea: *Der Heimat-Begriff. Eine begriffsgeschichtliche Untersuchung in verschiedenen Funktionsbereichen der deutschen Sprache*, Tübingen 2012 [1995].

Bauman, Zygmunt: *Retrotopia*, Cambridge 2017.

Bausinger, Hermann: „Heimat in einer offenen Gesellschaft. Begriffsgeschichte als Problemgeschichte", in: *Heimat. Analysen, Themen, Perspektiven*, hg. v. Will Cremer und Ansgar Klein, Bonn 1990, S. 76–90.

Bausinger, Hermann: „Heimat und Identität", in: *Heimat und Identität. Probleme regionaler Kultur*, hg. v. dems. und Konrad Köstlin, Neumünster 1980, S. 9–24.

Becker, Claudia: „,Serapiontisches Prinzip' in politischer Manier – Wirklichkeits- und Sprachbilder in ‚Niederungen'", in: *Die erfundene Wahrnehmung. Annäherung an Herta Müller*, hg. v. Norbert Otto Eke, Paderborn 1991, S. 32–41.

Benjamin, Walter: „Zum Bilde Prousts", in: *Schriften*, hg. v. Theodor W. Adorno und Gretel Adorno, 2 Bde., Bd. 2, Frankfurt/Main 1955, S. 132–147.

Bhabha, Homi K.: *The Location of Culture*, London u. a. 1995.

Binder, Beate: „Politiken der Heimat, Praktiken der Beheimatung, oder: Warum das Nachdenken über Heimat zwar ermattet, aber dennoch notwendig ist", in: *Heimat Revisited. Kulturwissenschaftliche Perspektiven auf einen umstrittenen Begriff*, hg. v. Dana Bönisch, Jil Runia und Hanna Zehschnetzler, Berlin, Boston 2020, S. 85–105.

Binder, Karin: „Herta Müller: ‚Reisende auf einem Bein' (1989)", in: *Handbuch der deutschsprachigen Exilliteratur. Von Heinrich Heine bis Herta Müller*, hg. v. Bettina Bannasch und Gerhild Rochus, Berlin 2013, S. 464–471.

Blickle, Peter: *Heimat. A Critical Theory of the German Idea of Homeland*, Rochester/NY 2002.

Bloch, Ernst: *Das Prinzip Hoffnung*, 3 Bde., Bd. 3, Frankfurt/Main 1969 [1954].

Blumenberg, Hans: *Arbeit am Mythos*, Frankfurt/Main 2001 [1979].

Boa, Elizabeth, und Rachel Palfreyman: *Heimat – A German Dream. Regional Loyalties and National Identity in German Culture 1890–1990*, Oxford 2000.

Bönisch, Dana: *Geopoetiken des Terrors. Visualität und Topologie in Texten nach 9/11*, Göttingen 2017.

Bönisch, Dana, Jil Runia, und Hanna Zehschnetzler: „Einleitung: Revisiting ‚Heimat'", in: *Heimat Revisited. Kulturwissenschaftliche Perspektiven auf einen umstrittenen Begriff*, hg. v. dens., Berlin, Boston 2020, S. 1–19.

Boym, Svetlana: *The Future of Nostalgia*, New York 2001.
Bozzi, Paola: „Autofiktionalität", in: Herta Müller-Handbuch, hg. v. Norbert Otto-Eke, Stuttgart 2017, S. 158–167.
Bozzi, Paola: *Der fremde Blick. Zum Werk Herta Müllers*, Würzburg 2005.
Bozzi, Paola: „Facts, Fiction, Autofiction, and Surfiction in Herta Müller's Work", in: *Herta Müller: Politics and Aesthetics*, hg. v. Bettina Brandt und Valentina Glajar, Lincoln, London 2013, S. 109–129.
Bredow, Wilfried von, und Hans-Friedrich Foltin: *Zwiespältige Zufluchten. Zur Renaissance des Heimatgefühls*, Bonn 1981.
Bronfen, Elisabeth, und Benjamin Marius: „Hybride Kulturen. Einleitung zur anglo-amerikanischen Multikulturalismusdebatte", in: *Hybride Kulturen. Beiträge zur anglo-amerikanischen Multikulturalismusdebatte*, hg. v. dens. und Therese Steffen, Tübingen 1997, S. 1–29.
„Charta der deutschen Heimatvertriebenen. Stuttgart, den 5. August 1950", in: *BdV. Bund der Vertriebenen Online*, unter: http://www.bund-der-vertriebenen.de/charta-der-deutschen-heimatvertriebenen/charta-in-deutsch.html (abgerufen am 01.07.2018).
Clifford, James: *Travel and Translation in the Late Twentieth Century*, Cambridge/Mass. 1997.
Conrad, Sebastian, und Shalini Randeria: „Einleitung. Geteilte Geschichten – Europa in einer postkolonialen Welt", in: *Jenseits des Eurozentrismus. Postkoloniale Perspektiven in den Geschichts- und Kulturwissenschaften*, hg. v. dens., Frankfurt/Main 2002, S. 9–49.
Cremer, Will: „Heimat, was ist das? Der Fragebogen als didaktisches Mittel", in: *Heimat. Analysen, Themen, Perspektiven*, hg. v. dems. und Ansgar Klein, Bonn 1990, S. 246–247.
Cremer, Will, und Ansgar Klein: „Heimat in der Moderne", in: *Heimat. Analysen, Themen, Perspektiven*, hg. v. dens., Bonn 1990, S. 33–55.
Czollek, Max: „Gegenwartsbewältigung", in: *Eure Heimat ist unser Albtraum*, hg. v. Fatma Aydemir und Hengameh Yaghoobifarah, 7. Aufl., Berlin 2019, S. 167–181.
„De-Heimatize Belonging", in: *Maxim Gorki Theater*, unter: https://www.gorki.de/de-heimatize-belonging-konferenz/2019-10-25-1900 (abgerufen am 19.05.2020).
Ditt, Karl: „Die deutsche Heimatbewegung 1871–1945", in: *Heimat. Analysen, Themen, Perspektiven*, hg. v. Will Cremer und Ansgar Klein, Bonn 1990, S. 135–154.
Doppler, Bernhard: „Die Heimat ist das Exil. Eine Entwicklungsgestalt ohne Entwicklung. Zu ‚Reisende auf einem Bein'", in: *Die erfundene Wahrnehmung. Annäherung an Herta Müller*, hg. v. Norbert Otto Eke, Paderborn 1991, S. 95–106.
Doubrovsky, Serge: *Fils*, Paris 1977.
Drace-Francis, Alex: „Beyond the Land of Green Plums: Romanian Culture and Language in Herta Müller's Work", in: *Herta Müller*, hg. v. Brigid Haines und Lyn Marven, Oxford 2013, S. 33–49.
Ecker, Gisela: „Grenzen", in: *Herta Müller-Handbuch*, hg. v. Norbert Otto Eke, Stuttgart 2017, S. 202–205.
Ecker, Gisela: „‚Heimat': Das Elend der unterschlagenen Differenz". in: *Kein Land in Sicht. Heimat – weiblich?*, hg. v. ders., München 1997, S. 7–31.
Eddy, Beverley Driver: „Testimony and Trauma in Herta Müller's *Herztier*", in: *German Life and Letters* 53 (2000), S. 56–72.
Eichmanns, Gabriele: „Introduction: Heimat in the Age of Globalization", in: *Heimat Goes Mobile: Hybrid Forms of Home in Literature and Film*, hg. v. ders. und Yvonne Franke, Newcastle/Tyne 2013, S. 1–12.

Eigler, Friederike: „Critical Approaches to Heimat and the ‚Spatial Turn'", in: *New German Critique* 115 (2012), S. 27–48.

Eigler, Friederike: *Heimat. Space. Narrative. Toward a Transnational Approach to Flight and Expulsion*, Rochester/NY 2014.

Eigler, Friederike, und Jens Kugele: „Introduction. Heimat at the Intersection of Memory and Space", in: *Heimat at the Intersection of Memory and Space*, hg. v. dens., Berlin u. a. 2012, S. 1–14.

Eke, Norbert Otto: „Augen/Blicke oder: Die Wahrnehmung der Welt in den Bildern", in: *Die erfundene Wahrnehmung. Annäherung an Herta Müller*, hg. v. dems., Paderborn 1991, S. 7–21.

Eke, Norbert Otto: „Herta Müllers Werke im Spiegel der Kritik (1982–1990)", in: *Die erfundene Wahrnehmung. Annäherung an Herta Müller*, hg. v. dems., Paderborn 1991, S. 107–130.

Eke, Norbert Otto: „‚Macht nichts, macht nichts, sagte ich mir, macht nichts': Herta Müller's Romanian Novels", in: *Herta Müller*, hg. v. Brigid Haines und Lyn Marven, Oxford 2013, S. 99–116.

Eke, Norbert Otto: „‚Überall, wo man den Tod gesehen hat'. Zeitlichkeit und Tod in der Prosa Herta Müllers. Anmerkungen zu einem Motivzusammenhang", in: *Die erfundene Wahrnehmung. Annäherung an Herta Müller*, hg. v. dems., Paderborn 1991, S. 74–94.

Faulenbach, Bernd: „Die Vertreibung der Deutschen aus den Gebieten jenseits von Oder und Neiße", in: *Bundeszentrale für politische Bildung Online* (06.04.2005), unter: http://www.bpb.de/geschichte/nationalsozialismus/dossiernationalsozialismus/39587/die-vertreibung-der-deutschen?p=all (abgerufen am 01.07.2018).

Federman, Raymond: „Surfiction. Four Propositions in Form of an Introduction", in: *Surfiction. Fiction Now and Tomorrow*, hg. v. dems., Chicago 1975, S. 7–13.

Foucault, Michel: „Des espaces autres", in: Ders.: *Dits et écrits*, hg. v. Daniel Defert, 4 Bde., Bd. 4: *1980–1988*, Paris 1994 [1984], S. 752–762.

Foucault, Michel: *Surveiller et punir. Naissance de la prison*, Paris 1975.

Freud, Sigmund: „Das Unheimliche", in: Ders.: *Das Unheimliche. Aufsätze zur Literatur*, Frankfurt/Main 1963 [1919], S. 45–84.

Gebhard, Gunther, Oliver Geisler, und Steffen Schröter: „Heimatdenken. Konjunkturen und Konturen. Statt einer Einleitung", in: *Heimat. Konturen und Konjunkturen eines umstrittenen Konzepts*, hg. v. dens., Bielefeld 2007, S. 9–56.

Greverus, Ina-Maria: *Auf der Suche nach Heimat*, München 1979.

Greverus, Ina-Maria: *Der territoriale Mensch. Ein literaturanthropologischer Versuch zum Heimatphänomen*, Frankfurt/Main 1972.

Gymnich, Marion: „Writing Back", in: *Handbuch Postkolonialismus und Literatur*, hg. v. Dirk Göttsche, Axel Dunker und Gabriele Dürbeck, Stuttgart 2017, S. 235–238.

Harnisch, Antje: „‚Ausländerin im Ausland': Herta Müllers ‚Reisende auf einem Bein'", in: *Monatshefte für deutschen Unterricht, deutsche Sprache und Literatur* 89 (1997), S. 507–520.

Haupt-Cucuiu, Herta: *Eine Poesie der Sinne. Herta Müllers ‚Diskurs des Alleinseins' und seine Wurzeln*, Paderborn 1996.

Hoorn, Tanja van: „Tarnkappen, Geheimsprachen, Schmuggelware: Gedicht-V/Zerstörung in Herta Müllers Roman Herztier", in: *Herta Müller und das Glitzern im Satz. Eine Annäherung an Gegenwartsliteratur*, hg. v. Jens Christian Deeg und Martina Wernli, Würzburg 2016, S. 151–164.

Huntington, Samuel P.: *The Clash of Civilizations and the Remaking of World Order*, London 2002 [1996].

Iztueta, Garbiñe: „'Phantomschmerz im Erinnern' bei Herta Müller. Heimat als konstruierter und dekonstruierter Raum", in: *Raum – Gefühl – Heimat. Literarische Repräsentationen nach 1945*, hg. v. ders., Carme Bescansa, Mario Saalbach, Jan Standke und Iraide Talavera, Marburg 2017, S. 205–221.

Iztueta, Garbiñe: „Transiträume und Heimatlosigkeit als Grunderlebnis bei Herta Müller", in: *Transiträume und transitorische Begegnungen in Literatur, Theater und Film*, hg. v. Sabine Egger, Withold Bonner und Ernest W. B. Hess-Lüttich, Frankfurt/Main 2017, S. 71–85.

Jäger, Jens: „Heimat", in: *Docupedia-Zeitgeschichte. Begriffe, Methoden und Debatten der zeithistorischen Forschung* (09.11.2017), unter: http://docupedia.de/zg/Jaeger_heimat_v1_de_2017 (abgerufen am 20.03.2020).

Jens, Walter: „Nachdenken über Heimat. Fremde und Zuhause im Spiegel deutscher Poesie", in: *Heimat. Neue Erkundungen eines alten Themas*, hg. v. Horst Bienek, München, Wien 1985, S. 14–26.

Johannsen, Anja K.: *Kisten, Krypten, Labyrinthe. Raumfigurationen in der Gegenwartsliteratur: W.G. Sebald, Anne Duden, Herta Müller*, Bielefeld 2008.

Kanne, Miriam: *Andere Heimaten. Transformationen klassischer ›Heimat‹-Konzepte bei Autorinnen der Gegenwartsliteratur*, Sulzbach/Taunus 2011.

Kaschuba, Wolfgang: „Der deutsche Heimatfilm – Bildwelten als Weltbilder", in: *Heimat. Analysen, Themen, Perspektiven*, hg. v. Will Cremer und Ansgar Klein, Bonn 1990, S. 829–851.

Kazmierczak, Madlen: *Fremde Frauen. Zur Figur der Migrantin aus (post)sozialistischen Ländern in der deutschsprachigen Gegenwartsliteratur*, Berlin 2016.

Kegelmann, René: „Emigriert. Zu Aspekten von Fremdheit, Sprache, Identität und Erinnerung in Herta Müllers ‚Reisende auf einem Bein' und Terézia Moras ‚Alles'", in: *Wahrnehmung der deutsch(sprachig)en Literatur aus Ostmittel- und Südosteuropa – ein Paradigmenwechsel? Neue Lesarten und Fallbeispiele*, hg. v. Peter Motzan und Stefan Sienerth, München 2009, S. 251–263.

Köhnen, Ralph: „Die Zeichen des Traumas. Texte und Bildcollagen Herta Müllers in rhizomaler und virologischer Lektüre", in: *Herta Müller und das Glitzern im Satz. Eine Annäherung an Gegenwartsliteratur*, hg. v. Jens Christian Deeg und Martina Wernli, Würzburg 2016, S. 131–150.

Köhnen, Ralph: „Terror und Spiel. Der autofiktionale Impuls in den frühen Texten Herta Müllers", in: *TEXT+KRITIK* 155 (2012), S. 18–29.

Köhnen, Ralph: „Über Gänge. Kinästhetische Bilder in Texten Herta Müllers", in: *Der Druck der Erfahrung treibt die Sprache in die Dichtung*, hg. v. dems., Frankfurt/Main 1997, S. 123–138.

Konersmann, Ralf: „Wörter und Sachen. Zur Deutungsarbeit der Historischen Semantik", in: *Begriffsgeschichte im Umbruch?*, hg. v. Ernst Müller, Hamburg 2005, S. 21–32.

Koppensteiner, Jürgen: „Anti-Heimatliteratur: Ein Unterrichtsversuch mit Franz Innerhofers Roman *Schöne Tage*", in: *Die Unterrichtspraxis/Teaching German* Vol. 14, Nr. 1 (1981), S. 9–19.

Korfkamp, Jens: *Die Erfindung der Heimat. Zu Geschichte, Gegenwart und politischen Implikaten einer gesellschaftlichen Konstruktion*, Berlin 2006.

Koselleck, Reinhart: „Hinweise auf die temporalen Strukturen begriffsgeschichtlichen Wandels", in: *Begriffsgeschichte, Diskursgeschichte, Metapherngeschichte*, hg. v. Hans Erich Bödecker, S. 29–47.

Koselleck, Reinhart: „Vorwort", in: *Geschichtliche Grundbegriffe*, hg. v. dems., Otto Brunner und Werner Conze, 8 Bde., Bd. 7, Stuttgart 1992, S. V–VIII.

Krauss, Hannes: „Fremde Blicke. Zur Prosa von Herta Müller und Richard Wagner", in: *Neue Generation – neues Erzählen. Deutsche Prosa-Literatur der achtziger Jahre in der Bundesrepublik Deutschland*, hg. v. Walter Delabar, Werner Jung und Ingrid Pergrande, Opladen 1993, S. 69–76.

Krockow, Christian Graf von: „Heimat – Eine Einführung in das Thema", in: *Heimat. Analysen, Themen, Perspektiven*, hg. v. Will Cremer und Ansgar Klein, Bonn 1990, S. 56–69.

Küla, Moonika: „Wenn Heimat Heimatlosigkeit wird. Einblicke in den Heimatbegriff der rumäniendeutschen Schriftstellerin Herta Müller", in: *Germanistik als Kulturvermittler. Vergleichende Studien*, hg. v. Terje Loogus und Reet Liimets, Tartu 2008, S. 99–106.

Lægreid, Sissel: „Sprachaugen und Wortdinge – Herta Müllers Poetik der Entgrenzung", in: *Dichtung und Diktatur. Die Schriftstellerin Herta Müller*, hg. v. ders. und Helgard Mahrdt, Würzburg 2013, S. 55–79.

Lefebvre, Henri: *La production d'espace*, Paris 2000 [1974].

Lejeune, Philippe: *Le pacte autobiographique*, Paris 1975.

Li, Shuangzi: „Vom Herzen zum Tier und wieder zurück. Eine Untersuchung zur vielseitigen Tiergestaltung in Herta Müllers *Herztier*", in: *Herta Müller und das Glitzern im Satz. Eine Annäherung an Gegenwartsliteratur*, hg. v. Jens Christian Deeg und Martina Wernli, Würzburg 2016, S. 93–110.

Littler, Margret: „Beyond Alienation. The City in the Novels of Herta Müller and Libuse Monikova", in: *Herta Müller*, hg. v. Brigid Haines und Lyn Marven, Cardiff 1998, S. 36–56.

Lobensommer, Andrea: *Die Suche nach Heimat. Heimatkonzeptionsversuche in Prosatexten zwischen 1989 und 2001*, Frankfurt/Main u. a. 2010.

Mallet, Michel: „From *heimatlos* to *heimatsatt*. On the Value of Heimat in Herta Müller's Atemschaukel" in: *Heimat Goes Mobile: Hybrid Forms of Home in Literature and Film*, hg. v. Gabriele Eichmanns und Yvonne Franke, Newcastle/Tyne 2013, S. 82–102.

Markoudi, Christina: „Herta Müllers Literatur des ‚Dazwischen' als deutsche Nationalliteratur?", in: *Turns und kein Ende? Aktuelle Tendenzen in Germanistik und Komparatistik*, hg. v. Elke Sturm-Trigonakis, Olga Laskaridou, Evi Petropoulou und Katerina Karakassi, S. 105–112.

Marven, Lyn: *Body and Narrative in Contemporary Literatures in German. Herta Müller, Libuše Moníková, and Kerstin Hensel*, Oxford 2005.

McGowan, Moray: „Reisende auf einem Bein", in: *Herta Müller-Handbuch*, hg. v. Norbert Otto-Eke, Stuttgart 2017, S. 25–30.

McGowan, Moray: „‚Stadt und Schädel', ‚Reisende', and ‚Verlorene': City, Self, and Survival in Herta Müller's ‚Reisende auf einem Bein'", in: *Herta Müller*, hg. v. Brigid Haines und Lyn Marven, Oxford 2013, S. 65–83.

McLuhan, Marshall: *The Gutenberg Galaxy: The Making of Typographic Man*, Toronto 2011 [1962].

Merchiers, Dorle: „Perception et représentation de la terre natale (Heimat) dans L'œvre de Herta Müller", in: *Kann Literatur Zeuge sein? – La littérature peut-elle rendre témoignage? Poetologische und politische Aspekte in Herta Müllers Werk – Aspects poétologiques et politiques dans l'œuvre de Herta Müller*, hg. v. ders., Steffen Höhne und Jaques Lajarrige, Bern 2014, S. 49–60.

Mettenleiter, Peter: *Destruktion der Heimatdichtung: Typologische Untersuchung zu Gotthelf – Auerbach – Ganghofer*, Tübingen 1974.

Michaelis, Rolf: „In der Angst zu Haus. Ein Überlebensbuch: Herta Müllers Roman ,Herztier'", in: *Zeit Online* (07.10.1994), unter: http://www.zeit.de/1994/41/in-der-angst-zu-haus/ komplettansicht (abgerufen am 01.07.2018).
Mitzscherlich, Beate: „Heimat als subjektive Konstruktion. Beheimatung als aktiver Prozess", in: *Heimat global. Modelle, Praxen und Medien der Heimatkonstruktion*, hg. v. Edoardo Costadura, Klaus Ries und Christiane Wiesenfeldt, Bielefeldt 2019, S. 183–195.
Moltke, Johannes von: *No Place like Home: Locations of Heimat in German Cinema*, Berkeley 2005.
Morrien, Rita: „,Gehen am äußersten Rand der Fußsohlen'. Zur Adaption des Flanerietopos in Herta Müllers *Reisende auf einem Bein* und Angela Krauß' *Milliarden neuer Sterne*", in: *Die Lust zu gehen. Weibliche Flanerie in Literatur und Film*, hg. v. Georgiana Banita, Judith Ellenbürger und Jörn Glasenapp, Paderborn 2017, S. 59–75.
Moser, Christian, und Jürgen Nelles: „Einleitung: Konstruierte Identitäten", in: *AutoBioFiktion. Konstruierte Identitäten in Kunst, Literatur und Philosophie*, hg. v. dens., Bielefeld 2006, S. 7–19.
Moyrer, Monika: „Herztier", in: *Herta Müller-Handbuch*, hg. v. Norbert Otto-Eke, Stuttgart 2017, S. 41–49.
Müller, Ernst, und Falko Schmieder: *Begriffsgeschichte und historische Semantik. Ein kritisches Kompendium*, Berlin 2016.
Müller, Hermann: „Affirmative Erziehung: Heimat- und Sachkunde", in: *Erziehung in der Klassengesellschaft. Einführung in die Soziologie der Erziehung*, hg. v. Johannes Beck, München 1970, S. 202–223.
Müller, Julia: „Frühe Prosa", in: *Herta Müller-Handbuch*, hg. v. Norbert Otto-Eke, Stuttgart 2017, S. 14–24.
Müller, Philipp: „,Herztier.' Ein Titel/Bild inmitten von Bildern", in: *Der Druck der Erfahrung treibt die Sprache in die Dichtung. Bildlichkeit in den Texten Herta Müllers*, hg. v. Ralph Köhnen, Frankfurt/Main 1997, S. 109–121.
Nell, Werner: „Differenz und Exklusion: Heimat als Kampfbegriff – mit einer Erinnerung an Heinrich Böll", in: *Heimat Revisited. Kulturwissenschaftliche Perspektiven auf einen umstrittenen Begriff*, hg. v. Dana Bönisch, Jil Runia und Hanna Zehschnetzler, Berlin, Boston 2020, S. 145–165.
Neumeyer, Michael: *Heimat. Zu Geschichte und Begriff eines Phänomens*, Kiel 1992.
Ott, Christine, und Jutta Weiser: „Autofiktion und Medienrealität. Einleitung.", in: *Autofiktion und Medienrealität*, hg. von dens., Heidelberg 2013, S. 7–16.
Parr, Rolf: „Koloniale Konstellationen von Heimat und Fremde. Wie Heimat und Fremde im Rückblick miteinander verschmelzen", in: *Heimat Revisited. Kulturwissenschaftliche Perspektiven auf einen umstrittenen Begriff*, hg. v. Dana Bönisch, Jil Runia und Hanna Zehschnetzler, Berlin, Boston 2020, S. 127–144.
Parry, Christoph: „Zur Enklavenproblematik bei Herta Müller und Joseph Zoderer", in: *Gegenwartsliteratur. Ein germanistisches Jahrbuch* 10 (2011), S. 93–115.
Pérez Zancas, Rosa: „,Ich habe das Schreiben gelernt vom Schweigen und Verschweigen': Herta Müllers *Niederungen*", in: *La(s) literatura(s) en lengua alemana y su apertura internacional/Deutsche Literatur(en) und ihre internationale Entgrenzung*, hg. v. María José Calvo und Bernd Marizzi, Madrid 2017, S. 119–128.
Pfaff-Czarnecka, Joanna: *Zugehörigkeit in der mobilen Welt. Politiken der Verortung*, Göttingen 2012.

Piepmeier, Rainer: „Philosophische Aspekte des Heimat-Begriffs", in: *Heimat. Analysen, Themen, Perspektiven*, hg. v. Will Cremer und Ansgar Klein, Bonn 1990, S. 91–108.

Piltz, Eric: „Verortung der Erinnerung. Heimat und Raumerfahrung in Selbstzeugnissen der Frühen Neuzeit", in: *Heimat. Konturen und Konjunkturen eines umstrittenen Konzepts*, hg. v. Gunther Gebhard, Oliver Heisler und Steffen Schröter, Bielefeld 2007, S. 57–79.

Polheim, Karl Konrad: „Einleitung", in: *Wesen und Wandel der Heimatliteratur. Am Beispiel der österreichischen Literatur seit 1945. Ein Bonner Symposium*, hg. v. dems., Bern u. a. 1989, S. 15–21.

Pottbeckers, Jörg: *Der Autor als Held. Autofiktionale Inszenierungsstrategien in der deutschsprachigen Gegenwartsliteratur*, Würzburg 2017.

Predoiu, Graziella: *Faszination und Provokation bei Herta Müller: Eine thematische und motivische Auseinandersetzung*, Frankfurt/Main u. a. 2001.

Rabenstein-Michel, Ingeborg: „Bewältigungsinstrument Anti-Heimatliteratur", in: *Germanica* 42 (2008), S. 1–11.

Reents, Friederike: „Trauma", in: *Herta Müller-Handbuch*, hg. v. Norbert Otto Eke, Stuttgart 2017, S. 227–235.

Renneke, Petra: *Poesie und Wissen. Poetologie des Wissens der Moderne*, Heidelberg 2008.

Rilke, Lukas: „Vertriebenen-Festakt in Stuttgart: Lob und Kritik zum Jahrestag", in: *Spiegel Online* (06.08.2010), unter: http://www.spiegel.de/politik/deutschland/vertriebenen-festakt-in-stuttgart-lob-und-kritik-zum-jahrestag-a-710400.html (abgerufen am 01.07.2018).

Rossbacher, Karlheinz: *Heimatkunstbewegung und Heimatroman. Zu einer Literatursoziologie der Jahrhundertwende*, Stuttgart 1975.

Saussure, Ferdinand de: *Cours de linguistique générale. Zweisprachige Ausgabe französisch-deutsch mit Einleitung, Anmerkungen und Kommentar*, hg. v. Peter Wunderli, Tübingen 2013 [1916].

Schaarschmidt, Thomas: „Regionalkultur im Dienste der Diktatur? Die sächsische Heimatbewegung im ‚Dritten Reich' und in der SBZ/ DDR", in: *Diktaturen in Deutschland – Vergleichsaspekte. Strukturen, Institutionen und Verhaltensweisen*, hg. v. Günther Heydemann und Detlef Schmiechen-Ackermann, Bonn 2003, S. 557–587.

Schaarschmidt, Thomas: *Regionalkultur und Diktatur. Sächsische Heimatbewegung und Heimat-Propaganda im Dritten Reich und in der SBZ/ DDR*, Köln u. a. 2004.

Scharang, Michael: „Landschaft und Literatur", in: *Kürbiskern* 3 (1975), S. 98–101.

Schau, Astrid: *Leben ohne Grund. Konstruktionen kultureller Identität bei Werner Söllner, Rolf Bossert und Herta Müller*, Bielefeld 2003.

Schlink, Bernhard: *Heimat als Utopie*, Frankfurt/Main 2000.

Schmidt, Ricarda: „Metapher, Metonymie und Moral. Herta Müllers Herztier", in: *Herta Müller*, hg. v. Brigid Haines und Lyn Marven, Cardiff 1998, S. 57–74.

Schulte, Karl: „‚Reisende auf einem Bein': Ein Mobile", in: *Der Druck der Erfahrung treibt die Sprache in die Dichtung. Bildlichkeit in den Texten Herta Müllers*, hg. v. Ralph Köhnen, Frankfurt/Main 1997, S. 53–62.

Schulte, Sanna: *Bilder der Erinnerung. Über Trauma und Erinnerung in der literarischen Konzeption von Herta Müllers Reisende auf einem Bein und Atemschaukel*, Würzburg 2015.

Schulte, Sanna: „Blicken und Schreiben (Der ›Fremde Blick‹)", in: *Herta Müller-Handbuch*, hg. v. Norbert Otto-Eke, Stuttgart 2017, S. 185–189.

Schultheiß, Franklin, Horst Dahlhaus, und Wolfgang Maurus: „Vorwort", in: *Heimat. Analysen, Themen, Perspektiven*, hg. v. Will Cremer und Ansgar Klein, Bonn 1990, S. 11–12.

Sebald, W. G.: *Unheimliche Heimat: Essays zur österreichischen Literatur*, Frankfurt/Main 1995.
Sielke, Sabine: „From 'Homeland Security' to 'Heimat shoppen': How an Old Longing Has Gained New Cultural Capital, Globally (as Homelessness is on the Rise)", in: *Heimat Revisited. Kulturwissenschaftliche Perspektiven auf einen umstrittenen Begriff*, hg. v. Dana Bönisch, Jil Runia und Hanna Zehschnetzler, Berlin, Boston 2020, S. 253–270.
Sielke, Sabine: „Nostalgie – die ‚Theorie'", in: *Nostalgie/Nostalgia. Imaginierte Zeit-Räume in globalen Medienkulturen/Imagined Time-Spaces in Global Media Cultures*, hg. v. ders., Frankfurt/Main 2017, S. 9–32.
Siguan, Marisa: *Schreiben an den Grenzen der Sprache. Studien zu Améry, Kertész, Semprún, Schalamow, Herta Müller und Aub*, Berlin, Boston 2014.
Simmel, Georg: „Exkurs über den Fremden", in: Ders.: *Soziologie. Untersuchungen über die Formen der Vergesellschaftung*, 4. Aufl., Berlin 1958 [1908], S. 509–512.
Solms, Wilhelm: „Zum Wandel der ‚Anti-Heimatliteratur'", in: *Wesen und Wandel der Heimatliteratur. Am Beispiel der österreichischen Literatur seit 1945. Ein Bonner Symposium*, hg. v. Karl Konrad Polheim, Bern u. a. 1989, S. 173–189.
„Spiegel-Umfrage. Heimat." TNS Forschung am 27. und 28. März 2012, 1000 Befragte, in: *Der Spiegel* 15 (2012), S. 63.
Spivak, Gayatri Chakravorty: „Can the Subaltern Speak?", in: *Marxism and the Interpretation of Culture*, hg. v. Cary Nelson, Urbana 1988, S. 271–313.
Spivak, Gayatri Chakravorty: „The Rani of Sirmur. An Essay in Reading the Archives", in: *History and Theory* 24.3 (1985), S. 247–272.
Steiner, Ines, und Christoph Brecht: „Der deutsche Heimatfilm – Eine kommentierte Auswahl", in: *Heimat. Lehrpläne, Literatur, Filme*, hg. v. Will Cremer und Ansgar Klein, Bonn 1990, S. 359–524.
Stickler, Matthias: „‚Wir Heimatvertriebenen verzichten auf Rache und Vergeltung' – Die Stuttgarter Charta vom 5./6. August 1950 als zeithistorisches Dokument", in: *„Zeichen der Menschlichkeit und des Willens zur Versöhnung". 60 Jahre Charta der Heimatvertriebenen*, hg. v. Jörg-Dieter Gauger und Hanns Jürgen Küsters, Sankt Augustin, Berlin 2011, S. 43–74.
Thurnher, Eugen: „Plädoyer für den Heimatroman", in: *Wesen und Wandel der Heimatliteratur. Am Beispiel der österreichischen Literatur seit 1945. Ein Bonner Symposium*, hg. v. Karl Konrad Polheim, Bern u. a. 1989, S. 25–37.
Tiedeken, Hans: „Vorwort", in: *Heimat. Analysen, Themen, Perspektiven*, hg. v. Will Cremer und Ansgar Klein, Bonn 1990, S. 13.
Trost, Karl: „Heimat in der Literatur", in: *Heimat. Analysen, Themen, Perspektiven*, hg. v. Will Cremer und Ansgar Klein, Bonn 1990, S. 867–883.
Walser, Martin: „Heimatkunde", in: Ders.: *Heimatkunde. Aufsätze und Reden*, Frankfurt/Main 1968, S. 40–50.
Wernli, Martina: „Haarige Geschichten. Zur Figur des Friseurs bei Herta Müller", in: *Herta Müller und das Glitzern im Satz. Eine Annäherung an Gegenwartsliteratur*, hg. v. ders. und Jens Christian Deeg, Würzburg 2016, S. 193–216.
Wichner, Ernest: „Herta Müllers Selbstverständnis", in: *TEXT+KRITIK* 155 (2012), S. 3–5.
Wilpert, Gero von: *Sachwörterbuch der Literatur*, 8. Aufl., Stuttgart 2001 [1974].
Wohl von Haselberg, Lea, Marina Chernivsky, und Hannah Peaceman: „Vergegenwärtigungen", in: *Jalta. Positionen zur jüdischen Gegenwart* Nr. 4:

Gegenwartsbewältigung (02.2018), hg. v. dens., Micha Brumlik, Max Czollek und Anna Schapiro, S. 4–7.

„*Zeichen der Menschlichkeit und des Willens zur Versöhnung". 60 Jahre Charta der Heimatvertriebenen*, hg. v. Jörg-Dieter Gauger und Hanns Jürgen Küsters, Sankt Augustin, Berlin 2011.

Zierden, Josef: „Deutsche Frösche: Zur ‚Diktatur des Dorfes' bei Herta Müller", in: *TEXT+KRITIK* 155 (2012), S. 30–48.

Personenregister

Améry, Jean 8
Anderson, Benedict 174, 176
Apel, Friedmar 151, 163–164
Appadurai, Arjun 212
Applegate, Celia 70
Arendt, Hannah 31
Augé, Marc 214, 218
Ayata, Bilgin 65

Baacke, Dieter 45–46, 205
Bachtin, Michail 5
Bartels, Adolf 20–21, 25
Barthes, Roland 71–72, 95
Bauman, Zygmunt 49, 257
Bausinger, Hermann 13–15, 18, 20, 29, 38, 41–42, 47, 49, 54, 198
Becker, Claudia 87
Benjamin, Walter 84
Bentham, Jeremy 111
Bernhard, Thomas 43
Bhabha, Homi K. 74–75, 223
Bloch, Ernst 151
Blumenberg, Hans 72
Boa, Elizabeth 30, 50
Bobrowski, Johannes 104
Böll, Heinrich 68
Bossert, Rolf 180, 199
Boym, Svetlana 49
Bozzi, Paola 72, 76, 86, 92, 114
Bredow, Wilfried von 33
Bronfen, Elisabeth 223, 248
Bunge, Sascha 79

Calvino, Italo 247
Ceaușescu, Nicolae 61–62, 67, 162, 173, 177–178
Celan, Paul 77
Clifford, James 211
Cremer, Will 25
Czollek, Max 53

Doppler, Bernhard 210
Doubrovsky, Serge 89–90

Ecker, Gisela 6, 70
Eddy, Beverley Driver 120
Eichendorff, Joseph von 16–17
Eichmanns, Gabriele 46, 70
Eigler, Friederike 263
Eke, Norbert Otto 99, 108, 110, 244

Fassbinder, Rainer Werner 43
Federman, Raymond 92
Fleischmann, Peter 43
Fleißer, Marieluise 43
Foltin, Hans-Friedrich 33
Foucault, Michel 111, 161, 165
Freud, Sigmund 140, 194, 250
Frisch, Max 8, 10–11
Fuchs, Jürgen 78, 89

Ganghofer, Ludwig 23–24, 30
Goebbels, Joseph 28
Goldschmidt, Georges-Arthur 68, 89
Greverus, Ina-Maria 40–41, 140, 154, 194, 207, 246, 260
Grimm, Hans 25
Grimm, Jacob 14, 17–18
Grimm, Wilhelm 14

Herder, Johann Gottfried 119, 172
Hitler, Adolf 25–29, 32, 62, 66, 177
Hofer, Johannes 15–16
Hoffmann, E. T. A. 87
Hoorn, Tanja van 180
Horváth, Ödön von 43
Huntington, Samuel P. 172

Innerhofer, Franz 43

Jelinek, Elfriede 43
Jens, Walter 14
Johannsen, Anja K. 108, 144

Kanne, Miriam 28, 37, 50
Kaschuba, Wolfgang 31
Kegelmann, René 239

Klein, Ansgar 25
Klüger, Ruth 76–77, 95
Kneschke, Karl 36
Köhnen, Ralph 89, 119
Konersmann, Ralf 2
Koppensteiner, Jürgen 39, 42, 153
Korfkamp, Jens 48
Koselleck, Reinhart 2, 44
Kramer, Theodor 76
Krauss, Hannes 217
Krockow, Christian Graf von 18, 31
Kroetz, Franz Xaver 43
Kugele, Jens 263

Lægreid, Sissel 76
Langbehn, Julius 21
Lefebvre, Henri 5
Lejeune, Philippe 90
Lenz, Siegfried 40
Li, Shuangzhi 174, 202
Löns, Hermann 25

Marius, Benjamin 223, 248
McGowan, Moray 222, 229
McLuhan, Marshall 46
Mettenleiter, Peter 24
Michaelis, Rolf 195
Mitzscherlich, Beate 206, 237
Müller, Hermann 39
Müller, Inge 76–77
Müller, Philipp 202

Naum, Gellu 181–183, 194, 196

Palfreyman, Rachel 30, 50
Parry, Christoph 134
Pastior, Oskar 1, 7, 95–96
Pavese, Cesare 255

Pfaff-Czarnecka, Joanna 206
Pieck, Wilhelm 35
Proust, Marcel 83–84

Reitz, Edgar 42
Rosegger, Peter 23
Rushdie, Salman 153

Saussure, Ferdinand de 94
Scharang, Michael 43
Schau, Astrid 85
Schiller, Friedrich von 16
Schlink, Bernhard 63
Schlöndorff, Volker 43
Sebald, W. G. 43
Seehofer, Horst 47
Semprún, Jorge 67, 77, 89
Siguan, Marisa 87
Simmel, Georg 252
Spengler, Oswald 26
Sperr, Martin 43
Spivak, Gayatri Chakravorty 59, 125, 160, 178, 231
Spranger, Eduard 27, 39
Stein, Karl Freiherr vom 13

Tănase, Maria 193
Tiedecken, Hans 45
Trump, Donald 49

Walser, Martin 38
Wichner, Ernest 75, 77, 79, 99
Wilpert, Gero von 22
Wolfgruber, Gernot 43

Zierden, Josef 107, 124
Zola, Émile 21

www.ingramcontent.com/pod-product-compliance
Lightning Source LLC
Chambersburg PA
CBHW020609300426
44113CB00007B/569